Ch. Steinberg
J. Kern
G. Pitzen
W. Traunspurger
W. Geyer

Biomonitoring in Binnengewässern
Grundlagen der biologischen Überwachung
organischer Schadstoffe für die Praxis
des Gewässerschutzes

ecomed UMWELTINFORMATION

Das vorliegende Werk besteht aus umweltverträglichen und ressourcenschonenden Materialien. Da diese Begriffe im Zusammenhang mit den Qualitätsstandards zu sehen sind, die für den Gebrauch unserer Verlagsprodukte notwendig sind, wird im folgenden auf einzelne Details hingewiesen:

Einband/Ordner

Der innere Kern von Loseblatt-Ordnern und Hardcover-Einbänden besteht aus 100% Recycling-Pappe.

Neue Bezugsmaterialien und Softcover-Einbände bestehen alternativ aus langfaserigem Naturkarton oder aus Acetat-Taftgewebe.

Der Kartoneinband beruht auf Sulfat-Zellstoff-Basis, ist nicht absolut säurefrei und hat einen alkalisch eingestellten Pigmentstrich (Offsetstrich). Der AOX-Wert (Absorbierbare Organische Halogene) für das Abwasser der Fabrikation beträgt 1,7 kg/t Zellulose und 0,0113 kg/t Zellstoff. Der Einband wird mit oxidativ trocknenden Farben (Offsetfarben) und einem scheuerfesten Drucklack bedruckt, dessen Lösemittel Wasser ist.

Das Acetat-Gewebe wird aus Acetat-Cellulose hergestellt. Die Kaschiermaterialien Papier und Dispersionskleber sind frei von Lösemitteln (insbesondere chlorierte Kohlenwasserstoffe) sowie hautreizenden Stoffen. Die Fertigung geschieht ohne Formaldehyd, und die Produkte sind biologisch abbaubar.

Im Vergleich zu den früher verwendeten Kunststoff-Einbänden mit Siebdruck-Aufschriften besteht die Umweltfreundlichkeit und Ressourcenschonung in einer wesentlich umweltverträglicheren Entsorgung (Deponie und Verbrennung) sowie einer umweltverträglicheren Verfahrenstechnik bei der Herstellung der Grundmaterialien. Bei dem wesentlichen Grundbestandteil „Zellstoff" handelt es sich um nachwachsendes Rohmaterial, das einer industriellen Nutzung zugeführt wird.

Papier

Die in unseren Werken verwendeten Offsetpapiere werden noch zumeist aus Sulfat-Zellstoff mit AOX-Werten von 0,034 kg/t (vor der Klärung) und 0,008 kt/t (nach der Klärung), einem industriell verwerteten, nachwachsenden Rohstoff, hergestellt. Die zunehmend verwendeten „chlorfreien" Papiere entstehen aus Sulfit-Zellstoff, der chlorfrei (Verfahren mit Wasserstoffperoxid) gebleicht werden kann. Durch diese chlorfreie Zellstoffbleichung entfällt die im Sulfatprozeß übliche Abwasserbelastung durch Organochlorverbindungen, die potentielle Vorstufen für die sehr giftigen polychlorierten Dibenzodioxine (PCDD) und Dibenzofuran (PCDC) bilden.

Alle Papiere sind mit dem üblichen Offsetstrich versehen und werden mit den derzeit üblichen Offsetfarben bedruckt.

Verpackung

Kartonagen bestehen zu 100% aus Recycling-Pappe. Pergamin-Einschlagpapier entsteht aus ungebleichten Sulfit- und Sulfatzellstoffen.

Folienverschweißungen bestehen aus recyclingfähiger Polypropylenfolie.

Hinweis: Der ecomed-Verlag ist bemüht, die Umweltfreundlichkeit seiner Produkte im Sinne wenig belastender Herstellverfahren der Ausgangsmaterialien sowie Verwendung ressourcenschonender Rohstoffe und einer umweltverträglichen Entsorgung ständig zu verbessern. Dabei ist der Verlag bestrebt, die Qualität beizubehalten oder zu verbessern. Schreiben Sie uns, wenn sie hierzu Anregungen oder Fragen haben.

Angewandter Umweltschutz

Biomonitoring in Binnengewässern

Grundlagen der biologischen Überwachung
organischer Schadstoffe für die Praxis
des Gewässerschutzes

CH. STEINBERG
J. KERN · G. PITZEN
W. TRAUNSPURGER
H. GEYER

Weitere Titel der Reihe Angewandter Umweltschutz:

D. Reichard · W. Ochterbeck
Abfälle aus chemischen Laboratorien und medizinischen Einrichtungen 286 Seiten, DM 48,–

G. Schmitt-Gieser
Abfallentsorgung (5. Auflage 1991) 270 Seiten, DM 68,–

R. Gihr · B. Daniel · A. Gramatte · G. Rippen · P. Wiesert
Altlasten-Analytik 132 Seiten, DM 38,–

R. Debus · B. Dittrich · P. Schröder · J. Volmer
Biomonitoring organischer Luftschadstoffe 64 Seiten, DM 36,–

K. Voigt · H. Rohleder
Datenquellen für Umweltchemikalien (2. Auflage 1990) 300 Seiten, DM 68,–

H. Menig
Emissionsminderung und Recycling (2. Auflage 1987) 438 Seiten, DM 68,–

W. Bähr
Entsorgung in Wiederaufbereitungsanlagen 128 Seiten, DM 48,–

H. J. Czerney · D. Riesterer
Finanzierung von Umweltschutzmaßnahmen 160 Seiten, DM 48,–

R. A. Ritters · P. Werner
HKW-Abbau im Boden 98 Seiten, DM 58,–

W.-K. Besch · A. Hamm · B. Lenhart · A. Melzer · B. Schaf · Ch. Steinberg
Limnologie für die Praxis (3. Auflage 1992) 360 Seiten, DM 68,–

F. Jörg · D. Schmitt · K.-F., Ziegahn
Materialschäden durch Luftverunreinigungen 212 Seiten, DM 48,–

R. Boje · P. Rudolph
Ökotoxikologie 200 Seiten, DM 58,–

U. Drescher-Kaden · M. Matthies · R. Brüggemann · B. Matthes
Organische Schadstoffe im Klärschlamm 320 Seiten, DM 78,–

L. Roth · U. Weller
Radioaktivität 100 Seiten, DM 36,–

G. Schmitt-Geiser
Schadstoffe aus Haushalt und Industrie 130 Seiten, DM 48,–

A. Hoegl
Strahlenschutzmeßtechnik 92 Seiten, DM 42,–

H.-G. Brod (Hrsg.)
Straßenbaumschäden 98 Seiten, DM 36,–

W. E. Schiegl · M. Schorling
TA Luft 220 Seiten, DM 68,–

H. Gückelhorn · U. Steger (Hrsg.)
Umwelt-Haftungsrecht 124 Seiten, DM 36,–

B. O. Wagner · W. Mücke · H.-P. Schenck
Umwelt Monitoring 276 Seiten, DM 48,–

B. Stimm
Waldsterben (2. Auflage 1986) 104 Seiten, DM 36,–

In Vorbereitung:
H.-L. Beck · T. Gerhald · W. Klett · H. Köhler · V. Gassen
Abfallbeauftragter und Anlagenbetreiber

R. von Sury
Baumkrankheiten und Umweltbelastungen

CIP-Titelaufnahme der Deutschen Bibliothek
Biomonitoring in Binnengewässern : Grundlagen der
biologischen Überwachung organischer Schadstoffe für die
Praxis des Gewässerschutzes / Ch. Steinberg ... –
Landsberg/Lech : ecomed, 1992
   (Angewandter Umweltschutz)
   ISBN 3-609-65560-7
NE: Steinberg, Christian

Biomonitoring in Binnengewässern
1. Auflage 1992
Verfasser: Ch. Steinberg, J. Kern, G. Pitzen, W. Traunspurger, W. Geyer

Sonderdruck mit freundlicher Genehmigung aus:
Handbuch Umweltchemikalien; Hrsg.: G. Rippen
ecomed Verlag, Landsberg/Lech
ISBN: 3-609-73210-5

© 1992 ecomed Fachverlag, Landsberg/Lech
Justus-von-Liebig-Straße 1, 8910 Landsberg/Lech
Telefon (0 81 91) 1 25-0, Telefax (0 81 91) 1 25-4 75, Telex 527114

Satz: Foto Satz Pfeifer GmbH, 8032 Gräfelfing
Druck und Bindearbeiten: Süddeutscher Zeitungsdienst, 7080 Aalen
Printed in Germany 650560/392075
ISBN 3-609-65560-7

Biomonitoring organischer Schadstoffe in Binnengewässern

von CH. Steinberg, J. Kern, G. Pitzen, W. Traunspurger und H. Geyer

Diese Studie entstand im Auftrag der Landesanstalt für Umweltschutz Baden-Württemberg unter dem Titel: „Grundzüge des Biomonitorings organischer Schadstoffe in Binnengewässern mit Beiträgen zur Ökotoxikologie organischer Xenobiotika und Hinweise für die praktische Gewässerüberwachung" beim Fraunhofer Institut für Umweltchemie und Ökotoxikologie, Schmallenberg – Grafschaft

Inhalt

II – 1.6.1
Biomonitoring in Binnengewässern

1	Chemisches oder biologisches Monitoring?	9
	Akürzungsverzeichnis	12
2	Auswirkung abiotischer und biotischer Randbedingungen auf ökotoxikologische Vorgänge	13
2.1	pH-Wert	13
2.2	Temperatur	14
2.3	Licht	15
2.4	Physiologischer Zustand	16
2.5	Speciation von Xenobiotika und Gewässermatrix-Effekte	20
2.5.1	Rolle von partikel-gebundenen organischen Xenobiotika im Gewässer	21
2.5.1.1	Sorption organischer Xenobiotika an Partikel	22
2.5.2	Interaktionen von aquatischen Huminstoffen mit Pestiziden und anderen Xenobiotika	24
2.5.3	Auswirkungen der Speciation sowie der Wechselwirkungmit der Gewässermatrix auf ökotoxikologische Eigenschaften	28
2.5.3.1	Einfluß von Partikeln auf Aufnahme und Toxizität organischer Xenobiotika	28
2.5.3.2	Einfluß von Huminsubstanzen auf Aufnahme und Toxizität organischer Xenobiotika	30
2.6	Wirkung von Xenobiotika-Gemischen	34
3	Anreicherungen organischer Schadstoffe in aquatischen Pflanzen und Tieren	38
3.1	Anreicherungen aus dem Wasser	38
3.1.1	Aufnahme bei Algen	38
3.1.2	Anreicherungen bei Invertebraten und Fischen	40
3.2	Exposition und Anreicherung organischer Chemikalien bei Benthonbewohnern	44
3.3	Details bei den Anreicherungen in Tieren	46
3.4	Vergleich der Anreicherungen organischer Schadstoffe	47
4	Abschätzung der Bioakkumulation aus physiko-chemischen Daten	52
4.1	QSARs für Bioakkumulation aus der Wasserphase	53
4.2	Biokonzentration von persistenten super-lipophilen Chemikalien	60

4.3	QSARs für Bioakkumulationen bei sedimentbewohnenden Tieren	63
4.4	Sterische Beeinflussung lipidabhängiger Bioakkumulation	64
4.5	Bioakkumulations-QSARs, berechnet aus der Wasserlöslichkeit (WS)	65
4.6	Wertung	66
5	Dekontaminationen für organische Schadstoffe	68
5.1	Ausscheidung	68
5.2	Metabolismus	74
5.2.1	Mischfunktionelle Oxygenasen	75
5.2.2	Andere Enzyme	78
6	Nahrungsketten-Akkumulationen (Biomagnifikation)	80
7	Emissionen in die Luft und Einträge aus der Luft	85
8	Ausgewählte organische Chemikalien	89
8.1	Alkane	89
8.2	Benzole	90
8.2.1	Benzol	90
8.2.2	Alkylbenzole	91
8.2.3	Chlorbenzole	91
8.2.4	Nitrobenzole	91
8.3	Phenole	92
8.3.1	Alkylierte Phenole	95
8.3.2	Chlorierte Phenole (Chlorphenole)	98
8.3.3	Nitrierte Phenole	98
8.4	Chlorierte Kohlenwasserstoffe (CKWs)	99
8.4.1	Allgemeines	99
8.4.1.1	Anreicherung	100
8.4.1.2	Effekte	102
8.4.1.3	Verbleib	102
8.4.2	Ausgewählte chlorierte aromatische Kohlenwasserstoffe	103
8.4.2.1	Chlorbenzole	103
	Chlorbenzol	106
	Dichlorbenzol	106
	Trichlorbenzol	107
	Tetrachlorbenzol	108
	Hexachlorbenzol (HCB)	108
8.4.2.2	Chlorierte Phenole (Chlorphenole)	109
	Di-, Tri- und Tetrachlorphenole	114
	Pentachlorphenol (PCP)	114
8.4.2.3	Chloranilin	121
8.4.2.4	Dichlordiphenyltrichlorethan (DDT)	122

8.5	Ausgewählte chlorierte aliphatische Kohlenwasserstoffe	125
	Dichlormethan	125
	Trichlormethan	125
	Tetrachlormethan	126
	1,2-Dichlorethan	126
	Trichlorethan	127
	Tetrachlorethan	129
	Pentachlorethan	129
	Hexachlorethan	129
	Dichlorethen	130
	Trichlorethen	130
	Tetrachlorethan	131
8.6	Polycyclische aromatische Kohlenwasserstoffe (PAHs)	132
8.6.1	Stoffcharakteristika und Einträge	132
8.6.2	Bioakkumulation	135
8.6.3	Effekte	138
8.6.3.1	Effekte gegenüber Fischen	140
8.6.4	Verbleib im Gewässer	144
8.6.5	Einzelbeschreibungen	146
	Anthracen	146
	Benzo[a]pyren (B[a]P)	146
	Fluoranthen	147
	Naphthalin	148
	Phenanthren	149
8.7	Polychlorierte Biphenyle (PCBs)	149
8.7.1	Allgemeines	149
8.7.2	Anreicherung	152
8.7.3	Effekte	163
8.7.4	Verbleib	168
8.8	Dibenzodioxine und -furane	169
8.8.1	Anreicherung von PCDDs in Fischen aus Wasser, Sediment und Nahrung	171
8.9	Octachlorstyrol (OCS)	173
	Monitoring durch Fische	173
	Monitoring durch Muscheln	174
8.10	Phthalsäureester	174
8.11	Pestizide	178
8.11.1	Phosphororganische Pestizide	181
8.11.2	Chlororganische Pestizide	183
8.11.2.1	Anreicherung	184
8.11.2.2	Effekte	186
8.11.3	Pyrethroide	190
8.11.3.1	Anreicherung	190
8.11.3.2	Effekte	194
8.11.4	Stickstofforganische Pestizide	197
8.11.4.1	Harnstoffpestizide	197

8.11.4.2	s-Triazine	198
	Atrazin	198
8.11.5	Carbamat-Pestizide	199
8.11.6	Enzymaktivitäten als mögliche Biomarker bei Pestizidbelastungen	203
8.12	Tenside	204
8.12.1	Exposition	206
8.12.2	Bioakkumulation und Elimination	208
8.12.3	Effekte auf Wasserorganismen	210
	Effekte auf Tiere	210
	Effekte auf Pflanzen	216
8.12.4	Anhang: Fluorhaltige Tenside	220
9	Gibt es den optimalen Biomonitor?	221
9.1	Tiere	221
9.1.1	Fische als Biomonitore	221
9.1.1.1	Wertung	229
9.1.2	Zoobenthon	230
9.1.2.1	Allemeines zum Biomonitoring durch Benthonfauna	230
9.1.2.2	Biomonitoring auf Chlorphenole	231
9.1.2.3	Biomonitoring auf PAH	234
9.1.2.4	Biomonitoring auf Dibenzodioxine	237
9.1.3	Biomonitoring von sediment-gebundenen Schadstoffen	238
9.1.4	Effekt-Monitoring	240
9.1.5	Wertung	241
9.2	Pflanzen	241
9.2.1	Moose	241
10	Offene Fragen und Forschungslücken	244
10.1	Expostions-Monitoring	244
10.2	Biosonden	246
10.3	Effekt-Monitoring	248
10.3.1	Proteine	251
10.3.2	Enzyme	252
10.3.3	Hormone	254
10.3.4	Nukleinsäuren	255
10.3.5	Pigmente	258
10.3.6	Weiteres Effekt-Monitoring	258
10.4	Schlußfolgerungen	259
11	Hinweise für die praktische Gewässerüberwachung	261
12	Literatur	263
13	Index der im Text erwähnten Organismen	306

Danksagung

Ein großer Teil dieses Buches wurde durch einen Auftrag der Landesanstalt für Umweltschutz Baden-Württemberg an das Fraunhofer-Institut für Umweltchemie und Ökotoxikologie in Grafschaft gefördert. Für diese finanzielle Unterstützung wird an dieser Stelle aufrichtig gedankt.
Titel der Originalarbeit: „Grundzüge des Biomonitorings organischer Schadstoffe in Binnengewässern – mit Beiträgen zur Ökotoxikologie organischer Xenobiotika und Hinweisen für die praktische Gewässerüberwachung."

Autoren: Christian Steinberg, GSF-Institut für Ökologische Chemie, München-Neuherberg; Jürgen Kern, Max-Planck-Institut f. Limnologie, Plön; Gabi Pitzen, Walter Traunspurger, Fraunhofer-Institut für Umweltchemie und Ökotoxikologie, Schmallenberg-Grafschaft; unter Mitwirkung von Harald Geyer, GSF-Institut für Ökologische Chemie, München-Neuherberg

Biomonitoring organischer Schadstoffe in Binnengewässern

von CH. Steinberg, J. Kern, G. Pitzen, W. Traunspurger und H. Geyer

1 Chemisches oder biologisches Monitoring?

In der Diskussion über die sinnvollste Strategie der praktischen Überwachung von Oberflächengewässern auf chemische Verschmutzungen existiert ein Pseudokonflikt darüber, was besser zur Erfassung der Umweltchemikalien geeignet ist: chemisches oder biologisches Monitoring. Es versteht sich von selbst, daß die traditionelle biologische Analyse von Fließgewässern (z.B. Mauch et al. 1985) die anthropogen eingebrachten chemischen Inhaltsstoffe nicht erfassen kann. Sie ist vom Wesen her auf den unterschiedlichen Sauerstoffbedarf der Benthontiere ausgelegt und reflektiert dadurch nur die primären oder sekundären Veränderungen im Sauerstoffregime durch Abwassereinleitungen, Eutrophierung und Eutrophierungsfolgen (beispielsweise von Phytoplankton-Massenentwicklungen) in einem Fließgewässer. Sie ist damit nur ein Spiegelbild bestimmter Verhältnisse im Freiwasser, ermittelt über das Kompartiment Benthon, und wäre treffender mit „biologischer Wassergüteanalyse" zu bezeichnen. Bioindikationen auf chemische Einzelstoffe über Veränderungen der Benthongesellschaft kann es nur dann geben, wenn der spezifische Einfluß einzelner chemischer Stressoren so überragend ist, daß man von einer monofaktoriellen Schädigung ausgehen kann, wie zum Beispiel bei Gewässerversauerung in kalkarmen und kalkfreien Gebieten. In solchen Fällen lassen sich über das tierische und pflanzliche Benthon zumindest semi-quantitative Aussagen über das Maß der Schädigung machen (Raddum & Fjellheim 1984, 1986, Steinberg et al. 1990). Derartige Situationen sind allerdings Ausnahmefälle. Die Belastungen in der Mehrzahl der Gewässer sind wesentlich komplexer, so daß die „biologische Gewässeranalyse" *per se* überfordert ist und in ihrer Anwendung auch überfordert wird.

Also bleibt scheinbar als Ausweg nur das chemische Monitoring, gezielt auf ausgewählte Chemikalien, die man für die (öko)-toxisch wirksamsten hält?

Es ist ein Gemeinplatz, daß spezifische Verschmutzungen mit Umweltchemikalien, gleich welcher Herkunft und Beschaffenheit, nur durch chemische Analysen identifiziert werden können. Im Gewässer lassen sich solche Verschmutzungen prinzipiell in drei Kompartimenten verfolgen:

1) im Wasser selbst,
2) in Sedimenten oder
3) in der dort anwesenden Biota.

Die chemische Analyse von Wasserproben ist im allgemeinen häufig teuer und arbeitsaufwendig. Die Vielzahl der in die Umwelt entlassenen Chemikalien benötigt entsprechend viele aufwendige, weil spezifische Analysenverfahren. Die geringen Mengen, in denen viele organische Chemikalien im Gewässer vorkommen, stellen hohe Anforderungen an die Empfindlichkeiten der Nachweismethoden und erhöhen so die Anfälligkeit von Kontaminationen bei der Probenbehandlung und -vorbereitung. Selbst wenn die analytischen Schwierigkeiten beherrscht werden, bleiben noch zwei herausragende Probleme zu lösen, die mit der Feststellung der verschmutzten aquatischen Bereiche mittels Wasserproben zusammenhängen (PHILLIPS 1980). Das erste ist die extreme zeitliche Variabilität der Verschmutzungen. Die sorgfältige Bestimmung von mittleren oder zeit-gewogenen Konzentrationen an organischen Chemikalien an einer Stelle erfordert eine hohe Probenzahl, was seinerseits die Anzahl der Probenstellen vermindert, die pro „Aufwandseinheit" abgedeckt werden können. Die zur Verfügung stehende analytische Kapazität muß also optimiert werden.

Das zweite Problem hinsichtlich Verschmutzungsüberwachungen per Wasserproben ist das bedeutendere, wenn ihm auch bisher nicht die gebührende wissenschaftliche Aufmerksamkeit gewidmet wurde: die biologische Verfügbarkeit der im Gewässer vorhandenen Schadstoffe. Eine Kontamination kann nur dann als Bedrohung für die Umwelt aufgefaßt werden, wenn sie durch die Biota aufgenommen werden kann, auf welchem Pfad auch immer. Es ist prinzipiell unmöglich, von irgendwelchen (häufig operational definierten) analytischen Fraktionen von (Schad)-Stoffen im Gewässer auf ihre biologische Verfügbarkeit zu schließen. Sowohl die „gelöste" als auch die „partikuläre" Fraktion (definiert normalerweise über die Filtration mit Porendurchmesser von 0,45 µm oder 0,2 µm) enthalten solche Komponenten, die für Organismen leicht verfügbar sind und solche, die nicht oder nur für bestimmte Tier- oder Pflanzenarten verfügbar sind. So können beispielsweise einige Chelate oder Komplexe biotisch nicht verfügbar sein (Beispiele im Kapitel „Speciation"). Auf der anderen Seite enthält die „partikuläre" Fraktion u.a. solche organischen Chemikalien, die von Mikroorganismen adsorbiert oder aufgenommen sind. Diese Art der Verschmutzung passiert ohne Schwierigkeit die verschiedenen trophischen Stufen und wird unter Umständen angereichert. Die ebenfalls in dieser Fraktion vorhandenen anorganischen Partikel können an ihrer Oberfläche organische Chemikalien sorbiert haben. Diese Art der Verschmutzung wird für die meisten Organismen – mit Ausnahme der Partikelfresser – nicht verfügbar sein.

Das geographische Ausmaß als auch die Bioverfügbarkeit von Verschmutzungen über chemische Analytik aus Wasserproben feststellen zu wollen, hat also Nachteile. Es müssen also andere Lösungswege für die Quantifizierung von organischen Verschmutzungen in aquatischen Ökosystemen gefunden werden. Seit recht langer Zeit ist diesbezüglich bekannt, daß bestimmte Organismen Schadstoffe akkumulieren können. Vor über 90 Jahren fanden BOYCE & HERDMAN (1898), daß die Leucozyten der Auster hohe Konzentrationen an Kupfer enthielten. HENZE (1911) fand, daß Seescheiden Vanadium um ein Vielfaches gegenüber dem Wasser anreichern können. Unmittelbar nach der Einführung von DDT als Pestizid vermuteten COTTAM & HIGGINS (1946), daß weitverbreitete Effekte auf die aquatische Fauna nicht ausbleiben würden. Dieser Bericht wurde seinerzeit nicht zur Kenntnis genommen (aus PHILLIPS 1980).

Das Vermögen von bestimmten aquatischen Pflanzen und Tieren, Schadstoffe sehr stark anzureichern, läßt diese Arten als sogenannte Biomonitore geeignet erscheinen. Der größte Vorteil liegt wahrscheinlich darin, daß die Probleme der Bioverfügbarkeit mit dem Einsatz derartiger Biomonitore praktisch aufgehoben werden. Das, was in den Pflanzen und Tieren – ausgenommen im Verdauungstrakt – gefunden wurde, kann als bioverfügbar angesehen werden.

Die Antwort auf die eingangs gestellte Frage kann somit nur lauten: Nur die Kombination aus chemischem und biologischem Monitoring kann die gegenwärtigen Anforderungen an eine sinnvolle Überwachung der Umweltchemikalien im Gewässer erfüllen. Das biologische Monitoring optimiert hierbei das chemische Monitoring.

Diese Art des Biomonitorings ist allerdings nur ein **Expositionsmonitoring** und sagt nichts über Wirkungen aus.

Die sogenannten Biomonitore weisen aus chemischer Sicht auch gewisse „Schwächen" auf, schließlich handelt es sich um Lebewesen, die Interaktionen mit ihrer Umwelt eingehen und die auf chemischen Streß um des Überlebens willen reagieren müssen. Als solche „Schwäche" könnte man den Umstand ansehen, daß die Aufnahme von organischen Chemikalien nicht nur von den Wechselwirkungen Chemikalie-Organismus, sondern auch von zusätzlichen Parametern abhängt. Diese Einflußparameter beziehen sich sowohl auf die Organismen selbst (Art, Lipidgehalt, Alter/Größe/Gewicht, Geschlecht, physiologischer Zustand, Interaktionen verschiedener Schmutzstoffe, Speicherung und/oder Exkretion der organischen Chemikalien) als auch auf den Gewässertypus, aus dem die Organismen stammen (Salinität, pH-Wert, Temperatur, Härte, Huminstoffgehalt usw.). In einigen Fällen können die genannten Einflußfaktoren derart ausgeprägt sein, daß der Vorteil des Biomonitorings vollständig aufgehoben werden kann. Es ist deshalb für die Planung von Biomonitoring organischer Schadstoffe, in welchen aquatischen Systemen auch immer, äußerst wichtig, sowohl die Organismen sehr sorgfältig auszuwählen, als auch die quantitative Seite des Biomonitorings unter Laboratoriums- und Feldbedingungen sehr genau zu studieren (angelehnt an PHILLIPS 1980). Deshalb sind an die Biomonitore bestimmte Bedingungen zu stellen.

Für ein erfolgreiches Biomonitoring organischer Schadstoffe müssen bei der Auswahl der möglichen Monitororganismen folgende Grundvoraussetzungen erfüllt sein, die nach verschiedenen Autoren bei PHILLIPS (1978, 1980) zusammengefaßt sind:

1) Die Organismen müssen die Xenobiotika akkumulieren, ohne selbst durch die Konzentrationen, wie sie in der Umwelt auftreten können, getötet zu werden.
2) Die Organismen sollten weitgehend seßhaft sein, damit sie für ein Gewässerareal repräsentativ sind.
3) Die Organismen sollten in dem gesamten Untersuchungsgebiet vorkommen oder zumindest Expositionen in Käfigen und ähnlichem aushalten.
4) Die Organismen sollten einigermaßen langlebig sein, um eine ausreichende zeitliche Integration der Bioindikation zu erhalten.
5) Die Organismen sollten von ausreichender Größe sein, damit genügend Gewebe für die chemische Analytik zur Verfügung steht.
6) Die Organismen sollten leicht zu sammeln und im Laboratorium zu behandeln sein.
7) Zwischen dem Xenobiotika-Gehalt im Organismus und dessen mittlerer Konzentration im Gewässer sollte eine einfache Korrelation bestehen.
8) Alle Organismen einer bestimmten Art, die in einer Biomonitor-Untersuchung eingesetzt werden, sollten an allen Stellen und unter allen Bedingungen dieselbe Beziehung zu der mittleren Xenobiotika-Konzentration im Umgebungswasser aufweisen.

Die vorliegende Recherche über das Biomonitoring organischer Schadstoffe befaßt sich anfangs mit verschiedenen Einflußgrößen, von denen die Bioverfügbarkeit der Schadstoffe und damit Konzentrationen in den Organismen abhängen. Hierzu zählen die Randbedingungen für die biotische Aufnahme und Wirkung von Xenobiotika, wie Einfluß von pH-Wert, Temperatur, Veränderungen der Chemikalie durch Speciation und durch Matrixeffekte, wodurch sowohl die Aufnahme als auch die toxische Wirkung verändert wird. Ebenso sind Vorgänge im Organismus selbst hinzuzurechnen, wie zum Beispiel Aufnahme, Speicherung, Metabolisierung und/oder Ausscheidung der organischen Chemikalien. In den ersten Kapiteln werden ebenfalls einige, sicherlich nicht komplette Angaben über ökotoxische Eigenschaften verschiedener organischer Chemikalien im aquatischen Ökosystem gemacht.

Anschließend werden, geordnet nach Substanzklassen, die Biomonitor- und Bioindikatoreigenschaften verschiedener Tiergruppen wertend dargestellt, um abschließend auf zukunftsweisende Ansätze bei der Forschung zum Thema **Expositionsmonitoring** und **Effektmonitoring** sowie zu Empfehlungen für die praktische Überwachungsarbeit zu gelangen.[1]

Abkürzungsverzeichnis

Im Text werden folgende Abkürzungen benutzt:

BCF   Biokonzentrationsfaktor, Anreicherung in Organismen aus dem Wasser

BCF_F Biokonzentrationsfaktor, bezogen auf Frischgewicht
Wenn im Text nicht anders erwähnt, handelt es sich bei den BCF-Werten stets um solche, die auf Frisch- (=Naß) -gewicht bezogen sind.

BCF_L Biokonzentrationsfaktor, bezogen auf Lipidgehalt

BCF_T Biokonzentrationsfaktor, bezogen auf Trockengewicht

BCF_{SB} Biokonzentrationsfaktor bei Tieren, die im Sediment leben

BAF   Bioakkumulationsfaktor, Anreicherung in Tieren über die Nahrung

LD_{50} Letaldosis, bei der 50% der eingesetzten Organismen sterben; weitere häufiger gebrauchte Prozentangaben sind 10 bzw. 90%.
Bei Angaben über Letaldosen müssen stets die Expositionszeiten mit angegeben werden.

LC_{50} Letalkonzentration, bei der 50% der eingesetzten Organismen sterben

EC_{50} Effektivkonzentration, bei der 50% der eingesetzten Organismen eine bestimmte Wirkung nach Chemikalienbehandlung zeigen. Die LC_{50} ist ein Spezialfall der EC_{50}

NOEC   *no observered effect concentration:* Testkonzentration, bei der keine toxischen Effekte beobachtet wurden

LOEC   *lowest observered effect concentration:* Niedrigste Konzentration, bei der ein toxischer Effekt beobachtet wurde

TT   *toxicity threshold:* Toxizitätsschwellenwert oder Toxizitätsgrenze, heute weitgehend durch den Begriff LOEC verdrängt.

MATC   *maximum acceptable toxicant concentration:* maximal tolerierbare Giftkonzentration

BHL   *biological half-life:* biologische Halbwertszeit

MHK   minimale Hemmkonzentration

K_{ow} n-Octanol/Wasser-Verteilungskoeffizient

Ng   Naßgewicht

Fg   Frischgewicht

---

[1]   Der Begriff **Biomonitoring** wird nach der folgenden Definition verwendet:
Organismen reichern in ihren Zellen/Körpern Schadstoffe an, ohne bereits abzusterben oder in ihren Lebensfunktionen nachhaltig gestört zu sein. Auf die Schadstoffe kann nicht unmittelbar – durch Erhebung der Populationsstruktur beispielsweise –, sondern erst nach chemischer Analyse rückgeschlossen werden. Rückschlüsse auf die Belastungsquantitäten sind nur in Einzelfällen möglich. Das Expositionsmonitoring fällt unter diese Definition.
Unter **Bioindikation** ist zu verstehen: Populationen oder Gemeinschaften verändern sich durch Belastung in so charakteristischer Weise, daß durch Erhebung der Populationsstruktur auf Qualität und Quantität der Belastung rückgeschlossen werden kann. Für die ersten, vielversprechenden Ansätze eines quantitativen Effektmonitoring trifft diese Definition weitgehend zu.

2 Auswirkung abiotischer und biotischer Randbedingungen auf ökotoxikologische Vorgänge

Ökotoxische Wirkungen von Chemikalien sind keine substanzspezifischen Konstanten, sondern sie hängen unter anderem von einer Reihe abiotischer Faktoren ab, den sogenannten Randbedingungen. Zu den wichtigsten abiotischen Randbedingungen gehören der pH-Wert, die Temperatur, bei photoautotrophen Organismen auch Licht, die Speciation von Xenobiotika und der Gewässermatrix-Effekt sowie die Wirkung von Xenobiotika-Gemischen. Die wichtigste biotische Randbedingung für ökotoxische Wirkungen ist der physiologische Zustand der Testorganismen. Diese Fragestellungen wurden beispielhaft und ausführlich in dem DFG-Schwerpunktprogramm „Bioakkumulation in Nahrungsketten" bearbeitet (LILLELUND et al. 1987, Hrsg.), aus dem wichtige Ergebnisse übernommen wurden. Besonderes Schwergewicht wird in der folgenden Darstellung allerdings auf die chemischen und physiko-chemischen Wechselwirkungen von Xenobiotika mit Gewässerinhaltsstoffen gelegt, da diese Phänomene auf sehr viele offene Fragen sowohl auf dem Gebiet der Umweltchemie als auch der Ökotoxikologie hinweisen.

2.1 pH-Wert

Der pH-Wert hat entscheidenden Einfluß auf die Zustandsform eines Xenobiotikums und damit auf die biologische Verfügbarkeit und Wirkung. Wenige Beispiele mögen dies illustrieren. So hängt die Toxizität beispielsweise von Lindan deutlich vom pH-Wert ab. FISHER (1985) untersuchte diesen Effekt an Larven von *Chironomus riparius*. Lindan ist gegenüber dieser Mückenlarve bei pH 6 stärker toxisch als bei pH 4 oder 8 (siehe Tabelle 2.1). Die verschiedenen Steigungen der Geraden zeigen an, daß, wenn auch nur geringe, Unterschiede bei den Absorptionsraten bestanden. Die Unterschiede in der Toxizität von Lindan bei den untersuchten pH-Werten hängt wahrscheinlich von zwei Faktoren ab:

1. Bei pH 4 kann die Aufnahme von Lindan geringer als bei pH 6 und 8 sein.
2. Bei pH 8 liegt Lindan wahrscheinlich zum großen Anteil nicht mehr als giftige Ausgangssubstanz vor. Über die chemische Identifizierung der Umwandlungsprodukte werden leider keine Angaben gemacht.

Für Atrazin konstatierten MÜLLER et al. (1987) bei *Scenedesmus acutus* eine geringfügige Verminderung des Sorptionsvermögens mit steigenden pH-Werten. Die Algen waren allerdings nicht an die geänderten pH-Bedingungen adaptiert worden. In diesem Zusammenhang ist die Feststellung von MÜLLER et al. wichtig, daß sich bei Adaptation der Algen an neue Milieubedingungen der Proteingehalt der Zellen ändert und so sekundär aus der Erhöhung des Proteingehaltes auch eine höhere Atrazin-Sorption resultiert (LILLELUND 1987).

Die pH-abhängige Aufnahme, Verteilung im Körper, Metabolisierung und Ausscheidung von Penta-Chlorphenol (PCP) wurde am Goldfisch (*Carassius auratus*) von STEHLY & HAYTON (1990) untersucht. So nahmen sowohl die Aufnahme, die metabolische Umwandlung und Ausscheidung als auch die Biokonzentrationsfaktoren[1] ab, wenn der pH-Wert von 7,0 auf 9,0 erhöht wurde. Die Aufnahme von PCP hing von den K_{ow}-Werten[2] bei den jeweiligen pH-Werten ab, die ihrerseits durch die jeweiligen Ionisierungsgrade bestimmt werden. Der Anteil von PCP-Metaboliten halbierte sich bei jedem pH-Schritt. Die BCF_F-Werte nahmen von 607 (pH 7,0) über 129 (pH 8,0) auf 52,3 (pH 9,0) ab. Die geringere Akkumulation von PCP mit steigendem pH-Wert führt letztlich zu einer verminderten LC_{50}.

13

Tabelle 2.1: Toxizität (LC_{50}) von Lindan gegenüber *Chironomus riparius* als Funktion des pH-Wertes (aus FISHER 1985)

pH-Wert	LC_{50}	Steigung
4,0	29,0	2,5
6,0	11,2	1,2
8,0	28,7	1,2

Tabelle 2.2: Bildung von Methylquecksilber in einem anoxischen Sediment. Angaben in ng/g in drei Tagen, bezogen auf Sedimenttrockengewicht (aus BERMAN & BARTHA 1986)

pH-Wert	gebildetes Methyl-Hg
2	10
7	288
14	nicht bestimmbar wenig

Ganz entscheidenden Einfluß hat der pH-Wert ferner auf die Bildung der gut bioverfügbaren und damit akkumulierbaren Alkyl-Quecksilber-Verbindungen in den Gewässersedimenten. Methylquecksilber entsteht unter anoxischen Bedingungen auf mikrobiellem Weg bevorzugt, wenn der pH-Wert im Neutralbereich liegt (Tabelle 2.2). Die rein chemische Methylierung spielt offensichtlich nur eine untergeordnete Rolle (BERMAN & BARTHA 1986).

Aber auch die rein chemische Methylierung des Quecksilbers ist stark abhängig vom pH-Wert und von der anorganischen Hg-Species. So fanden WEBER et al. (1985) hinsichtlich der Ausbeute an Methylquecksilber folgende Reihenfolge: $Hg(NO_3)_2$ bei pH4 $\gg$ $Hg(NO_3)_2$ bei pH6 $\gg$ $HgCl_2$ bei pH4 oder 6.

Diese wenigen Beispiele genügen, um die Bedeutung des pH-Wertes bei ökotoxikologischen Vorgängen zu beschreiben. Es ist anzunehmen, daß diese Randbedingung stärker wirkt, als es die ihr gewidmete Aufmerksamkeit in einschlägigen Studien vermuten läßt.

2.2 Temperatur

Die Wirkung der Temperatur auf die Bioakkumulation von organischen Chemikalien ist vor allem indirekter Natur. Eine erhöhte Temperatur kann einerseits infolge höherer Löslichkeit der Chemikalie eine größere Bioverfügbarkeit bedingen. Andererseits greift die Temperatur dann stark in die Bioakkumulation ein, wenn neben den Sorptionsphänomenen zusätzlich die Stoffwechselaktivität des Organismus maßgeblich ist.

Während sich bei der Grünalge *Scenedesmus acutus* keine nennenswerte Temperaturabhän-

---

[1] Biokonzentrationsfaktoren (BCF-Werte) sind Maßzahlen für die Anreicherung von Schadstoffen in Organismen, verglichen mit den Konzentrationen in der jeweiligen Umwelt. Das Problem verläßlicher Biokonzentrationsfaktoren unter Umweltbedingungen besteht in der Ermittlung der repräsentativen und relevanten Umweltkonzentration als Bezugsgröße. Eine weitere Schwierigkeit liegt in den unterschiedlichen organismischen Bezugsgrößen: Frischgewicht, Trockengewicht, Fettgehalt, Lipidgehalt usw., die miteinander nicht vergleichbar sind.

[2] Der K_{ow}-Wert ist ein Maß für die Lipophilie eines Stoffes. Näheres siehe Kapitel „Anreicherungen" und „QSAR". In der Literatur wird er häufig auch als „P"-Wert oder – logarithmiert – als „log P" bezeichnet.

gigkeit für die Atrazin-Sorption abzeichnete (MÜLLER et al. 1987), traten bei *Daphnia puli-caria* bei geringen Temperaturen höhere Akkumulationen dieses Pestizids auf (GUNKEL & KAUSCH 1987). Dies wird vornehmlich auf die erhöhten Fettdepots der Daphnien bei niedrigen Temperaturen zurückgeführt. Ferner wurde in dem genannten DFG-Schwerpunktprogramm weder bei *Ancylus fluviatilis* noch bei Fischen eine Temperaturabhängigkeit der Atrazin-Akkumulation beobachtet (LILLELUND 1987 mit Originalverweisen).

LILLELUND (1987) gibt dann noch eine interessante Gegenüberstellung der genannten Ergebnisse mit denen aus der Literatur. Es zeigt sich allerdings kein einheitlicher Trend toxischer Eigenschaften von Lindan (γ-HCH) in Abhängigkeit von der Temperatur. In Versuchen von LANGER (1983) bei den drei Vergleichstemperaturen von 9, 17 und 25 °C traten weder bei Goldorfen (*Leuciscus idus melanotus*) noch bei Dickkopf-Elritzen (*Pimephales promelas*) gravierende Unterschiede in der Bioakkumulation von Lindan auf. Dagegen erhöhte sich die Giftigkeit von Lindan, gemessen als LC_{50}, in den Experimenten von PARTHIER (1981) mit denselben Fischarten und der Regenbogenforelle um etwa das 2,5-fache, wenn die Wassertemperatur von 8 °C auf 23 bis 25 °C erhöht wurde.

Gut untersucht ist beispielsweise die Temperaturabhängigkeit der Phenoltoxizität gegenüber Wasserorganismen. Während bei den meisten Wasserorganismen, darunter Elritzen (*Phoxinus phoxinus*), Gammariden, Anneliden, eine Zunahme der Toxizität von Phenolen mit steigender Temperatur auftritt (MCCAHON et al. 1990 mit zahlreichen Originalverweisen), nimmt die Giftwirkung bei der Regenbogenforelle, einem typischen Kaltwasserfisch, bei höheren Temperaturen ab (BROWN et al. 1967, GLUTH & HANKE 1983). Auch *Asellus aquaticus*, bei der die Immobilisierung als Test-Endpunkt gewählt worden war, war bei 10 °C schneller ein Effekt zu beobachten als bei 20 °C, wenn mit 100 mg/l Phenole getestet wurde. Bei 150 mg/l trat dieser Effekt nicht mehr auf. Die Erholung von der Immobilisierung nach Umsetzen in sauberes Wasser vollzog sich allerdings bei 20 °C wesentlich schneller als bei 10 °C. Beide Verhaltenskriterien (Immobilisierung und Erholung) hängen eng mit Schwellenkonzentrationen von Phenol im Körper von *Asellus* zusammen: Für die Immobilisierung wird eine Schwellenkonzentration von 1,05 und für die Erholung eine von 0,71 mg/g angegeben (MCCAHON et al. 1990).

2.3 Licht

Auch das Licht und die Lichtadaptation können insbesondere auf die photoautotrophen Organismen entscheidenden Einfluß auf die Wirkung von Xenobiotika haben. Dies sei an nur einem Beispiel verdeutlicht. Auf die marine Diatomee *Ditylum brightwelli* wirkte PCB (hier: Gemisch an polychlorierten Biphenylen) bei hohen Lichtintensitäten am stärksten toxisch. Lichtadaptierte Kulturen waren allerdings weniger empfindlich als nicht-adaptierte. Die Photoadaptation erhöhte somit offensichtlich die Toleranz dieser Phytoplankton-Alge gegenüber PCB. Bei den nicht-adaptierten Kulturen wirkte bei allen Lichtintensitäten die eingesetzte PCB-Konzentration (10 µg/l) signifikant hemmend auf die Wachstumsrate und die photosynthetische Aktivität, während bei den adaptierten Kulturen ein entsprechender Effekt erst bei der stärksten getesteten Lichtintensität (150 µE m^{-2}s^{-1}) auftrat.

Auch die Bioakkumulationen hingen deutlich von der Photoadaptation ab: Nicht-adaptierte Kulturen akkumulierten um den Faktor 10 mehr PCB (Aroclor 1254)[3] als die adaptierten.

---

[3] Zur Bezeichnung „Aroclor" siehe Kapitel PCBs.

Auf die toxizitätssteigernde Wirkung von UV-Licht bei bestimmten organischen Xenobiotika wird im Kapitel 8.6 eingegangen.

2.4 Physiologischer Zustand

Der physiologische Zustand, insbesondere die Ernährung, hat entscheidenden Einfluß auf die ökotoxischen Wirkungen wie z.B. Bioakkumulation und Toxizität von Xenobiotika auf die Testorganismen. Dieser Frage ging u.a. die Dissertation von LANGER (1983) nach, der die Abhängigkeit der Lindan-Akkumulation von den Randbedingungen in Tests mit Goldorfen, Karpfen, Elritzen und Forellen untersuchte. Das Anreicherungsverhalten von Lindan war in erster Linie abhängig von dem Ernährungszustand der Versuchsfische, der als Fettgehalt der Fische ausgedrückt werden kann. Die Aufnahmegeschwindigkeit für Lindan erwies sich als abhängig vom Fettgehalt der Versuchsfische. Schlecht ernährte Fische erreichten das Anreicherungsplateau eher als gut konditionierte. Schlecht ernährte Fische akkumulierten aber, bezogen auf Körpergewicht, deutlich weniger Lindan als gut ernährte (Abb. 2.1). Bei Bezug auf den Fettgehalt war die Höhe der Bioakkumulation bei den vier Testfischarten weitgehend identisch, d.h. artspezifische Unterschiede im Akkumulationsverhalten waren nicht festzustellen.

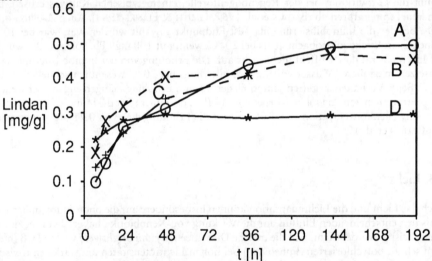

Abbildung 2.1: Lindanaufnahme bei Goldorfen unterschiedlicher Konditionierung (ausgedrückt als Fettgehalt) in Abhängigkeit von der Zeit
A = mittl. Fettgehalt 51,7 mg/g Fisch; B = mittl. Fettgehalt 3,7%; C = mittl. Fettgehalt 2,65%; D = mittl. Fettgehalt 1,56% (nach LANGER 1983).

In einer Versuchsserie wurde durch Nahrungsentzug der Fettgehalt von Elritzen (*Phoxinus phoxinus*) gezielt vermindert. Dabei zeigte sich, daß er exponentiell abnahm, während sich das Gewicht der Fische im gleichen Zeitraum nur wenig veränderte. Dies kann als Hinweis auch dafür angesehen werden, daß die Kondition von Fischen durch den in den Testvorschriften nach DIN herangezogenen Korpulenzfaktor nur unzureichend beschrieben wird (LANGER 1983).

Tabelle 2.3: Einfluß des Fettgehaltes auf die Biokonzentration von 1,2,4-Trichlorbenzol in Fischen (aus GEYER et al. 1985 a).

Fischart	Fettgehalt	BCF_F	BCF_L
Regenbogenforelle	1,8	124	6.890
Oncorhynchus mykiss[4]	3,2	349	10.906
	3,2	710	22.188
	7,7	1.300	16.880
	7,7	1.600	20.780
	8,3	1.300	15.660
	8,8	3.200	36.364[5]
Karpfen	2,2	190	8.636
Cyprinus carpio	2,2	200	9.090
	2,2	220	10.000
	2,2	455	20.680
	4,4	460	10.455
	4,4	540	12.270
Guppy	5,4	702	13.000
Poecilia reticulata	5,4	756	14.000
	5,8	1.350	23.280
	5,8	1.350	23.280
	8,2	910	11.110
	8,2	1.080	13.170
Goldorfe; Leuciscus idus	5,0	914	18.280
Zebrabärbling	5,2	730	14.040
Brachydanio rerio	5,2	810	15.580
Blauer Sonnenbarsch	5,7	960	16.842
Lepomis macrochirus	5,7	1.320	23.160
Dickkopf-Elritze			
Pimephales promelas	10,5	2.100	20.000

In einer anderen Versuchsreihe unter dynamischen Testbedingungen mit Lindananwendung verringerte sich der Fettgehalt der Fische trotz ausreichender Fütterung. Es ist zu vermuten, daß dies in erster Linie auf den Einfluß des im Wasser gelösten Lindans zurückzuführen war. Wie sich dann nämlich zeigte, ließ sich die Höhe der Abnahme des Fettgehaltes während der Versuchsdauer mit den Lindankonzentrationen des Testwassers korrelieren. Eine ähnliche subletale Wirkung durch die Kontaminanten fand ebenfalls SCHÜTZ (1985). In seinen Versuchsserien stieg der Fettgehalt der Fische deutlich, nachdem die Kontaminationen abgesetzt worden waren.

Die Bedeutung des physiologischen Zustandes sowie möglicher artspezifischer Lipidpolster

---

[4] Die Regenbogenforelle heißt nach der inzwischen aufgefundenen gültigen Erstbeschreibung nicht mehr *Salmo gairdneri*, sondern *Oncorhynchus mykiss* KENDALL. Sie ist damit in die Verwandtschaft der Pazifiklachse gestellt worden. Hiermit kommt auch der neozoische Charakter stärker zum Ausdruck.

[5] Bei diesem Wert handelt es sich mit Sicherheit um einen Ausreißer

für die Bioanreicherung wurde eingehend von GEYER et al. (1985 a) dargestellt. Aus dieser Arbeit ergibt sich sehr deutlich, daß Anreicherungen von lipophilen Xenobiotika in aquatischen Organismen sinnvoll nur auf deren Fettgehalt zu beziehen sind. Anreicherungsfaktoren, die nur mit dem Frisch- oder Trockengewicht korreliert sind, können zu falschen Schlußfolgerungen verleiten, wie Tabelle 2.3 veranschaulicht.

Selbstverständlich gilt auch für Invertebraten, daß die Wirkung von Chemikalien von dem physiologischen Zustand der Testtiere abhängt[6]. Nach Befunden von PASCOE et al. (1990) sind die Zusammenhänge – abhängig von den Kontaminationspfaden und den Lebensweisen der Tiere – aber möglicherweise komplizierter als bei den Fischen. PASCOE et al. testeten die akute Toxizität von Cadmium gegenüber dem vierten Larvenstadium von *Chironomus riparius* (Diptera, Nematocera) in Abhängigkeit vom Vorhandensein von Futter und künstlichem Sediment. Die Anwesenheit von Futter erhöhte die akute Toxizität, gleichgültig, ob künstliches Sediment vorhanden war oder nicht. Die Anwesenheit von künstlichem Sediment dagegen verminderte die apparente Toxizität. Der letzte Befund läßt sich wahrscheinlich damit begründen, daß bei Anwesenheit von Sediment die Tiere einem geringeren physiologischen Streß ausgesetzt sind, da sich die Tiere durch den Bau von Gängen quasi-natürlich verhalten können, was sich z.B. in Atmungs- und Suchaktivitäten ausdrückt. Hieraus könnte eine größere Toleranz gegenüber dem Xenobiotikum resultieren.

Die erhöhte apparente Toxizität von Cadmium bei Anwesenheit von Futter hängt damit zusammen, daß das Schwermetall durch Sorption rasch von der Testlösung in das Futter übergeht, so daß sich die Exposition der Tiere auf diesem Wege drastisch erhöht (PASCOE et al. 1990).

Auch auf den Verlauf der Dekontamination von Schadstoffen greift die physiologische Kondition der Organismen maßgeblich ein. Das Beispiel der Lindan- und Hexachlorbenzol-Dekontamination bei Goldorfen und Regenbogenforellen, erarbeitet von SCHÜTZ (1985), mag dies illustrieren (Abb. 2.2). Gleichgültig, welches Alter die Goldorfen hatten, oder um welche Fischart (Goldorfe oder Regenbogenforelle) es sich handelte, es ergab sich sowohl für HCB als auch für HCH eine gesicherte Korrelation zwischen den Halbwertszeiten und den Fettgehalten der untersuchten Fische. SCHÜTZ übernahm in seine Rechnungen zusätzlich Daten der früheren Untersuchung von LANGER (1983), die sich hervorragend in die gefundene Regression einpaßten. Für HCB und HCH ermittelte SCHÜTZ die nachstehenden Eliminationsgleichungen:

---

[6] Ökotoxische Wirkungen sind, wie NUSCH (1986) sehr deutlich ausführt, keine reinen Stoffeigenschaften chemischer Verbindungen. Denn „Toxizität ist das Resultat einer Wechselwirkung zwischen Stoff (‚Agens') und biologischem System (‚Rezeptor'), wobei dem Schädigungspotential des Stoffes (Struktur und Dosis) das Schutzpotential des biologischen Rezeptorsystems (z.B. Reaktions-, Regenerations-, Regulationsfähigkeit auf verschiedenen ökosystemaren Integrationsebenen) gegenübersteht. Ökotoxizität kann demnach prinzipiell nicht als stoffspezifische Eigenschaft beschrieben werden. Die in ökotoxikologischen Experimenten (‚Biotests') ermittelten Wirkungswerte (EC- oder LC-Werte) beziehen sich immer auf die, gegebenenfalls per Konvention festgelegte (‚standardisierte') Testsituation. Die im allgemeinen gute Reproduzierbarkeit der Ergebnisse kann nur durch weitgehende Abstraktion von den realen (variablen) Umweltsituationen erzielt werden. Es ist prinzipiell nicht möglich – auch nicht mit Hilfe komplexer Modellversuche –, alle denkbaren Umweltrisiken zu prognostizieren; dennoch können positive Ergebnisse – auch von einfachen Wirkungstests – als Hinweise auf mögliche ökosystemare Schädigungen gewertet werden. Durch die Wahl höher integrierter Testsysteme steigt die Aussagefähigkeit (‚Interpretierbarkeit') der Ergebnisse auf Kosten der Reproduzierbarkeit ..."

HCB: $T_{1/2} = 46,7 + 2,4$ Fettgehalt (mg/g)
   $r = 0,98; n = 4; p < 0,05$
HCH: $T_{1/2} = 11,6 + 1,2$ Fettgehalt (mg/g)
   $r = 0,97; n = 7; p < 0,001.$

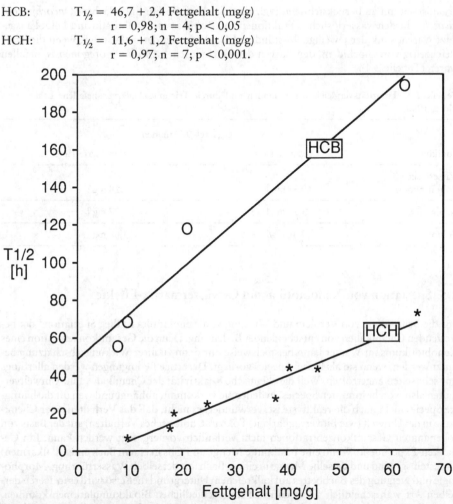

Abbildung 2.2: Abhängigkeit der Dekontaminations-Halbwertszeiten ($T_{1/2}$) von Lindan (HCH) und Hexachlorbenzol (HCB) bei Goldorfen verschiedenen Alters und Regenbogenforellen (nach SCHÜTZ 1985).

Die Gleichungen besagen, daß mit zunehmendem Fettgehalt die Eliminations-Halbwertszeiten ansteigen. SCHÜTZ schränkt allerdings ein, daß diese Abhängigkeit nur dann gilt, wenn die Schadstoffe aus dem Wasser aufgenommen werden. Denn bei der HCB-Anreicherung aus dem Futter wurden beispielsweise sehr lange Halbwertszeiten (> 20 d) ermittelt, so daß zu vermuten ist, daß durch die relativ hohen Einzeldosen mit dem Futter die Dekontaminationskapazität überfordert wird. Diese Aussage wird durch die Tatsache gestützt, daß hohe HCB-Dosen im Futter in den Fischen ein Anreicherungsniveau erzielten, das weit über der Maximalanreicherung aus dem Wasser lag.

In einer zusammenfassenden Arbeit weist PASCOE (1987) auf die Notwendigkeit hin, bei Ökotoxizitätstests die Begleitparameter Wasserqualität und physiologischen Zustand der Testorganismen mit zu berücksichtigen (vgl. Kap. Speciation). Für Silberlachse (*Oncorhynchus kisutch*), die den wasserlöslichen Fraktionen von Rohöl sowie Naphthalin und Toluol ausgesetzt waren, sank der jeweilige 96-stündige LC_{50}-Wert um den Faktor 3-5, wenn die Tiere gleichzeitig von Glochidien, den Larven der Teichmuschel *Anodonta oregonensis*, befallen waren (Tabelle 2.4).

Tabelle 2.4: Toxizitätsvergleich von gesunden und durch Teichmuschellarven befallene Lachse (aus MOLES 1980).

Toxikum	LC_{50} nach 96 Stunden	
	gesunde Tiere	parasitierte Tiere
wasserlösliche Rohölfraktion	10,38 mg/l	2,28 mg/l
Naphthalin	3,22 mg/l	0,77 mg/l
Toluol	9,36 mg/l	3,08 mg/l

2.5 Speciation von Xenobiotika und Gewässermatrix-Effekte

Für die Beurteilung von Verbleib und Wirkung von Xenobiotika ist die „Speciation" der betreffenden Chemikalien von entscheidender Bedeutung. Denn die Gesamtkonzentration eines Xenobiotikums im Wasser kann beispielsweise nur dann zu ihrer Wirkungsabschätzung benutzt werden, wenn sie als Einzel-Species vorliegt. Derartige Bedingungen werden allerdings nur sehr selten angetroffen. Weil die chemische Reaktivität der Chemikalien, ihr Umweltverhalten also, von bestimmten Species, in denen sie vorkommt, abhängt und weil oft die häufigste Species nicht auch die reaktivste ist, verwundert es nicht, daß das Verhalten einer Chemikalie in der Umwelt (wie Bioverfügbarkeit, Toxizität, abiotisches Verhalten) auf der Basis von sogenannten Gesamtkonzentrationen nicht verläßlich vorhergesagt werden kann. Ein Gedanken-Experiment: Wenn eine bestimmte Menge an PCBs in einem Bach einer (kalkarmen) Urgesteinsgegend und dieselbe Menge in einem Bach mit derselben Wasserführung, Morphologie und Neigung des Bachbettes auf kalkreichem Untergrund fließt, so wird es in Tieren derselben Art wahrscheinlich selbst dann zu unterschiedlichen Bioakkumulationen kommen, wenn die Tiere in beiden Bächen dasselbe Alter und denselben physiologischen Zustand aufweisen. Hervorgerufen durch die verschiedenen Gewässermatrices liegen die PCBs in unterschiedlicher Speciation und damit Bioverfügbarkeit vor. Das nachstehende Kapitel soll deshalb einige Gesetzmäßigkeiten aufzeigen, die für das Verständnis des Biomonitorings von Bedeutung sind. Auf dieses Phänomen wird im Zusammenhang mit dem Biomonitoring organischer Schadstoffe im Gewässer deshalb recht ausführlich eingegangen, weil sowohl in der Umweltchemie als auch in der Ökotoxikologie Erkenntnisfortschritte gegenwärtig dadurch be- oder verhindert werden, daß geeignete Analytiken auf die jeweiligen Species der Xenobiotika für die meisten Fälle fehlen. Hier besteht aktueller Forschungsbedarf.

Der Begriff „Speciation" oder „Species" im chemischen Zusammenhang ist aus der Biologie entlehnt. Chemiker benutzen den Begriff „Speciation" sowohl hinsichtlich statischer als auch kinetischer Beziehungen: zum Beispiel „Speciation eines Metalls" (statisch) oder „Reaktions-Spezifität" (kinetisch). Der Begriff „Species" bezieht sich auf die molekulare Form (Konfiguration) von Atomen eines Elements, eines Clusters von Atomen verschiedener Elemente oder einer Verbindung in einer bestimmten Matrix (BERNHARD et al. 1986). Zum Beispiel sind Phosphat, Diphosphat und Adenosintriphosphat einige Species des Elements Phosphor; molybdänblau-reaktives Phosphat, gelöstes Gesamtphosphat oder Gesamtphosphat sind operational definierte „Species" des im Wasser vorkommenden Phosphats. Die letztgenannten Formen des Phosphats sagen allerdings nichts über die tatsächlichen Species aus, die an Umweltprozessen in aquatischen Systemen teilnehmen (STEINBERG 1989).

Für die nachfolgenden umweltchemichen und ökotoxikologischen Betrachtungen (Bioakkumulation, Biomonitoring, Effekte) sind im wesentlichen die Speciationen von Bedeutung, die durch Wechselwirkungen organischer Chemikalien mit der anorganischen und organischen Gewässermatrix hervorgerufen werden. Zu den Wechselwirkungen mit der anorganischen Matrix zählen solche mit suspendierten Partikeln wie auch mit Sedimenten und zu den mit der organischen Matrix solche mit natürlichen organischen Wasserinhaltsstoffen, allgemein als Gewässerhumus oder aquatische Huminstoffe bezeichnet.

2.5.1 Rolle von partikel-gebundenen organischen Xenobiotika im Gewässer

Viele der stärker toxischen Organometallverbindungen und organischen Verbindungen sind im Gewässer in und auf suspendierten abiotischen und biotischen Partikeln verteilt. Hierdurch können sie schnell aus dem aquatischen Ökosystem entfernt und im Sediment „begraben" werden. Nichtsdestotrotz werden selbst stark hydrophobe organische Chemikalien, wie DDT, PCBs oder das extrem toxische 2,3,7,8-TCDD („Seveso-Dioxin") in den höchsten trophischen Niveaus der aquatischen Nahrungskette gefunden. Es wird oft beobachtet, daß sich aquatische Ökosysteme scheinbar rasch erholen, wenn die punktförmigen Quellen saniert worden sind, wohingegen die Xenobiotika-Konzentrationen in den Lebewesen nur allmählich abnehmen. Ein Grund hierfür ist die gewässerinterne Rückführung und verlängerte Bioverfügbarkeit der persistenten Chemikalien, die an Partikeln gebunden sind. Hierbei spielen physikalische und biologische Zerstörung der Sedimente eine wesentliche Rolle. In Fließge-

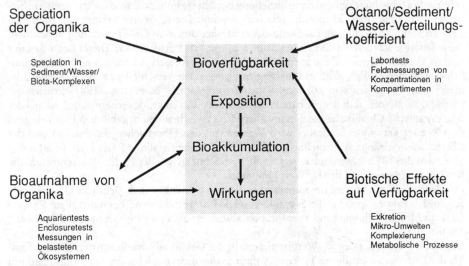

Abbildung 2.3: Untersuchungsansätze für die Bioverfügbarkeit von partikelgebundenen organischen Kontaminanten (verändert nach ALLAN 1986).

wässern und selbst in Seen schleust die physikalische Resuspension kontaminierte Partikel in die Wassersäule. Biologische Zerstörung der obersten Sedimentschichten (Bioturbation) führt nach ALLAN (1986) zu:

1) direkter biologischer Aufnahme von Chemikalien durch benthische Organismen;
2) unmittelbarer Freisetzung von Chemikalien in das überstehende Wasser;
3) Aufwirbelung der Oberflächensedimente, so daß die Zeit für eine „unschädliche" Deponierung in tieferen Sedimentschichten verlängert wird.

Einige der Einflußgrößen, die die Bioverfügbarkeit der partikelgebundenen organischen Kontaminanten beeinflussen, sowie diesbezügliche Untersuchungsansätze sind in Abb. 2.3 enthalten.

2.5.1.1 Sorption organischer Xenobiotika an Partikel

In natürlichen Gewässern hängen der Verbleib, der Metabolismus und die Wirkung von hydrophoben organischen Chemikalien sehr stark von ihrer Sorption an suspendierten Partikeln, häufig resuspendierte Sedimente, ab. Die unterschiedlichen Chemikalien haben charakteristische Sorptionsisothermen für die verschiedenen Schwebstoffe und Sedimente. Wenn man jedoch eine spezifische Chemikalien-Konzentration im Wasser und eine spezifische Konzentration suspendierten Sediments nimmt, erhält man einen spezifischen Verteilungskoeffizienten (K_p). Der K_p-Wert ist charakteristisch sowohl für die Chemikalie als auch für das Sediment.

Der erste und wichtigste Faktor, der den K_p-Wert beeinflußt, ist die **Konzentration der Chemikalie in der Lösung**. Der K_p-Wert wird als Gleichgewichtskonstante zwischen der Chemikalienkonzentration in der Partikelphase und der Konzentration in der Lösung gemessen.

Der zweite Einflußfaktor ist die **Konzentration der suspendierten Partikel**. O'CONNOR & CONNOLLY (1980) konnten zeigen, daß zwischen der Konzentration an absorbierenden Partikeln und dem Verteilungskoeffizient (Konzentrationsverhältnis der Chemikalie an Partikeln zur Lösungsphase) eine inverse Beziehung besteht: Je höher die Konzentration an sorbierenden Partikeln, desto kleiner die relative Sorption. Die K_p-Werte nahmen um rund eine Zehnerpotenz zu, wenn die Partikelkonzentrationen um eine Größenordnung abnahmen. Diese Befunde wurden wiederholt bestätigt, u.a. von VOICE et al. (1983). Dieser Befund ist mit älteren Vorstellungen, daß die Sorption nach den Gleichungen der Langmuir- oder Freundlich-Isothermen erfolgt, nicht in Einklang zu bringen. Die verschiedenen Mechanismen, die hierfür verantwortlich sein könnten, wurden von MACKAY & POWERS (1987) kritisch gewürdigt. Sie meinen, daß der primäre Prozeß der Sorption eine „lockere Sorption" ist, bei der eine organische Chemikalie die Gesamtoberfläche zwischen den organischen Partikeln und dem Wasser vermindert. Hierbei wird Wasser von den Oberflächen der Partikel und der Chemikalie verdrängt. Als Ergebnis von Partikelkollisionen ist dieser Prozeß sehr leicht reversibel. Auf diese Weise wird auch verständlich, daß mit steigender Partikelkonzentration die Kollisionsrate steigt und der K_p-Wert abnimmt.

Der dritte Einflußfaktor ist der **mineralische Charakter der Partikel**. Deutliche Unterschiede zeigen sich zum Beispiel bei der Sorption von DDT an verschiedene Tonmineralien: So wird DDT an Montmorillonite rund 5-mal stärker absorbiert als an Illite (O'CONNOR & CONNOLLY 1980).

Der vierte Faktor, der den K_p-Wert bestimmt, ist der **Gehalt an natürlichen organischen Stoffen** der Partikel. Suspendierte Teilchen, sofern es sich nicht um lebendes oder totes Plankton handelt, ist in kalkreichen Gewässern überwiegend aus anorganischem Material aufgebaut. Der organische Kohlenstoffanteil reicht bis rund 3%. In kalkarmen und -freien Gewässern kann dieser Anteil 20 bis 30% ausmachen (z.B. STEINBERG et al. 1991). Selbst wenn der organische Kohlenstoffgehalt nur gering ist, kann er, da er überwiegend als dünne Ummantelung von Mineralien vorliegt, für die Entfernung von organischen Xenobiotika aus der Wassersäule eine wesentliche Rolle spielen. Der hierbei vorherrschende Prozeß ist häufig weniger eine eigentliche Sorption als vielmehr die Lösung der organischen Chemikalie in die organische (lipid-ähnliche) Oberflächenschicht der Partikel.[7] Wenn die Wasserlöslichkeit einer Chemikalie steigt, nimmt deren Octanol/Wasser-Verteilungskoeffizient[8] (K_{ow}) sowie deren Sorption an den Partikeln ab. Der organische Kohlenstoffgehalt (OC) oder die Menge der organischen Überzüge auf den Mineralpartikeln in den resuspendierten oder abgelagerten Sedimenten beeinflußt somit die Größe des Verteilungskoeffizienten ganz wesentlich. Aus diesem Grunde definierten KARICKHOFF et al. (1979) den Verteilungskoeffizienten (K_p) einer organischen Chemikalie im Wasser/Sediment-System wie folgt:

$$K_p = f(K_{ow}/OC),$$

so daß der K_p-Wert aus dem K_{ow}-Wert der Chemikalie sowie dem organischen Kohlenstoffgehalt des Sediments vorhergesagt werden kann. In einer weiteren Arbeit spezifizierte KARICKHOFF (1981) diese Beziehung:

$$K_p = 0,411 * K_{ow} * \text{(Anteil des OC im Sediment)}.$$

Die mit dieser Formel berechneten K_p-Werte lagen in guter Übereinstimmung mit den gemessenen (Abweichungen um maximal Faktor 2). Obwohl viele Details aus der Bodenkunde bekannt waren, stellt der Ansatz von KARICKHOFF eine neue, sehr wertvolle Basis für organische Kontaminanten im aquatischen Bereich dar, da bei der Belastung des Bodens normalerweise mit höheren Konzentrationen sowohl der Kontaminanten als auch des natürlichen organischen Kohlenstoffs zu rechnen ist[9].

---

[7] Zu dem Thema Art der Bindung von organischen Chemikalien an natürlicher organischer Boden- oder Sedimentmatrix liegt eine umfangreiche Literatur vor. Beispielhaft seien einige informative Arbeiten referiert:
SENESI & TESTINI (1982) stellten für die s-Triazine und Bodenhumus heraus, daß nicht die Ausbildung von ionischen Bindungen oder Wasserstoffbrückenbindungen, sondern die Bildung von stabilen Ladungstransfer-Komplexen zwischen der adsorbierenden Matrix und dem absorbierten Stoff für die Bindung dieser Herbizide an den Bodenhumus der wichtigste Prozeß sei. Ähnliches gilt auch für Herbizide auf Harnstoffbasis (SENESI & TESTINI 1983, 1984).
Diese Aussage gilt auch für Paraquat (SOJO et al. 1987).
Vergleichbare Ladungstransfer-Komplexe fand MÜLLER-WEGENER (1987) mit weiteren Stickstoff-Heterocyclen, wie Pyridinen und Pyrimidinen.
Bei hochchlorierten Phenolen (Tetra- und Pentachlorphenol) spielen ionische Bindungen eine wichtige Rolle, während bei den niederchlorierten Phenolen diese Art der Sorption zu vernachlässigen ist, wenn der pH-Wert des Wassers nicht mehr als eine Einheit über dem pK_s-Wert (neg. Logarithmus der Säuredissoziationskonstanten) liegt (SCHELLENBERG et al. 1984).
LEE & FARMER (1989) betonen, daß die Art der natürlichen organischen Substanzen einen bedeutenden Einfluß auf die Sorption von nichtionischen Pestiziden hat: So hatten gelöste Huminsäuren (wasser- aber nicht säurelösliche Fraktion der Huminstoffe) eine höhere Affinität für Napropamid, DDT und Lindan als Fulvosäuren (wasser- und säurelösliche Fraktion der Huminstoffe).

[8] Der Octanol/Wasser-Verteilungskoeffizient einer Substanz ist ein Maß für deren Lipophilie (vgl. Kapitel 3 und 4).

[9] Neben dem K_{ow}-Wert zur Charakterisierung der Sorption von organischen Chemikalien an Böden und Sedimenten wurde eine Reihe weiterer physikochemischer Eigenschaften der Stoffe getestet. SABLJIC (1987, 1990) neben vielen anderen benutzte topologische Eigenschaften [Beschreibung der Nachbarschaftsverhältnisse] organischer Moleküle (PAHs, heterocyclische und substituierte PAHs, PCBs,

Der letzte Einflußfaktor für der Sorption toxischer organischer Chemikalien ist die **Zeit**. Wie seit langem aus der Bodenkunde bekannt, verläuft die Sorption in zwei Schritten:

1) in einem sehr schnellen ersten Schritt und
2) in einem langsamen Schritt, der oft erst nach Minuten eintritt und Wochen oder länger andauern kann.

Konventionelle K_p-Werte aus dem Laboratorium sind zumeist nur solche der schnellen, 2- bis 5-minütigen Phase. Unter natürlichen Bedingungen kann allerdings bei den langen Expositionszeiten auch die langsame Phase bedeutsam sein. Entsprechendes gilt ebenfalls für die Desorptionsvorgänge.

Von untergeordneter Bedeutung für die Sorption organischer Xenobiotika im Vergleich zu den bisher aufgeführten Einflußfaktoren sind die **Konzentrationen anderer Chemikalien und Ionen in der Lösung sowie die Temperatur.**

Abschließend sei auf die Arbeit von PAVLOU & DEXTER (1980) verwiesen, die für einige Klassen organischer Pestizide in aquatischen Ökosystemen die Verteilungskoeffizienten zusammenfaßten (Tabelle 2.5). Hohe K_p-Werte stehen hier für nichtpolare Stoffe, niedrige für polare, gut wasserlösliche.

2.5.2 Interaktionen von aquatischen Huminstoffen mit Pestiziden und anderen Xenobiotika

Aufgrund ihrer hydrophoben Eigenschaften können natürliche aquatische Huminsubstanzen mit organischen Xenobiotika assoziieren, wenn diese ihrerseits überwiegend hydrophoben Charakter haben (WERSHAW et al. 1969; POIRRIER et al. 1972; HASSETT & ANDERSON 1979; GJESSING & BERGLIND 1981; CARLBERG & MARTINSEN 1982; CARTER & SUFFET 1982; LANDRUM et al. 1984). Dies wurde für Pestizide (CHIOU et al. 1986), u.a. DDT, halogenierte Kohlenwasserstoffe wie chlorierte Phenole und halogenierte Aniline (BOLLAG 1983), und besonders häufig für PAHs gezeigt (LEVERSEE et al. 1983, MCCARTHY & JIMENEZ 1985a, MOREHEAD et al. 1986). Durch diese Sorptionsvorgänge wird sowohl Verbleib als auch Metabolismus und, wie weiter unten gezeigt werden wird, die Bioverfügbarkeit, die Akkumulation und die Ökotoxizität von organischen Chemikalien gegenüber aquatischen Organismen beeinflußt.

Bei den PAHs werden hochkondensierte Systeme wie Benzo[a]pyren stärker an Huminstoffe gebunden (97%) als niederkondensierte wie Naphthalin (2%) oder Anthracen (MCCARTHY & JIMENEZ 1985b). Um die Sorptionskapazität von natürlichen Wasserproben gegenüber PAHs zu charakterisieren, kann die UV-Absorption bei 270 nm (Wasserprobe wird hierbei auf pH 8 eingestellt) herangezogen werden (MCCARTHY et al. 1989).

Die Pionierarbeit zu diesem Thema stammt von WERSHAW et al. (1969). Die Autoren fanden, daß eine 0,5-prozentige Lösung der Natrium-Salze von Huminsäuren die Löslichkeit von DDT im Wasser um den Faktor von rund 20 erhöhte. Neuere Nachuntersuchungen zur DDT-Löslichkeit erbrachten, daß sich die Löslichkeitserhöhung durch Huminstoffe wohl eher bei 100 als bei 20 bewegte. Die Vielzahl der Arbeiten, die sich dann zu dem Thema Löslichkeits-

---

Alkyl- und Chlorbenzole, halogenierte Alkane und Alkene sowie halogenierte Phenole) und berechnete die Sorption aus dem Molekularen Konnektivitätsindex. SABLJIC hält sein Modell dem empirischen Octanol/Wasser-Verteilungsmodell aufgrund besserer statistischer Werte für überlegen. Die überwiegende Meinung der Ökotoxikologen besagt aber, daß aufgrund der Tatsache, daß die meisten umweltrelevanten organischen Chemikalien fettlöslich sind, QSAR-Betrachtungen über K_{ow}-Werte aussagekräftiger seien als über topologische Eigenschaften der organischen Moleküle.

Tabelle 2.5: Ermittelte Bereiche der Sediment/Wasser-Verteilungskoeffizienten für verschiedene Pestizid-Klassen und 2,3,7,8-TCDD (nach Pavlou & Dexter 1980 und Lodge & Cook 1989).

Pestizid-Typ	K_p	Charakterisierung der Sorption ans Sediment
Organochlor aromatisch, aliphatisch	10^5-10^3	Wenige polare Anteile; hydrophobe und van der Waals-Bindungen; Induktionseffekte (polare Substituenten, nichtkonjugierte Doppelbindungen)
Organophosphate aliphatisch Phenyl-Derivate Heterocyclen	$5 * 10^2-10^1$ 10^3-10^2 $5 * 10^2-50$	Aktive polare Anteile (Elektronenreiche Heteroatome, saure Wasserstoffe, heterocyclischer Stickstoff)
Carbamate Methylcarb. Thiocarb.	$5 * 10^2-2$	Hochpolar; verstärkte Löslichkeit; verringerte Sorption gegenüber Organochlorverbindungen
Nitroaniline	$1 * 10^3-2$	Nichtkonjugierte polare Gruppen (tragen zu elektrostatischen Interaktionen bei); große Moleküle; starke hydrophobe Kräfte
Triazine	$8-1$	Durch Sonneneinstrahlung ionisierbare Gruppen (Aminowasserstoffe); Wasserstoffbrückenbindungen mit Wasser, geringe Sorption an Böden
2,3,7,8-TCDD	$>2 * 10^7$	sehr starke Bindung an die organische Sedimentphase

erhöhung von hydrophoben organischen Chemikalien durch aquatische Huminstoffe anschlossen, verdeutlicht, daß die Lösung von hydrophoben Verbindungen ein allgemeines Charakteristikum von gelösten Humusmaterialien sei. Um die Interaktionen zwischen hydrophoben organischen Chemikalien und aquatischen Huminstoffen zu verstehen, sind verschiedene Modell-Vorstellungen erarbeitet worden. Das plausibelste, einleuchtendste Modell stammt von Wershaw (1986), das u.a. auf den ersten Befunden zu diesem Thema aufbaut. Das Modell wurde ursprünglich zwar für Boden-Huminstoffe entwickelt, hat aber aller Wahrscheinlichkeit nach auch Gültigkeit für aquatische Huminstoffe (Wershaw 1989).

Die wahrscheinlichste Erklärung für die Lösung von DDT und anderer hydrophober Moleküle ist, daß diese Stoffe in das hydrophobe Innere von Huminsäure-Aggregate wandern. Diese Hypothese wird u.a. durch die Arbeiten von Chiou et al. (1983, 1986) und Morehead et al. (1986) unterstützt, wonach die Sorption von Pestiziden aus wäßrigen Lösungen an Partikeln am besten als Verteilungsprozeß der Pestizide von einer flüssigen Phase (in diesem Falle die Bodenwasserlösung) in eine flüssigkeitsähnliche Phase – hier die hydrophoben Anteile der Huminaggregate – erklärt werden kann. Morehead et al. (1986) fanden zudem, daß die Verteilung von organischen hydrophoben Chemikalien zwischen Wasserphase und Sorptionsphase an aquatischen Huminstoffen stärker von der Quelle der natürlichen organischen Substanzen abhängt als von der Wasserlöslichkeit der organischen Xenobiotika. Dagegen wird für spezifische Wasserproben mit unterschiedlichen Konzentrationen an aquatischen Humus von einer einzigen Quelle die Verteilung nur von der Wasserlöslichkeit oder dem K_{ow}-Wert bestimmt. Für die Bindung von DDT wurden von Carter & Suffet (1982) die Verteilungsbedingungen noch weiter präzisiert: Der an Humus gebundene Anteil des DDTs hängt demnach ab von der Humusquelle, dem pH-Wert, der Calcium-Konzentration, der Ionenstärke sowie der Konzentration des Humusmaterials. Die organischen Chemikalien werden auf diese Weise zu unterschiedlichen Quantitäten in Lösung gehalten und nicht vom Sediment sorbiert (CARON et al. 1985 a, b). Eine Chemikalie, deren Verteilung im aquatischen System jedoch nicht vom Gehalt an Humus beeinflußt zu werden scheint, ist Lindan (CARON et al. 1985 a, b). Zu vergleichbaren Ergebnissen kamen auch OIKARI & KUKKONEN (1990) (s. Kapitel 9.1.1). Zur weiteren Illustration der Sorption von organischen Chemikalien an aquatischen Humus sind auch die Versuche aus dem Anwendungsbereich der Bodensanierung von ABDUL et al. (1990) aufschlußreich. Sie versuchten sechs aromatische Kohlenwasserstoffe (Benzol, Toluol, p-Xylol, Ethyltoluol, sec-Butylbenzol und Tetramethylbenzol) mit einer Humuslösung aus sandigem Material zu extrahieren. Die Substanzen mit der höchsten Wasserlöslichkeit, Benzol und Toluol, wurden sowohl mit Wasser als auch mit Humuslösung zu über 99% extrahiert, während sich bei den weniger wasserlöslichen Substanzen eine deutliche Steigerung der Extraktion bei Anwesenheit von Humus in der wäßrigen Phase ergab (Tabelle 2.6). Diese Befunde können – praktisch umgesetzt – für die Infiltration des Grundwassers mit organischen Kontaminanten (BENGTSSON et al. 1987) von Bedeutung sein.

Tabelle 2.6: Steigerung der Extraktion ausgewählter organischer Chemikalien bei Anwesenheit von Humus in der wäßrigen Phase (nach ABDUL et al. 1990).

Substanz	Steigerung der Extraktion in %
p-Xylol	24
Ethyltoluol	40
sec-Butylbenzol	14
Tetramethylbenzol	14

WERSHAW (1986) beschreibt zur Erklärung der geschilderten Phänomene die Huminkolloide als membran- oder mizellenartige Aggregate, die aus verschiedenen Oligomeren und einfachen Verbindungen von teilweise abgebauten Pflanzenkomponenten gebildet werden und die durch geringe Bindungskräfte (π-Bindungen, Wasserstoffbrückenbindungen, hydrophobe Interaktionen) zusammengehalten werden. Die entstehende membranartige Huminstoffstruktur besteht aus polaren, hydrophilen äußeren Oberflächen mit hydrophobem Inneren. Polare Verbindungen reagieren mit den äußeren polaren Gruppen dieser Huminstoffstrukturen, während hydrophobe Verbindungen – wie erwähnt – in das hydrophobe Innere dieser Strukturen wandern werden.

Am Beispiel der Huminstoffe aus dem Suwannee-Fluß wurden die Gesetzmäßigkeiten der Bindung von nicht-ionischen organischen Stoffen (apparente[10] Löslichkeitserhöhung) eingehend studiert (KILE et al. 1989). Über das bisher Geschilderte hinausgehende Ergebnisse sind:

1) Die apparente Wasserlöslichkeit einer nicht-ionischen organischen Chemikalie steigt mit zunehmendem Gehalt an gelösten natürlichen organischen Wasserinhaltsstoffen.

2) Die Verteilungskoeffizienten zwischen gelöster organischer Materie und Wasser sind im Falle der Suwannee-Fluß-Huminstoffe für Fulvo- und Huminsäuren vergleichbar. Sie sind aber um den Faktor 5 bis 7 geringer als für Huminsäuren aus Böden.

3) Das Ausmaß der Löslichkeitssteigerung wird durch die Molekülgröße, die Polarität der gelösten organischen Materie und die Wasserlöslichkeit des gelösten Stoffes bestimmt.

---

[10] Das Wort „apparent" bedeutet wörtlich: „scheinbar", aber auch „offensichtlich". Mit der Verwendung des Wortes „apparent" soll offenbleiben, ob es sich um eine echte oder nur eine scheinbare Löslichkeitserhöhung handelt.

Bei einer gegebenen Konzentration natürlicher organischer Substanzen zeigen solche organischen Chemikalien die größte Löslichkeitsverstärkung, die am schlechtesten in Wasser löslich sind.

4) Neben der im WERSHAW-Modell genannten Eigenschaft, intramolekulare, nicht-polare organische Umgebungen zu bilden, bestimmen auf der Seite der Huminstoffe folgende Charakteristika das Ausmaß der Löslichkeitsverstärkung: geringe Polarität, hoher Aromaten-Gehalt und die Molekül-Konfiguration.

Der Prozeß der Bindung von organischen Chemikalien an Huminstoffe kann auch durch Enzyme katalysiert werden. So fand BOLLAG mit verschiedenen Mitarbeitern (1983), daß der Pilz *Rhizoctonia praticola* eine Laccase freisetzt, die zusammen mit einem aus der Bodenmatrix extrahiertem Katalysator verschiedene natürliche (aus Pflanzenmaterial) und künstliche Phenole polymerisieren kann. Bei derartigen Polymerisationen können auch Xenobiotika mit Strukturanalogen eingebunden werden.

Aquatische Huminsubstanzen greifen noch auf eine weitere Art in das Umweltverhalten von organischen Chemikalien ein. Da Huminstoffe in der Lage sind, Strahlungen im UV-Bereich des Sonnenlichtes zu absorbieren, können sie einen Photoabbau solcher anthropogenen organischen Chemikalien initiieren, die selbst in diesem Bereich praktisch nicht absorbieren und deshalb nicht oder nur wenig dem Photoabbau unterliegen. Dies gilt zum Beispiel für die meisten Pestizide. Für einige Pestizide untersuchten JENSEN-KORTE et al. (1987) den Einfluß von aquatischen Huminstoffen auf den Photoabbau. Die aufschlußreichen Ergebnisse sind in Tabelle 2.7 wiedergegeben. Vergleichbare Verstärkungen des abiotischen Abbaus durch die Anwesenheit natürlicher organischer Wasserinhaltsstoffe wurden auch für Ethylenthioharnstoff, Thiobencarb, DDE und Aldrin ermittelt (ROSS & CROSBY 1985).

Tabelle 2.7: Halbwertszeiten ausgewählter Pestizide bei An- und Abwesenheit von Huminstoffen (aus JENSEN-KORTE et al. 1987).

		Halbwertszeit-Einheiten bei Humuskonzentration [mg/l]		
Pestizid	0	10	100	500
Carbamate				
Propoxur	87,9	40,8	13,0	--
Ethiofencarb	51,7	9,9	(1,3)	--
Phosphorester				
Sulfotep	k.A.	38,4	12,4	--
Parathion	39	13,4	4,4	2,3
Harnstoffderivate				
Propylenthioharnstoff	100	12,7	2,5	0,7
Methabenzthiazuron	k.A.	91,2	21,9	--
Triazoderivate				
Triapenthenol	128	32,2	15,4	--
Amitrole	k.A.	--	7,5	--
Pyrethroide				
Cyfluthrin	16	4,0	--	--

k.A. = kein Abbau feststellbar

Die aquatischen Huminstoffe haben nicht nur auf den abiotischen Abbau, sondern ebenfalls auf die Biodegradation von organischen Chemikalien einen stimulierenden Einfluß. So fanden LIU et al. (1983), daß der Abbau von 2-(Methylthio)benzothiazol, einem Antioxidans bei der Gummiherstellung, und von 2,4-Dichlorphenol durch adaptierte Bakterien deutlich gesteigert werden konnte (Tabelle 2.8). Der verantwortliche Wirkungsmechanismus der Fulvosäuren konnte nicht geklärt werden. Ein Co-Metabolismus der organischen Chemikalien konnte ausgeschlossen werden.

Tabelle 2.8: Verminderung der Halbwertszeiten für den biologischen Abbau für 2-(Methylthio)benzothiazol (MMBT) und 2.4-Dichlorphenol (2,4-DP) bei Anwesenheit von Fulvosäuren [FA] und Glucose im Fall von MMBT (aus LIU et al. 1983).

Kombinationen	MMBT	MMBT + FA	MMBT + Glucose	MMBT + FA + Glucose
Halbwertszeit (h)	110	62	69	28

Kombination	2.4-DP	2.4-DP + FA
Halbwertszeit (h)	235	145

Zu ähnlichen Befunden kamen LARSSON & LEMKEMEIER (1989). Sie untersuchten den Einfluß von Huminstoffen auf den Abbau von drei Chlorphenolen sowie einer Mischung von PCBs. Die Mineralisation von 3,4,-Dichlorphenol und 2,4,5-Trichlorphenol, gemessen als $^{14}C\text{-}CO_2$-Produktion, war in Gegenwart der Huminstoffe doppelt so hoch wie ohne Humus-Zugabe. Während die PCB-Mischung keine Unterschiede zeigte, wurde der Abbau von Pentachlorphenol durch die Anwesenheit von Humus sogar leicht gehemmt. In Braunwasser-seen hat sich eine Bakterienflora etabliert, die Phenole aus Huminstoffen verwerten und offensichtlich ebenfalls einige, aber nicht alle chlorierten Phenole mineralisieren kann.

Während man bislang annahm, daß Huminstoffe als Stimulator für die Aktivität von Algen und Bakterien wirken, kommen SHIMP & PFAENDER (1985) zu dem Ergebnis, daß Bakterien, die an Huminstoffe adaptiert sind, in ihrer Abbauleistung von monosubstituierten Phenolen deutlich nachlassen. Diese Verminderung war umso stärker, je höher die Konzentrationen an Huminstoffen waren. Es wird angenommen, daß es zu inaktivierenden Komplexen zwischen Huminstoffen und den abbauenden Enzymen kommt.

2.5.3 Auswirkungen der Speciation sowie der Wechselwirkung mit der Gewässermatrix auf ökotoxikologische Eigenschaften

Aus Veränderungen von Lösungs- und Sorptionseigenschaften durch die Wechselwirkungen organischer Chemikalien mit der Gewässermatrix sowie durch verschiedene Species, in der die Xenobiotika vorliegen können, ergeben sich deutlich unterschiedliche (öko)-toxikologische Eigenschaften dieser Stoffe. Einige charakteristische Veränderungen seien kurz umrissen.

2.5.3.1 Einfluß von Partikeln auf Aufnahme und Toxizität organischer Xenobiotika

Dioxine und Furane
Die Belastung von aquatischen Ökosystemen mit Dioxinen und Furanen ist überwiegend partikelgebunden (vgl. KNUTZEN & OEHME 1989). Die Autoren vermuten deshalb zurecht, daß

diese Art der Exposition gegenüber den Organismen vergleichsweise wenig akut toxisch ist. Nach Befunden von O'KEEFE et al. (1986) hat sich indizienhaft herausgestellt, daß bei partikelgebundenen PCDDs und PCDFs die unmittelbare Bioverfügbarkeit für Fische praktisch nicht gegeben ist (s. „Nahrungsketten-Akkumulation"). Dies gilt allerdings nicht unbedingt für den Kontaminationspfad über das Sediment (vgl. BATTERMAN et al. 1989)!

Polycyclische aromatische Kohlenwasserstoffe (PAHs)

Über die Aufnahme des PAHs Benzo[a]pyren (B[a]P) durch *Daphnia magna* in Anwesenheit von anorganischen und organischen Partikeln führten LEVERSEE et al. (1983) aufschlußreiche Untersuchungen durch. Sie prüften die B[a]P-Aufnahme in unbehandeltem, filtriertem sowie in filtriertem und oxidiertem Wasser aus einem Bach und einem Teich. Die Akkumulation von B[a]P wurde bis zu 66% vermindert, wobei rund 40% der Gesamtreduktion dem gelösten organischen Kohlenstoff (DOC) zugeschrieben werden muß.

Andere organische Chemikalien

Eine der wenigen weiteren Arbeiten, die den Effekt von Partikeln hinsichtlich einer möglichen Toxizitätsverminderung eingebrachter organischer Chemikalien quantifiziert, befaßte sich mit kationischen Polyelektrolyten, die als Flockungshilfsstoffe bei der Wasserversorgung und Abwasserreinigung eingesetzt werden und gelegentlich in höheren Konzentrationen in Oberflächengewässer gelangen (CARY et al. 1987). Über den Verbleib und Metabolismus dieser Stoffe in Oberflächengewässern ist vergleichsweise wenig bekannt. Viele dieser wasserlöslichen Makromoleküle haben gegenüber Wasserorganismen eine akute Toxizität von weniger als 1 mg/l. Wahrscheinlich wurden auch bereits Fischsterben hervorgerufen (CARY et al. 1987 mit Originalverweisen). Da diese Xenobiotika im Gewässer mit anorganischen Partikeln sowie mit der natürlichen organischen Gewässermatrix in Berührung kommen, testeten CARY et al. sowohl den Einfluß von anorganischen Schwebstoffen als auch verschiedenen natürlichen organischen Kohlenstoffverbindungen (s.u.). Bei den anorganischen Schwebstoffen stellte sich heraus, daß nur Bentonit, nicht aber Illit, Kaolin oder Kieselgur, die Toxizität gegenüber *Daphnia* und der Dickkopf-Elritze (*Pimephales promelas*) verminderten. Bentonit wirkte ebenso stark abmindernd wie die organischen Kohlenstoffverbindungen (s.u.).

Für ionische Tenside, die bereits im Sediment und nicht nur an Partikeln gebunden sind, liegt ein Bericht über den Schlupferfolg der Zuckmücken-Art *Chironomus riparius* vor (PITTINGER et al. 1989). Es zeigte sich, daß die NOECs[11] der untersuchten sedimentgebundenen Tenside [lineares Alkyl(dodecyl)benzolsulfonat, Dodecyltrimethylammoniumchlorid, Distearydimethylammoniumchlorid] um die Faktoren 100, 1.000 und 10.000 höher lagen, als die entsprechenden Werte der im Wasser gelösten Tenside.

Deutlich geringer, wenn auch signifikant ausgeprägt, war die Toxizitätsverminderung von linearen Alkylbenzolsulfonaten (LAS) unterschiedlicher Kettenlängen gegenüber *Daphnia magna*, wenn Kaolin (ein Tonmineral) in das Wasser zugegeben worden war (MAKI & BISHOP 1979). Insbesondere die Toxizität der längeren Homologen wurde vermindert. Ein ähnlicher Effekt wurde bei nichtionischen Tensiden nicht gefunden.

---

[11] NOEC = *No Observed Effects Concentration*

2.5.3.2 Einfluß von Huminsubstanzen auf Aufnahme und Toxizität organischer Xenobiotika

Polycyclische aromatische Kohlenwasserstoffe (PAHs)

Die Art der Bindung von PAHs an Humus ist vollständig reversibel und die Aufnahme von PAHs an aquatischem Humus verläuft sehr schnell, nämlich innerhalb von 5 bis 10 Minuten. Auf diese Weise wird ein Teil der PAHs mehr oder weniger kolloidal in Lösung gehalten. Grob verallgemeinert gilt, daß der an Humus sorbierte Anteil für viele der genannten Xenobiotika weitgehend nicht mehr bioverfügbar ist und daher nicht akkumuliert wird. Das Ausmaß der Akkumulationsverminderung hängt allerdings von dem jeweiligen PAH ab.

Einige Beispiele seien aufgeführt: McCARTHY et al. (1985) und McCARTHY & JIMENEZ (1985b) fanden Verminderungen der Akkumulationswerte zwischen 90 und 100% in Biotests mit *Daphnia magna* und dem Blauen Sonnenbarsch (*Lepomis macrochirus*) (McCARTHY et al. 1985). Eine weniger ausgeprägte Akkumulationsabnahme (nur 50%) ermittelten KUKKONEN & OIKARI (1987). Entsprechend einer geringeren Verfügbarkeit des PAH B[a]P fielen die BCF-Werte von mehr als 600 im Testansatz ohne Humus auf gut 300 im Ansatz mit Humus ab.

OIKARI & KUKKONEN (1990) bestätigten vorangegangene Untersuchungsergebnisse über die inverse Beziehung zwischen der Bioverfügbarkeit von B[a]P und dem DOC-Gehalt verschiedener Seen. Aber nicht nur die Quantität, sondern auch die Qualität der gelösten Humussubstanzen scheint eine Rolle bei der Nutzbarmachung von Xenobiotika zu spielen. So senkt ein höherer Anteil hochmolekularer hydrophober Säuren, wozu die Fulvosäuren gehören, offensichtlich die Bioverfügbarkeit von B[a]P.

Deutlich andere Ergebnisse mit *Daphnia magna* wurden von LEVERSEE et al. (1983) veröffentlicht (Tabelle 2.9). Die Befunde von Methylcholanthracen sind dann besonders bemerkenswert, wenn sichergestellt ist, daß die Autoren mit richtigen Lösungen und nicht mit übersättigten Systemen gearbeitet haben.

Tabelle 2.9: Veränderungen in der Bioakkumulation von PAHs durch Anwesenheit von aquatischen Huminstoffen. Testtier: *Daphnia magna* (nach LEVERSEE et al. 1983)

PAH	Veränderung in % der Kontrolle
Benzo[a]pyren	− 25%
Anthracen	nicht signifikant
Dibenzanthracen	nicht signifikant
Dimethylbenzanthracen	nicht signifikant
Methylcholanthracen[12]	+ 210%

Es ist offensichtlich, daß aquatische Huminsubstanzen nicht nur die Akkumulation von PAHs durch Invertebraten herabsetzen, sondern auch sehr auffällig erhöhen können, ohne daß bislang eine eindeutige Gesetzmäßigkeit erkennbar ist. Mögliche allgemeine Mechanismen für die Aufnahme der an Huminstoffen sorbierten organischen Xenobiotika werden später diskutiert.

Unterschiede in den Akkumulationsraten bei ein und demselben PAH in verschiedenen Untersuchungen werden sicherlich zum Großteil in den verschiedenen Quellen und damit verschiedenen chemischen Zusammensetzungen sowie unterschiedlichen Versuchskonzentra-

---

[12] Ein anthropogenes PAH mit mutagener Wirkung (VERSCHUEREN 1983)

tionen des aquatischen Humus begründet sein. Dieser Effekt wurde eingehend von KUKKONEN et al. (1989) untersucht. Die Autoren bestimmten mit der Gleichgewichts-Dialysen-Technik den Verteilungskoeffizienten (K_p) von Benzo[a]pyren (B[a]P), das an Humus sorbiert und frei gelöst vorlag und fanden:

$$K_p = C_p * (C_o * DOC)^{-1},$$

worin C_o die Konzentration außerhalb des Dialyse-Säckchens mit dem aquatischen Humus ist und frei gelöstes B[a]P repräsentiert; C_p ist die Differenz zwischen den B[a]P-Konzentrationen innerhalb und außerhalb des Dialysesäckchens und steht für den gebundenen Anteil von B[a]P. Ein Anstieg der Huminstoffkonzentrationen, gleich welcher Herkunft, verminderte in den Versuchen von KUKKONEN et al. (1989) die Bioverfügbarkeit von B[a]P gegenüber *Daphnia magna* in einem logarithmischen Kurvenverlauf. Für Humus aus einem kleinen Moor (Hellerudmyra) außerhalb von Oslo wurde folgende Beziehung des BCF-Wertes von B[a]P zum DOC (*dissolved organic carbon* = gelöster organischer Kohlenstoff) berechnet:

$$BCF = 5299 - 1097 \ln [DOC] \; (n = 39, r^2 = 0,87).$$

Die Beziehung verdeutlicht, daß relativ kleine Mengen an natürlichen aquatischen Huminsubstanzen ausreichen, um die Akkumulation von B[a]P beträchtlich zu vermindern. Allerdings bestanden deutliche Unterschiede in vorhergesagten und gemessenen BCF-Werten: die gemessenen waren in allen Ansätzen generell höher.

Längere Zeit bestand die Vermutung, daß eine nennenswerte Einschleusung von PAHs in die Nahrungskette bei Anwesenheit von aquatischem Humus nur noch über den nicht an den Humus sorbierten Anteil erfolgen könne. Der an Humus sorbierte Anteil von PAHs sollte nicht verfügbar sein (MCCARTHY et al. 1985). Die erwähnten Diskrepanzen zwischen gemessenen und berechneten BCF-Werten halten KUKKONEN et al. (1989) dagegen für ein Indiz dafür, daß auch ein Teil der an Humus sorbierten PAHs von den Daphnien akkumuliert werden kann. Eine weitere Erklärung wäre, daß zwischen sorbierten und freien Anteilen der PAHs ein Gleichgewicht besteht, da die Bindung an Huminstoffe reversibel ist. Bioakkumulierte Anteile könnten dann durch Desorption nachgeliefert werden und ständen einer weiteren Aufnahme zur Verfügung. Wenn die Desorption der geschwindigkeitsbestimmende Schritt wäre, wäre die Bioakkumulation sehr stark zeitabhängig.

Für die Aufnahme von B[a]P durch Kiemenepithelien der Regenbogenforelle (*Oncorhynchus mykiss*) scheint die Aussage, daß nur frei im Wasser gelöste Anteile aufgenommen werden können, nach wie vor zu gelten, denn BLACK & MCCARTHY (1988) erhoben, daß die Aufnahme um denselben Prozentanteil des B[a]Ps vermindert wurde, der an Humus gebunden war. Ökotoxikologische Untersuchungen über die Wirkungen von photolytischen Abbauprodukten [vgl. referierte Arbeit von JENSEN-KORTE et al. (1987)] liegen bislang nicht vor, wären aber vordringlich.

Andere organische Xenobiotika
In einer vergleichenden Studie über die Verfügbarkeit (ermittelt als Biokonzentrationsfaktoren) der organischen Chemikalien Dehydroabietin-Säure, Benzo[a]pyren und Pentachlorphenol stellten KUKKONEN & OIKARI (1987) heraus, daß die Dehydroabietin-Säure in ihrer Verfügbarkeit ähnlich wie Benzo[a]pyren (s.o.) bei Anwesenheit von aquatischem Humus verringert wird. Es zeigte sich ein deutlicher Effekt der Einwirkungszeit auf die Ausbildung des Komplexes zwischen der organischen Chemikalie und dem aquatischen Humus. Denn bei einer Kontaktzeit von 7 Tagen wurde die Verfügbarkeit von Dehydroabietin-Säure auf ein Drittel des Null-Tage-Wertes gesenkt. Auch für 2,2',5,5'-Tetrachlorbiphenyl gilt für die Aufnahme durch Fischkiemen, daß nur der frei gelöste Anteil durch die Kiemenepithelien wandern kann (BLACK & MCCARTHY 1988).

Pentachlorphenol verhielt sich bei *Daphnia magna* dagegen völlig anders: Selbst nach 14-tägiger Einwirkzeit konnte keine Veränderung der Verfügbarkeit bemerkt werden (KUKKONEN & OIKARI 1987). Dies könnte darin begründet sein, daß Pentachlorphenol zu einem hohen Anteil anionisch vorliegt und dadurch an den aquatischen Humus nicht stark genug sorbiert wird. Die Bindung von Pentachlorphenol an Huminstoffe wäre damit unmittelbar vom pH-Wert abhängig.

Bei Dehydroabietin-Säure veränderte sich die akute Toxizität bei Anwesenheit von aquatischem Humus allerdings nicht entsprechend der BCF-Werte. So fiel die LC_{50} von 3,03 mg/l (ohne Humus) auf 0,71 mg/l (mit Humus); sie vervierfachte sich somit. Ein vergleichbarer Effekt wurde für 2,4,6-Trichlorphenol bei geringer, jedoch nicht bei 13-tägiger Kontaktzeit für die Chemikalien und bei 4,5,6-Trichlorguaiacol bei jeder Kontaktzeit gefunden (KUKKONEN & OIKARI 1987).

Für kationische Polyelektrolyte gilt dagegen wie für die PAHs auch, daß die akute Toxizität gegenüber *Daphnia magna* und der Dickkopf-Elritze (*Pimephales promelas*) bei Anwesenheit natürlicher organischer Kohlenstoffkomponenten um eine bis zwei Zehnerpotenzen vermindert wurde. Dies gilt sowohl für Huminsäuren, Fulvosäuren als auch für Tannine, Lignin und Lignosite (CARY et al. 1987).

Die wahrscheinlich erste Arbeit, die den Einfluß der Sorption von organischen Chemikalien an aquatischen Humus auf die Ökotoxizität untersuchte, war die von STEWART (1984). Er studierte den Einfluß derartiger Komplexe auf die Photosynthese der Grünalge *Ankistrodesmus bibraianum* (= *Selenastrum capricornutum*). Für seine Versuche verwendete STEWART die Fulvosäuren-Fraktion (wasser- und säurelösliche Fraktion) der Huminstoffe, und als Toxizitätsendpunkt diente die Verminderung der Photosynthese um 50%. Die Fulvosäuren veränderten die Toxizität der meisten getesteten Verbindungen erheblich. Bei der Serie mit verschiedenen methylierten Anilinen stieg (!) die Photosynthesehemmung (EC_{50}) bei Anwesenheit der Fulvosäuren bis um den Faktor 45, wobei der Anstieg nicht von dem Ausmaß der Methylierung abhing (Abb. 2.4). Die Toxizität der untersuchten Phenole nahm bis um den Faktor 5,4 zu. Die Toxizität von 8-Methylquinolin wurde durch die Fulvosäuren nicht verändert, während die von Quinolin geringfügig und die von *p*-Benzochinon deutlich (Faktor 6,4) abnahm. Entsprechende Komplexe aus Huminstoffen und Metallen verminderten durchweg (wesentliche Ausnahme: Hg) deren Toxizität. Zu diesem Thema liegen viele Arbeiten vor. Stellvertretend seien STACKHOUSE & BENSON (1988, 1989) erwähnt.

Mit Ausnahme von *p*-Benzochinon, das im Photosystem II beim nichtzyklischen Elektronenfluß angreift, ist der spezifische Wirkmechanismus der verwendeten Chemikalien nicht bekannt. Deshalb lassen sich über die Veränderungen in den Toxizitäten der eingesetzten Chemikalien nur allgemeine Aussagen machen:

1) Gelöste Huminstoffe ermöglichen oder verhindern die Aufnahme in die *Ankistrodesmus*-Zellen, indem sie die Membranpermeabilität verändern (s. WERSHAW-Modell).
2) Gelöste Huminstoffe bewirken, zum Teil durch Radikalreaktionen, (photo)-chemische Veränderungen der organischen Chemikalien und die entstehenden Tochterprodukte sind selbst mehr oder weniger giftig gegenüber *Ankistrodesmus*.
3) Gelöste Huminstoffe binden bevorzugt die fragliche organische Chemikalie und vermindern so die effektive Giftkonzentration, die auf *Ankistrodesmus* einwirken kann.
4) Gelöste Huminstoffe werden von der Zelloberfläche sorbiert und verändern auf diese Weise den Verteilungskoeffizienten der organischen Chemikalie.

Die geschilderten Mechanismen gelten als Erklärung in ihrer Allgemeinheit sicherlich auch für die Befunde an *Daphnia*, wie sie KUKKONEN & OIKARI (1987) schilderten.

Der Einfluß der natürlichen organischen Matrix auf die Ökotoxizität organischer Chemikalien gilt natürlich nicht nur für die wäßrige Phase allein, sondern auch für das Sediment und

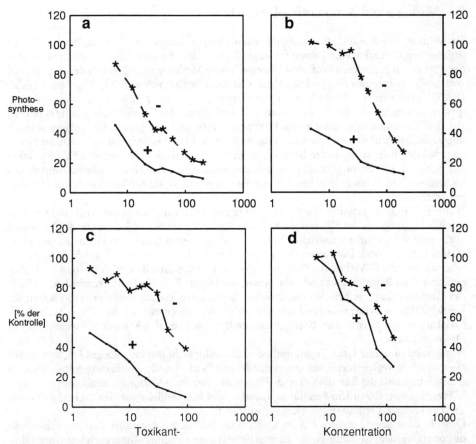

Abbildung 2.4: Dosis-Wirkungskurve von Anilinen gegenüber der Grünalge *Ankistrodesmus bibraianum* bei Anwesenheit (+) und Abwesenheit (−) von gereinigten aquatischen Huminsubstanzen (5 mg/l). Die verwendeten Chemikalien sind: Anilin (a), o-Toluidin (b), 2,3-Dimethylanilin (c) und 2,3,6-Trimethylanilin (d) (nach STEWART 1984).

seine darin exponierten Bewohner. So fanden beispielsweise LYNCH & JOHNSON (1982), daß die Bioakkumulation von Hexachlorbiphenyl durch Amphipoden deutlich anstieg, wenn das organische Material aus dem Sediment entfernt worden war.

Als Fazit zu den Interaktionen von aquatischem Humus mit organischen Xenobiotika läßt sich festhalten, daß die entstehenden Verbindungen deutlich andere ökotoxikologische Eigenschaften als die Ausgangssubstanzen aufweisen. Auch die Biodegradation wird verändert. Es muß gezielten zukünftigen Untersuchungen vorbehalten bleiben, ob die Bioakkumulation durch die Komplexbildung durchweg vermindert, die Toxizität überwiegend erhöht und die biotische Abbaufähigkeit zumeist gesteigert wird.

2.6 Wirkung von Xenobiotika-Gemischen

Umweltrelevante Kombinationsmöglichkeiten allein der bereits auf dem Markt befindlichen organischen Chemikalien scheinen fast unendlich zu sein. Es verwundert deshalb nicht, daß der Mangel an geeigneten Prüf- und Überwachungs-Methoden gelegentlich der Gegenstand von Publikationen oder Symposien ist [z.B. CALAMARI & PACCHETTI (1987), VOUK et. al. (Eds.) (1987)]. Daß aber die Auswirkungen von verschiedenartigen, zeitlich kurz aufeinanderfolgenden Noxen (z.B. Gemische organischer Chemikalien, oder Chemikalien und Infektionen) auf den (Gesundheits)-Zustand von Pflanzen, Tieren und gar ganzen Ökosystemen einen überragenden Einfluß haben, machen jüngste Befunde über das Seehundsterben in der Nordsee 1988 deutlich: So vermuten BROUWER et al. (1989), daß die Belastung von *Phoca vitulina* mit PCBs u.a. das Immunsystem gerade so geschwächt hat, daß eine verstärkte Antikörperbildung noch nicht eingesetzt hat und die Tiere auf eine virale Infektion nicht ausreichend reagieren konnten.

Weitere Aktualität gewinnt die Frage der Ökotoxizität von Gemischen auch daraus, daß großflächig aufgebrachte Chemikalien wie die Pestizide zum Beispiel nicht nur den Wirkstoff allein enthalten, sondern zusätzlich noch mit zahlreichen sogenannten Formulierungshilfsstoffen versehen sind. Die verwendete Pestizid-Emulsionen erweisen sich als durchweg toxischer als die reinen Wirkstoffe. Dies gilt selbst dann, wenn dieselben Wirkstoffkonzentrationen einmal als Reinsubstanz und zum anderen mal in der Emulsion getestet wurden. Im Falle der synthetischen Pyrethroide beispielsweise liegen alarmierende Zahlen vor: So waren die handelsüblichen Pyrethroid-Produkte gegenüber Wasserorganismen um das 3- bis 5-fache toxischer als die eigentlichen Wirksubstanzen (SOLOMON et al. 1986 mit Hinweisen auf die Originalliteratur).

Ferner wird im Laufe einer Vegetationsperiode häufig nicht nur ein einziges Präparat appliziert, sondern verschiedene mit unterschiedlichen Wirk- und Formulierungshilfsstoffen, so daß sich im Laufe der Zeit die Gemisch-Effekte der einzelnen Wirkungs- und Formulierungshilfsstoffe sowie deren Umwandlungsprodukte und Metabolite einstellen (SCHEUNERT et al. 1987) – ein kaum erfaßbares Wirkungsspektrum!

Obwohl diese alarmierenden Fakten und Thesen bereits seit geraumer Zeit in Fachkreisen diskutiert werden, ist die Literatur über gezielte (Laboratoriums)-Untersuchungen zur Ökotoxikologie von Gemischen organischer Chemikalien auffallend spärlich. Vermutungen, aufgestellt anhand von Freilandbefunden, finden sich dagegen häufiger.

Generell lassen sich folgende Wirkungsmöglichkeiten unterscheiden:

1) Die Toxizität wird durch die **am stärksten wirkende** Chemikalie bestimmt. Die übrigen Chemikalien fallen toxisch nicht weiter ins Gewicht;

2) Es treten hinsichtlich der toxischen Wirkung **additive Effekte** auf. Dies gilt häufig für Gemische, deren Einzelkomponenten Mitglieder einer homologen Reihe sind (WARNE et al. 1989). Additive Effekte werden zum Beispiel für solche Verbindungen angenommen, deren Toxizitäten mit einer gemeinsamen signifikanten, linearen QSAR[13] beschrieben werden können. Die Toxizität der Gemische sei dann die Summe der Toxizitäten der Einzelkomponenten (z.B. KÖNEMANN 1980);

3) Die Toxizität wird **im Gemisch** verstärkt, es treten u.U. **synergistische Effekte** auf. Hierfür einige Beispiele: Die Kontamination von Karpfen mit Kupfersulfat und Pestiziden (Par-

---

[13] QSAR = Quantitative Structure Activity Relationship (vgl. Kapitel 4). Mit Hilfe physikochemischer Parameter der verschiedenen organischen Chemikalien wird versucht, die zugehörigen toxikologischen Eigenschaften zu beschreiben. Für die Substanzen, die in die Lipide der Membranen eingelagert werden, hat sich der Octanol/Wasser-Verteilungskoeffizient als Molekül-Deskriptor bewährt.

aquat oder Methidathion) führte in synergistischer Weise zu Gewebeschäden und zu einer ebensolchen Erhöhung biochemischer Streßparameter (ASZTALOS et al. 1990). WARNE et al. (1989) fanden bei ökotoxikologischen Prüfungen von Gemischen aus Ölschiefer, daß viele aus Einzelkomponenten zusammengestellte Gemische synergistische Eigenschaften aufwiesen. Die ermittelte QSAR war dementsprechend eine multiple lineare Regression. Über MFO-Untersuchungen an dem Blauen Sonnenbarsch konnten MCCARTHY et al. (1989) zeigen, daß die Belastung mit PAH-Gemischen zu einer synergistischen Steigerung der MFO-Aktivität führte (s.a. Kapitel 10).

4) Die Toxizität wird **im Gemisch** vermindert bis hin zu **antagonistischen Effekten**. Bei Untersuchungen mit dem marinen *Photobacterium phosphoreum* ermittelten HERMENS et al. (1985), daß die Gemische geringfügig weniger die Biolumineszenz des Bakteriums verminderten als nach der Addition der einzelnen Konzentrationen zu erwarten gewesen wäre. Einen eindeutigen Fall von Antagonismus zwischen Cadmium und Zink, die Laborratten als Aerosol verabreicht wurden, beschrieben GLASER et al. (1990): Im niedrigen Konzentrationsbereich hebt Zink die Wirkung von Cadmium auf.

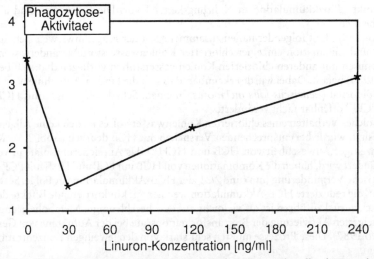

Abbildung 2.5: Wirkung von Linuron auf die Phagozytoseaktivität von Blutzellen der Regenbogenforelle (*Oncorhynchus mykiss*). Angegeben ist der Prozentsatz der phagozytierenden Zellen der gesamten lebenden Zellen 2 Stunden nach der Exposition bei 20 °C (nach FALK et al. 1990)

Auf einen weiteren für die gesamte Gemischproblematik (Exposition wie auch Effekte) interessanten Effekt machen u.a. FALK et al. (1990) aufmerksam. Sie exponierten junge Regenbogenforellen mit dem Harnstoff-Herbizid Linuron [N'-(3,4-Dichlorphenyl)-N-methoxy-N-methyl-Harnstoff] im subakuten Konzentrationsbereich (30 bis 240 µg/l). Als funktioneller Parameter wurde die Phagozytoseaktivität der Leukozyten gemessen. Es zeigte sich, daß bei 30 und nicht bei 0 µg/l Linuron die geringste Phagozytoserate meßbar war.

Unerwarteterweise folgte die chronische Exposition mit Linuron offensichtlich nicht der klassischen Dosis-Wirkungsbeziehung: Geringe Expositionskonzentrationen hatten den stärksten Effekt, während hohe Konzentrationen keine signifikanten Unterschiede zur Kontrolle aufwiesen (Abb. 2.5). Die Wirkung erfolgte somit in zwei unterschiedlichen Phasen. In der ersten Phase wird das Immunsystem geschwächt, ohne gleichzeitig zu einer verstärkten

Leukozyten-Produktion angeregt zu werden. Diese Produktion erfolgt erst bei höheren Schadstoffkonzentrationen.

Es ist unbekannt, ob derartige biphasische Dosis-Wirkungs-Beziehungen bei subakuten, chronischen Expositionen in verschmutzten Ökosystemen häufiger auftreten. In derartigen Ökosystemen sind Kontaminationen mit Einzelstoffen eher die Ausnahme als die Regel. Der „Normal"-Fall ist vielmehr eine Kontamination mit verschiedenen Stoffen, die einzeln durchweg im subakuten Konzentrationsbereich liegen. Falls biphasische Reaktionen tatsächlich häufiger vorkommen, wäre dies ein besorgniserregender Umstand, da eine zweite Noxe dann verheerende Effekte hervorrufen könnte. Wenn diese zweite Noxe den Organismus in der Situation trifft, wenn das Immunsystem geschwächt wird und Reparaturmechanismen noch nicht einsetzen, sind letale Wirkungen der Gemische denkbar. Es ist durchaus wahrscheinlich, daß sich auf diese Weise scheinbar unerklärliche Letaleffekte (z.B. Fischsterben ohne erklärbare Einzelursache) begründen lassen.

Noch weniger als die Toxizität wurden allerdings solche Eigenschaften von Gemischen organischer Chemikalien studiert, die für die Auswahl von Biomonitoren interessant wären, beispielsweise die Bioakkumulation. Einige Angaben zu diesem Punkt liegen aus dem DFG-Schwerpunkt „Bioakkumulation in Nahrungsketten" vor. Die Ergebnisse sind allerdings nicht einheitlich.

LILLELUND (1987) faßt folgendermaßen zusammen: Mit der Frage, inwieweit sich die Akkumulation und Elimination einzelner chlorierter Kohlenwasserstoffe verändert, wenn sie in einem Gemisch mit anderen chlorierten Kohlenwasserstoffen vorliegen, hat sich besonders SCHÜTZ (1985) befaßt. Dabei wurde erkennbar, daß sich die **Lindan**-Aufnahme bei 4 bis 6 cm langen Goldorfen (*Leuciscus idus melanotus*) in einem Schadstoffgemisch mit HCB[14] und HCB + PCP[15] offenbar nicht verändert.

Daß ein solches Verhalten eines chlorierten Kohlenwasserstoffes jedoch keine Allgemeingültigkeit besitzt, wurde bei entsprechenden Versuchen mit HCB deutlich (Abb. 2.6). Während bei gleichzeitiger Anwesenheit von HCB und HCH[16] das Anreicherungsplateau von HCB nicht verändert wird, haben die Kombinationen von HCB mit PCP und HCB mit PCP + HCH eine drastische Verminderung (um rund 2/3!) der HCB-Akkumulation zur Folge. SCHÜTZ vermutet, daß die reduzierte HCB-Akkumulation weniger auf konkurrierende Effekte der Stoffe im Gemisch zurückzuführen ist als vielmehr auf eine beschleunigte Metabolisierung infolge einer gesteigerten Aktivierung der Biotransformationsrate bei der Aufnahme von Gemischen (LILLELUND 1987). Diese Prozesse müßten sehr stark von den jeweiligen Konzentrationen abhängig sein.

Die erhöhten Meßwerte der Bioakkumulation für Pentachlorbenzol aus einem Schadstoffgemisch (Abb. 2.7) läßt sich nach SCHÜTZ (1985 mit Hinweisen auf Originalliteratur) aus der Metabolisierung von HCB über Pentachlorbenzol und PCP sowie dem Abbau von Lindan erklären, bei dem ebenfalls PCP entsteht.

Die dargestellten sehr guten Ergebnisse aus den Untersuchungen von SCHÜTZ (1985) dürfen allerdings nicht darüber hinwegtäuschen, daß über die ökotoxikologischen Wirkungen von Chemikalien-Gemischen ein enormes Forschungsdefizit besteht.

---

[14] Hexachlorbenzol
[15] Pentachlorphenol
[16] Hexachlorcyclohexan

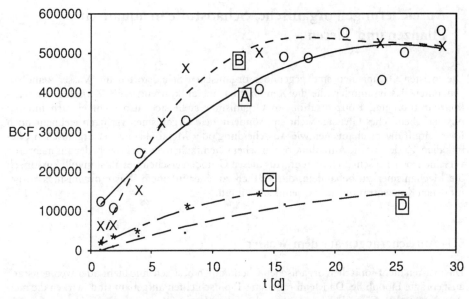

Abbildung 2.6: Veränderung der Akkumulationskinetik von HCB (Kurve A) durch den Einfluß von HCH (Kurve B) oder PCP (Kurve C) und einem Gemisch aus HCH und PCP (Kurve D) bei der Anreicherung aus dem Wasser durch die Goldorfe (nach Sᴄʜüᴛz 1985)

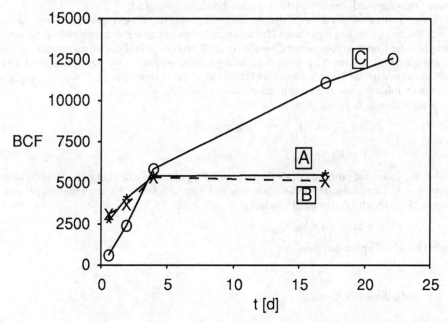

Abbildung 2.7: Veränderung der Akkumulationskinetik von Pentachlorbenzol (Kurve A) in Goldorfen, beeinflußt durch HCB (Kurve B) bzw. HCB und γ-HCH (Kurve C) nach der Aufnahme aus dem Wasser. Angabe des Schadstoffgehalts in den Fischen als fettbezogene Biokonzentrationsfaktoren (nach Sᴄʜüᴛz 1985)

3 Anreicherungen organischer Schadstoffe in aquatischen Pflanzen und Tieren

Die meisten Organismen sind gegenüber organischen Schadstoffen im Wasser keine sogenannten Passivsammler, die die Xenobiotika nur aufkonzentrieren. Zwischen Umweltkonzentration und Konzentration im Organismus stellt sich also nicht einfach nur ein physiko-chemisches Gleichgewicht ein, sondern viele Organismen verfügen vielmehr noch über Entgiftungsmechanismen wie Ausscheidung oder Metabolismus der organischen Chemikalien. Zudem ist die Aufnahme organischer Chemikalien oft ein Prozeß, der aus mehreren verschiedenen Teilschritten besteht. Aus diesen Gründen erscheint es als sinnvoll, kursorisch die Mechanismen zu behandeln, die letztlich zu einer in einem Wasserorganismus vorgefundenen Konzentration einer Chemikalie führen.

3.1 Anreicherungen aus dem Wasser

Die meisten nicht-ionischen organischen Chemikalien besitzen eine mehr oder weniger stark ausgeprägte Lipophilie. Da Membranen aus Lipidschichten aufgebaut sind, wirken die meisten organischen Chemikalien schädigend auf die Membranfunktionen. Aus diesem Grunde wurde vielfach erfolgreich versucht, die Anreicherung von lipophilen Substanzen als Funktion des Lipidgehaltes des jeweiligen Organismus zu beschreiben; eine Reaktionskinetik erster Ordnung wird somit ebenfalls vereinfachend vorausgesetzt.

Biokonzentration ist der Prozeß der Anreicherung von im Wasser **gelösten** Chemikalien durch Fische und andere aquatische Organismen. Es besteht eine Proportionalitätskonstante zwischen der Konzentration einer Chemikalie im Wasser (C_w) und der Konzentration in den aquatischen Organismen (C_o), wenn der Gleichgewichtszustand (*stady state*) erreicht ist. Diese Konstante wird als Biokonzentrationsfaktor (BCF) bezeichnet. Der BCF-Wert ist im allgemeinen **unabhängig** von der Chemikalienkonzentration im Wasser.

Es gelten folgende Beziehungen:

$$BCF = C_o * C_w^{-1} \qquad [ng/kg] * [ng/l]^{-1} \tag{1}$$

bzw.

$$BCF = K_{Auf} * K_{Aus}^{-1} \tag{2}$$

wobei K_{Auf} die Aufnahmegeschwindigkeit und K_{Aus} die Ausscheidungsgeschwindigkeitskonstante ist. Der Biokonzentrationsfaktor ist mit dem n-Octanol/Wasserverteilungs-Koeffizienten (K_{ow}) durch Gleichung (3) verknüpft:

$$\log BCF = a * \log K_{ow} + b, \tag{3}$$

wobei a und b Konstanten sind.

3.1.1 Aufnahme bei Algen

Der genannte vereinfachte Ansatz gilt für die am Anfang einer aquatischen Nahrungskette stehenden Algen nur in Ausnahmefällen. Diese mikroskopischen kleinen Pflanzen besitzen vielmehr folgende Aufnahme- und Anreicherungsmechanismen: Die Akkumulation eines

Schadstoffes kann im allgemeinen als Sättigungsfunktion dargestellt werden, und der Sättigungszustand muß als ein Adsorptionsgleichgewicht betrachtet werden. Das heißt: im Gleichgewichtszustand sind Desorption und Adsorption von gleicher Größe. Diese Sättigungsfunktionen können durch verschiedene mathematische Beziehungen wie die LANGMUIRSCHEN Isothermen, die MICHAELIS-MENTEN-Beziehung und als Gleichgewichtsverteilung nach Nernst ausgedrückt werden (GUNKEL 1987). Daß die Aufnahme nicht nur durch einen einzigen Prozeß vor sich geht, zeigt sich daran, daß die BCF-Werte[1] bei ein und demselben Testorganismus in verschiedenen Untersuchungsansätzen **keine** Konstanten sind. Weiterhin fallen die Anreicherungen bei solchen Algen, die als Reservestoffe keine Lipide oder Öle besitzen, bei den quantitativen Struktur-Wirkungsbeziehungen durch deutlich von Tieren abweichenden Steigungen der Regressionsgeraden auf (s. S. 55).

Als Beispiel für variable BCF-Werte sei die Abhängigkeit der Bioakkumulation bei der coccalen Grünalge *Scenedesmus acutus* von der Atrazin-Konzentration im Versuchsmedium angeführt (Tabelle 3.1) und die Sorptionsmechanismen, soweit heute bekannt, eingehender beschrieben. Der BCF-Wert fällt, je höher die Atrazin-Konzentration im Medium ist[2].

Tabelle 3.1: Abhängigkeit der BCF-Werte bei *Scenedesmus acutus* von den externen Atrazin-Konzentrationen (aus BÖHM 1976).

Atrazin-Konzentration [mg/l]	BCF_F-Wert (volumen-bezogen)	Sorptionskapazität (Sk) (mg/kg Trockengew.)
0,0012	51	0,36
0,012	27	1,97
0,100	10	6,80
1,100	6	44,20

Die Sorptionskapazität nimmt mit steigender Herbizidkonzentration im Medium nach der Gleichung

$$BCF_F = Sk/c_w \qquad (4)$$

entsprechend zu, worin c_w die Xenobiotikum-Konzentration im Wasser ist.

Bei niedrigen Schadstoff-Konzentrationen wurde die Sorptionskapazität erfolgreich als eine FREUNDLICHsche Adsorptionsisotherme beschrieben:

$$\log Sk = \log K + n \log c_w, \qquad (5)$$

worin neben den bereits erwähnten Größen K die FREUNDLICHsche Adsorptionskonstante und n der Beladungskoeffizient (n < 1) sind. Bei höheren Konzentrationen im Medium wurden Abweichungen vom linearen Verlauf festgestellt, die zur Annahme berechtigen, daß bevorzugte Bindungsstellen abgesättigt werden. Deshalb konnten die Isothermen besser durch die LANGMUIRSCHE Adsorptionsisotherme beschrieben werden, deren mathematische Form der Gleichung für die MICHAELIS-MENTEN-Kinetik entspricht (SIMONIS 1987):

$$S_k = S_{max} * c_w * (c_w + K_b)^{-1}, \qquad (6)$$

---

[1] Soweit nicht anders angegeben, handelt es sich bei den angegebenen BCF-Daten stets um Werte, die auf Frischgewicht bezogen sind.

[2] Analoge Befunde liegen auch für diverse Metalle und Algen (vgl. SIMONIS 1987) sowie auch für Atrazin bei einer Reihe von Invertebraten (STREIT 1978) vor.

worin S_{max} die maximale sorbierbare Menge entsprechend der Zahl der Bindungsstellen und K_b die Bindungskonstante darstellt.

Allgemein ist bei Algen (inwieweit diese Mechanismen auch für Höhere Wasserpflanzen gelten, muß an dieser Stelle offenbleiben) davon auszugehen, daß die Sorption von Herbiziden in zwei unterschiedlichen Schritten geschieht: eine *spezifische Bindung* an Proteine, die durch Sättigungsfunktionen von Bindungsstellen (nach Art einer MICHAELIS-MENTEN-Kinetik bzw. LANGMUIRSCHEN Adsorptionsisotherme) dargestellt werden kann. Auf die Abhängigkeit der Atrazin-Sorption vom Proteingehalt wurde bereits im Kapitel 2.1 hingewiesen. Ferner ist eine unterschiedlich große *unspezifische Bindung* festgestellt worden, an der die Einstellung von Verteilungsgleichgewichten in Lipidphasen einen großen Anteil zu haben scheint. Neuere Ergebnisse sprechen für die Annahme, daß bei der Herbizidsorption in Mikroalgen zunächst eine Diffusion vom Medium in die Lipidphase der Zellen gemäß einem Verteilungsgleichgewicht erfolgt. Erst von der Lipidphase aus kommt dann wahrscheinlich eine spezifische Bindung an Proteine zustande (BÖHM & MÜLLER 1976, Simonis 1987).

3.1.2 Anreicherungen bei Invertebraten und Fischen

Bei Invertebraten und Fischen erfolgt die Akkumulation sowohl über die unmittelbare als auch über die Nahrung vermittelte Aufnahme. Die Bioakkumulation ist ein Gleichgewichtsprozeß zwischen den Akkumulations- und den Eliminierungsprozessen (zur Eliminierung s. Kapitel 5).

Für *Daphnia magna* sind die BCF_F-Werte für eine Reihe organischer Chemikalien unterschiedlicher Lipophilie in Tabelle 3.2 wiedergegeben. Aus diesen Daten wurden die in Tabelle 4.2 enthaltenen Struktur-Wirkungs-Beziehungen (QSARs) nach den angegebenen Verfahren berechnet.

Tabelle 3.2: Biokonzentrationsfaktoren von *Daphnia magna* für organische Chemikalien, bezogen auf Frischgewicht (aus GEYER et al. im Druck mit Originalverweisen)

Chemikalie	$\log K_{ow}$	$\log BCF_F$	BCF_F
Terbutryn	3,74	1,17	14,9
	2,56	1,17	14,9
Fluorodifen	3,30	1,18	15,1
Atrazin	2,75	0,26	1,8
Metochlor	3,13	0,73	5,4
Monuron	2,08	0,32	2,1
	1,91	0,32	2,1
Thiazafluoron	1,85	0,39	2,4
Metalaxyl	1,65	0,03	1,1
Biphenyl	3,90	2,67	472
2,2'-Dichlorbiphenyl	4,90	3,26	1.833
	4,65	3,26	1.833
2,4'-Dichlorbiphenyl	5,14	3,57	3.720
	5,07	3,57	3.720
2,4',5-Trichlorbiphenyl	5,67	4,23	17.144
2,2',4,6-Tetrachlorbiphenyl	5,63	3,84	6.900
3-Methylcholanthren	6,42	4,12	13.210
p,p'-DDT	6,19	4,27	18.540
	6,19	4,45	28.500
Aldrin	6,50	4,55	35.250
Hexachlorbenzol (HCB)	5,50	3,98	9.600

Tabelle 3.2: Fortsetzung

Chemikalie	$\log K_{ow}$	$\log BCF_F$	BCF_F
Pentachlorphenol (PCP)	3,69	2,05	110
Lindan (γ-HCH)	3,69	2,33	220
1,2,4-Trichlorbenzol	4,05	2,00	100
	4,05	2,15	142
Leptophos	5,88	2,81	653
2,6-Dichlorbenzonitril	2,65	1,70	50
Naphthalin	3,35	1,70	50
	3,35	1,28	19
Phenanthren	4,56	2,78	600
	4,56	2,51	324
	4,46	2,51	324
Chrysen	5,66	3,74	5.500
Dibenzothiophen	4,38	2,78	600
	4,42	2,78	600
Benzo[b]naphtho-	5,95	3,90	8.000
[2,1-d]thiophenBenzo[a]pyren	5,98	3,90	8.000
	5,98	3,76	5.770
	5,98	4,11	12.764
	6,04	4,11	12.764
Benz[a]anthracen	5,90	3,47	2.920
	5,90	4,01	10.226
Phenol	1,46	1,28	10
Anilin	0,94	0,70	5
Aroclor 1254	6,47	4,67	47.000
Dieldrin	5,40	3,54	3.490
Simetryne	2,50	0,53	3,4
2,4,5-Trichlorphenoxy-essigsäure (2,4,5-T)	2,79	1,73	54
Imidan (Phosmet)	2,78	0,70	5
Anthracen	4,34	2,99	970
	4,45	2,99	970
	4,54	2,71	512
	4,34	2,71	512
Dibenzo[ah]anthracen	6,50	4,70	50.119
Fluoranthen	5,22	3,24	1.742
	5,16	3,24	1.742
Pyren	4,90	3,43	2.700
	5,09	3,43	2.700
Benzo[e]pyren	5,98	4,40	25.200
Benzo[a]fluoren	5,75	3,56	3.668
Acridin	3,30	1,46	29
Fluoren	4,47	2,70	506
Carbazol	3,51	2,01	109
Triphenylen	5,66	3,96	9.057
Chrysen	5,66	3,79	6.088
Perylen	6,06	3,86	7.190
	5,67	3,86	7.190
Benzanthron	4,15	2,71	518
2,2',5,'-Tetrachlorbiphenyl	5,84	3,60	4.000
2,2',4,5,5'-Pentachlorbiphenyl	6,38	4,06	11.400
2,3',4,4',5-Pentachlorbiphenyl	6,74	4,42	26.600
Chinolin	2,03	0,43	2,7
	2,03	0,81	6,4

Neben dem Kontaminationsgrad der Nahrungspartikel ist die Menge der aufgenommenen Nahrung, d.h. die tägliche Ration, entscheidend für die tatsächliche Belastung. Die relativen Rationen (aufgenommene Nahrung in Prozent des Körpergewichtes) unterliegen insbesondere bei Fischen großen Änderungen. Junge Fische nehmen tägliche Rationen von über 100% auf. Die Größe der Rationen verringert sich rasch mit zunehmender Körpergröße der Fische, und zwar auf weniger als 30 bis 40% bei Fischen von ca. 10 cm Länge (GUNKEL 1987 mit Originalverweisen).

HCH und PCP verhalten sich bei der Akkumulation über Wasser und Nahrung sehr ähnlich (Abb. 3.1). Für Lindan beispielsweise errechnete SCHÜTZ (1985) nach Untersuchungen an Goldorfen und Regenbogenforellen eine positive Regression zwischen dem gewichtsbezogenen Anreicherungsfaktor (Biokonzentrationsfaktoren[3] = BCF) und dem relativen Fettgehalt (in %) der Fische:

$$BCF_{gewichtsbez.} = 23 + 121 \text{ Fettgehalt}.$$

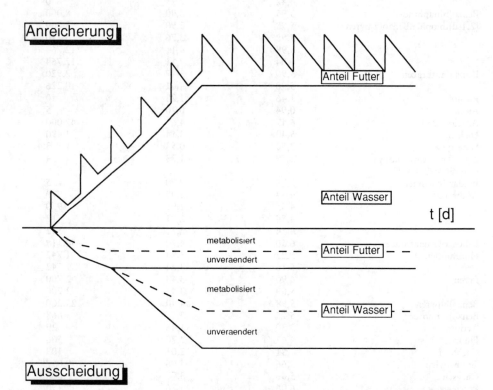

Abbildung 3.1: Schematische Darstellung der Anreicherung von Hexachlorcyclohexan (HCH) oder Pentachlorphenol (PCP) in Fischen durch Aufnahme aus dem Wasser und dem Futter als Beispiele für relativ leicht eliminierbare Stoffe. Fütterungstermine sind als sprunghafte Zunahmen der Anreicherungen zu erkennen (nach SCHÜTZ 1985).

---

[3] Einen Biokonzentrationsfaktor könnte man in der Sprache der Umweltchemie treffend als „Exposition am Wirkort" (W. KLEIN, Schmallenberg) bezeichnen.

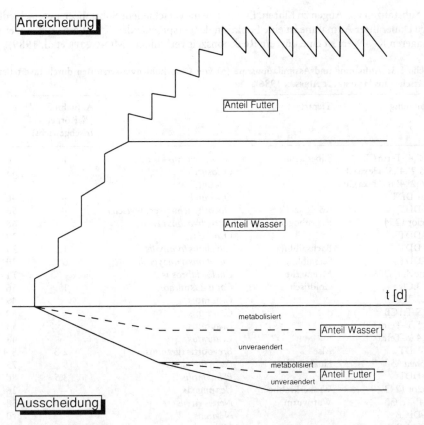

Abbildung 3.2: Schematische Darstellung der Anreicherung von Hexachlorbenzol (HCB) in Fischen durch Aufnahme aus dem Wasser und dem Futter als Beispiel für einen relativ schwer eliminierbaren Stoff. Fütterungstermine sind als sprunghafte Zunahmen der Anreicherungen zu erkennen (nach SCHÜTZ 1985)

Der BCF-Wert, bezogen nur auf Fett, ist dagegen fast unabhängig vom Fettgehalt (in %) der Fische und beträgt im Mittel 14.000. Die Regressionsbeziehung lautet:

$$BCF_{fettbez.} = 14.800 - 400 \text{ Fettgehalt.}$$

Anders als bei Lindan (γ-HCH) und PCP führt die zusätzliche Kontamination über die Nahrung bei Hexachlorbenzol (HCB) jedoch zu einem deutlich höheren Sättigungsplateau als die Aufnahme über das Wasser (Abb. 3.2). Die Höhe des Anreicherungsplateaus ist von der Konzentration des HCBs im Futter abhängig. Ursache ist die geringe Eliminierungsrate von HCB in Goldorfen, die zu einer Halbwertszeit der Dekontamination von 8,1 Tagen gegenüber nur 2,9 Tagen bei Lindan führt.

Für die Substanzen mit hohen K_{ow}-Werten (z.B. PCBs oder DDT) gilt nicht nur für Fische, sondern auch für Invertebraten, daß die Nahrung die wichtigste Kontaminationsquelle darstellt. Es besteht offensichtlich weder eine Beziehung zwischen der Effektivität, mit der die Xenobiotika assimiliert werden, zu der Körpergröße der Tiere noch zu deren trophischen Stellung im Ökosystem (Tabelle 3.3).

Für das weitere Verständnis ist es von Vorteil, sich die allgemeine Bedeutung der Lipophilie von Substanzen vor Augen zu führen. Es gilt: Die für verschiedene Substanzen unterschiedlich lange Dauer ihrer Aufnahme ist eine Funktion der entsprechenden K_{ow}-Werte, d.h. mit einem geringeren K_{ow}-Wert ist eine kürzere Reaktionszeit verbunden (MUNCASTER et al. 1989).

Tabelle 3.3: **Aufnahme und Assimilationsrate** (α) **von Chlorkohlenwasserstoffen durch Invertebraten und Fische (aus** HARDING & ADDISON **1986).**

Verbindung	Tierart		Aufnahme (% Körper-frischgewicht)	α
3,4,3',4'-Tetra CB	Silberlachs	*Oncorhynchus kisutch*	1	56
2,4,5,2',4',5'-Hexa CB		*O. kisutch*		35
2,4,6,2',4',6'-Hexa CB		*O. kisutch*		35
techn. DDT		*O. kisutch*	--	46
p,p'-DDT	Königslachs	*Oncorhynchus tschawytscha*	--	56
Aroclor 1254	Regenbogenforelle	*Oncorhynchus mykiss*	--	68
p,p'-DDT		*O. mykiss*	2	20
p,p'-DDT	Bachsaibling	*Salvelinus fontinalis*	1,5	35
p,p'-DDT	Seesaibling	*Salvelinus namaycush*	6	20
Phonoclor' DP6	Meeräsche	*Chelon labrosus*	--	71
2,5-DiCB	Goldfisch	*Carassius auratus*	1	56
2,2',5-Tri CB		*C. auratus*		49
2,4',5-Tri CB		*C. auratus*		60
2,2',5,5'-Tetra CB		*C. auratus*		53
2,3',4',5-Tetra CB		*C. auratus*		48
p,p'-DDT	Alse	*Brevoortia tyrannus*	2-3	8-41
Clophen A50	Flußbarsch	*Perca fluviatilis*	8	75
p,p'-DDT		*P. fluviatilis*	3,5	80
Aroclor 1242	Winkerkrabbe	*Uca pugnax*	--	26
2,5,4'-Tri CB	Wattwurm	*Nereis virens*	3	58
2,2'-Di CB		*N. virens*		70
2,4,6,2',4'-Penta CB		*N. virens*		93
p,p'-DDT	Krill	*Euphausia pacifica*		62
p,p'-DDT	Copepode	*Calanus finmarchicus*		7-94

3.2 Exposition und Anreicherung organischer Chemikalien bei Benthonbewohnern

Benthontiere sind Xenobiotika gegenüber zumeist stärker exponiert als pelagische Tiere, da die betreffenden Konzentrationen der Muttersubstanzen oder ihrer Metabolite im Sediment höher sind. Folgende Faktoren bestimmen die Konzentrationen von Xenobiotika in benthischen Organismen im allgemeinen:
1) Größe und Lipidgehalt der Organismen
2) Expositionszeit
3) Xenobiotika-Konzentration im Sediment
4) chemische Struktur bei Homologen oder Kongeneren: Bei der Akkumulation von PCBs durch Polychaeten (*Nereis virens*), die mit PCB-kontaminierter Nahrung gefüttert wurden, fanden GOERKE et al. (1979), daß die PCB-Akkumulation von der Anzahl der Chlor-Atome und deren Stellung im PCB-Molekül abhing. PCBs mit mehr Chlor-Atomen wurden zu einem höheren Ausmaß angereichert als solche mit weniger:

di   0,9
tri   1,3
penta 2,5.

Ein Metabolierungseinfluß wird bei diesen wirbellosen Tieren weitgehend ausgeschlossen.

5) Sedimentcharakteristik: Insbesondere der Gehalt an organischem Material im Sediment verändert die Bioverfügbarkeit. Sie wird durch die organische Matrix im allgemeinen vermindert (s. Kapitel „Speciation"). Am Beispiel von Dioxinen konnten MUIR et al. (1983) zeigen, daß bei Chironomiden-Larven die wesentliche Aufnahme über die Haut erfolgt (s. 9.1.2.4).
6) Metabolisierungsrate im Organismus
7) Ausscheidungsrate durch den Organismus.

Auf einzelne Studien zu diesen Fragen sei besonderes Augenmerk gerichtet. Sie betreffen vorwiegend Amphipoden und Oligochaeten. Um die Rolle der letztgenannten Benthontiere, die in den Profundalsedimenten der Laurentischen Great Lakes Dichten bis 100.000 Individuen pro m² erreichen können und die das Sediment bis in 10 cm Tiefe durcharbeiten (FISHER et al. 1980), hinsichtlich der Bioverfügbarkeit von sediment-gebundenen organischen Kontaminanten zu erheben, stellte OLIVER (1984) Aquarien-Untersuchungen mit *Tubifex tubifex* und *Limnodrilus hoffmeisteri* sowie kontaminierten Sedimenten des Lake Ontario an. Höhere Anfangskonzentrationen in den Sedimenten, längere Expositionszeiten und kleinere Körpergrößen der Würmer führten hier erwartungsgemäß zu höheren Biokonzentrationsfaktoren. Verschiedene Chemikalien und Isomere wurden auch bei den Oligochaeten unterschiedlich stark angereichert, so daß die Würmer schließlich andere Chemikalien- und Isomeren-Muster enthielten als die Sedimente. In den Untersuchungen von OLIVER (1984) stellte sich folgende

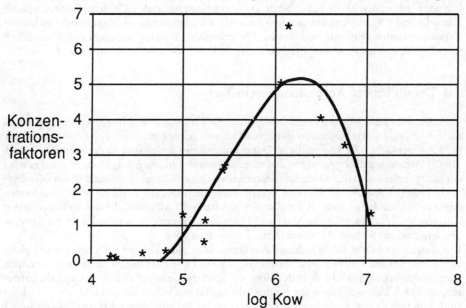

Abbildung 3.3: Biokonzentrationsfaktoren in Oligochaeten vs. log K$_{ow}$ (Polynom 3. Grades). Erklärungen im Text (nach OLIVER 1984)

auffällige Diskrepanz heraus: Die Biokonzentrationsfaktoren aus dem Labor waren niedriger als die aus dem Lake Ontario. Zum Beispiel: Für Pentachlorbenzol und Hexachlorbenzol waren die Biokonzentrationsfaktoren im Labor 0,3 und 0,5, während sie im See 1,3 und 1,9 betrugen. Eine Erklärungsmöglichkeit liegt in den unterschiedlichen Druck- und Temperaturbedingungen, die im See 8 Atm und 4 °C und im Labor 1 Atm und 20 °C betrugen. Auch waren die Würmer aus dem See generell kleiner. In den am stärksten kontaminierten Seesedimenten war der Biota/Sediment-Biokonzentrationsfaktor für PCB 1,4 bis 5,1 und lag damit in derselben Größenordnung, die für den Polychaeten *Nereis diversicolor* ermittelt worden war (ELDER et al. 1979).

In einem 110-Tage-Test fand OLIVER (1984) für andere organische Chemikalien Biokonzentrationsfaktoren von 0,06 bis 6,7. Um eine Abhängigkeit der Biokonzentrationsfaktoren von Struktureigenschaften der Chemikalien herauszufinden, wurden die Biokonzentrationsfaktoren (= BCF) gegen den Octanol/Wasser-Verteilungskoeffizient (K_{ow}), ein physiko-chemisches Maß für die Lipophilie von organischen Chemikalien, aufgetragen (Abb. 3.3). Für Chemikalien mit K_{ow}-Werten kleiner als 10^5, stiegen die BCF-Werte langsam linear an. Für K_{ow}-Werte zwischen 10^5 und 10^6 zeichnete sich ein rascher Anstieg der korrespondierenden BCF-Werte ab, gefolgt von einem starken Abfall bei K_{ow}-Werten $> 10^6$. Eine mögliche Erklärung hierfür ist, daß für die Stoffe mit K_{ow}-Werten zwischen 10^5 und 10^6 selbst bei der langen Versuchsdauer keine Gleichgewichtskonzentrationen in den Würmern erreicht wurden. Hierfür spricht, daß die BCF-Werte für die fraglichen Substanzen während der gesamten Versuchsdauer stetig zunahmen. Der starke Abfall bei den BCF-Werten für K_{ow}-Werte $> 10^6$ könnte dadurch hervorgerufen worden sein, daß diese Stoffe stärker an das Sediment gebunden sind, so daß sie weniger bioverfügbar werden, oder daß sie wegen ihres großen Molekulargewichts nur schwierig durch die Membranen des Wurms transportiert werden können. An dieser Stelle muß offenbleiben, ob in den Versuchen, die zu dieser Aussage führten – ähnlich wie bei den polychlorierten Dibenzo-*p*-dioxinen mit mehr als 4 Chloratomen auch (siehe Kapitel 4 und 8.8), mit unzureichendem Ansätzen wie übersättigten Lösungen oder zu kurzen Expositionszeiten gearbeitet worden ist. Die genannten Dioxine verhalten sich hinsichtlich ihrer Bioakkumulation offensichtlich nicht anders als andere lipophile Stoffe auch.

3.3 Details bei den Anreicherungen in Tieren

Der Aufnahmemechanismus wurde beispielhaft für Atrazin an der Mützenschnecke (*Ancylus fluviatilis*) und jungen Felchen (= Renken, Maränen) (*Coregonus fera*) von GUNKEL & STREIT (1980) untersucht. Die summarische Darstellung dieser Ergebnisse findet sich bei GUNKEL (1987). Atrazin wird sehr rasch von den untersuchten Organismen aufgenommen und es wird ein Sättigungszustand der Akkumulation erreicht. Dieser Sättigungszustand ist ein Gleichgewicht zwischen Atrazin-Abgabe und Atrazin-Neuaufnahme. Die Zeit bis zur halbmaximalen Atrazin-Akkumulation beträgt für *Ancylus fluviatilis* 40 Minuten, die des halbmaximalen Austausches des akkumulierten Atrazins 24 Minuten. Die entsprechenden Zeiten für *Coregonus fera* sind mit 91 bzw. 52 Minuten rund doppelt so lang.

Die Bioakkumulation führt zu einer Kontamination aller Organe im Organismus, rückstandsfreie Organe sind nicht nachzuweisen (GUNKEL 1987 mit Originalverweisen). Dennoch können deutliche Unterschiede in der Höhe der Rückstände in den einzelnen Organen auftreten, die durch Unterschiede in der Bindungskapazität (im wesentlichen Lipidgehalt) bedingt sind. Lipidgehalt und Biokonzentrationsfaktoren für Atrazin steigen bei den Felchen in der Reihe (in der Klammer sind die verfügbaren volumenbezogenen BCF-Werte angegeben): Muskulatur (1,9) < Kiemen (4,5) < Gehirn < Magen-Darm-Trakt (6,1) < Fettkörper (39).

Die höchsten Werte sind in der Leber zu finden, deutlich höhere Atrazin-Rückstände, als nach dem Fettgehalt zu erwarten wäre. Offensichtlich ist die große innere Oberfläche gleichzeitig von Bedeutung für die Akkumulation (GUNKEL 1981).

Bei relativ leicht flüchtigen und gut wasserlöslichen Verbindungen, wie Chlorkohlenwasserstoffen – insbesondere Trichlormethan – wurden Biokonzentrationsfaktoren zwischen 2 und 25 gefunden und die Reihenfolge der Gehalte in den Organen war:

Muskelgewebe < Leber < Kiemen < Gehirn

(DICKSON & RILEY 1976, zit. in HAMBURGER 1987).

Bei den *Mützenschnecken* treten bei Atrazin und Lindan die höchsten Werte in der Mitteldarmdrüse, einem sehr fettreichen Organ, auf. Für die genannten Chemikalien betragen die volumenbezogenen BCF-Werte 350 beziehungsweise 8 (STREIT 1978).

Am nordamerikanischen Krebs *Procambarus clarkii* wurde von MINCHEW et al. (1980) die Verteilung von Mirex[4] in verschiedenen Geweben nach niedriger (7,4 ng/l) und hoher Kontamination (74 ng/l) untersucht. Die Ergebnisse sind Tabelle 3.4 zu entnehmen.

Tabelle 3.4: Verteilung von Mirex im Krebs *Procambarus clarkii* (Angaben in ppb Mirex pro Gramm Gewebe) (aus MINCHEV et al. 1980).

Gewebe	hohe Kontamination (74 ng/l)	niedrige Kontamination (7,4 ng/l)
Muskeln	0,05	0,04
Gehirn	0,06	0,05
Nervenstrang	0,04	0,04
Grüne Drüse	0,2	0,18
Kiemen	1,1	0,7
Mitteldarmdrüse	1,4	1,7
Verdauungstrakt	11,2	7,8

3.4 Vergleich der Anreicherungen organischer Schadstoffe

In vergleichenden Untersuchungen studierten FREITAG et al. (1985, 1990) die Anreicherung von mehr als 100 ^{14}C-markierten Substanzen unter anderem mit nicht adaptiertem Belebtschlamm (stellvertretend für Mikroorganismen-Mischpopulation), mit der Grünalge *Chlorella fusca* als Primärproduzenten und der Goldorfe (*Leuciscus idus melanotus*) als höheren Konsumenten. Die verschiedenen Tests wurden unter vergleichbaren Laborbedingungen ausgeführt. Als Detektion diente die ^{14}C-Verteilung in den Organismen und im Wasser. Die Chemikalien stammen aus den Anwendungsbereichen Pharmazie, Kosmetik, ferner landwirtschaftliche Dünger, Pestizide und Nahrungsadditive. Die umfangreichen Ergebnisse sind in Tabelle 3.5 zusammengefaßt. Für den Belebtschlamm sind die Biokonzentrationsfaktoren nach fallenden Werten geordnet.

Die Biokonzentrationsfaktoren für den Belebtschlamm reichen über vier Zehnerpotenzen: 10 für 2,4-Dichlorbenzoesäure bis 42.800 für Dibenzo[a,h]anthracen. Polycyclische aromati-

---

[4] Mirex ($C_{10}Cl_{12}$) ist ein (in Deutschland bereits seit längerer Zeit nicht mehr gebräuchliches) Insektizid, das als Fraßgift insbesondere gegen diverse Ameisenarten eingesetzt wurde. Mirex war im Bereich der Great Lakes in den 70er Jahren ein Umweltproblem.

Tabelle 3.5: Biokonzentrationsfaktoren von über 100 ausgewählten organischen Chemikalien in Belebt-schlamm, der Grünalge *Chlorella fusca* und der Goldorfe *Leuciscus idus melanotus* (aus FREITAG et al. 1985 und 1990)

	Belebtschlamm	*Chlorella*	*Leuciscus*
Chemikalie	BCF_T (5d)	BCF_F (1d)	BCF_F (3d)[5]
Dibenzo[a,h]anthracen	42.800	2.380	10
Hexachlorbenzol	35.000	24.800	2.320
2,5,4'-Trichlorbiphenyl	32.000	8.950	3.850
Na-Acetat	29.100	16.000	< 10
2,4,6,2',4'-Pentachlorbiphenyl	27.800	11.500	2.320
Chlorhexidin	26.700	2.560	40
Benz[a]anthracen	24.800	3.180	350
Perylen	22.900	2.010	< 10
Aldrin	18.000	12.260	2.760
Dieldrin	17.600	2.310	3.010
Pentachlorbenzol	14.300	4.000	3.000
DDT	14.000	9.350	1.900
Docosan	10.100	8.730	10
Benzo[a]pyren	10.000	3.300	480
Kepone	9.900	450	570
2,4'-Dichlorbiphenyl	9.800	6.720	3.550
Ethylendiamin(hydrochlorid)	8.800	740	< 10
ADPA	6.800	900	< 10
Anthracen	6.700	7.770	910
2,4,6,2'-Tetrachlorbiphenyl	6.500	18.300	3.150
2,2'-Dichlorbiphenyl	6.300	2.690	2.420
Palmitinsäureethylester	5.000	18.300	110
Quintozen	4.500	3.100	1.140
Malonsäurediethylester	3.700	7.870	40
Tristearin	3.600	15.840	< 10
Essigsäureethylester	3.300	13.500	30
Hexadecanol	3.200	17.000	60
3,3'-Dichlorbenzidin	3.100	940	610
Phthalsäurebis(2-ethylhexyl)ester	3.000	5.400	40
Maleinsäure	2.800	10	< 10
Palmitinsäure	2.800	8.400	60
2,6-Di-tert-butylphenol	2.600	800	660
Biphenyl	2.600	540	280
Hexachlorcyclopentadien	2.400	1.090	1.230
Phenol	2.200	200	20
Toluol	1.900	380	90
Chlorbenzol	1.700	50	70
Benzol	1.700	30	< 10
ICM 2100	1.500	1.960	< 10
Brombenzol	1.500	190	50
1,2,4-Trichlorbenzol	1.400	250	490
Cumarin	1.400	40	< 10
Benzoesäure	1.300	< 10	< 10
Dodecan	1.300	6.250	50
Belgard	1.300	250	< 10
Benzidin	1.200	850	80
ß-Hexachlorcyclohexan	1.200	180	450

[5] Hier liegt kein *stady-state* vor: Diese Werte sind deshalb nur untereinander vergleichbar.

Tabelle 3.5: Fortsetzung

	Belebtschlamm	Chlorella	Leuciscus
3-Kresol	1.100	4.900	20
Pentachlorphenol	1.100	1.250	260
Vinylchlorid	1.100	40	< 10
Naphthalin	1.000	130	30
Trichlorethylen	990	1.160	90
Cypermethrin	970	3.280	420
Nitroethan	970	670	1,0
Phenanthren	930	1.760	1.760
2,4,6-Trichloranilin	870	260	330
Hydrochinon	870	40	40
y-Hexachlorcyclohexan	820	240	371
Cortisonacetat	660	40	10
1,4-Dichlorbenzol	560	90	50
Bernsteinsäureanhydrid	560	19.900	< 10
Anilin	500	< 10	< 10
Kohlenstofftetrachlorid	480	300	< 10
Methanol	470	28.600	< 10
p-Phenylendiamin(hydrochlorid)	460	450	< 10
2,4-Dichlorphenol	340	260	100
1-Nitropropan	320	180	1,3
2,4-Dichlornitrobenzol	310	150	80
Coumaphos	290	470	110
4-Chloranilin	280	260	10
Maneb	250	180	< 10
4-Isopropylnitrobenzol	240	120	190
4-tert-Butylphenol	240	30	120
Ethylenglycol	200	190	10
Nitromethan	200	960	1,4
Harnstoff	190	11.700	< 10
Diethylenglycol	180	10	100
Chlorferon	170	20	20
4-Chlorbenzoesäure	170	60	< 10
Dodecylbenzosulfonat (Na-Salz)	140	60	130
Zineb	130	170	< 10
Thioharnstoff	90	50	< 10
2,6-Dichlorbenzonitril	90	20	40
Carbaryl	90	70	30
Monolinuron	70	40	20
2-Nitropropan	70	20	< 10
2,4,6-Trichlorphenol	60	50	310
Ethylenthioharnstoff	50	60	< 10
Propylenthioharnstoff	50	30	< 0
2-Nitropropan	49	46	1
Atrazin	40	50	< 1
Nitrobenzol	40	20	< 10
N-Benzyl-N-Methylnitrosamin	30	390	< 10
2,6-Dichlorbenzamid	30	< 10	10
Sencor	30	60	10
4-Nitrophenol	30	30	40
Captan	20	20	10
4-Brombenzoesäure	20	30	< 10
(2,4-Dichlorphenoxy)-Essigsäure	20	< 10	< 10
2,4-Dichlorbenzoesäure	10	< 10	< 10

sche Kohlenwasserstoffe (mit Ausnahme von Phenanthren) und hochchlorierte Verbindungen haben die größten Akkumulationsfaktoren. Der hohe BCF-Wert für Natriumacetat ist sicherlich darauf zurückzuführen, daß es metabolisiert und in Biomasse inkorporiert wird. Auch bei den Algen treten die BCF-Werte über mehrere Zehnerpotenzen auf: 10 für 2,6-Dichlorbenzamid bis 28.000 für Methanol. Letzteres wird sicherlich wie auch Acetat und Harnstoff metabolisiert und inkorporiert. Kondensierte aromatische Verbindungen haben nur mittlere BCF-Werte.

Die BCF-Werte bei den Goldorfen sind mit max. 3.850 für 2,5,4'-Trichlorbiphenyl deutlich niedriger. Das – verglichen mit Belebtschlamm- und Algen-Werten – aufallend unterschiedliche Verhalten von einigen Chemikalien im Fischtest mag ein Indiz für Entgiftungsprozesse bei höher entwickelten Organismen, wie Fischen, sein (FREITAG et al. 1985).

Tabelle 3.6: Anreicherung von Hexachlorbenzol in Fischen, bezogen auf Frischgewicht (nach FREITAG et al. 1985 und HUANG et al. 1986)

Fisch		BCF-Wert
Goldorfe	*Leuciscus idus melanotus*	2.320
Medaka (Japanischer Reisfisch)	*Oryzias latipes*	
Eier		2.186
Junglarven		31.300
Dickkopf-Elritze	*Pimephales promelas*	16.200
Grüner Sonnenbarsch	*Lepomis cyanellus*	21.900
Regenbogenforelle	*Oncorhynchus mykiss*	5.500
Katzenwels	*Ictalurus punctatus*	6.00 – 16.000
Killifisch (ohne eigene deutsche Bezeichnung)	*Fundulus similis*	375

Aber nicht alle Fischarten (Biokonzentrationsfaktoren von 375 bis 31.300) und vor allem nicht einmal verschiedene Entwicklungsstadien einer Art reagieren gleich (Tabelle 3.6). Letzteres zeigt sich an dem in den Reisfeldern lebenden *Oryzias latipes*, dessen Eier offensichtlich einen gewissen Schutz gegen die Aufnahme organischer Chemikalien besitzen (Biokonzentrationsfaktor für Hexachlorbenzol rd. 2.200), dessen Larven dafür sehr empfindlich gegen Xenobiotika sind (Biokonzentrationsfaktoren bis 31.300). Sicherlich bestünde auch hier ein objektiveres Maß in der Vergleichbarkeit, wenn von der jeweiligen Art sowie von dem jeweiligen physiologischen Zustand abstrahiert worden wäre und nur die lipid-bezogenen Biokonzentrationsfaktoren berechnet worden wären, stets vorausgesetzt, daß die Expositionsdauer ausreichend lang waren und ein *steady-state* erreicht worden ist.

Vergleichbare Befunde wie für den Reisfisch liegen zum Beispiel auch für die Regenbogenforelle (*Oncorhynchus mykiss*) mit p-Dichlorbenzol (p-DCB) vor (CALAMARI et al. 1982): Die frischgeschlüpften Larven haben die größten Biokonzentrationsfaktoren aufzuweisen (> 1.400), die aber beim Stadium der bereits fressenden Tiere auf rund 100 zurückgingen (Abb. 3.4).

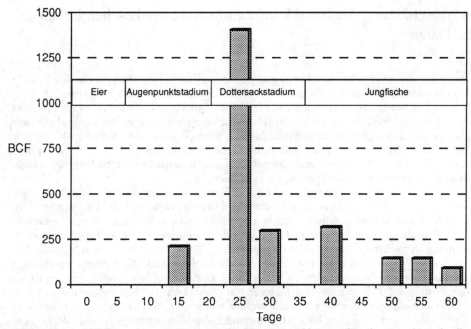

Abbildung 3.4: BCF-Werte von p-DCB in verschiedenen Entwicklungsstadien der Regenbogenforelle während der Langzeitbehandlung mit 3 µg/l (aus CALAMARI et al. 1982)

4 Abschätzung der Bioakkumulation aus physiko-chemischen Daten

Da (weltweit) nur eine beschränkte Anzahl der im Verkehr befindlichen oder in den Verkehr kommenden Chemikalien mehr oder weniger kompliziert aufgebauten Tests zur ökotoxikologischen Bewertung unterworfen werden kann, sind Modellbetrachtungen zur Prognose von ökotoxikologischen Eigenschaften von Chemikalien anhand von überwiegend physiko-chemischen Eigenschaften unumgänglich. Eine Extrapolation auf mögliche ökotoxische Effekte einer nicht getesteten Substanz ist dann erlaubt, wenn dieser Stoff mit seinen physiko-chemischen Eigenschaften im Deskriptor-Rahmen der untersuchten Stoffe liegt. Ein solches Modell sei für die Biokonzentrierung kurz umrissen.

Der biotische Anreicherungprozeß von organischen Chemikalien wird oft als das Gleichgewicht zwischen Aufnahme (aus dem Medium und über die Nahrung) und Elimination (Ausscheidung und Metabolisierung) charakterisiert. Ein anderer Ansatz folgt dem Gedanken, daß die biotische Phase (zum Beispiel der Fisch) als ein unbelebtes Volumen von bestimmtem Material anzusehen ist, das ein thermodynamisches Gleichgewicht mit seinem Medium (beispielsweise Wasser) anstrebt. Dieses Gleichgewicht wird durch die chemischen Eigenschaften der anreichernden Phase definiert (MACKAY 1982). Der zweite, stark vereinfachte Ansatz hat den Vorteil, daß Biokonzentrationsfaktoren mit physiko-chemischen Faktoren der organischen Chemikalie in Beziehung gebracht werden können. Er wird jedoch ungültig, wenn die Chemikalie in der biotischen Phase stark um- oder abgebaut wird. Der Ansatz, ökotoxische Eigenschaften und Wirkungen[1] aus physiko-chemischen Eigenschaften abzuleiten, wird allgemein als (quantitative) Struktur-Wirkungsbeziehungen (engl.: Quantitative Structure Activity Relationship, QSAR) bezeichnet.

Erste systematische Studien über Zusammenhänge zwischen ökotoxischen Eigenschaften von Chemikalien und strukturellen Merkmalen der Moleküle sind schon vor mehr als 125 Jahren durchgeführt worden. Die Idee einer mathematischen Quantifizierung von Struktur-Wirkungs-Beziehungen geht auf CRUM BROWN & FRASER (1868/69) zurück. Seit Anfang der 60er Jahre wird insbesondere die **multilineare Regressionsanalyse** zur Ableitung und statistischen Beurteilung von Quantitativen Struktur-Wirkungs-Beziehungen verwendet. Den Anstoß zu dieser Entwicklung gaben HANSCH et al. (1962), die auch den Octanol/Wasser-Verteilungskoeffizienten (K_{ow}) zur Charakterisierung der Lipophilie von Chemikalien einführten. Die grundlegenden Schritte einer QSAR-Untersuchung sind: Auswahl einer homologen Serie von Verbindungen, welche im Hinblick auf den betrachteten umweltchemischen oder ökotoxischen Effekt die gleiche Wirkweise zeigen sollten. Nach Auswahl und Quantifizierung geeigneter physiko-chemischer Eigenschaften und Strukturmerkmale der Verbindungen und Quantifizierung des umweltchemischen oder ökotoxischen Effekts in Form eines sogenannten biologischen Endpunktes wird eine **statistische Analyse** vorgenommen, welche zu einem QSAR-Modell führen kann (aus SCHÜÜRMANN & MARSMANN 1991). Derartige Modelle werden mit Hilfe des Octanol/Wasser-Verteilungskoeffizienten für Anreicherungen aus der Wasserphase und Bioakkumulationen bei sedimentbewohnenden Tieren sowie mit Hilfe der Wasserlöslichkeit wiederum für die Bioakkumulation vorgestellt.

---

[1] Zur immanenten Schwierigkeit derartiger Modelle siehe NUSCH-Zitat im Kapitel 2.5

4.1 QSARs für Bioakkumulation aus der Wasserphase

Wenn die konzentrierende Phase in den Organismen Lipide sind, die ähnliche Lösungseigenschaften wie Octanol haben, kann eine einfache Beziehung zwischen den Biokonzentrationsfaktoren (= BCF) und dem Octanol/Wasser-Verteilungskoeffizient K_{ow} erwartet werden. Es werden in diesem Falle einfache bis multiple Regressionen zwischen bekannten K_{ow}-Werten und bekannten BCF-Werten hergestellt, um für Substanzen mit bekannter Lipophilie die Anreicherungen vorhersagen zu können.

Auf der Basis von 71 unterschiedlich stark hydrophoben organischen Chemikalien fand MACKAY (1982) bei Fischen folgende einfache Beziehung für die Anreicherung im Gleichgewichtszustand:

$$BCF^{2)} = 0,048 \ K_{ow} \ \text{oder}$$
$$\log BCF = \log K_{ow} - 1,32.$$

Bei der Muschel *Mytilus edulis*[3] ermittelten GEYER et al. (1982) für sehr unterschiedliche Chemikalien folgende Beziehung (s.a. Tabelle 4.1, Abb. 4.1):

$$\log BCF = 0,858 \ \log K_{ow} - 0,808 \quad (r = 0,955).$$

Tabelle 4.1: K_{ow}- und BCF-Werte von organischen Chemikalien bei der Muschel *Mytilus edulis* (aus GEYER et al. 1982)[4]

Chemikalie	$\log K_{ow}$	BCF-Wert
Aminocarb	1,74	4,9
Toluol	2,10	4,2
2,4,6-Trichlorphenol	2,80	40
Naphthalin	3,37	38
Fenitrothion	3,38	104
Lindan	3,20	154
Nonylphenol	4,10	10[5]
Pentachlorphenol	3,69	345
α-Hexachlorcyclohexan	3,81	160-660
Dieldrin	4,32	2.338
Heptachlor-Epoxid	4,43	1.700
Endrin	4,56	1.920
Hexachlor-1.3-butadien	4,78	1.450[6]
2,5,4'-Trichlorbiphenyl	4,96	2.940
Di (2-ethylhexyl)phthalat	5,11	2.500
p,p'-DDD	5,99	9.120
PCB (DP-5 Aroclor 1248)	6,11	15.650
p,p'-DDT	6,19	23.650

[2] Soweit nicht anders angegeben, handelt es sich bei den angegebenen BCF-Daten stets um Werte, die auf Frischgewicht bezogen sind.

[3] Die Ableitung der QSAR-Regression für die brackisch-marine Muschel *Mytilus* wird deshalb mit in diese Betrachtungen aufgenommen, weil damit demonstriert werden kann, daß diese Beziehung zwischen Lipophilie einer neutralen organischen Chemikalie und der Bioakkumulation offensichtlich eine allgemeine Gesetzmäßigkeit ist, unabhängig davon, ob es sich um limnische, brackische oder marine Tiere (weniger Pflanzen) handelt (vgl. auch Tabelle 4.4).

[4] In der Orginaltabelle sind häufig für einzelne Substanzen verschiedene K_{ow}-Werte angegeben. In die vorstehende Tabelle wurden aber nur die Werte übernommen, für die BCF-Werte berechnet wurden.

[5] Dieser Wert wurde nochmals überprüft. Der korrigierte BCF-Wert liegt bei 1000 (EKELUND et al. 1990).

[6] Bei diesem Wert ist ungewiß, ob er an *Mytilus edulis* ermittelt wurde.

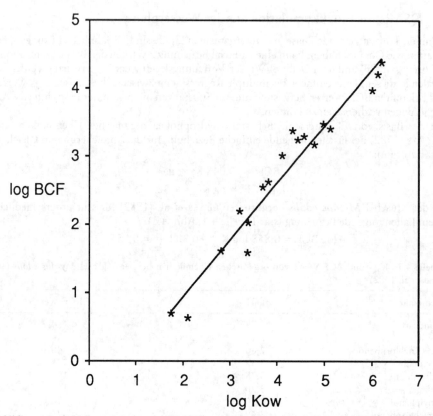

Abbildung 4.1: Beziehung zwischen den Biokonzentrationsfaktoren in der Muschel *Mytilus edulis,* bezogen auf Frischgewicht, von lipophilen Chemikalien und deren n-Octanol/Wasser-Verteilungskoeffizient (aus GEYER et al. 1987)

In diesen beiden und den nachfolgenden QSARs für die Biokonzentrationsfaktoren treten verschiedene additive Glieder auf. Hierunter verbergen sich unterschiedliche Wirktypen („*mode of action*") der untersuchten Chemikalien.
Die Beziehung von GEYER al. (1982) stimmt gut mit der überein, die VEITH et al. (1979) für 59 Chemikalien an sechs Fischarten gefunden hatten:

$$\log \mathrm{BCF} = 0{,}85 \log \mathrm{K}_{ow} - 0{,}70.$$

Für 16 chlorierte und bromierte Chemikalien berechneten OLIVER & NIIMI (1985) im steady-state-Zustand bei der Regenbogenforelle (*Oncorhynchus mykiss*) folgende Regression:

$$\log \mathrm{BCF} = 0{,}96 \log \mathrm{K}_{ow} - 0{,}56 \quad (\mathrm{r}^2 = 0{,}95).$$

Die Verbindungen mit hohem Molekulargewicht und solche, die durch den Fisch metabolisiert werden, zeigten keine Abhängigkeit von der Lipophilie. Interessanterweise waren die im Laboratorium gewonnenen BCF-Werte für Substanzen mit kurzen Halbwertszeiten mit denen in Tieren aus dem See Ontario vergleichbar. Für Substanzen mit langer Halbwertszeit, bei denen die Nahrung den wichtigsten Kontaminationspfad darstellt, waren die Vorhersagen aus den Laborbefunden viel zu gering.

Für 107 organische Chemikalien und verschiedene Organismen errechneten ISNARD & LAMBERT (1988) folgende, den vorgenannten ähnelnde Beziehung:

$$\log BCF = 0,80 \log K_{ow} - 0,52 \; (r = 0.904).$$

Vergleichbare Beziehungen ermittelten HAWKER & CONNELL (1986) für Substanzen mit K_{ow}-Werten zwischen 2 und 6 an einigen Molluskenarten und an *Daphnia*:

$$\log BCF = 0,844 \log K_{ow} - 1,235 \; (\text{Mollusken})$$
$$\log BCF = 0,898 \log K_{ow} - 1,315 \; (\textit{Daphnia}).$$

Diese Beziehungen gelten wiederum nur für den Gleichgewichtszustand zwischen Aufnahme und Abgabe der organischen Chemikalie durch den Testorganismus.

Steigungen von Biokonzentrierungsgleichungen bei Tieren, bezogen auf das Körpergewicht (und nicht dessen Lipidgehalt) von 0,8 und größer scheinen sich immer wieder zu bestätigen, wie auch eine jüngste Zusammenstellung entsprechender Daten von GEYER et al. (im Druck) ergab (Tabelle 4.2).

Tabelle 4.2: **Regressions-Analysen für Biokonzentrationsfaktoren von Chemikalien für Daphnien, Algen und Muscheln, bezogen auf Frischgewicht (aus GEYER et al. im Druck)[7]. N = Anzahl der untersuchten Fälle, r^2 = Bestimmtheitsmaß**

Organismus	Gleichung	N	r^2
Daphnia magna	$\log BCF = 0,850 * \log K_{ow} - 1,100$	52	0,913 #
	$\log BCF = 0,889 * \log K_{ow} - 1,280$	52	0,913 #
Chlorella fusca	$\log BCF = 0,681 * \log K_{ow} + 0,164$	41	0,803
	$\log BCF = 0,740 * \log K_{ow} - 0,050$	41	0,803
Mytilus edulis	$\log BCF = 0,858 * \log K_{ow} - 0,81$	16	0,914
	$\log BCF = 0,899 * \log K_{ow} - 0,97$	16	0,914

Abweichungen bei den Regressionsgeraden können beispielsweise dann auftreten, wenn eine Chemikalie ionisiert vorliegt oder wenn sie metabolisiert wird (siehe OLIVER & NIIMI 1985). In diesen Fällen werden die gemessenen BCF-Werte niedriger als die aus den K_{ow}-Werten vorhergesagten sein. Unterschiedliche Steigungen der Regressionsgeraden treten häufig bei der Verwendung unterschiedlicher Taxa als Bioakkumulator auf. Selbst phylogenetisch nahe stehende Taxa können sich in ihrem Anreicherungsverhalten deutlich voneinander unterscheiden.

Bei Algen ergibt sich offenbar eine abweichende Beziehung, wie GEYER et al. (1984) mit der Grünalge *Chlorella fusca* herausarbeiteten, wobei sich zum Teil größere Diskrepanzen (z.B. > 5) zwischen gemessenen und berechneten BCF-Werten herausstellten (vgl. Tabelle 4.3):

$$\log BCF_F = 0,681 \log K_{ow} - 0,164$$

und

$$\log BCF_T = 0,681 \log K_{ow} + 0,863.$$

---

[7] Die Daten, die zur Kalkulation für die Regressionsgleichung für *Daphnia magna* verwendet wurden, sind in Tabelle 3.1.3 wiedergegeben, so daß die Kalkulation nachvollzogen werden kann.

\# Die jeweils ersten Gleichungen wurden mit der Regressionsstandard-Technik, die jeweils zweiten mit der geometrischen Regression berechnet.

Tabelle 4.3: Gemessene und nach den K_{ow}-Werten berechnete BCF-Werte bei der Grünalge *Chlorella fusca* (aus GEYER et al. 1984)[3].

Chemikalie	log K_{ow}	BCF (gemessen)	BCF (ber.)
Aldrin	5,66	12.260	10.434
Anilin	0,94	4	7
Anthracen	4,54	7.770	1.800
Atrazin	2,64	52	99
Benzol	2,11	30	40
Benzoesäure	1,87	3	27
Biphenyl	3,76	540	670
p-tert-Butylphenol	2,94	34	170
p-Brombenzoesäure	2,86	25	129
Carbaryl	2,32	73	57
Kohlenstofftetrachlorid	2,73	300	114
p-Chlorbenzoesäure	2,65	63	98
p-Chloranilin	2,78	260	114
Cortison-Acetat	2,37	40	60
Cumarin	1,39	42	13
Cypermethrin	4,47	3.280	1.620
p,p'-DDT	5,98	9.350	24.430
2,6-Dichlorbenzonitril	3,06	24	177
2,2'-Dichlorbiphenyl	4,00	2.700	800
2,4-Dichlorphenoxyessigsäure	1,57	6	17
Di-(2-ethylhexyl)-phthalat	5,11	5.400	3.680
Dodecan	5,64	6.250	10.110
Hexachlorbenzol	5,50	24.800	6.770
Hexachlorcyclopentadien	5,04	1.090	3.947
Hydrochinon	0,55	35	4
Lindan	3,30	240	228
Metribuzin	1,70	59	21
Monolinuron	1,60	33	18
Naphthalin	3,30	130	272
Nitrobenzol	1,84	24	26
p-Nitrophenol	1,85	30	28
Pentachlorbenzol	4,88	4.000	3.071
2,4,6,2',4'-Pentachlorbiphenyl	5,501	1.500	8.119
Pentachlornitrobenzol	4,64	3.100	2.108
Pentachlorphenol	3,69	1.250	522
Phenanthren	4,46	1.760	1.590
Toluol	2,69	380	100
1,2,4-Trichlorbenzol	3,93	250	801
Trichlorethylen	3,24	1.160	246
2,4,6-Trichlorphenol	2,97	51	134
2,6-Dichlorbenzamid	1,25	3	10

Für die Grünalge *Ankistrodesmus bibraianum* fand MAILHOT (1987) eine weitere stark abweichende Beziehung:

$$\log BCF_F = 0,28 \log K_{ow} + 2,6.$$

In diese Regression wurden allerdings nur die Daten von fünf höchstlipophilen Substanzen eingerechnet. Bildet man allerdings die Regression mit allen neun Daten, die MAILHOT (1987) angibt, dann erhält man eine Gleichung, die mit den übrigen vorgenannten nahezu übereinstimmt:

$$\log BCF_F = 0,695 \log K_{ow} + 0,378.$$

Es zeichnet sich ab, daß bei kleinen Algen und Picoplankton sowie Bakterien der erste Schritt der Biokonzentrierung nicht vom Fettgehalt abzuhängen scheint. Neuere Arbeiten, referiert bei FALKNER & SIMONIS (1982), gehen davon aus, daß lipophile Substanzen von Mikroorganismen hauptsächlich durch Oberflächen-Sorptionen, die physiko-chemisch als Adsorptionsisothermen beschrieben werden (siehe Kapitel 3), aufgenommen werden und daß dieser Prozeß die anschließende Anreicherung in der Lipidphase zumindest überlagert.

Die Beziehungen sollten allerdings für einige Bereiche der K_{ow}-Werte mit Vorsicht angewandt werden. So können bei sehr hohen K_{ow}-Werten ($> 10^6$) größere Abweichungen auftreten. Bei BCF-Werten von < 10 (K_{ow}-Werten < 200) scheinen Anreicherungen in der Nichtlipid-Phase eine beträchtliche Rolle zu spielen, so daß derartige Werte nicht mit obiger Gleichung erfaßt werden können. Da die Gleichungen die Anreicherungen in der Fettphase simulieren, sollten BCF-Werte nicht auf ganze Tiere, sondern nur auf den Lipidgehalt bezogen werden (GEYER et al. 1985 a)[9].

Dies machte beispielsweise CHIOU (1985), der den Triolein/Wasser-Verteilungskoeffizienten (K_{tw}) als physiko-chemische Basis für BCF-Werte in Fischen und anderen aquatischen Organismen heranzog. Er ermittelte zwar gute Übereinstimmungen mit solchen Daten, die auf K_{ow}-Werte bezogen waren, gab dem Triolein-Verfahren aber deshalb den Vorzug, weil Lipid-Triolein oder Glycerin-Trioleat stärker den Lipiden in aquatischen Organismen ähneln als Octanol. Deshalb sollte dann zwischen dem log BCF und dem log K_{tw} eine 1:1-Korrelation bestehen, wenn primär der Lipidgehalt in aquatischen Organismen für die Aufnahme organischer Chemikalien verantwortlich ist. Die verwendeten Daten sind in Tabelle 4.4 zusammengestellt. Aus diesen Daten ermittelten J. A. SMITH et al. (1988) tatsächlich eine eindeutige Abhängigkeit:

$$\log BCF = 1,037 \log K_{tw} - 0,053 \ (r = 0,95).$$

Die BCF-Werte streuen je nach Bezugssystem sehr stark. Werden die BCF-Werte jedoch auf den Lipidgehalt der Organismen bezogen, scheinen sich selbst bei verschiedenen Organismen eher vergleichbare Werte zu ergeben, sofern sich zwischen den Organismen und dem Medium mit den organischen Chemikalien ein Gleichgewicht hatte einstellen können (Tabelle 4.5). Dennoch sind Unterschiede um den Faktor 10 z.B. bei Algen gegeben. Für Algen wurden – wie dargestellt – weitgehend lipid-unabhängige Anreicherungsmechanismen ermittelt. Ferner sind Daten über Tiere so spärlich, daß die Zusammenstellung nur als Hinweis, für künftige QSARs den Lipidgehalt der Organismen als Berechnungsgrundlage zu verwenden, gewertet werden kann.

Wenn man die Biokonzentrationsfaktoren in der umfangreichen Tabelle von FREITAG et al. (1985) bei den drei Testorganismen-(Gruppen) vergleicht, fällt auf, daß die einzelnen Chemikaliengruppen bei den Organismen unterschiedliches Verhalten aufweisen (Tab. 3.4.1).

---

[9] Zwischen dem Frischgewichts- und dem Lipid-BCF ergeben sich Unterschiede bis zum Faktor von 400.

Tabelle 4.4: Auf den Fettgehalt bezogene BCF$_F$-Werte von nichtionischen organischen Chemikalien in vier aquatischen Biota (aus J.A. SMITH et al. 1988)

Verbindung	log K$_{tw}$	log BCF (lipidbezogen)			
		marines Zooplankton	Guppies	Regenbogen forellen	Welse
1,2-Dichlorbenzol	3,51			3,51–3,80	3,82
1,3-Dichlorbenzol	3,63			3,70–4,02	3,40
1,4-Dichlorbenzol	3,55		3,26	3,64–3,96	3,51
Hexachlorethan	4,21			3,79–4,13	
1,3,5-Trichlorbenzol	4,36		4,15	4,34–4,67	4,22
1,2,4-Trichlorbenzol	4,12			4,19–4,56	4,68
1,2,3-Trichlorbenzol	4,19		4,11	4,15–4,47	4,49
1,2,3,5-Tetrachlorbenzol	4,69		4,86		
1,2,4,5-Tetrachlorbenzol	4,70			4,80–5,17	4,90
1,2,3,4-Tetrachlorbenzol	4,68			4,80–5,13	5,30
Pentachlorbenzol	5,27		5,42	5,19–5,36	5,57
Hexachlorbenzol	5,50		5,46	5,16–5,37	5,98
Hexachlor-1,3-butadien	5,04			4,84–5,29	4,55
2,5,2',5'-PCB	5,62	5,96			
2,4,2',5'-PCB	5,81	6,16			
2,4,5,2',4',5'-PCB	6,23	6,35			

Tabelle 4.5: BCF-Werte für Lindan bei verschiedenen Mikroalgen und Invertebraten (nach verschiedenen Autoren aus SIMONIS 1987)

Organismus bezogen auf	BCF-Werte			
	Volumen	Naßgewicht	Trockengewicht	Lipidgehalt
Dunaliella	1.792	647	--	--
Chlorella	1.226	1.197	6.581	--
Nitzschia	1.500–4.700	--	4.400–12.400	19.000–33.700
Chlamydomonas (α-HCH)	--	310	2.700	12.000
Dunaliella (α-HCH)	--	--	1.500	1.300
Daphnia* (Laborkultur)+	--	25,8–34,4	356–481	--
Daphnia* (Freiland)+	--	3,7–4,7	52–65	--
Ancylus*	--	25–143	--	7.010
Glossiphonia*	--	15–76	--	7.600

* Die verschiedenen Werte beziehen sich auf unterschiedliche Expositionszeiten (1 bis 24 Stunden).
+ Die Unterschiede bei den Daphnien aus Laborkulturen und dem Freiland werden mit dem geringeren Lipidgehalt der Freiland-Daphnien erläutert – ein deutlicher Hinweis auf den Einfluß des physiologischen Zustandes auf ökotoxikologische Wirkungen von Chemikalien (vgl. Kapitel 2).

Chlorierte Biphenyle haben bei allen Tests hohe Akkumulationsfaktoren. PAHs haben nur beim Belebtschlamm hohe BCF-Werte, nur mittelhohe bei den Algen und mittlere bis geringe bei den Fischen. Bei den Fischen bestand allerdings kein *steady-state* zwischen äußerer und innerer Konzentration.

In Bioakkumulations-Experimenten von PAHs und polycyclischen aromatischen Schwefel-Heterocyclen (PASHs = Thiophenen) in *Daphnia magna* (BCF_D) fanden EASTMOND et al. (1984) eine QSAR, die der von Daphnien bei GEYER et al. (im Druck) sehr ähnelt:

$$BCF_D = 0{,}961 \log K_{ow} - 1{,}53$$
$$n = 6 \; r^2 = 0{,}99.$$

Es zeichnet sich in diesen Untersuchungen ab, daß die PASH durch *Daphnia magna* generell stärker bioakkumuliert werden als die sterisch und strukturell vergleichbaren PAHs (Tabelle 4.6)

Tabelle 4.6: Berechnete Maximal-BCF-Werte und die Eliminations-Halbwertszeiten für vergleichbare PAHs und PASHs in *Daphnia magna* (aus EASTMOND et al. 1984)

Verbindung	BCF-Wert	Halbwertszeit (h)
Naphthalin	50	n.b.
Phenanthren	600	n.b.
Chrysen	5500	18
Benzo[b]thiophen	750	27
Dibenzothiophen	600	12
Benzo[b]naphtho[2,1-]thiophen	8000	23

n.b. = aus den Daten der Autoren nicht bestimmbar

Aus dem Dargelegten geht hervor, daß es offensichtlich dann **keine** universelle Beziehung für Biokonzentrationsfaktoren aus den betreffenden K_{ow}-Werten gibt, wenn die Bezugsgröße nicht der Lipidgehalt der Tiere, sondern das Frisch- oder Trockengewicht ist. Zu berücksichtigen ist schließlich auch, daß sich die Anreicherungen bei vielen Mikroorganismen, einschließlich Algen, im wesentlichen über Adsorptionen an der Oberfläche vollziehen (s. Kapitel 3). Zwei Grundvoraussetzungen müssen bei den Untersuchungen über BCF-Werte jedoch immer erfüllt sein:
1. Die Expositionsdauer muß so gewählt sein, daß ein *steady-state* erreicht ist; und
2. die Expositionskonzentrationen dürfen selbstverständlich die Löslichkeiten der zu testenden Substanzen nicht überschreiten.

Die zweite Bedingung klingt selbstverständlich, ist es aber nicht, wie an den nachfolgenden Beispielen gezeigt werden wird.

Als Beispiele, bei denen sich die QSAR für Akkumulationsprognosen nach dem K_{ow}-Wert offensichtlich gar nicht anwenden läßt, galten bislang die halogenierten Dibenzo-Dioxine und -Furane. In Abb. 4.2 sind die Biokonzentrationsfaktoren von chlorierten Benzolen, DDT, einigen polychlorierten Biphenylen (PCBs) und die bisher untersuchten Dibenzo-*p*-dioxine einschließlich TCDD aus dem Wasser bei Fischen in Abhängigkeit von ihren K_{ow}-Werten dargestellt. Es fällt auf, daß verschiedene lipophile PCDDs geringer in Fischen angereichert werden, als man nach ihrem K_{ow}-Wert im Vergleich zu anderen lipophilen Substanzen mit gleichem bzw. ähnlichem K_{ow}-Wert wie z.B. HCB, DDT und PCBs erwarten würde. Das Akkumulationspotential der PCDDs ist bei 2,3,7,8-TCDD am größten und nimmt mit höherem Cl-Gehalt zum OCDD wieder ab. Dies wurde zum Teil mit Metabolisierung erklärt. Viel bedeutsamer – so wurde angenommen – sollte hier der ansteigende Molekülquerschnitt mit steigendem Cl-Gehalt im Molekül sein. Dadurch würde der Durchtritt durch Membranen stark vermindert. Das 2,3,7,8-TCDD hat einen Molekülquerschnitt von 7,6 Å, der bis auf 9,8 Å beim Octachlordibenzo-*p*-dioxin ansteigt. Durch dieses Phänomen wurde vermeintlich plausibel erklärt, warum die hochchlorierten Dibenzo-*p*-dioxine eine verhältnismäßig niedrige akute Toxizität aufweisen. Diese Moleküle könnten nämlich nur sehr schwer zu den eigentlichen Zielorganen gelangen (GEYER et al. 1987).

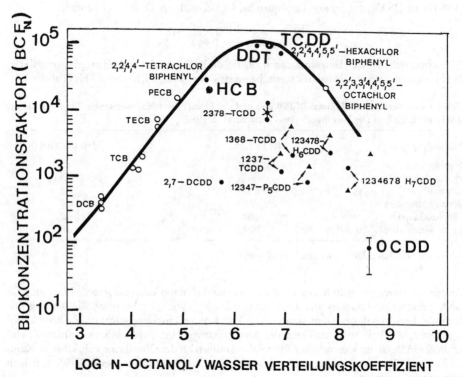

Abbildung 4.2: Regression zwischen den K_{ow}-Werten und den BCF-Werten in Fischen (aus GEYER et al. 1987)

4.2 Biokonzentration von persistenten super-lipophilen Chemikalien

Nach der zur Zeit allgemein vertretenen Meinung sollen jedoch stark hydrophobe, sog. super-lipophile Chemikalien wie z.B. Octachlordibenzo-*p*-dioxin, Mirex, Decachlorbiphenyl etc. mit einem n-Octanol/Wasser-Verteilungskoeffizienten (K_{ow}) von größer als 10^6 kaum, bzw. nicht so stark aus dem Wasser angereichert werden, wie man nach dem K_{ow} eigentlich erwarten würde (BRUGGEMAN et al. 1984). Das Maximum der Biokonzentrationsfaktoren in Fischen beispielsweise soll bei den Chemikalien mit einem log K_{ow} von ca. 5,5 liegen. Bei Oligochaeten fand OLIVER (1984) ein Maximum der Biokonzentrationsfaktoren knapp oberhalb von 6,0 (s. Abb. 3.3).
Es erscheint ganz plausibel, daß sterische Parameter wie z.B. Molekülgröße und Molekülquerschnitt die Aufnahme und damit die Biokonzentration von hydrophoben Stoffen beein-

flussen. Nach der Theorie von OPPERHUIZEN et al. (1985) sollen super-lipophile Chemikalien mit einem Molekülquerschnitt größer als 9,5 Å Lipidmembranen kaum bis gar nicht durchdringen können.

Auf der anderen Seite gibt es Untersuchungen, nach denen etwa Octachlordibenzo-*p*-dioxin (OCDD) und Decachlorbiphenyl in aquatischen Organismen wie Muscheln oder Fischen aus dem Freiland gemessen werden konnten. Ferner speichern Fische nach oraler Zugabe von OCDD diesen Schadstoff im Fettgewebe und in der Leber. Wie MUIR et al. (1986) in einem Laborexperiment mit Fischen, die in einem mit OCDD kontaminiertem Wasser schwammen, feststellten, war selbst nach der präparativen Entfernung der Kiemen und des Gastrointestinaltraktes OCDD in den Tieren in erhöhten Konzentrationen nachweisbar. Das bedeutet, daß diese super-lipophilen Chemikalie durchaus Membranen durchdringen kann und so auch in Fischen und anderen aquatischen Organismen biokonzentriert werden kann. Ein weiteres Argument gegen die bisherige Auffassung der Nichtanreicherung von super-lipophilen Substanzen in Fischen und anderen aquatischen Tieren aus dem Wasser ist, daß alle Experimente z.B. mit OCDD-Konzentrationen im Wasser durchgeführt wurden, die einige Zehnerpotenzen über der Wasserlöslichkeit lagen: Während die Wasserlöslichkeit des OCDD 74 pg/l beträgt, wurde häufig mit Konzentrationen $> 10^4$ pg/l experimentiert [z.B. BRUGGEMAN et al. 1984].

Da nur die wahre, d.h. die wirklich gelösten (*truely dissolved*) Chemikalien von aquatischen Organismen aus dem Wasser durch die Kiemen oder die Haut aufgenommen werden können, ist es erklärlich, daß bei Berechnung, bezogen auf die relativ hohen Chemikalienkonzentrationen übersättigter Lösungen, ein viel zu niedriger Biokonzentrationsfaktor gefunden wird.

Schon 1986 haben MUIR et al. darauf hingewiesen, daß die nach der kinetischen Methode ermittelten BCF-Werte für OCDD mit Vorsicht zu betrachten sind und nur als ungefähre Schätzwerte verwendet werden dürfen, weil die OCDD-Konzentrationen im Wasser bei diesen Experimenten über der Wasserlöslichkeit lagen.

Von GEYER et al. (1991 und in Vorbereitung) wurden nun die von MUIR et al. (1986) bei verschiedenen OCDD-Konzentrationen im Wasser bei verschiedenen Fischarten [Regenbogenforelle (*Oncorhynchus mykiss*), Dickkopf-Elritze (*Pimephales promelas*)] nach der kinetischen Methode ermittelten BCF-Werte von Frischgewichts- auf Lipid-Basis umgerechnet und mit der OCDD-Konzentration im Wasser korreliert. Wenn auch nur wenige Werte vorliegen, entsteht bei dieser Regression (Abb. 4.3) eine deutliche Abhängigkeit der BCF-Werte von der externen Experimentalkonzentration. Die Extrapolation der entstandenen Geraden bis zur Wasserlöslichkeit (WS) zeigt auf, daß für OCDD in Fischen ein BCF-Wert, auf Lipidbasis bezogen (BCF_L), von etwa $5 * 10^7$ Gültigkeit haben müßte. Der bisher veröffentlichte maximale BCF-Wert lag um den Faktor 100 unter dem so ermittelten Wert! Wird dieser BCF_L-Wert auf ganze Fische umgerechnet, die einen mittleren Lipidgehalt von 10% besitzen, so erhält man einen BCF_F-Wert von ca. $5 * 10^6$. Auch dieser Wert ist selbstverständlich um einige Zehnerpotenzen höher als alle bisher experimentell ermittelten und von MUIR et al. (1986) publizierten BCF_F-Werte von 34,136 oder 2226.

Von GEYER (unpubl. Ergebnisse) wurde nach obiger Methode auch bei Mirex® in Fischen ein um mehrere Zehnerpotenzen höherer Biokonzentrationsfaktor durch Extrapolation berechnet, als bisher gefunden wurden.

Bei Muscheln und Fischen wurden von GEYER et al. (1991 und in Vorbereitung) auch die Biokonzentrationsfaktoren aus den Konzentrationen in diesem Organismen (C_B) und den OCDD-Konzentrationen im Sediment (C_S) sowie dem Sorptionskoeffizient (K_{oc}) für OCDD nach folgender Formel berechnet:

$$BCF = C_0 * Cw^{-1} = 0,01 \ (Co * K_{oc} * \%OC) * C_S^{-1} \tag{1}$$

wobei %OC der organische Kohlenstoffgehalt (%) des Sediments ist.

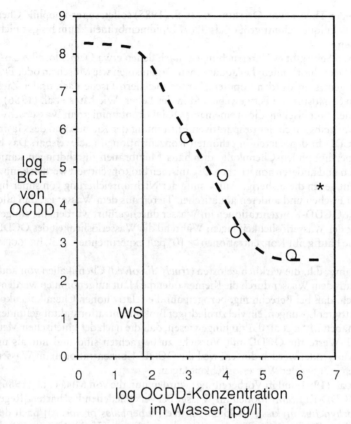

Abbildung 4.3: Beziehung zwischen BCF$_L$-Werten für Octachlordibenzo-*p*-dioxin in Fischen und den in den Versuchsansätzen verwendeten OCDD-Konzentrationen. WS = Wasserlöslichkeit von OCDD = 74 pg/l (nach GEYER et al. 1991).
* bedeutet < 3 * 10^4

Bei dieser indirekten Methode wurden BCF-Werte für OCDD erhalten, die mit der vorher besprochenen Extrapolation auf die Wasserlöslichkeit gut übereinstimmen.

Schließlich ergaben auch die BCF-Werte bei der Anwendung der quantitativen Struktur-Wirkungsbeziehungen (QSAR) für Muscheln und Fische aus dem log K$_{ow}$-Wert (8,60) und/oder der Wasserlöslichkeit (7,4 * 10^{-5} µg/l = 74 pg/l) gute Übereinstimmung mit den vorher abgeleiteten BCF-Daten (GEYER et al. 1991 und in Vorbereitung).

Für Miesmuscheln (*Mytilus edulis*) wurden die bekannten Gleichungen (2) und (3) angewendet (GEYER et al. 1982):

$$\log BCF_F = 0{,}858 * \log K_{ow} - 0{,}808 \tag{2}$$
$$\log BCF_F = 4{,}94 - 0{,}682 * \log WS\ (\mu g/l), \tag{3}$$

wobei BCF$_F$ der Biokonzentrationsfaktor auf Frischgewicht und WS die Wasserlöslichkeit in µg/l bedeuten.

Für Fische wurde die Gleichung (4) von VEITH et al. (1979) verwendet:

$$\log BCF_F = 0{,}85 * \log K_{ow} - 0{,}70. \tag{4}$$

Abschließend kann gesagt werden, daß die alte Vorstellung von der geringen Biokonzentration von persistenten super-lipophilen Chemikalien aus Wasser in aquatische Organismen revidiert werden muß. Es muß jedoch bei dem gegenwärtigen Stand des Wissens eingeräumt werden, daß es sicher für super-lipophile Chemikalien mit einem sehr großen Molekülquerschnitt kaum möglich ist, Membranen (rasch) zu durchdringen. Diese Grenze liegt aber höher als der bis jetzt angenommene Wert von 9,5 Å. Außerdem wird die Aufnahmegeschwindigkeit mit steigender Lipophilität immer kleiner, so daß der Gleichgewichtszustand in Fischen und Muscheln für super-lipophile Chemikalien kaum in 28 Tagen (wie nach der OECD-Guideline vorgeschrieben), sondern erst nach vielen Monaten erreicht wird. Für die Bestimmung der BCF-Werte von solchen super-lipophilen Substanzen ist daher die kinetische Methode im Durchflußsystem geeignet. Selbstverständlich muß die Konzentration der Chemikalie im Wasser unter der Wasserlöslichkeit liegen. Dies ist jedoch zur Zeit nur durch Überwindung großer experimenteller und analytischer Schwierigkeiten möglich.

4.3 QSARs für Bioakkumulationen bei sedimentbewohnenden Tieren

Für Tiere, die sich zumindest zeitweilig ganz in das Sediment eingraben, gelten die einfachen Modellvorstellungen nicht, die zu oben aufgeführten Beziehungen geführt haben. Aus der Meeres-Ökotoxikologie ist seit geraumer Zeit bekannt, daß die Anreicherung von lipophilen Verbindungen aus dem Sediment durch Polychaeten als zweifacher Verteilungsprozeß anzusehen ist, wobei bei beiden Verteilungen ein Gleichgewicht besteht (MARKWELL et al. 1989). Die erste Verteilung vollzieht sich nach diesen Vorstellungen zwischen Sediment und Interstitialwasser (Porenwasser) und die zweite zwischen Interstitialwasser und dem Polychaeten. Schon die theoretischen Überlegungen zeigten, daß der Bioakkumulationsfaktor (Konzentration in der Biota/Konzentration im Sediment) nur schwach von den K_{ow}-Werten der beteiligten Verbindung, sondern primär von dem organischen Kohlenstoffgehalt des Sediments und dem Lipidgehalt der Polychaeten abhing. Auf der anderen Seite sollte der Biokonzentrationsfaktor BCF_{SB} (Biokonzentrationsfaktor für Sedimentbewohner = Konzentration in der Biota/ Konzentration im Interstitialwasser) deutlich stärker von den jeweiligen K_{ow}-Werten abhängen.

MARKWELL et al. (1989) führten in ihren Ableitungen, die auf Laborexperimenten mit *Tubifex tubifex* und *Limnodrilus hoffmeisteri* sowie mit diversen chlorierten Kohlenwasserstoffen basierten, noch einen weiteren Gleichgewichtsprozeß ein: die Bildung von Kolloiden und/ oder von hochmolekularen organischen Stoffen im Interstitialwasser. Diese kolloidale Phase sorbiert organische Xenobiotika und läßt sich nicht von der Wasserphase trennen. Alle Schritte, so wird vereinfachend angenommen, folgen der Reaktionskinetik erster Ordnung. Die Interstitial-Wasserwerte müssen, damit nicht irreführende BCF_{SB}-Werte erhalten werden, um die kolloidale Phase korrigiert werden. Auf diese Weise wurde folgende Beziehung abgeleitet:

$$\log BCF_{SB} = 1,11 \log K_{ow} - 1,0;$$
$$n = 15; r = 0,98$$

Die Autoren halten diese Beziehung für die derzeit exakteste Ableitung von Biokonzentrationsfaktoren für sedimentbewohnende Tiere. Die Ableitung hat allerdings starke Ähnlichkeiten mit denen von z.B. MACKAY (1982) oder auch GEYER et al. (1982).

In einer Weiterentwicklung dieses Modells für (limnische) Oligochaeten vereinfachen GABRIC et al. (1990) den Bedarf an experimentell zu erhebenden Daten. Die für die Berechnung der

BCF$_{SB}$ benötigten Daten beschränken sich jetzt auf die kinetischen Konstanten für die Aufnahme und Ausscheidung durch die Organismen. Die in der Studie gewonnene Gleichung lautet:

$$\log BCF_{SB} = 1{,}4 \log K_{ow} - 5{,}5;$$
$$n = 27;\ r = 0{,}95.$$

4.4 Sterische Beeinflussung lipidabhängiger Bioakkumulation

Die Beziehung zwischen BCF und log K$_{ow}$-Werten, wie sie generell für lipophile Substanzen aufgestellt wurde, gilt für die PCBs nur mit gewissen Einschränkungen. In dieser Substanzgruppe wird die lipidabhängige Akkumulation deutlich durch sterische Faktoren überlagert. Aufschlußreiche Ergebnisse, gewonnen als Retention von PCBs im Körperfett der Ratte, sind in Abb. 4.4 enthalten.

Der linke Teil der Abbildung zeigt, daß es keine lineare Abhängigkeit zwischen Lipophilie und Bioakkumulation, ausgedrückt als Retention, gibt. Der rechte Teil der Abbildung verdeutlicht, daß Hexachlorbiphenyle mit demselben (kalkulierten) log K$_{ow}$-Wert (6,8), aber verschiedenen sterischen Eigenschaften unterschiedlich stark bioakkumuliert werden. SHAW & CONNELL (1986 a) führten einen Koeffizienten für den sterischen Effekt ein, mit dem der log K$_{ow}$ multipliziert eine gute Korrelation zur Bioakkumulation erbrachte (Abb. 4.5).

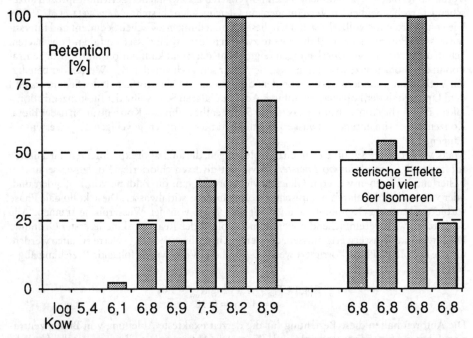

Abbildung 4.4: Relative Retention von polychlorierten Biphenylen im Köperfett von Ratten (links) und sterische Hemmungen der Bioakkumulation am Beispiel der Hexachlor-Biphenyle (rechts). Die Werte beziehen sich auf die am stärksten akkumulierte Verbindung (= 100%). (HUTZINGER et al. 1978, aus SHAW & CONNELL 1986 a)

4.5 Bioakkumulations-QSARs, berechnet aus der Wasserlöslichkeit (WS)

Da die Octanol/Wasser-Verteilung ihrerseits unter anderem von der Löslichkeit einer organischen Chemikalie im Wasser abhängt, sind verschiedentlich Versuche unternommen worden, Regressionen zwischen BCF-Werten und der Wasserlöslichkeit der neutralen organischen Chemikalien herauszuarbeiten. MacKay (1982) gibt für diese Berechnungsart an:

$$BCF = 86/WS.$$

Bei *Mytilus edulis* fanden Geyer et al. (1982):

$$\log BCF = 4,94 - 0,682 \log WS \text{ (in mg/m}^3\text{) (r} = -0,943)$$

und Ernst (1979):

$$\log BCF = 5,15 - 0,843 \log WS \text{ (r} = 0,9618)$$

während Isnard & Lambert (1988):

$$\log BCF = 3,13 - 0,51 \log WS \text{ (in g/m}^3\text{) (r} = 0,868)$$

$$\text{oder}$$

$$\log BCF = 202 - 0,47 \log WS \text{ (in mol/m}^3\text{) (r} = 0,861)$$

ermittelten.
Die beiden französischen Autoren sehen die Abschätzung der BCF-Werte über die Wasserlöslichkeit einer organischen Chemikalie mit der über die K_{ow}-Werte als gleichwertig an.

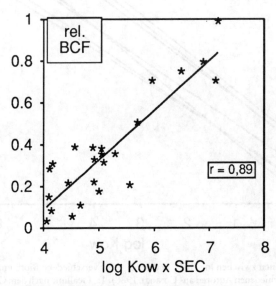

Abbildung 4.5: Beziehung zwischen relativer Bioakkumulation und dem Produkt aus $\log K_{ow}$ und dem sterischen Effekt-Koeffizienten (SEC) (aus Shaw & Connell 1986 a)

4.6 Wertung

Allgemein lassen sich die aquatischen Organismen in physiologisch verwandte Gruppen unterteilen, die untereinander vergleichbare respiratorische und metabolische Eigenschaften besitzen. Die für Bioakkumulationsexperimente benutzten Gruppen sind Fische, Mollusken, Daphnien, Mikroorganismen und Polychaeten. Auf die Abweichungen der QSARs für Mikroorganismen, inklusive Planktonalgen, die durch andere, weitgehend lipid-unabhängige Anreicherungsmechanismen verursacht werden, wurde hingewiesen. Weitere aquatische Organismengruppen sollten in zukünftige Untersuchungen einbezogen werden, z.B. die im Benthon der meisten Gewässer zahlenmäßig dominierenden Nematoden, die sich zudem durch einen relativ hohen Lipidgehalt auszeichnen.

Bei allen bisher untersuchten Tiergruppen wurde ein signifikanter Zusammenhang zwischen log BCF und log K_{ow} für verschiedene lipophile Substanzen gefunden. Bei den Beziehungen zwischen Anreicherung und Wasserlöslichkeit zeichnet sich noch kein einheitlicher Trend ab.

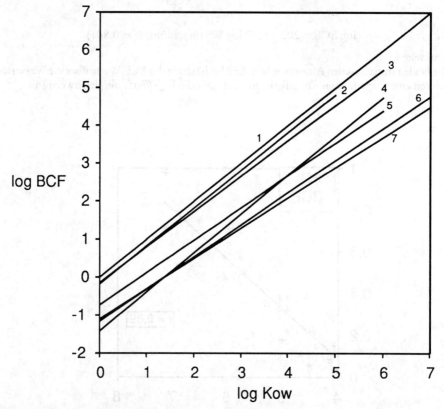

Abbildung 4.6: Regressionen zwischen log BCF_F und log K_{ow} für verschiedene Biota und das Sediment: Wasser-System (nach verschiedenen Autoren aus Connell 1988). 1: Ideallinie nach dem Octanol-Wasser-Verteilungskoeffizienten; 2: Sediment-Wasser-Verteilungskoeffizient; 3: Mikroorganismen; 4: Fische; 5: Muscheln; 6: *Daphnia*; 7: Mollusken

Für viele der vorgenannten Organismengruppen sind die erwähnten QSAR-Beziehungen in Abb. 4.6 zusammengestellt. In die Graphik sind nur solche Substanzen aufgenommen, deren log K_{ow}-Werte zwischen 2,5 und 6,5 liegen. Superlipophile Stoffe, wie die Dioxine und Furane, werden von diesen QSARs – wie dargestellt – nicht erfaßt.

Wenn das Octanol: Wasser-System ein perfekter Ersatz für das Organismen: Wasser-System ist, müßte die Steigung aller Geraden einheitlich sein. Die Steigung ist für Fische 1,00, für Mollusken 0,844, für Daphnien 0,898 und für Mikroorganismen 0,907. Diese Werte sind recht einheitlich. Interessant ist, daß sich das Sediment: Wasser-System wie ein biotisches System verhält. Berücksichtigt man, daß die Organismen aktive und passive Schutzmechanismen gegen Kontaminationen (selektive Aufnahme, Elimination, Abbau) besitzen, dann kommen selbst Steigungen von knapp 0,9 der Idealbeziehung schon sehr nahe.

Es ist wahrscheinlich, daß sich für Substanzen mit log K_{ow}-Werten zwischen 2 und 6 bei fast allen aquatischen Organismen eine solche Beziehung ergibt, die einer 1:1-Regression nahekommt, wenn die Anreicherung auf den jeweiligen Fettgehalt gerechnet wird. Letzteres geschieht jedoch nur selten. Dann noch auftretende Unterschiede dürften durch metabolische oder exkretorische Eliminationspfade der verschiedenen Organismen verursacht sein (CONNELL 1988). Wenn Eliminationspfade keine signifikante Rolle spielen, stellen die QSARs ein wertvolles Hilfsmittel dar, um die Bioakkumulation auch von neu auf den Markt kommender Chemikalien abzuschätzen. Selbst wenn Eliminierung (Metabolismus, Exkretion) von organischen Chemikalien eine wichtige Rolle spielen, lassen sich wertvolle Aussagen über eine Qualitative Struktur-Wirkungsbeziehung durchführen (vgl. Kapitel 5).

5 Dekontaminationen für organische Schadstoffe

Die beiden Prozesse der Dekontamination organischer Schadstoffe bei Organismen sind:
1) Ausscheidung (Elimination, *Clearance* oder *Depuration*) und
2) Ab- und Umbau (Metabolisierung).
Diese Vorgänge werden exemplarisch für ausgewählte Xenobiotika in Hinblick darauf dargestellt, daß optimale Biomonitore die Kontaminationen aus ihrer Umgebung möglichst ohne jede Veränderung speichern sollten.

5.1 Ausscheidung

Die Anreicherung von organischen Chemikalien in Organismen kann als Gleichgewicht zwischen Aufnahme (Kontamination) und Ausscheidung angesehen werden. Die Ausscheidung ist ein physikalischer Prozeß und hängt von der Konzentration des Schadstoffes im Organismus ab. Wenn der Schadstoff lipophil und nicht abbaubar ist, läßt sich die Konzentrationsänderung im Organismus mit folgender Gleichung beschreiben:
Rate der Konzentrationsänderung im Organismus = Aufnahmerate – Ausscheidungsrate

$$dc_B/dt = k_1 C_W - k_2 C_B.$$

Hierin sind C_W die Schadstoffkonzentration im Wasser, C_B die in der Biota und k_1 sowie k_2 sind die Reaktionskonstanten für die Aufnahme, bzw. für die Ausscheidung. Die Konzentration in der Biota nimmt stetig zu, allerdings mit fallender Zuwachsrate, wie in Abb. 5.1 zu erkennen ist (CONNELL 1988).
Im Gleichgewichtszustand sind Aufnahme und Ausscheidung gleich und die Konzentration im Organismus wird

$$C_B = (k_1/k_2) * C_W.$$

Wenn die Exposition des Organismus begrenzt ist, zum Beispiel durch das Umsetzen in sauberes Wasser[1], dann ist $C_W = 0$ und die Verminderung der Schadstoffkonzentration im Organismus ist nur von der Konzentration im Körper abhängig:

$$dC_B/dt = -k_2 C_B.$$

Bei diesem Prozeß gibt es keine Aufnahme mehr, sondern nur noch eine Ausscheidung. Durch Umstellungen und Integration der Gleichung erhält man:

$$\ln C_B = \ln C_{B0} e^{-k_2 t},$$

worin C_{B0} die Anfangskonzentration ($t = t_0$) des Schadstoffes im Organismus ist. Wie aus Abb. 5.1 ersichtlich, nimmt die Konzentration im Organismus im Laufe der Zeit ab.
Für die Halbwertszeit erhält man

$$t_{1/2} = (\ln 2)/k_2.$$

Auf diese Weise kann die Persistenz einer organischen Chemikalie als ihre Halbwertszeit beschrieben werden, die nur von dem den physikalischen Gesetzmäßigkeiten folgenden Verlust und nicht von Biodegradation oder aktiver Ausscheidung abhängt (CONNELL 1988).

---

[1] Derartige Situationen treten im Freiland auf, wenn ein Organismus in einem See eine schadstoffhaltige Zone durchschwimmt und sich anschließend im nicht kontaminierten Teil aufhält. Bei sessilen Tieren in Fließgewässern sind diese Verhältnisse dann gegeben, wenn auf eine Schadstoffwelle wieder reineres Wasser folgt.

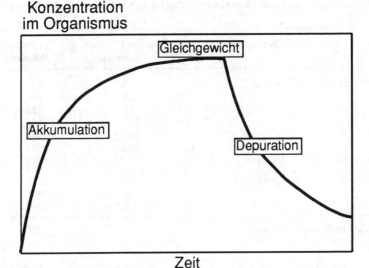

Abbildung 5.1: Aufnahme und Ausscheidungsmuster eines lipophilen Xenobiotikums durch einen Organismus in Abhängigkeit von der Zeit. Die Reaktionen folgen der Kinetik erster Ordnung

Die (passive) Ausscheidung ist ihrerseits verbunden mit der Lipophilie eines Stoffes. Als allgemeine Gleichung gilt:

$$\log (1/k_2) = x \log K_{ow} + y.$$

In dem DFG-Schwerpunktprogramm „Bioakkumulation in Nahrungsketten" wurden modellhaft Atrazin, Lindan und einige weitere Chlorkohlenwasserstoffe diesbezüglich untersucht. Die aufschlußreichen Ergebnisse faßt SCHWOERBEL (1987) wie folgt zusammen:

Atrazin

Bei den Bakterien *Pseudomonas fluorescens* und *Cytophaga* spec. sowie bei der Grünalge *Scenedesmus acutus* erwiesen sich 10% des sorbierten Atrazins als nicht desorbierbar; bei *Actinobates* betrug dieser Anteil 70 bis 80% (GELLER 1979, BÖHM & MÜLLER 1976).
Bei dem Großen Schneckenegel (*Glossiphonia complanata*) fand STREIT (1978) für die passive Ausscheidung die Beziehung:

$$C_B = 8,681 * e^{-0,00315\,t}$$

und ermittelte die Halbwertszeit mit:

$$t_{1/2} = 220 \text{ Minuten.}$$

Eine Zusammenstellung wird in Tabelle 5.1 präsentiert.

Bei Fischen (*Coregonus fera*) erfolgte die Anreicherung von Atrazin bis zum Sättigungswert innerhalb einiger Stunden. Die anschließende Dekontamination dauerte dagegen mehrere Tage (GUNKEL 1981b). Der Schadstoff wird zum überwiegenden Teil über die Kiemen eliminiert, gleichgültig, oder er aus dem Wasser oder mit der Nahrung aufgenommen wurde.

Tabelle 5.1: Halbwertszeiten für die Elimination verschiedener Chlorkohlenwasserstoffe bei Evertebraten (aus Streit 1978)

Tier	Chemikalie	Kontamination		Halbwertszeit$_{Elim}$
		Zeit	Konz [ppb]	[Minuten]
Ancylus fluviatilis	Atrazin	10'	20	252
		30'	20	201
		120'	20	122
		10'	200	158
		30'	200	423
		120'	200	335
Ancylus fluviatilis	Paraquat			1843
Ancylus fluviatilis	Lindan		20	1225
			2	1465
			0,2	840
Glossiphonia complanata	Atrazin			220

Lindan

Bei der Flußnapfschnecke *Ancylus fluviatilis* fand Streit (1979 a), daß bei Versuchstemperaturen von 4°C alle 14 bis 24 Stunden die im Organismus akkumulierte Schadstoffmenge auf die Hälfte vermindert wurde, nachdem die Tiere zuvor bei den Testkonzentrationen 20 µg, 2 µg und 0,2 µg/l Lindan angereichert hatten. Die aktuelle Halbwertszeit hing von der Höhe der jeweiligen Kontamination ab. Da die Bioakkumulation jeweils nach einem Tag ihren Sättigungswert erreicht hatte, verläuft die Elimination somit deutlich langsamer.

Für die Elimination von Lindan aus kontaminierten Wasserinsekten spielt offenbar die Chitinkutikula eine große Rolle, in (an?) der Lindan anscheinend irreversibel gebunden wird. Adulte Wanzen (*Sigara lateralis*) zeigten innerhalb von 36 Stunden keine Elimination von Lindan, nachdem sie vorher für 24 Stunden mit 10 µg/l Lindan kontaminiert waren. Erste Larvenstadien von *Sigara striata*, die nur eine dünne Chitinkutikula besitzen und völlig von Wasser benetzt sind, zeigten dagegen, nach gleicher Vorbehandlung, eine Elimination von Lindan innerhalb der ersten 90 Minuten um 50% (Kopf & Schwoerbel 1980).

Bei Fischen wie *Cyprinus carpio* (Karpfen) und dem tropischen Buntbarsch *Pseudotropheus zebra* ist die Elimination offenbar von der Verteilung des Fettes abhängig. Da bei Jungtieren das Fett als Gewebefett vorliegt, wurde bei kontaminierten jungen Karpfen innerhalb von zwei Tagen 90% des aufgenommenen Lindans eliminiert. Bei ausgewachsenen Fischen liegt das Fett dagegen als Organ-Depot-Fett vor, was dazu führt, daß bei erwachsenen Tieren von *Pseudotropheus zebra* die Elimination nur 35% des akkumulierten Lindans betrug (Hansen 1979).

PCBs und andere Chlorkohlenwasserstoffe

Für verschiedene Chlorkohlenwasserstoffe ermittelte Schütz (1985) an Goldorfen (*Leuciscus idus melanotus*) die nachstehenden Halbwertszeiten (Tabelle 5.2).

Die Unterschiede in den Halbwertszeiten von Hexachlorbenzol, je nachdem, ob der Schadstoff über das Wasser oder mit der Nahrung aufgenommen wurde, liegen wahrscheinlich in den versuchsbedingten verschiedenen Fettgehalten der Fische. Die gefütterten Tiere hatten

Tabelle 5.2: Halbwertszeiten für die Elimination verschiedener Chlorkohlenwasserstoffe bei der Goldorfe (*Leuciscus idus melanotus*) (aus SCHÜTZ 1985)

Chlorkohlenwasserstoff	Kontaminationszeit [h]	Halbwertszeit
Hexachlorbenzol$_{Wasser}$	48	68,2 h
Hexachlorbenzol$_{Wasser}$	144	55,3 h
Hexachlorbenzol$_{Futter}$		30,0 d
Pentachlorphenol	144	9,6 h

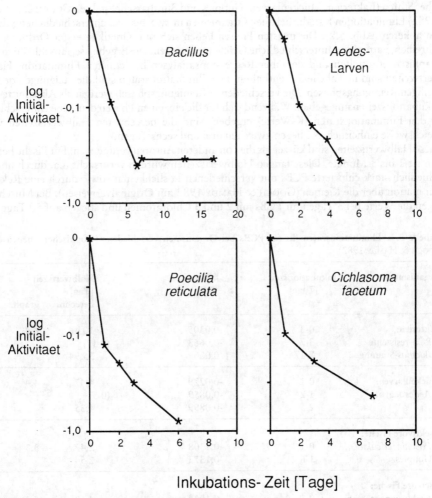

Inkubations- Zeit [Tage]

Abbildung 5.2: Elimination von ^{14}C-PCBs in Organismen vier verschiedener trophischer Zuordnungen (nach GOOCH & HAMDY 1982) (Vgl. auch Tabelle 5.3)

71

rund fünfmal mehr Fett als die anderen, was zu der deutlich verlängerten Halbwertszeit führte. Ob andere Erklärungsmöglichkeiten infrage kommen, muß dahingestellt bleiben.

Die verzögerte Elimination nach Aufnahme des Schadstoffs mit der Nahrung trat bei HCB auch dann auf, wenn der Schadstoff in einem Gemisch zusammen mit γ-HCH (Lindan) und PCP mit dem Futter aufgenommen wurde. Dagegen reicherten sich HCH und PCP unter diesen Bedingungen nur in geringen Mengen an, und die Elimination dieser Stoffe verlief mit einer Halbwertszeit von 17,95 h für HCH und 9,49 h für PCP unter gleichen Versuchsbedingen wesentlich schneller.

Auch bei Daphnien lagen die Eliminationshalbwertszeiten für ausgewählte PAHs und PASHs von einem halben bis etwas mehr als einem Tag (Tabelle 4.1.6).

In einer vergleichenden Untersuchung über Depuration von PCBs (der kommerziell erhältlichen PCB-Mischung Aroclor® 1254, ^{14}C-markiert) bei Organismen verschiedener trophischer Stufen (Bakterien, Mückenlarven, Guppies und Buntbarsche) stellten GOOCH & HAMDY (1982) Eliminationen fest, die bei allen Organismen in zwei bis drei unterschiedlichen Schritten abliefen (Abb. 5.2). Die meisten Phasen ließen sich mit Kinetiken erster Ordnung beschreiben, hatten aber unterschiedliche Größenordnungen. Die Ergebnisse, einschließlich der graphisch ermittelten und der über Regressionsanalysen berechneten Eliminations-Halbwertszeiten sind in Tabelle 5.3 enthalten. Die Eliminationsraten sind die Steigungen der jeweiligen Reinigungsphasen. Die verschiedenen Reinigungsphasen werden als Abschnitte der Inkubationszeiten angegeben. Während sich für die einzelnen Phasen deutliche Unterschiede in den Eliminationsraten (K-Werte) ergeben, sind die berechneten Halbwertszeiten vergleichsweise einheitlich. Sie liegen zwischen drei und sechs Tagen.

Diese Halbwertszeiten sind kürzer als die von anderen Autoren gefundenen: Für Fische betrugen sie 1 bis 3 Monate. Diese langen Halbwertszeiten wurden verursacht u.a. durch unterschiedlich stark chlorierte PCBs mit verschiedenen Löslichkeiten sowie durch eine Rekontamination über die Kiemen (GOOCH & HAMDY 1982 mit Originalverweisen). Bei Muscheln lagen die Werte bei 3 Tagen für PCBs mit 2 und 3 Chloratomen und stiegen auf 50 Tage für

Tabelle 5.3: Eliminationsraten (k) für PCBs bei Organismen verschiedener trophischer Ebenen (aus GOOCH & HAMDY 1982)

Organismus	Inkubationszeit [Tage]	k-Wert [Tag]	Halbwertszeit [Tag]	
			berechn.	graph.
Bakterien:	0-3	-0,0305	10,46	6,4
PCB-resistente	3-7	-0,0663	(0-17)	
Bacillus-Stämme	7-17	-0,0009	55,94	
Mückenlarven:	0-1	-0,0229	4,47	4,4
Aedes aegypti	1-2	-0,0859	(0-5)	
	2-5	-0,0899	4,35	
insektivore Fische:				
Poecilia reticulata	0-1	-0,1308	2,47	3,3
Guppies	1-6	-0,1373	2,54	
piscivore Fische:				
Cichlasoma facetum	0-1	-0,1024	4,62	5,1
Chanchito	1-7	-0,0574	4,57	

PCBs mit 6 und 7 Chloratomen. Für die kommerziellen PCB-Gemische (Aroclor 1242, 1254 und 1260) waren die entsprechenden Halbwertszeiten 8, 23 und 30 Tage (CALAMBOKIDIS et al. 1979).

Bei Bakterien war ein großer Anteil von PCBs nur von den Zellwänden sorbiert und konnte heruntergewaschen werden. Das Ausmaß der Sorption war unter anderem abhängig von dem physiologischen Zustand der Zellen (GOOCH & HAMDY 1982).

Ob bei der Dekontamination immer ein irreversibler, nicht eliminierbarer Rest im Organismus verbleibt, ist nicht einheitlich zu beantworten. Bei Bakterien und Algen sowie für adulte Wasserinsekten (*Sigara*) war das für Atrazin bzw. Lindan der Fall. Bei Daphnien und anderen primären Süßwassertieren verlief die Elimination für Atrazin und Lindan bis zur Nachweisgrenze der Schadstoffe im Tier.

Tabelle 5.4: Ausscheidungsraten für PCBs und DDT für verschiedene limnische und marine Tiere (nach verschiedenen Autoren aus HARDING & ADDISON 1986)

Verbindung	Tier	Kontaminations-quelle	Ausscheidungsrate d^{-1}
2,5-Di CB	Goldfisch	Süßwasser	0,066*
2,2',5-Tri CB	"	"	0,048
2,4',5-Tri CB	"	"	0,021
2,2',5,5'-Tetra CB	"	"	0,015
2,3',4',5'-Tetra CB	"	"	0,010
Clophen® A50	Goldfisch	Süßwasser	0,018
Aroclor® 1254	*Leiostomus xanthurus* („Spot")	Meerwasser	0,017
p,p'-DDT	*Lepomis macrochirus*[+] (Blauer Sonnenbarsch)	Süßwasser	0,024-0,026
p,p'-DDT	Goldfisch	Süßwasser	0,015
p,p'-DDT	*Lepomis macrochirus*[+]	Süßwasser	0,013
p,p'-DDT	Regenbogenforelle	Nahrung	0,004
2,5,2',5'-Tetra CB	Regenbogenforelle	Süßwasser	0,008
2,5,2',5'-Tetra CB	Regenbogenforelle Eier, Dottersack-larven, Brut	Süßwasser	0,003
2,2'4,4'-Tetra CB	Regenbogenforelle Muskelgewebe	Süßwasser	0,030
p,p'-DDT	*Brevoortia tyrannus* Alse	Nahrung	0,025
Phenoclor® DP-5	*Nereis diversicolor*	Meerwasser	0,032
2,2'-Di CB	*Nereis virens*	Nahrung	0,027
2,4,6,2',4'-Penta CB	"	"	0,010
Aroclor®1254	*Crassostrea virginica* Auster	Meerwasser	0,025
p'-DDT	*Thysanoessa raschii* (Euphausiid, Crustacea)	Meerwasser	0,043
p'-DDT	*Calanus finmarchicus* (Copepoda, Crustacea)	Meerwasser	0,048

* schlechte Kurvenanpassung
+ unterschiedliche Autoren

Die Geschwindigkeit der Elimination ist von der Bindungsart des Schadstoffes im Organismus, der Größe der Austauschflächen und von der Körpergröße des Organismus abhängig. Bei größeren Tieren nimmt der Eliminationsprozeß längere Zeit in Anspruch als bei kleineren. Wegen der zunehmenden Größe der Konsumenten innerhalb der Nahrungskette kann, wie STREIT (1979 b in SCHWOERBEL 1987) betont, ein „Nahrungsketteneffekt" durch eine entsprechend verzögerte Elimination vorgetäuscht werden.

Die „Bindungsart" des Schadstoffes hängt bei Tieren weitgehend von seiner Lipophilie ab. Die Ausscheidungsraten müssen deshalb bei Stoffen mit vergleichbar hohen K_{ow}-Werten in einer Größenordnung liegen. Das geht auch aus der Tabelle 5.4 mit den Ausscheidungsraten für PCBs und DDT bei verschiedenen Tieren hervor, obwohl der Fettgehalt der Tiere hierbei nicht berücksichtigt wurde. Die Höhe der Ausscheidungsrate scheint zudem weitgehend unabhängig von einigen äußeren Faktoren, beispielsweise der Salinität, zu sein. Dies ist analog der Anreicherung im Organismus (Kapitel 4).

5.2 Metabolismus

Dieser Weg der Dekontamination scheint nach dem bisherigen Wissen für viele Verbindungen recht unbedeutend zu sein. Allerdings sind die Studien hierüber nicht sehr zahlreich. Generell gilt folgende Reihenfolge über die Bioabbaubarkeit von Strukturmerkmalen der Xenobiotika (BOETHLING et al. 1989):
Ester, Amide, Anhydride > Hydroxyl- > Carboxyl, Epoxide, Lage der ungesättigten Bindung > Benzolring, Methyl, Methylen.
Hydrolysierbare Gruppen, Azo-Bindungen, Halogen- und Nitrogruppen sind der bevorzugte Angriffspunkt für den anaeroben Abbau. Zu den negativen Einflüssen bei der aeroben Biodegradation zählen Molekülmasse, Verzweigungen, Halogenierung und Stickstoff-Heterocycel.
Dekontaminierung durch Metabolisierung ist für Atrazin bei Bakterien nach Untersuchungen von GELLER (1980) bisher nicht sicher nachgewiesen worden und damit offensichtlich von untergeordneter Bedeutung. Zahlreiche Algen können Lindan metabolisieren, nicht jedoch die Diatomee *Nitzschia actinastroides* (SCHWOERBEL 1987 mit Hinweisen auf die Originalliteratur). Bei Wassertieren ist eine Metabolisierung der für Anreicherungs- und Dekontaminationsstudien im Rahmen des zitierten DFG-Schwerpunkts herangezogenen organischen Stoffe bisher nicht untersucht worden, mit Ausnahme bei *Ancylus fluviatilis*, bei der STREIT (1979a) nachwies, daß Lindan nicht metabolisiert wird.
An verschiedenen Stellen der nachfolgenden Recherche werden – soweit Kenntnisse vorhanden oder verfügbar sind – bei einzelnen Stoffgruppen Hinweise auf eine Biodegradation durch Organismen gegeben. Dies gilt beispielsweise für Chironomiden-Larven, die PAHs abbauen können und somit für diese Substanzklasse als Expositions-Biomonitor ausscheiden sollten. Für ein Effektmonitoring könnten die Insekten dagegen von großem Interesse sein.

5.2.1 Mischfunktionelle Oxygenasen

Der wichtigste Detoxikations[2]-Mechanismus in (aquatischen) Tieren läuft über mischfunktionelle Oxygenasen[3] (MFO). Diese Enzyme führen eine Serie von Oxidationsreaktionen durch, die relativ lipophile organische Verbindungen in wasserlösliche Metabolite transformieren, die dann mit dem Urin oder der Gallenflüssigkeit exkretiert werden. Der Begriff *mischfunktionell* bezieht sich auf den Umstand, daß ein Atom aus dem molekularen Sauerstoff zu Wasser reduziert wird, während das andere in das enzymatische Substrat inkorporiert wird. Die Substrate schließen sowohl fremde Verbindungen, wie viele Arzneimittel, Pestizide und PAHs als auch endogene Verbindungen ein, wie steroide Hormone, Vitamine und Gallensäuren (PAYNE et al. 1987). MFO-Enzyme besitzen eisenhaltige Hämproteine aus der Familie der Cytochrome P-450 als terminale Oxygenasen (COON & PERSSON 1980). Diese Oxygenasen sind unter den Enzymen insofern einmalig, als daß sie sowohl in steigenden Mengen als auch in verschiedenen Varianten in tierischen Geweben gefunden werden können, wenn die Tiere induzierenden Substanzen ausgesetzt sind. Wirksame induzierende Substanzen umfassen Arzneimittel, natürliche Verbindungen (z.B. Tannine), aber auch Umweltchemikalien, u.a. PAHs, Kohlenwasserstoffe aus Erdöl, polychlorierte oder polybromierte Biphenyle und Dioxine (PAYNE 1984, PAYNE et al. 1987). MFO-Enzyme können auch bestimmte, zuvor vergleichsweise harmlose Stoffe toxifizieren oder gar in mutagene oder karzinogene Substanzen umwandeln (PAYNE 1984) (siehe hierzu Kapitel über PAHs, PCBs und Biomarker).

Cytochrom P-450-Enzyme sind ebenfalls für die Oxidation des Stickstoffs in aromatischen Aminen verantwortlich. Es entstehen Hydroxylamin-Derivate, die Methämoglobinämie und chronische Schäden wie Krebs hervorrufen (HAMMONS et al. 1985). Es lag die Vermutung nahe, daß durch weitere Chemikalien (PCBs, PAHs) induzierte MFO-Aktivitäten zu verstärktem Metabolismus von aromatischen Aminen und zu erhöhtem Intoxikationsrisiko führen würden. In einem diesbezüglichen Versuch mit Regenbogenforellen konnten HERMENS et al. (1990) diese Vermutung allerdings nicht bestätigen.

Die meisten Studien über die Induktion von MFO-Enzym-Aktivitäten wurden an Lebergeweben ausgeführt, jedoch sind Gewebe anderer Organe ebenfalls induzierbar, wie solche aus Kiemen, Herzen, Milz oder Nieren (PAYNE et al. 1987).

Induzierbare MFO-Enzyme sind in aquatischen Vertrebraten, wie Fischen (einschließlich Fischeiern) (z.B. STEPANOVA[4] et al. 1985, KLEINOW et al. 1987, MONOD[5] et al. 1987, HAUX & FOERLIN 1988, VAN DER WEIDEN et al. 1989) und Amphibien, vielfach nachgewiesen worden, ebenso in Wasservögeln und Säugern (PAYNE 1984 mit Hinweisen auf die Originalliteratur). Die meisten Studien befassen sich mit marinen Organismen. Unter den Süßwasserfischen ist die Regenbogenforelle (*Oncorhynchus mykiss*) offensichtlich am besten untersucht (STEGE-

---

[2] Der treffende Begriff ist *Detoxikation* und nicht *Detoxifikation*. Denn der zweite Begriff beinhaltet die Korrektur eines Vergiftungszustandes, vergleichbar mit den Anstrengungen eines Körpers, um den nüchternen Zustand nach einer Trunkenheit herzustellen. Detoxikation wird definiert als die chemischen Veränderungen, denen eine fremde organische Verbindung in einem Tier unterworfen ist (JAKOBY 1980), ohne daß es bereits zu Vergiftungen gekommen ist. Daß bei diesem Detoxikationsprozeß giftige Metabolite entstehen können, wird für PAHs und PCBs noch dargestellt werden.

[3] Diese Enzyme werden auch als Monooxygenasen bezeichnet.

[4] Induktion von Cytochrom P-450 in der Leber von vier verschiedenen Fischarten aus dem Baikalsee.

[5] Induktion von mikrosomaler Leber-Monooxygenase bei der Nase (*Chondrostoma nasus*) und der Plötze (*Rutilus rutilus*) durch 7-Ethoxicumarin, 7-Ethoxiresorufin, Benzo[a]pyren und 2,5-Diphenyloxazol.

MAN & KLOEPPER-SAMS 1987). Unter den wenigen Arbeiten über weitere Süßwasserorganismen fällt die Studie von VAN DER WEIDEN et al. (1989) am Karpfen (*Cyprinus carpio*) auf. Die Autoren wiesen nach, daß sediment-gebundene PCDDs und PCDFs für die Fische bioverfügbar waren, da Cytochrom P-450 in der Leber bereits zwei Wochen nach der Exposition induziert werden konnte. Ein spezifisches Enzym (EROD = 7-Ethoxyresorufin-o-deethylase) wird induziert, wenn 2,3,7,8-Kongenere anwesend und bioverfügbar sind. Ernährungszustand und Temperatur haben markanten Einfluß auf die EROD-Aktivität (JIMENEZ et al. 1988): Bei Fischen, die bei 26°C gehalten wurden, war die EROD-Aktivität siebenmal höher als bei solchen, die bei 7°C adaptiert waren.

Einen Versuch zur Erhebung der quantitativen Beziehung zwischen EROD-Aktivität und Umweltkontamination unternehmen JIMENEZ et al. (1988) mit Studien an dem Blauen Sonnenbarsch (*Lepomis macrochirus*). Die Verabreichung von 10 bzw. 20 mg Benzo[a]pyren (B[a]P) pro kg Körpergewicht führten zu einer Steigerung der EROD-Aktivität um den Faktor 10 bzw. 30, verglichen mit der Kontrolle, in der nur Maisöl gespritzt worden war. Fische aus dem Längsprofil eines verschmutzten Flusses hatten eine EROD-Aktivität, die der 20 mg-B[a]P-Variante aus dem Labor entsprach.

Offensichtlich reichen aber die Vorstudien im Labor zu dem Thema Mischfunktionelle Oxygenasen und Cytochrom P-450 noch nicht aus, um zumindest zu einer Semiquantifizierung der Belastung, beispielsweise in B[a]P-Einheiten, zu gelangen. Denn wie eine Erhebung am Fluß Durance (Südost-Frankreich) ergab, bei der 600 Fische aus vier Arten untersucht und die Ergebnisse mit der Faktorenanalyse ausgewertet wurden, hängt die Aktivität der durch Verschmutzung induzierbaren MFO ab von:

der Jahreszeit,
der Fischart[6] sowie
dem Geschlecht der Fische (VINDIMIAN & GARRIC 1989).

In ihrem Review berichten RATTNER et al. (1989) ferner, daß auch das Alter der Tiere entscheidenden Einfluß auf die MFO-Induzierbarkeit hat.

Bei der Durance-Untersuchung konnten aber in 80% der Fälle über eine Regressionsanalyse vorausgesagt werden, ob die Fische aus einem kontaminierten oder einem sauberen Habitat stammten, so daß die generelle Eignung von Cytochrom P-450 oder der MFO als Biomarker auf chemische Verschmutzung von Binnengewässen außer Frage steht (VINDIMIAN & GARRIC 1989). P-450-Isoenzyme können auch nach der Auffassung von KLEINOW et al. (1987) ein sehr geeigneter Biomarker zum Auffinden von Verschmutzungen in Gewässern sein. Für eine Quantifizierung der hervorgerufenen Effekte ist jedoch noch viel Grundlagenforschung zu leisten. Einige Vorschläge zur Methodenoptimierung wurden jüngst von MONOD & VINDIMIAN (1991) vorgestellt.

Bei aquatischen Invertebraten wurde allgemein nachgewiesen, daß die MFO-Aktivität sehr gering und schwer bis nicht induzierbar ist (LEE 1981). Die getesteten Meeresorganismen waren Weichtiere (*Mytilus edulis*, *Mya arenaria*, *Littorina littorea*), decapode Crustaceen (*Homarus americanus*, *Palinurus argus*), Stachelhäuter (*Strongylocentrosus droebachiensis*,

---

[6] Fische, die nach EG- und OECD-Richtlinien für Toxizität eingesetzt werden, reagieren unterschiedlich empfindlich. So fanden FUNARI et al. (1987) bei Guppies (*Poecilia reticulata*) und dem Reiskillifisch (*Oryzias latipes*) Monooxygenase-Aktivitäten um den Faktor 7 bis 10 höher als in der Regenbogenforelle (*Oncorhynchus mykiss*), dem Karpfen (*Cyprinus carpio*) oder der Goldorfe (*Leuciscus idus*). Der Cytochrom P-450-Gehalt war dreimal höher in den erst genannten Fischen als in allen anderen getesteten, zu denen noch der Zebrabärbling (*Brachydanio rerio*) und der Blaue Sonnenbarsch (*Lepomis macrochirus*) gehörten. KLEINOW et al. (1987) geben einen Überblick über die Fischarten, bei denen eine Cytochrom P-450-Induktion in vivo nachgewiesen wurde.

Asterias spec.) oder Polychaeten (*Nereis* spec.). Eine wenn auch nur geringe Induktionsfähigkeit wurde bei der Auster *Crassostrea virginica*, dem Copepoden *Calanus* nach Exposition gegenüber PAHs sowie in verschiedenen Taschenkrebsen nachgewiesen (in PAYNE et al. 1987). Es ist denkbar, daß bei Invertebraten verschiedene, noch nicht vollständig aufgeklärte interne Abbauprozesse über Cytochrom P-450 eine größere Rolle spielen als bei Wirbeltieren. Es wird angenommen, daß aus diesem Grund die Induktion von MFO-Aktivitäten weitgehend fehlschlägt (PAYNE 1984).

Es zeichnet sich ab, daß sowohl die MFO-Aktivität als auch die Gehalte an Cytochrom P-450 sowie weiteren Enzymen und Co-enzymen in aquatischen Organismen als sogenannte **Biomarker** auf organische Kontaminationen verwendet werden können. Dieser neue suborganismische Ansatz innerhalb des Biomonitorings könnte zukünftig ein wertvolles Instrument zum summarischen Auffinden von Belastungen darstellen und als Einstieg für gezielte chemische Analytik dienen: In den Fällen, wo diese Biomarker positive Befunde liefern, könnte man eine detaillierte chemische Analytik anschließen und wäre nicht gezwungen, den gesamten Probenumfang aufzuarbeiten.

An kontaminierten Stellen scheint sich über längere Zeiten hinweg allerdings eine genetische Selektion abzuspielen: Bei Polychaeten und Crustaceen beispielsweise, die über mehrere Generationen in öl-kontaminiertem Sediment exponiert waren, setzten sich Stämme mit höheren MFO-Aktivitäten durch (in PAYNE 1984). Es scheint somit machbar, über MFO-Aktivitäten sessiler oder vergleichsweise immobiler Tiere Umweltchemikalien erfassen zu können. Für das praktische Biomonitoring sind in dieser Hinsicht Arbeiten aus der Bretagne sowie Laborbefunde von Bedeutung, die erhöhte Cytochrom P-450-Konzentrationen, aber nicht ebensolche MFO-Aktivitäten in Muscheln fanden, die mit Kohlenwasserstoffen kontaminiert waren (GILEWICZ et al. 1984, LIVINGSTONE 1985). Für den limnischen Bereich wären die Erfahrungen aus den marinen Studien zu adaptieren und weiter zu entwickeln.

Informationen über die Rolle der Biotransformationen über MFO-Enzyme innerhalb des Eliminierungsprozesses und gleichzeitig wertvolle Hinweise über sinnvolle Biomonitore (zu den Anforderungen an optimale Biomonitore siehe Einleitung) liefert die qualitative Struktur-Aktivitäts-Beziehung, wie sie zum Beispiel von BOON et al. (1989) für PCB-Kongenere an Tieren verschiedener trophischer Niveaus aus dem Wattenmeer durchgeführt wurde.

Die Muschel *Macoma balthica* besitzt zwar ein MFO-System, eine Biotransformation von PCB-Kongenere ist aber noch nicht gefunden worden. Die Autoren nehmen deshalb an, daß sich das Muster an PCB-Kongeneren in dieser Tierart nur über die Lipophilie (Octanol/Wasser-Verteilungskoeffizient) der Chemikalien einstellt. Das in *Macoma balthica* gefundene Muster dient deshalb als Referenz zur Beurteilung der Biotransformationen in den übrigen Tierarten *Nereis diversicolor* (Polychaet), *Solea solea* (Seezunge), *Pleuronectes platessa* (Scholle), *Phoca vitulina* (Seehund) und *Haematopus ostralegis* (Austernfischer). Das Ergebnis gibt die Abb. 5.3 wieder. Die Anteile der noch metabolisierbaren PCB-Kongenere nimmt in der Reihenfolge:

Macoma balthica > *Nereis diversicolor* >
Pleuronectes platessa, Haematopus ostralegis (juv. Weibchen) >
H. ostralegis (subadulte Männchen), *Phoca vitulina*

ab. Die Seezunge fällt durch ein völlig anderes Muster der betreffenden PCB-Kongenere (schwarze Säulen) aus der Reihung heraus.

Diese qualitative Struktur-Aktivitäts-Beziehung könnte durch eine Reihe ähnlicher ergänzt werden. Sie liefert für die Auswahl möglicher Biomonitore auf organische Schadstoffe in (Binnen)-Gewässern die allgemeine Schlußfolgerung, daß höhere Tiere im allgemeinen einen

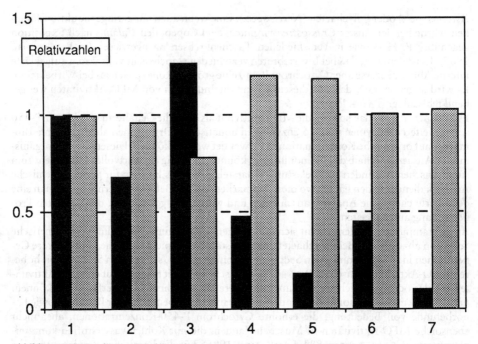

Abbildung 5.3: Qualitative Struktur-Aktivitäts-Beziehung für einige PCB-Kongenere in verschiedenen Watt-Tieren. Schwarze Säulen: Kongenere mit H-Atomen in benachbarten m- und p-Stellungen; Graue Säulen: Kongenere ohne H-Atome in benachbarten m- und p-Stellungen
1: *Macoma balthica* (Referenz); 2: *Nereis diversicolor*; 3: *Solea solea*; 4: *Pleuronectes platessa*; 5: *Phoca vitulina*; 6: *Haematopus ostralegis* (juvenile Weibchen); 7: *Haematopus ostralegis* (subadulte Männchen) (aus Boon et al. 1989).

stärker ausgebildeten Detoxikations-Mechanismus über MFOs besitzen als niedere. Die erstgenannten stellen somit keine guten Biomonitore dar, da sie das Muster der im Habitat vorkommenden Umweltchemikalien nicht oder nur stark verändert in ihrem Körper widerspiegeln.

5.2.2 Andere Enzyme

Neben den mischfunktionellen Oxygenasen gibt es eine Reihe weiterer Enzyme, die bei dem Metabolismus von Xenobiotika eine Rolle spielen. Hierher gehört beispielsweise die Isoenzym-Familie der Glutathion-S-Transferasen (GST) (Vos & van Bladeren 1990), deren Aktivität sowohl durch organische als auch durch anorganische Xenobiotika induziert werden kann. Zu den letzten sind insbesondere die Schwermetalle zu rechnen.
Es ist allgemein bekannt, daß alle Lebewesen GSTs besitzen, die unter anderem in der Lage sind, halogenierte Substanzen durch Konjugation mit dem Tripeptid Glutathion (GSH) zu entgiften (Lamoureux & Rusness 1989). Beispielsweise fanden Debus & Schröder (1989) erhöhte Glutathion-S-Transferase-Aktivitäten in Nutzpflanzen, wenn diese mit Halonen, das sind vollhalogenierte u.a. bromhaltige Methane, die zur Brandbekämpfung eingesetzt werden, begast wurden. Auch bei Süßwassermuscheln wurde die Erhöhung von Glutathion-S-

Transferase-Aktivitäten beobachtet, wenn eine Organochlorkontamination vorlag. Bei der Kugelmuschel *Sphaerium corneum* beispielsweise fanden BORYSLAWSKYJ et al. (1988) eine Steigerung um das Siebenfache, nachdem die Tiere gegenüber Dieldrin exponiert worden waren. Die Autoren weisen darauf hin, daß dieser Enzym-Assay einige Vorteile für das Biomonitoring bietet: Der Assay ist einfach und schnell auszuführen, kann bei sehr vielen Organismen angewandt werden und ist ein frühes Antwortsignal von Pflanzen und Tieren, somit ein Biomarker (siehe Kapitel 10) auf Organochlorbelastungen.

6 Nahrungsketten-Akkumulationen (Biomagnifikation)

Eine häufig formulierte Hypothese beschreibt die Schadstoffaufnahme und – weitergabe durch die Organismen im Ökosystem als einen mit dem Stoff- und Energiefluß gekoppelten Prozeß. Der Schadstoff wird hierbei über die verschiedenen trophischen Ebenen eines Systems zusammen mit den organischen Kohlenstoffverbindungen weitergegeben. Die Kohlenstoffverbindungen unterliegen einem Metabolismus und werden als Stoffwechselendprodukte ausgeschieden, während die persistenten Schadstoffe im Organismus aufkonzentriert und entsprechend angereichert werden. Steigende Konzentrationen der Schadstoffe müssen nach dieser **Nahrungskettenhypothese** in den Organismen mit steigender trophischer Stellung auftreten. Die Tiere werden somit über die Nahrung kontaminiert. Anreicherungen sollen weitgehend unabhängig von physiologischen Kenngrößen, wie dem Lipidgehalt sein (GUNKEL 1987). Es müßte also eine sogenannte **Biomagnifikation** auftreten.

Wenn die Anreicherung von organischen lipophilen Substanzen in Organismen aber tatsächlich nur in Abhängigkeit von deren Lipidgehalt abläuft, ist das umgebende Medium Wasser die ausschließliche Kontaminationsquelle. Es dürfte nach dieser **Verteilungshypothese** in den Nahrungsketten zu keiner Aufkonzentrierung von Schadstoffen kommen, da die Tiere nur so viel Xenobiotika aufnehmen können, wie es ihrem Lipidgehalt entspricht. Hierauf weisen sehr viele Arbeiten hin. Lipophile Schadstoffe werden z.B. von Kiemenatmern über die Kiemen und die gesamte Körperoberfläche aufgenommen, bis ein Konzentrationsausgleich zwischen umgebendem Wasser und Organismus geschaffen ist (HAMELINK et al. 1971; HARVEY 1974; CLAYTON et al. 1977; SCURA & THEILACKER 1977; SCHNEIDER 1982; TANABE et al. 1984; DUINKER & BOON 1986, NOVAK et al. 1990). Die Konzentration in den Organismen ist deshalb in erster Linie abhängig von der Konzentration im Wasser und nicht von der Ingestion belasteter Nahrung (TANABE et al. 1987 a). Weniger lipophile Schadstoffe erreichen die Gleichgewichtsrate schneller als Substanzen mit einem höheren lipophilen Charakter (ELLEGEHAUSEN et al. 1980; KÖNEMANN & LEEUWEN 1980; BRUGGEMAN et al. 1981).

Beide Mechanismen der Schadstoffaufnahme und -verteilung innerhalb der Nahrungskette sind gültig: die direkte Aufnahme aus dem Wasser über die gesamte Körperoberfläche (z.B. bei Zooplanktern) oder die Kiemen (bei Fischen) sowie die Aufnahme über kontaminierte Nahrung.

Die Biomagnifikation ist somit ein Regelprozeß, der – analog der Bioakkumulation – als ein Prozeß zu verstehen ist, der sich aus den beiden Kontaminationspfaden sowie Eliminierungsmechanismen (Ausscheidung über die Haut und mit Kot etc., Metabolismus der Schadstoffe) zusammensetzt. Die Biomagnifikation ist somit ebenfalls ein Fließgleichgewicht.

In der Literatur existieren viele Berichte, die entweder die **Nahrungsketten**- oder die **Verteilungshypothese** stützen und sich auf den ersten Blick somit zu widersprechen scheinen. Auf einige dieser Berichte wird im folgenden ausführlicher eingegangen, bevor eine Klärung, unter welchen Umständen Biomagnifikation auftritt, versucht wird.

In Kleinteichen mit 50 m^2 wurde von GUNKEL (1984) und GUNKEL & KAUSCH (1987) die Weitergabe des Herbizids Atrazin in der aquatischen Nahrungskette untersucht. Die Teiche wurden mit Atrazin von 120 µg/l kontaminiert. Diese Konzentration lag im Bereich der Lethalkonzentration für die coccale Grünalge *Oocystis* und die Wasserlinse *Lemna minor* (LC$_{100}$ jeweils 100 µg/l). Die gefundenen Ergebnisse sind in Abb. 6.1 zu finden. Am stärksten ist das Phytoplankton kontaminiert. Auffälligerweise tritt keine Änderung der Rückstandshöhe mit der Stellung im trophischen System des Kleinteiches auf. Atrazin kann somit als ein Vertreter solcher Schadstoffe gelten, deren Weitergabe über die Nahrungskette ohne Bedeutung ist.

Das Verhalten derartiger Chemikalien wird durch die relativ hohe Wasserlöslichkeit bestimmt, und alle Glieder der aquatischen Nahrungskette werden direkt kontaminiert und reichern den Schadstoff aus dem Wasser an.

Auch bei den kurzkettigen aliphatischen Chlorkohlenwasserstoffen (HOV), die eine vergleichsweise hohe Wasserlöslichkeit aufweisen, tritt innerhalb der Nahrungskette keine nennenswerte Biomagnifikation auf (vgl. Tabelle 8.4.2).

Bei organischen Chemikalien, die lipophiler als Atrazin oder die genannten HOVs sind, müßte nach herkömmlichen Vorstellungen mit einer stärkeren Anreicherung innerhalb der Nahrungskette zu rechnen sein. Aufschlußreich sind diesbezügliche Untersuchungen von HANSEN (1987) an der künstlichen Nahrungskette: Grünalge *Chlorella*, herbivorer Konsument *Daphnia magna* und karnivorer Konsument Stichling (*Gasterosteus aculeatus*). Die Ergebnisse sind den nachstehenden Tabellen 6.1 u. 6.2 zu entnehmen. Aus den Befunden von HANSEN wird deutlich, daß auch bei (einigen) lipophilen Chemikalien der Anreicherung über die Nahrungskette nicht die ihr bisher zugeschriebene Bedeutung zukommt.

Durch weitere Untersuchungen wurde – wie unten gezeigt wird – geklärt, auf welche lipophilen Xenobiotika die HANSENschen Befunde übertragbar sind, oder ob die Ergebnisse nur für solche gelten, die in den Organismen einem starken Metabolismus oder einer intensiven sonstigen Eliminierung unterworfen sind, und ob bei den bisher getesteten Stoffen tatsächlich ein besonders ausgeprägter Eliminierungspfad vorhanden ist. Denn Freilandbefunde aus dem Lake Ontario (Tabelle 6.3) zeigen deutlich, daß für andere lipophile Stoffe offensichtlich eine Biomagnifikation auftritt und daß zumindest im Falle der Heringsmöven diese Kontamination über die Nahrung erfolgen muß! Allgemein läßt sich festhalten, daß eine eindeutige Biomagnifikation innerhalb der Nahrungskette nur bei Luft atmenden aquatischen Tieren auftritt, wie Vögeln oder Säugern, da diese Organismen keinen direkten Kontakt über ihr permeables respiratorisches Organ mit den Wassermassen haben (CONNELL 1988).

Tabelle 6.1: Biokonzentrationsfaktoren BCF_F für Lindan durch Sorption und Speicherung bei der Aufnahme aus dem Wasser (aus HANSEN 1987)

Organismus	BCF_F aus Sorption	BCF_F aus Speicherung pro Tag
Chlorella spec.	429,0 (n. 3. Tag)	93,6
Daphnia magna	34,4 (n. 1. Tag)	1,6
Gasterosteus aculeatus	118,6 (n. 1. Tag)	10,1

Tabelle 6.2: Bioakkumulationsfaktoren BAF_F für Lindan bei der Aufnahme über die Nahrung (aus HANSEN 1987)

Produzent	→Konsument	BAF_F
Chlorella spec.	→ *Daphnia magna*(Labor)	0,013 * t
Daphnia magna(Freiland)	→ *Gasterosteus aculeatus*	0,057 * t

Tabelle 6.3: Konzentrationsbereiche für organische Kontaminanten in Kompartimenten des Lake Ontario (nach verschiedenen Autoren aus ALLAN 1986)

Chemikalie	Wasser [ng/l]	Sediment [mg/kg]	Benthon [mg/kg]	Schweb [mg/kg]	Plankton [mg/kg]	Fische [mg/kg]	Heringsmöven-Eier [mg/kg]
Gesamt-DDT	0,3-57	25-218	440-1088	40	63-72	620-7700	7700-34000
PCBs	5-60	110-1600	470-9000	600-6000	110-6100	1378-17000	41000-204000
Mirex	0,1	144	41-228	15	0-12	50-340	1800-6350
CBs[1]	1-54	11-4500	n.b.	574	27	6-370	300
Dioxine	0,01-0,03	8	n.b.	n.b.	n.b.	0,005-0,107	0,044-1,2
Lindan	0,4-11	46	n.b.	1-12	12	2-360	78

n.b. = nicht bestimmt
0 = nicht nachweisbar
Schweb ist hier als aufgewirbeltes Sediment zu verstehen

Bei Dioxinen und Furanen, die bekanntlich sehr lipophil sind, tritt in der aquatischen Nahrungskette eine Anreicherung auf, wie ein Beispiel aus dem marinen Bereich verdeutlicht. In dem punktförmig durch Industrieabwasser kontaminiertem Frierfjord in Südnorwegen, dem bekannten am höchsten mit Dioxinen belasteten Gewässer, wurde der Gradient der Dioxin- und Furan-Belastung in Sedimenten, Fischen (Aale, Dorsche) Muscheln (*Mytilus edulis*) und Taschenkrebsen (*Cancer pagurus*) studiert (KNUTZEN & OEHME 1989). Maximal- und Minimal-Werte (als Mittelwerte) sind für 2,3,7,8-TCDD-Äquivalente für Sediment und Tiere in der nachstehenden Tabelle 6.4 enthalten. Der Maximalwert stammt immer aus dem Bereich der punktförmigen Kontamination, der Minimal-Wert liegt 20 bis 30 km davon entfernt. Ein weiterer indizienhafter Beweis stammt aus dem Gebiet des Niagara-Flusses. O'KEEFE et al. (1986) untersuchten die Aufnahme von 2,3,7,8-TCDD und 2,3,7,8-TCDF durch Goldfische (*Carassius auratus*) im Labortest. Als Kontaminationsquellen dienten zum einen Flugaschen aus einer Müllverbrennungsanlage und zum anderen kontaminierte Sedimente aus dem Cayuga Creek. Obwohl die Kontaminationsquellen vergleichsweise viel „Seveso"-Dioxin enthielten, nahmen die Goldfische in dem siebenwöchigen Test weder TCDD noch TCDF

Tabelle 6.4: Maximal- und Minalwerte von 2,3,7,8-TCDD in Kompartimenten des Frierfjord, Norwegen (aus KNUTZEN & OEHME 1989)

	Maximalwert	Minimal-Wert	
Oberflächensediment	18	1,6	[ng/g TG]
Muscheln	60	9,2	[ng/kg Frischgewicht]
Krebs, Scherenfleisch	44	1,1	-"-
Krebs, Hepatopankreas	998	38	-"-
Dorsch, Filet	9,2	≤ 0,41	-"-
Dorsch, Leber	5643	41	-"-
Aal, Filet	22	6,3	-"-

---

[1] CBs = chlorierte Benzole

auf. Im Gegensatz dazu wiesen die Freilandfische aus dem Niagara-Fluß-Gebiet beträchtliche Mengen dieser organischen Xenobiotika auf. Die Autoren schließen daraus, daß weder die in den Flugaschen noch die in dem an organischem Kohlenstoff reichen Sediment gebundenen TCDDs und TCDFs desorbieren. Die unmittelbare Bioverfügbarkeit ist praktisch nicht vorhanden. Nur vermittelt über die sedimentbewohnenden Makroinvertebraten werden diese Xenobiotika für die Fische verfügbar.

Bei verschiedenen PCBs, deren Biomagnifikationsverhalten VAN DER OOST et al. (1988) untersuchten, trat eine Anreicherung innerhalb der Nahrungskette auf. Dafür sprachen einmal die hohen Konzentrationen in der Biota, vor allem in den höheren trophischen Ebenen, und zum anderen die unterschiedlichen PCB-Muster in den Organismen, die stark von dem im Sediment abwichen. Der letztgenannte Umstand spricht allerdings auch für metabolische Umsetzungen in den Tieren höherer trophischer Niveaus, wie die qualitative Struktur-Wirkungsbeziehung (vgl. Abb. 5.3) für einen ähnlichen Fall zeigt. Die Debatte, ob selbst bei den stark lipophilen PCBs eine Biomagnifikation in der Nahrungskette auftrat, wurde bis Ende der 80er Jahre sehr kontrovers geführt. Ausgenommen waren hierbei aber stets die Wasservögel, für die nur eine Kontamination über den Nahrungspfad in Frage kam. Für verschiedene Autoren war der ausschlaggebende Faktor immer nur die Lipophilie der Substanz, unabhängig davon, wie stark die Nahrung kontaminiert war. Sie hielten die Lipophilie für die Steuergröße der Bioakkumulation. Diese aufschlußreiche Debatte ist bei SHAW & CONNELL (1986b) skizziert.

Klarheit in diese zahlreichen empirischen, scheinbar widersprüchlichen Befunde über auftretende oder fehlende Biomagnifikationen bei verschiedenen Stoffen brachte ein Modell von THOMANN (1989) für eine Reihe von organischen Chemikalien aus verschiedenen Substanzklassen. Das Modell stellt eine Abstraktion vieler einzelner Feld- und Laboratoriumsstudien dar. Es umfaßt folgende Kompartimente: *Phytoplankton → Zooplankton →* kleine Fische → Top-Räuber. Auf diesem Wege kann also eine Kontamination über die Nahrung erfolgen. Alle Lebensgemeinschaften sind zudem mit ihrem Körper den Konzentrationen der Kontaminanten im Wasser ausgesetzt. Die Aufnahme-Effektivität von Chemikalien aus dem Wasser, die Exkretionsrate und die Assimilations-Effektivität sind abhängig von den K_{ow}-Werten. Das Modell berücksichtigt ferner die Wachstumsrate und die Variabilität von BCF-Werten unter Feldbedingungen. Effekte der Wachstumsrate führen zu einer Verminderung der Verteilung nach den Lipidgehalten um den Faktor 2 bis 5.

Als wesentliche Aussagen aus dem Modell kann festgehalten werden: **Nahrungsketten-Effekte sind bis zu einem log K_{ow} von rund 5 nicht bedeutsam. Sie wirken erst bei Stoffen mit größeren log K_{ow}-Werten.**

Für Substanzen mit log K_{ow}-Werten zwischen 5 und 7 liegen die nach dem Nahrungsketten-Modell berechneten und die gemessenen Anreicherungs-Werte um ein bis zwei Zehnerpotenzen über denen, die aus einfachen Beziehungen zwischen BCF-Werten und den betreffenden K_{ow}-Werten beispielsweise für Raubfische kalkuliert wurden. Für diese lipophilen Substanzen tritt also eindeutig eine Biomagnifikation innerhalb der aquatischen Nahrungskette auf. Dies gilt beispielsweise für die oben geschilderten Befunde von VAN DER OOST et al. (1988): Die eingesetzten PCBs hatten einen log K_{ow} von 5,46 bis 7,40.

Oberhalb von 7 für den log K_{ow}-Wert hängt ein möglicher Nahrungsketteneffekt von der Assimilationseffektivität gegenüber Chemikalien und vor allem von dem Akkumulationsvermögen des Phytoplanktons ab.

Anhand von Fangergebnissen und PCB-Analysen von Seesaiblingen (*Salvelinus namaycush*) und anderen pelagischen Fischen aus einer Reihe von Seen im kanadischen Staate Ontario stellten RASMUSSEN et al. (1990) ein empirisches Modell (multiple lineare Regression) auf, das die Biomagnifikation dieser Schadstoffgruppe in der pelagischen Nahrungskette erklärt: Die Autoren stellen heraus, daß je länger die Nahrungskette ist, desto höher ist auch der PCB-Gehalt in den pelagischen Fischen. Jedes trophische Niveau trägt zu der PCB-Konzentration in den Seesaiblingen mit einem Faktor von 3,5 zur Biomagnifikation bei.

Dieses Modell macht verständlich, daß auch in Seen, die fernab von industrieller Belastung liegen, allein durch die Belastung aus der Luft in Fischen derart hohe Kontaminationen auftreten können, daß sie für den menschlichen Konsum nicht mehr verwendet werden dürfen. In derartigen Seen treten Nahrungsketten mit vergleichsweise vielen Gliedern auf. Entsprechendes gilt auch, wenn die Nahrungsketten zum Zwecke der Trophäenfischerei durch Einsatz von zooplanktivoren Fischen künstlich verlängert werden: Die Fischtrophäen sind dann um den Faktor 3,5 stärker kontaminiert als zuvor.

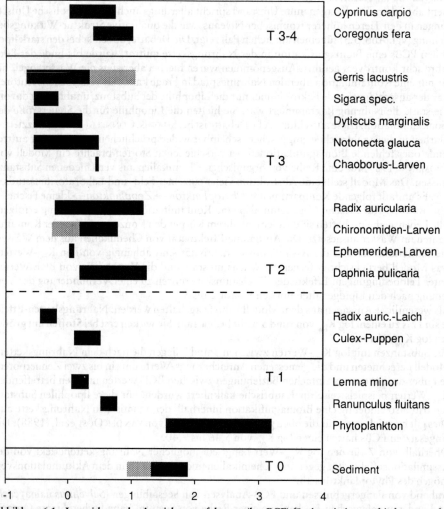

Abbildung 6.1: Logarithmen der Anreicherungsfaktoren (log BCF) für Atrazin in verschiedenen trophischen Niveaus (T 0 bis T 3-4) eines Mesokosmos-Versuchs (nach GUNKEL 1984). Entwicklungsstufen, die von internen Nahrungsreserven leben – wie der Schneckenlaich oder Stechmücken-Puppen, können zwar keinem Niveau zugeordnet werden, werden aber vereinfacht in das Herbivoren-Niveau (T 2) gestellt.

7 Emissionen in die Luft und Einträge aus der Luft

Organische Chemikalien werden aus den verschiedensten Quellen in die Umwelt freigesetzt. Die mengenmäßig wichtigste Quelle waren und sind die Einleitungen kommunalen und/oder industriellen Abwassers. Aber auch die diffuse Belastung der Gewässer, die sich allein über den Luftpfad vollzieht, erreicht selbst die entlegensten aquatischen Systeme (z.B. STEINBERG et al. 1989). Diese Art der Belastung, die in vielen Gewässern noch recht gering ist, kann besser über Biomonitoring als über direktes chemisches Monitoring erfaßt werden. Aus diesem Grund soll auf die Emissionen organischer Chemikalien in die Luft und die Gewässerblastung mit derartigen Stoffen aus der Luft aufmerksam gemacht werden.

Organische Verbindungen können aus verschiedenen Emissionen in die Atmosphäre gelangen. Neben biogenen Quellen wie der Freisetzung von Isoprenen und Terpenen in Laub- und Nadelwäldern sind heute vor allem anthropogene Quellen für die atmosphärische Belastung durch organische Luftschadstoffe verantwortlich. Die anthropogen bedingten Emissionen organischer Verbindungen betragen in der Bundesrepublik jährlich etwa 2,5 Millionen Tonnen. Seit den 70er Jahren ist eine leicht rückläufige Tendenz zu beobachten (Abb. 7.1).

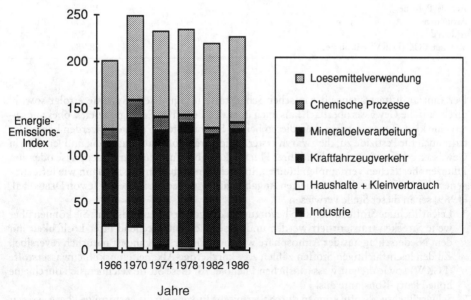

Abbildung 7.1: Emissionen flüchtiger organischer Verbindungen nach Sektoren von 1966 – 1986 (nach UBA 1988)

Die gegenwärtigen Emissionen flüchtiger organischer Stoffe gehen etwa zur Hälfte aus unvollständig ablaufenden Verbrennungsvorgängen hervor. Der Verkehrssektor stellt dabei seit Mitte der 70er Jahre mit 40-50% aller emittierten organischen Stoffe die emittentenstärkste Gruppe dar. Neben den Abgasemissionen spielen dabei auch Verdunstungsverluste an leichtflüchtigen Benzinkomponenten bei Lagerung, Umschlag und Betankung eine wichtige Rolle.

85

An zweiter Stelle steht heute der Lösemittelverbrauch, gefolgt von Produktionsprozessen in der Mineralölindustrie und der chemischen Industrie.

Die energiebedingten Emissionen von Haushalten und Kleinverbrauchern sowie von Kraft- und Fernheizwerken haben seit den 70er Jahren an Bedeutung verloren. Die rückläufige Tendenz in diesen Bereichen hängt mit der Umstellung von festen auf flüssige und gasförmige Energieträger zusammen.

Aus den Gesamtemissionen allein kann allerdings nicht direkt auf das entsprechende Wirkungspotential geschlossen werden, da sich die organischen Emissionen aus einer Vielzahl verschiedener Stoffe mit unterschiedlicher Toxizität zusammensetzen.

Eine Abschätzung der Emissionsanteile an flüchtigen organischen Substanzen (VOC = volatile organic compounds) haben MÜLLER et al. (1988) für das Land Baden-Württemberg vorgenommen (Tabelle 7.1).

Tabelle 7.1: Prozentualer Anteil organischer Emittentengruppen in Baden-Württemberg für 1985 (aus MÜLLER et al. 1988)

Methan	2,6%
Alkane (ohne Methan)	32,9%
Alkene, Polyene	20,8%
Aromaten	12,7%
Aldehyde	2,3%
Sonstige VOC (FCKW, Alkohole ...)	28,7%

Der Eintrag luftgetragener organischer Schadstoffe in aquatische Systeme erfolgt sowohl direkt auf die Gewässeroberfläche als auch über den Boden im Einzugsgebiet, wobei nur selten eine klare Trennung zwischen diesen beiden Eintragspfaden gemacht werden kann. Das trifft auch für Pestizide zu, die zwar in erster Linie durch Bodenauswaschung und -erosion in Gewässer gelangen, entsprechend ihrer Flüchtigkeit aber auch aus der Bodenphase oder von Pflanzenoberflächen verdampfen können. Im weiteren verhalten sie sich dann wie luftgetragene Schadstoffe. Auf die detaillierten Angaben für verschiedene Einzelstoffe von DEBUS et al. (1989) sei an dieser Stelle verwiesen.

1. Leichtflüchtige Stoffe halten sich bevorzugt in der gasförmigen Phase auf. Sie können über weite Strecken transportiert werden und lassen sich entsprechend ihrer Löslichkeit mit dem Niederschlag aus der Atmosphäre waschen. Dieser Vorgang ist natürlich reversibel. Zu den leichtflüchtigen Stoffen zählen z.B. kurzkettige Alkane, Fluorkohlenwasserstoffe (FCKW) sowie die gut wasserlöslichen Phenole. All diese Stoffe zeichnen sich durch eine hohe Henry-Konstante aus.

2. Schwerflüchtige Stoffe können durch thermische Prozesse in die gasförmige Phase versetzt werden oder aber an Aerosole adsorbiert in die Atmosphäre gelangen. Dort zeichnen sie sich je nach Löslichkeit im allgemeinen durch geringere Verweilzeiten als leichtflüchtige Stoffe aus. In einer detaillierten Arbeit von VAN NOORT & WONDERGEM (1985) wird über das Vorkommen partikelgebundener bzw. in der Gasphase vorliegender PAHs berichtet. Danach werden partikelgebundene PAHs in höheren Lagen mit dem Wolkenwasser ausgetragen während z.B. das niedermolekulare, gasförmige Phenanthren in erster Linie mit dem Regen aus bodennahen Zonen ausgewaschen wird.

Erst kürzlich wurden von LEVSEN et al. (im Druck) Messungen von organischen Verbindungen im Regenwasser Norddeutschlands vorgenommen. Verhältnismäßig hohe Konzentrationen waren bei den n-Alkanen zu verzeichnen (Tabelle 7.2). Aber auch Phenole und PAHs lagen in Konzentrationen vor, die die in der Deutschen Trinkwasserverordnung festgelegten Grenzwerte um ein Vielfaches übertrafen.

Weniger problematisch sind in dieser Beziehung PCBs (BRAUN et al. 1987), wenngleich einige Arbeiten belegen, daß PCBs infolge ihres hohen Dampfdruckes nicht nur im aquatischen, sondern auch im atmosphärischen Bereich vorkommen (LOHSE 1990, MUIR et al. 1990). Nach Schätzungen von DOSKEY & ANDERS (1981) stellt der atmosphärische Eintrag für PCBs die Hauptquelle des Lake Michigan dar. Davon sind 90% in der Dampfphase enthalten; der Rest ist an sehr kleine Aerosole gebunden. Umgekehrt wird nach Schätzungen von SWACKHAMER & ARMSTRONG (1986) angenommen, daß bei einer durchschnittlichen Konzentration von 1,8 µg/l PCB jährlich 320 kg, das entspricht 42% der gesamteingetragenen PCBs, den Lake Michigan wieder verlassen. Hilfreiche Anhaltspunkte für die Einschätzung des Verbleibs von PCBs geben der Octanol-Wasser-Verteilungskoeffizient (K_{ow}), der Sediment-Wasser-Verteilungskoeffizient (K_p) und der mit der Gewichtsfraktion des organischen Kohlenstoffs multiplizierte K_p-Wert (K_{oc}) (SWACKHAMER & ARMSTRONG 1987, vgl. Kap. 2.3.1).

Ähnliche Befunde wurden für den Lake Superior erbracht. Im Wechselspiel von Verdunstung und atmosphärischer Auswaschung kalkulierten EISENREICH et al. (1979) für PCBs eine Sedimentationsrate von 0,3-0,4 µg m^{-2}a^{-1}. Als Hautquelle sahen sie den atmosphärischen Eintrag mit geschätzten 3-8 Tonnen pro Jahr.

In einer neueren von BAKER & EISENREICH (1990) am Lake Superior durchgeführten Untersuchung standen hohe Verdunstungsraten von PCBs im Vordergrund. In Abhängigkeit von der Windgeschwindigkeit wiesen PCBs im August deutlich höhere Verdampfungs- als Depositionsraten auf. Die Autoren sehen hierin eine mögliche Erklärung für die anhaltend hohe atmosphärische PCB-Konzentration von durchschnittlich 1,2 ng m^{-3} über dem Lake Superior trotz verminderter PCB-Austräge während der letzten 10 Jahre.

In Großstädten wie Toyonaka City wurden von PCB Außenluftkonzentrationen bis 1,2 µg/m^3 gemessen (zit. in FUJIWARA 1975).

Tabelle 7.2: Niederschlagskonzentrationen organischer Stoffe in Hannover (aus LEVSEN et al. im Druck)

	mittlere Konzentration [µg/l]
Summe Alkane 1989	
Summe Alkane, Winter 1989	15,1
Summe Alkane, Sommer 1989	40,6
Summe Alkane, Herbst 1989	284,4
Summe Aldehyde (C$_1$-C$_3$)	127,4
Formaldehyd	110,7
Acetaldehyd	12,0
Phenol	5,6
3-/4-Methylphenol	2,5
2-Nitrophenol	0,18
4-Nitrophenol	5,7
Summe PAHs, 1989-1990	0,52
PAHs, Sommer 1989	0,35
PAHs, Herbst 1989	0,77
PAHs, Winter 1989/1990	0,60
Fluoranthen, 1989/1990	0,15
Benzo[a]pyren, 1989/90	0,03

In zahlreichen Versuchsreihen ist belegt, daß auch Pestizide als luftgetragene Schadstoffe anzusprechen sind (SCHRIMPFF et al. 1979, RAT VON SACHVERSTÄNDIGEN FÜR UMWELTFRAGEN 1985, RICHARDS et al. 1987, STRACHAN 1988, MAJEWSKI & GLOTFELTY 1990, MUIR et al. 1990). Vor allem Regionen mit intensiver landwirtschaftlicher Nutzung und starkem Pestizideinsatz sind durch hohe Konzentrationen im Regenwasser gekennzeichnet. RICHARDS et al. (1987) fanden Alachlor bis zu 6 µg/l und Atrazin bis zu 1,5 µg/l im Regen. Nach der Pestizidapplikation im Frühjahr war in nachfolgenden Regenereignissen ihre Konzentration im Regen besonders hoch und fiel im Laufe von 2 Monaten durch Auswaschung und Zerfall bis auf die Nachweisgrenze ab. Im Gegensatz zu den Pestiziden, die in früheren Zeiten ausgebracht wurden, zeichnen sich die Pestizide in der Gegenwart durch eine geringere Persistenz, dafür aber durch eine höhere Wasserlöslichkeit und Mobilität aus. In der Flüssigphase von Nebelaerosolen waren z.B. Diazinon, Chlorpyrifos und Pendimethalin mit Konzentrierungsfaktoren von 100-3000 gegenüber der Gasphase angereichert (GLOTFELTY et al. 1987). Hohe Emissionen und Verfrachtungen treten bei der Pestizidausbringung aus der Luft insbesondere dann auf, wenn das Pestizid in gelöster Form vorliegt. Dagegen ist bei der bodennahen Anwendung der unmittelbare Pestizideintrag in die Atmosphäre von geringer Bedeutung. Zu atmosphärischen Einträgen kommt es jedoch auch infolge von Verdunstung oder Winderosion von Bodenpartikeln mit adsorbierten Pestiziden. Ein hoher Dampfdruck und eine hohe Henry-Konstante begünstigen die Verdunstung eines Pestizids von der Bodenoberfläche (SPENCER & CLIATH 1990) und ermöglichen damit einen Ferntransport. Den Nachweis dafür lieferten MUIR et al. (1990) für die Insektizide Toxaphen und α-HCH sowie für die leichten PCB-Kongenere Tri- und Tetrachlorbiphenyl, die sich mit 0,001-0,05 Pa bei 20°C durch sehr niedrige Dampfdrücke auszeichnen.

SCHRIMPFF (1983) untersuchte u.a. Chlorpestizide (α- und γ-HCH) sowie PAHs in Niederschlags-, Grundwasser- und Flußwasserproben Nordostbayerns. Er kam zu dem Ergebnis, daß die Niederschlagskonzentration von HCH mit 7-68 ng/l und von PAHs mit 13-220 ng/l um 10-50-fach über denen des untersuchten Grundwassers lagen. 3/4 der HCH-Jahresfracht gelangen im Sommerhalbjahr in Böden und Gewässer. Als Grund dafür wird neben der Einsatzzeit von Spritzmitteln die temperaturabhängige Verdampfung des HCH von Blatt- und Bodenoberflächen gesehen. Verdunstungsbedingte Freisetzungen an HCH und HCB mit Halbwertszeiten von 10-27 Tagen konnten von LARSEN et al. (1985) in Laborversuchen am Moos *Pleurozium schreberi* belegt werden. Ein anderes temporäres Verteilungsmuster mit höheren winterlichen Niederschlagskonzentrationen zeigte sich bei PAHs und Alkylbenzolen (CZUCZWA et al. 1988). Während die Höhe der PAH-Konzentration der Heizperiode folgt, gehen die Alkylbenzole, unter ihnen vor allem Toluol vorwiegend auf Emissionen aus Kraftfahrzeugen zurück. Daß ihre Konzentrationen in der Luft nur im Winter einer wöchentlichen, verkehrsbedingten Rhythmik folgen (MANTOURA et al. 1982), dürfte auf atmosphärische Abbauprozesse im Sommer zurückzuführen sein, durch die Alkylbenzole auf einem niedrigen Konzentrationsniveau gehalten werden.

Neben temporären spielen auch regionale Verteilungsmuster bei dem Eintrag von organischen Schadstoffen in Gewässer eine Rolle. In Abhängigkeit von Stadt- bzw. Industrienähe kann der Gehalt organischer Schadstoffe im Niederschlag sowohl zu- als auch abnehmen. Aus den Untersuchungen von SCHRIMPFF et al. (1979) geht hervor, daß die PAH-Schneekonzentrationen aus urbanen Gegenden die aus ländlichen Gegenden übersteigen. Anders ist es bei Pestiziden (α- und γ-HCH, Aldrin, Dieldrin), die in Schneeproben von land- und forstwirtschaftlich genutzten Regionen ihre Höchstkonzentrationen aufweisen. Ausnahmen von dieser Allgemeingültigkeit sind durch die relativ starke Anreicherung des Cyclodien-Insektizids Chlordan in Fischen urbaner Regionen bekannt geworden. ARRUDA et al. (1987) führten dies auf die Anwendung im Gartenbereich zurück.

8 Ausgewählte organische Chemikalien

Nachfolgend werden ausgewählte organische Chemikalien in ihrem Expositions-, Biomonitoring- und Wirkungsverhalten vorgestellt, deren Eintrag in die Gewässer überwiegend diffus, zum Beispiel über den Luftpfad erfolgt. Für verschiedene organische Chemikalien bestehen detaillierte Statistiken über Produktion, Emission und Immission (vgl. BUA-Berichte oder DEBUS et al. 1989).

Für viele hydrophobe Chemikalien werden von verschiedenen Autoren Toxizitäts-(LC_{50})-Werte veröffentlicht, die gelegentlich um Zehnerpotenzen über den höchsten veröffentlichten Werten der Wasserlöslichkeiten liegen. Allerdings liegen auch sehr unterschiedliche Angabe über die Wasserlöslichkeiten der lipophilen Stoffe vor. Insbesondere die Daten der PAHs und die der PCBs wurden auf Stimmigkeit geprüft. In den Ansätzen, deren Toxizitätswerte über den höchsten veröffentlichen Wasserlöslichkeitswerten lagen, waren die Chemikalien-„Lösungen" offensichtlich übersättigt oder die Chemikalien waren an Partikeln gebunden. Derart ermittelte Toxizitätswerte sind zwar relativ wertlos, werden aber bei den Beschreibungen der verschiedenen Substanzklassen aus Ermangelung besserer Daten dennoch gebracht. Entsprechendes könnte auch für Biokonzentrationsfaktoren gelten, wenn diese nicht mit wirklich gelösten Substanzen, sondern mit übersättigten Lösungen durchgeführt wurden. Die BCF-Werte fallen dann viel zu niedrig aus. Eine Überprüfung der BCF-Werte könnte nur über die Kontrolle der jeweils verwendeten methodischen Ansätze in der Originalliteratur erfolgen, was dadurch erschwert ist, daß sich die nachfolgenden Darstellungen zumeist auf Übersichtsartikel stützen.

8.1 Alkane

Die auf der Erde vorliegende organische Substanz kann sehr unterschiedlichen Alters sein. So lassen sich in Sedimenten vorkommende n-Alkane mit einem Maximum an C_{29}-Körpern auf Wachse rezenter terrestrischer Pflanzen zurückführen. Im Gegensatz dazu sind aromatische Kohlenwasserstoffe wie die seit gut 100 Jahren in Sedimenten akkumulierenden PAHs viel älterer Herkunft. Sie entstammen der Verbrennung fossiler Biomasse, vornehmlich der Kohle (VENKATESAN et al. 1987).

Infolge der Umstellung des Energiegewinns von Kohle auf Erdöl sowie stetig steigenden Kraftfahrzeugverkehrs gewannen aliphatische und cyclische Alkane in den letzten Jahrzehnten unter Umweltgesichtspunkten immer mehr an Bedeutung. Sie stellen die Hauptkomponenten der Kohlenwasserstofffraktion in Erdölen dar, wie aus der Tabelle 8.1.1 hervorgeht. 1987 wurde an 62 Standorten in nordrhein-westfälischen Ballungsräumen die Immissionsbelastung aliphatischer Kohlenwasserstoffe untersucht (MINISTER FÜR UMWELT, RAUMORDNUNG

Tabelle 8.1.1: Durchschnittliche Anteile der Hauptverbindungsklassen von Kohlenwasserstoffen in Erdölen (nach FABIG 1988)

Aliphatische Alkane	15-35%
Cycloparaffine (Cycloalkane, Naphthaline)	30-50%
Aromaten (Benzol, PAHs)	5-20%
Heterocyclische Verbindungen	2-15%
Olefine (Alkene)	0%

UND LANDWIRTSCHAFT DES LANDES NORDRHEIN-WESTFALEN 1989). Unter den zwei- bis sieben-kettigen Kohlenwasserstoffen wiesen die folgenden die höchsten Konzentrationsbereiche (μg m^{-3}) auf:

Ethen	5-25
Ethin	3-31
n-Butan	5-24
i-Pentan	5-34

Zusammen mit den anderen organischen Verbindungsklassen erfüllen sie alle das Kriterium der schweren Wasserlöslichkeit. Trotzdem sind einige aquatische Organismen, wie z.B. Arten der Cyanobakteriengattungen *Anabaena*, *Oscillatoria*, *Nostoc* sowie der Grünalgengattungen *Chlamydomonas* und *Ulva* in der Lage, Kohlenwasserstoffe für sich als Kohlenstoffquelle zu nutzen und auf diese Weise zu dessen Mineralisation beizutragen. Ein aerobes Milieu beschleunigt den Abbau, der nach O_2-Erschöpfung über andere Stoffwechselwege fortgeführt wird. An die Stelle von O_2, das als Elektronenakzeptor fungiert, treten dann NO_3, Mn-IV-Verbindungen, Fe-III-Verbindungen, SO_4 und schließlich CO_2 (FABIG 1988).

Die höchsten Alkankonzentrationen werden in planktivoren Arten gefunden, die sich von lipid- und kohlenwasserstoffreicher Kost ernähren und die apolaren Alkane im Fettgewebe, besonders in dem der Leber, akkumulieren. Im Gegensatz zu n-Alkanen sind iso-Alkane im Fischgewebe persistenter und verbleiben somit länger in der Nahrungskette (CORNER et al. 1976).

GUINEY et al. (1987) gingen dem Verbleib von auslaufendem Kerosin nach einem Pipelineleck in Pennsylvania (USA) nach. Forellen und Barsche, die in dem Unfallgebiet gefangen wurden, zeigten in ihrem Gewebe sehr schnell die Gewässerkontamination an. Etwa 21 Monate benötigte der Fluß für seine „Selbstreinigung". Während sich die Kohlenwasserstoffe mit geringen Molekulargewichten (C_1-C_5) in diesem Zeitraum verflüchtigt haben dürften, gilt für die Aromaten eine photochemische Zersetzung als wahrscheinlich. Darüber hinaus vermuten die Autoren bei n-Alkanen einen mikrobiellen Abbau und, wenn auch in geringem Maße, einen Abbau durch den Metabolismus in Fischen.

8.2 Benzole

Im folgenden wird nicht nur auf den einfachsten aufgebauten aromatischen Kohlenwasserstoff, das Benzol eingegangen, sondern auch auf dessen substituierte Vertreter die Alkylbenzole, die Chlorbenzole und die Nitrobenzole.

8.2.1 Benzol

Der Kraftfahrzeugverkehr stellt die Hauptquelle von Benzolemissionen dar. Benzol entweicht sowohl bei der Verbrennung als auch durch Verdunstung aus Kraftstoffen mit einem Volumenanteil von 0,5-5‰. Nach Angaben des BUNDESMINISTERS FÜR UMWELT, NATURSCHUTZ UND REAKTORSICHERHEIT (1987) waren es allein in der Bundesrepublik Deutschland jährlich etwa 50.000 t, die auf diese Weise in die Umwelt gelangten.

Neben Emissionen aus Erdöl und seinen Raffinaten treten Freisetzungen auch bei der Verarbeitung von Benzol auf. Die jährliche Globalproduktion verschiedener Benzolklassen bezifferte KORTE (1985) wie folgt:

Benzol	14.400.000	Tonnen
Toluol	8.500.000	„
Alkylbenzole	700.000	„

In verschiedenen Meßprogrammen, die zwischen 1981 und 1988 in nordrhein-westfälischen Ballungsräumen durchgeführt wurden, lag die Immissionsbelastung für Benzol im Bereich 5-10 µg m^{-3} (MINISTER FÜR UMWELT, RAUMORDNUNG UND LANDWIRTSCHAFT DES LANDES NORD-RHEIN-WESTFALEN 1989).

Über 20% der aromatischen Fraktion des Rohöls können aus Benzol bestehen. Dieser hohe Anteil sowie die hohe Wasserlöslichkeit des Benzols gaben vor dem Hintergrund einer steigenden Rohölförderung in den Tropen Anlaß zur Untersuchung physiologischer Veränderungen der venezuelanischen Meeräsche *Mugil curema*. Subletale Benzolkonzentrationen von 1-10 mg/l, denen die Jungfische im Labor ausgesetzt waren, erhöhten ihre Respirationsrate bis um das 10-fache. Dieser Befund stand in engem Zusammenhang mit dem oxidativen Umbau des Benzols zu Phenol innerhalb der Leber. Nach Anwendung der höchsten subletalen Konzentration von 10 mg/l (LC$_{50}$ = 22 mg/l) wurde außerdem ein Anschwellen des Kiemenepithels sowie eine Anhäufung der Schleimsekrete beobachtet (CORREA & GARCIA 1990).

Eine hohe Wasserlöslichkeit (über 1,5 g/l bei 25 °C) fördert die Auswaschung von Benzol aus der Luft mit dem Regen. Einer Anreicherung von Benzol in Gewässern steht aber sein hoher Dampfdruck entgegen, der die geringe Halbwertszeit von unter einer Stunde im Wasser mit sich bringt (GRABER 1977). Gegenüber Algen (getestet wurde *Scenedesmus subspicatus*) liegt die akute Toxizität, gemessen als Wachstumsverminderungen (96 h EC$_{10}$ und 96 h EC$_{50}$) offensichtlich häufig über der Wasserlöslichkeit (GEYER et al. 1985 b).

Der Verdacht der Karzinogenität von Benzol ist außerordentlich hoch: In zahlreichen epidemiologischen Studien konnte nach Benzolexposition ein erhöhtes Leukämierisiko für Menschen nachgewiesen werden (WAHRENDORF & BECHER 1990).

8.2.2 Alkylbenzole

Auch die Alkylbenzole stammen zum großen Teil aus dem Fahrzeugverkehr. In wöchentlichen Schüben konnten Konzentrationserhöhungen in Küstengewässern der USA, d.h. dort, wo am Wochenende reger Tourismusverkehr herrschte, registriert werden (MANTOURA et al. 1982).

Alkylbenzole werden schneller als das unsubstituierte Benzol metabolisiert, da die Seitenketten bevorzugt einer biogenen Oxidation unterliegen. Das bestätigte sich auch in der Untersuchung von HELLOU et al. (1990), die dem Metabolismus verschiedener Butylbenzol-Isomere in der Regenbogenforelle (*Oncorhynchus mykiss*) nachgingen. Nach einer oralen Injektion von n-Butylbenzol fanden sich in der Galle keinerlei phenolische Metabolite. Auch sekundäres und tertiäres Butylbenzol wurde kaum zu Phenolen, sondern vorwiegend zu Butanolen oxidiert.

8.2.3 Chlorbenzole *(siehe Kapitel 8.4)*

8.2.4 Nitrobenzole

Das Umweltverhalten von Nitrobenzolen zeichnet sich durch gute Wasserlöslichkeit und Flüchtigkeit sowie einer damit verbundenen geringen Anreicherungstendenz in der Hydrosphäre aus. Wasserorganismen reagieren sehr empfindlich auf Expositionen in nitrobenzolhaltigen Wässern.

SCHALIE et al. (1988) setzten ein automatisiertes Biomonitoringsystem ein, um die Auswirkungen von 1,3,5-Trinitrobenzol (TNB) im Verhalten von *Oncorhynchus mykiss* und *Lepomis macrochirus* zu bestimmen. Die Messungen der Ventilationsrate und -tiefe ergaben einen Grenzbereich zwischen NOEC und LOEC von 0,06-0,14 mg/l TNB. Diese Werte stimmten gut mit den in Early-life-stage-Tests ermittelten Werten zwischen 0,08-0,17 mg/l für *Oncorhynchus mykiss* überein.

8.3 Phenole

Phenol, auch Hydroxybenzol oder Karbolsäure genannt, wird durch die Gefahrstoffverordnung als giftig eingestuft. Phenol wird beispielsweise bei der Herstellung von Farbstoffen (Salicylsäure), Desinfektionsmitteln (Chlorphenole), Chemiefaserstoffen und Holzschutzmitteln verwendet (SCHRÖTER et al. 1985). Infolge der hohen Wasserlöslichkeit wird eine Bioakkumulationstendenz als gering erachtet (KOCH & WAGNER 1989). Aufgrund dieser Eigenschaft ist Phenol in Hydro- und Pedosphäre durch eine große Mobilität charakterisiert. Nach KOCH & WAGNER (1989) sind bei Bodenverunreinigungen Grundwasserkontaminationen möglich, wobei jedoch unter natürlichen Bedingungen Phenol relativ rasch abgebaut werden kann (eingestuft als biologisch leicht abbaubar). Der mikrobielle Abbau erfolgt sowohl aerob als auch anaerob. Für substituierte Phenole ergibt sich für Bioabbau, gemessen an der maximalen Wachstumsrate der Mikroorganismen, folgende Reihenfolge: Phenol, 4-Nitrophenol, 4-Chlorphenol > m-Cresol > 2,4-Dimethylphenol > 2,4-Dinitrophenol > 2-Chlorphenol (COOPER BROWN et al. 1990). Diese Ergebnisse unterscheiden sich von denen von PITTER (1976), der herausarbeitete, daß Bakterien schneller auf methyl-substituierten Phenolen als auf chlor- oder nitro-substituierten und schneller auf mono- als auf di-substituierten derselben Klasse wachsen.

Phenol besitzt eine relativ hohe Fischtoxizität (Tabelle 8.3.1). Bei Fischen führen ferner bereits Gehalte von 0,1-0,2 mg/l zu Geschmacksbeeinträchtigungen. Als toxische Grenzwertkonzentrationen wurden von KOCH & WAGNER (1989) für *Daphnia magna* und *Scenedesmus* 16 mg/l bzw. 40 mg/l veröffentlicht. Der log-BCF-Wert wird mit 1,6 angegeben.

Im Rahmen eines Nationalen Forschungsprogramms in der Schweiz wurden Konzentrationen organischer Substanzen in nassen Depositionen (Regen, Schnee) und im Nebel gemessen (GIGER 1987). Die Belastung der Niederschläge durch Phenole und andere organische Fremdstoffe variierte je nach Niederschlagstyp und Jahreszeit der Probenahme. Die relativ hohen Regenkonzentrationen von 0,022-3,8 mg/l wiesen auf eine wirkungsvolle „Auswaschung" der gut wasserlöslichen Phenole hin (GIGER 1987). Außer Phenolen wurden auch nitrierte Phenole insbesondere Dinitrophenole gefunden. Diese Moleküle sind biologisch sehr aktiv, da sie bereits in niedrigen Konzentrationen von 1 µM die oxidative Phosphorylierung entkoppeln und den Zellmetabolismus stören (GIGER 1987).

Crustacea

LeBLANC (1980) ermittelte für *Daphnia magna* LC_{50}-Werte von 29 mg/l (24h) und 12 mg/l (48h). GERSICH et al.(1986) geben für *Daphnia magna* eine LC_{50} von 12,9 mg/l (48h) an.

Pisces

LC_{50}-Angaben über Phenol bei verschiedenen Fischarten enthält Tabelle 8.3.1.

Tabelle 8.3.1: Phenoltoxizität bei Fischen (nach verschiedenen Autoren aus Hellawell 1986)

Fischart	Testtemperatur [°C]	Test	Wert [mg/l]
Regenbogenforelle	15-18	48 h LC_{50}	9,4
Oncorhynchus mykiss		48 h LC_{50}	9,0-10,4
	12	48 h LC_{50}	8,0
	12,6	48 h LC_{50}	7,5
	6,3	48 h LC_{50}	5.4
	11,8	48 h LC_{50}	8,0
	18,1	48 h LC_{50}	9,8
Blauer Sonnenbarsch	18	96 h LC_{50}	13,5
Lepomis macrochirus			
Goldfisch	25	48 h LC_{50}	44,5
Carassius auratus			
Gründling	10	48 h LC_{50}	25
Gobio gobio			

Abschließend sei auf eine vergleichende Gegenüberstellung zwischen einem Letaltest (Goldorfen-Test) und einem Wachstumshemmtest (*Pseudomonas*-Vermehrung) mit einer Vielzahl von Phenolen hingewiesen, die nicht alle detailliert dargestellt werden konnten (Tabelle 8.3.2). In dieser Zusammenstellung erweist sich der Fischtest stets um mindestens den Faktor 10 empfindlicher gegenüber den Phenolen als der Bakterientest.

Tabelle 8.3.2: Ökotoxikologische Daten von Phenolen (aus Rübelt et al. 1982)

Verbindung	Goldorfen-Toxizität LC$_{50}$ [mg/l]	Pseudomonas-Vermehrungshemmung ab [mg/l]
Phenol	5	350
2-Methylphenol	2	80
3-Methylphenol	6	180
4-Methylphenol	4	80
2,3-Dimethylphenol	1,9	100
2,4-Dimethylphenol	28	--
2,5-Dimethylphenol	2	--
2,6-Dimethylphenol	32	160
3,4-Dimethylphenol	4	--
3,5-Dimethylphenol	50	--
2,4,6-Trimethylphenol	--	--
2-Ethylphenol	13	130
Thymol	10	--
2-Phenylphenol	5	100
2-Chlorphenol	8	120
3-Chlorphenol	3	30
4-Chlorphenol	3	20
2,3-Dichlorphenol	3,5	80
2,4-Dichlorphenol	4,5	70
2,5-Dichlorphenol	2,8	50
2,6-Dichlorphenol	4	130
3,4-Dichlorphenol	1,1	20
3,5-Dichlorphenol	1,8	10
2,3,4-Trichlorphenol	1,2	40
2,3,5-Trichlorphenol	0,6	20
2,3,6-Trichlorphenol	2,9	> 500
2,4,5-Trichlorphenol	1	20
2,4,6-Trichlorphenol	3	170
2,3,4,5-Tetrachlorphenol	0,3	12
2,3,4,6-Tetrachlorphenol	1	--
Pentachlorphenol	0,6	60
2-Methyl-4-chlorphenol	3,6	80
3-Methyl-4-chlorphenol	2,4	70
3-Methyl-6-chlorphenol	4,4	120
2-Chlorthymol	1,4	90
4-tert.-Butyl-2-chlorphenol	2,3	90
2-Cyclopentyl-4-chlorphenol	1,4	30
2-Benzyl-4-chlorphenol	1,4	70
3,5-Dimethyl-2,4-dichlorphenol	0,6	40
2-Nitrophenol	69	1,5
Guajacol	70	--
Eugenol	5	--

8.3.1 Alkylierte Phenole

Die Lipophilie der alkylierten Phenole ist eine Funktion der Alkylkettenlänge (s. Abb. 8.3.1):
$$\log K_{ow} = 1{,}24 + 0{,}36 \text{ Kettenlänge; } r = 0{,}981, \text{ } p < 0{,}005.$$

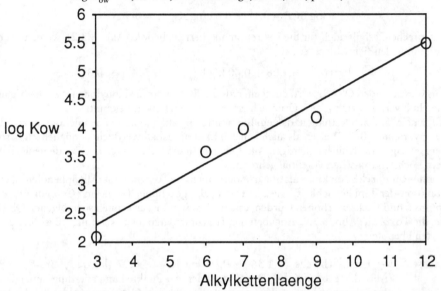

Abbildung 8.3.1: Abhängigkeit der Lipophilie alkylierter Phenole von deren Alkylkettenlänge. (Daten aus McLeese et al. 1981)

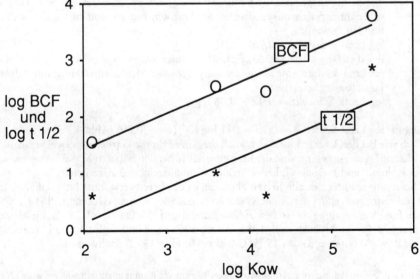

Abbildung 8.3.2: Abhängigkeit der BCF-Werte und der Exkretionshalbwertszeiten von der Lipophilie alkylierter Phenole (Daten aus McLeese et al. 1981)

Dementsprechend nehmen auch die BCF-Werte zu: von 37 (Butylphenol) bis 6.000 (Dodecylphenol), wie am Lachs (*Salmo salar*) ermittelt wurde (MCLEESE et al. 1981). Stellt man mit diesen Daten eine QSAR auf, ergibt sich eine signifikante (p < 0,05) Abhängigkeit der BCF-Werte vom Octanol/Wasser-Verteilungskoeffizienten (Abb. 8.3.2):

$$\log \text{BCF} = 0{,}19 + 0{,}62 \log K_{ow}; \ r = 0{,}965.$$

Entsprechendes gilt auch für die Exkretion alkylierter Phenole (Abb. 8.3.2), wenn auch die Beziehung deutlich schlechter ist:

$$\log t_{1/2} = -1{,}06 + 0{,}60 \log K_{ow}; \ r = 0{,}794, \ p < 0{,}3.$$

Aus diesen beiden QSARs wird deutlich, daß der BCF-Wert für Nonylphenol zu niedrig und die Halbwertszeit zu kurz ist. Gründe hierfür sind jedoch nicht bekannt.

Allgemein läßt sich festhalten, daß ein Biomonitoring auf alkylierte Phenole sowohl von den zu erwartenden BCF-Werten als auch von den Exkretionshalbwertszeiten möglich ist. Besonders gut eignen sich die langkettigen Alkylphenole (n ≥ 9), die zudem auch zu denjenigen mit dem höchsten toxischen Potential gehören.

Denn nicht nur die Bioakkumulation, sondern auch die Toxizität von Alkylphenolen ist eine Funktion der Lipidlöslichkeit, wie aus Daten, die gegenüber Garnelen (*Crangon septemspinosa*) und Lachsen erhoben wurden, erkenntlich wird. Es errechnen sich folgende QSARs für die Toxizität (Abb. 8.3.3, Angaben der Toxizitätsdaten jeweils auf mg/l-Basis der alkylierten Phenole):

Lachse: $\log$ Letal.-Schwelle $= 1{,}36 - 0{,}80 \log K_{ow} + 0{,}07 (\log K_{ow})^2$ (r = −0,95) (Abb. 8.3.1, oben links). Der Verlauf der vier Punkte kann allerdings auch durch einen bifunktionellen Kurvenverlauf beschrieben werden (Abb. 8.3.1, oben rechts). Dies deutet auf zwei verschiedene Wirktypen hin. Da die Wirkung in jedem Fall eine Funktion der Lipophilie des Agens ist, handelt es sich bei beiden Typen um *unspezifische Membranwirkungen*[1]: Für Alkylreste bis n = 9 läge eine sogenannte *polare unspezifische Membranwirkung* vor und die zugehörige Funktion lautet dann:
$\log$ Letal.-Schwelle $= 0{,}75 - 0{,}36 \log K_{ow}$.
Bei den längerkettigen Alkylphenolen (hier wurde nur noch *p*-Dodecylphenol getestet) könnte eine *unpolare unspezifische Membranwirkung* mit folgender Funktion vorherrschen:
$\log$ Letal.-Schwelle $= 0{,}49 - 0{,}06 \log K_{ow}$.

Crangon: $\log$ Letal-Schwelle $= 0{,}99 - 0{,}31 \log K_{ow}$ (r = −0,89) (Abb. 8.3.3, unten).
Ähnlich wie bei den Lachsen ließe sich auch die Kurve für die Garnelen in zwei verschiedene Geraden zerlegen. Insgesamt sind die Kurvenverläufe bei den höheren K_{ow}-Werten (zwischen *p*-Nonylphenol und *p*-Dodecylphenol) jedoch nicht ausreichend abgesichert.

Das bekannteste unter den alkylierten Phenolen ist das bereits erwähnte Nonylphenol. Es ist weit verbreitet und relativ persistent (GRANMO et al. 1986, SUNDARAM & SZETO 1981). Nonylphenol fand Verwendung u.a. in Pestizidformulierungen (MCLEESE et al. 1981). Im Abwasser ließen sich 2-4000 µl/l (GIGER et al. 1981, ETNIER 1985) und im Vorfluter 1 µg/l bis 3000 µg/l (GIGER 1984, MARIJAN & GIGER 1985, GARRISON & HILL 1972) nachweisen.

---

[1] In der anglo-amerikanischen Literatur wird dieser Wirkmechanismus unzutreffenderweise als „Narkose" bezeichnet. Inzwischen ist diese Bezeichnung auf dem Wege, rückimportiert zu werden [s. SCHÜÜRMANN & MARSMANN (1991)].

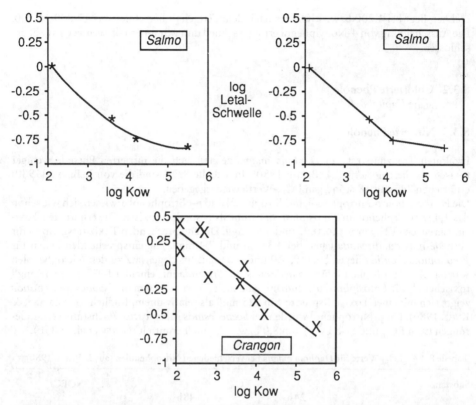

Abbildung 8.3.3: QSARs für alkylierte Phenole (Daten aus McLEESE et al. 1981); oben: zwei verschiedenen Auswertemöglichkeiten für die Daten vom Lachs (*Salmo salar*); unten: Garnele *Crangon septemspinosa*

Crustacea

In der Literatur sind BCFs für Nonylphenol in Crustaceen nicht angegeben (EKELUND et al. 1990). Die Autoren fanden jedoch bei einer Konzentration von 6,4-7,4 mg/l in den Geweben der Garnele *Crangon crangon* 670-680 mg/kg FG 4-Nonylphenol. Damit ergibt sich ein aus dem Frischgewicht bestimmter Biokonzentrationsfaktor von 90 bzw 110. Zu beachten ist, daß der fettbezogene Konzentrationsfaktor mit 5.500 bzw. 7.500 wesentlich höher liegt.

Mollusca

Selbst nach einer 16 Tage dauernden Einwirkung von 5,9-6,2 µg/l Nonylphenol war die Bioakkumulation bei *Mytilus edulis* noch nicht abgeschlossen. Die Belastung der Gewebe in der steady state Phase wurde mit 16.260 bzw. 25.600 µg/kg FG berechnet. Der Biokonzentrationsfaktor, nach dem Frischgewicht ermittelt, beträgt 2.740 bzw. 4.120 und der auf dem Fettgehalt basierende Faktor 169.300 bzw. 216.600. Die Konzentration von 4-Nonylphenol blieb auch 30 Tage nach der Applikation noch sehr hoch (EKELUND et al. 1990).

Pisces

Nach einer 16-tägigen Exposition bei einer Konzentration von 4,8-4,9 µg/l fanden EKELUND et al.(1990) in den Geweben des Dreistacheligen Stichlings (*Gasterosteus aculeatus*) 5.730-6.300 µg/kg FG 4-Nonylphenol. Der Biokonzentrationsfaktor, nach dem Frischgewicht berechnet, liegt bei 1.200 bzw. 1300, der nach dem Fettgehalt berechnete bei 17.800-16.700. Die Ausscheidung von 4-Nonylphenol erfolgte schnell und war innerhalb weniger Tage abgeschlossen.

8.3.2 Chlorierte Phenole
siehe Kapitel 8.4

8.3.3 Nitrierte Phenole

In akuten Toxizitätstests an *Daphnia magna* zeigten sich die nitrierten Phenole weniger toxisch als die chlorierten (LEBLANC 1980). In Tabelle 8.3.4 sind die von LEBLANC (1980) ermittelten 24- und 48-stündigen LC_{50}-Werte wiedergegeben.
Die Nitrophenole o-Nitrophenol, m-Nitrophenol und p-Nitrophenol erwiesen sich wie schon das 2,4 Dichlorphenol für *Entosiphon sulcatum* als besonders toxisch. Die ermittelten Toxizitätsgrenzen (TT) waren 0,4, 0,97 und 0,83 mg/l. Die entsprechenden Toxizitätsgrenzen für *Scenedesmus quadricauda* lagen bei 4,3, 7,6 und 7,4 mg/l. Die entsprechenden Daten für *Pseudomonas putida* liegen bei 0,9, 7,0 und 4,0 mg/l. Im Gegensatz zu den Nitrophenolen war das 2,4-Dinitrophenol für *Scenedesmus quadricauda* mit einem TT-Wert von 16 mg/l toxischer als für *Entosiphon sulcatum* mit einem TT-Wert von 20 mg/l. *Pseudomonas putida* zeigte sich mit einer Toxizitätsgrenze von 115 mg/l als relativ unempfindlich (BRINGMANN & KÜHN 1980). Für p-Nitrophenol wurden bei *Scenedesmus subspicatus* Wachstumsverminderungen (96h EC_{10} und 96h EC_{50}) von 8,0 bzw. 32,0 mg/l ermittelt (GEYER et al. 1985b).

Tabelle 8.3.4: LC_{50}-Werte für *Daphnia magna* bei verschiedenen Nitrophenolen (aus LEBLANC 1980)

Substanz	LC_{50}		NOEC
	24h	48h	
4-Nitrophenol	24	22	13
2,4-Dinitrophenol	4,5	4,1	3,1
2,4,6-Trinitrophenol	> 220	85	> 28
2,4-Dinitro-6-methyl-phenol	4,3	3,1	1,5

4-Nitrophenol, das z.B. als Färbemittel und Pestizid zur Anwendung kommt (ZIERIS et al. 1988), wurde auf seine Toxizität gegenüber Crustaceen und Rotatorien überprüft. Die EC_{50} (24h) beträgt für *Daphnia* spec.[2] nach KORTE & FREITAG (1984) und RIPPEN (1984) 10 mg/l. Im Gegensatz zu der Cladocere *Simocephalus vetulus* waren bei Rotatorien nach Nitrophenol-Applikationen keine Abundanzrückgänge zu verzeichnen (ZIERIS et al. 1988).

---

[2] Diese nicht von Ökotoxikologen gemachte Angabe setzt voraus, daß alle *Daphnia*-Arten dieselben Empfindlichkeiten gegenüber 4-Nitrophenol aufweisen, was nicht ausgeschlossen werden kann, jedoch äußerst unwahrscheinlich ist.

8.4 Chlorierte Kohlenwasserstoffe (CKWs)

8.4.1 Allgemeines

Zu den überwiegend in der Gasphase vorliegenden organischen Schadstoffen gehören die chlorierten Alkane und Alkene, die von der Fachgruppe Wasserchemie in der Gesellschaft Deutscher Chemiker ausführlich bearbeitet wurden (NIEMITZ 1987). Als Lösemittel kommen sie in den verschiedensten Gewerbebetrieben und im privaten Haushalt vor. Niedrige Siedepunkte begünstigen ihre atmosphärische Verfrachtung. Eine relativ gute Wasserlöslichkeit, die durch niedrige K_{ow}-Werte bzw. deren Logarithmen angezeigt wird (Tabelle 8.4.1), ermöglicht entsprechend einem Sättigungsgleichgewicht die Auswaschung aus der Luft mit dem Niederschlag. Auch Windrichtung und Windstärke gehören zu den belastungsbestimmenden Faktoren. Die in Westeuropa vorherrschenden Westwinde lassen eine Verdrängung der mit flüchtigen Schadstoffen angereicherten Luft durch einströmende maritime Reinluft vermuten. Da der Eintrag unbelasteter Meeresluft in höheren Lagen erfolgt, unterliegt aber auch die Bundesrepublik langfristig einem globalen Anstieg der flüchtigen halogenorganischen Verbindungen in der unteren Troposphäre (NIEMITZ 1987).

Tabelle 8.4.1: Physikalische Eigenschaften leichtflüchtiger halogenierter Alkane und Alkene

	Formel	Sdp. (°C)	Dichte (g/ml) bei 20°C	log K_{ow}
Chloralkane				
Methylchlorid	CH_3Cl	-24	gasförmig	
Ethylchlorid	C_2H_5Cl	13	gasförmig	
n-Propylchlorid	C_3H_7Cl	46	0,891	
Dichlormethan	CH_2Cl_2	41	1,336	1,3
Trichlormethan (Chloroform)	$CHCl_3$	61	1,482	2,0
Tetrachlormethan	CCl_4	77	1,592	
1,1,1-Trichlorethan	$C2H_3Cl_3$	74	1,3492,5	
1,1,2-Trichlorethan	$C2H_3Cl_3$	114	1,443	
Chloralkene				
Chlorethen (Vinylchlorid)	CH_2CHCl	-14	gasförmig	
1,1-Dichlorethen	CH_2CCl_2	37	1,231	
Trichlorethen	$CHClCCl_2$	87	1,465	2,3
Tetrachlorethen (Perchlorethylen)	CCl_2CCl_2	121	1,623	2,6
Fluor-chlor-alkane				
Fluor-trichlor-methan	CCl_3F	2 24		
Difluor-dichlor-methan	CCl_2F_2	-30	gasförmig	
Trifluor-chlor-methan	$CClF_3$	-82	„	
Fluor-dichlor-methan	$CHCl_2F$	9	„	
Difluor-chlor-methan	$CHClF_2$	-41	„	
Trifluormethan	CHF_3	-82	„	

Mit zunehmender Besiedlungsdichte entsprechend der Energieerzeugung sowie dem Produktions- und Verkehrsaufkommen steigt die Immissionsstärke. Wegen hoher Verdunstungsraten erfolgt der Austrag durch den Niederschlag nur kurzfristig, so daß nach Meinung der Fachgruppe Wasserchemie trotz globaler Zuwachsraten eine Flächenbelastung durch halogenorganische Verbindungen unbedeutend ist (NIEMITZ 1987). Eine Ausnahme stellen Chlorethene und Tetrachlormethan im Zusammenhang mit den aktuellen Waldschäden dar (FRANK & FRANK 1986).

Direkteinleitungen von organischen Lösungsmitteln erweisen sich für den aquatischen Bereich als problematischer. Trotz des tendenziellen Rückganges der direkten Einträge haben die Konzentrationen im Rhein in den letzten Jahren die gesundheitlich orientierten Grenz- und Richtwerte häufig überschritten (RINNE 1986).

Von 11 in den USA untersuchten chlorierten Kohlenwasserstoffen waren CCl_3F, CCl_2F_2, CH_3CCl_3 und CCl_4 ubiquitär anzutreffen und im sub-ppb-Bereich meßbar (LILLIAN et al. 1975). CCl_3F, CCl_2F_2, CH_3CCl_3 rühren aus anthropogenen Quellen, während die CCl_4-Konzentrationen nicht mit der anthropogenen Emission korrelieren. CCl_4 hält sich wegen seines hohen spezifischen Gewichtes von 1,6 g cm^{-3} nur kurz in der Atmosphäre und wird zu einem bedeutenden Teil in den Ozeanen gelöst.

8.4.1.1 Anreicherung

Von den in Tabelle 8.4.2 aufgelisteten aliphatischen Chlorkohlenwasserstoffen spielen bei der Aufnahme durch aquatische Organismen die CKWs mit niedrigen Siedepunkten, wie z.B. Vinylchlorid, nur eine unbedeutende Rolle (LU et al. 1977). Stärkere Beachtung verdienen dagegen die weniger flüchtigen CKWs Chloroform, Tetrachlormethan, Trichlorethen, Tetrachlorethen sowie Trichlorethan.

Von PEARSON (1982a) ist ihre Konzentration und Verteilung im Gewebe verschiedener aquatischer Organismengruppen zusammengestellt worden (Tabelle 8.4.2).

Die in der Abfolge trophischer Stufen dargestellten Ergebnisse lassen keine Biomagnifikation dieser Stoffe erkennen, was mit der relativ hohen Wasserlöslichkeit und dem gleichfalls hohen Dampfdruck zu erklären ist. Für eine schnelle Metabolisierung und Ausscheidung sprechen die im Urin von Säugern nachgewiesenen Metabolite wie z.B. chlorierte Essigsäuren, Chlorethanol und Chloracetaldehyd. Der Stoff, der sich in den höchsten Konzentrationen, speziell in Krebsen und Weichtieren finden läßt, ist Chloroform, das von diesen Organismengruppen offensichtlich nicht metabolisiert werden kann. Auffällig sind die um den Faktor 10-20 höhe-

Tabelle 8.4.2: CKWs in ppb Lebendmasse von verschiedenen Organismengruppen (aus PEARSON 1982a)

	$CHCl_3$	CCl_4	$CHCl=CCl_2$	$CCl_2=CCl_2$	CH_3CCl_3
Plankton	0,02 - 5	0,04 - 0,5	0,05 - 1	0,05 - 2,3	0,03 - 11
Marine Algen		10 - 15	16 - 22	13 - 20	10 - 25
Weichtiere	0,05 - 150	0,1 - 2	0,05 - 12	0,05 - 6,4	0,05 - 10
Krebse	0,05 - 180	0,2 - 3	2,6 - 16	2 - 15	0,7 - 34
Fische (Muskel)	5 - 110	2 - 10	0,8 - 11	0,3 - 11	0,7 - 5
Fische (Leber)	6 - 18	0,3 - 36	2 - 56	1 - 41	1 - 15
Robben (Fett)	7,6 - 22	4 - 15	2,5 - 7	0,6 - 19	8 - 24
Robben (Leber)	0,01 - 12	0,2 - 4	3 - 6	0,05 - 3,2	0,2 - 4
Wasservögel (Eier)	0,7 - 29	1 - 30	2,4 - 33	1,4 - 39	3 - 30
Wasservögel (Leber)	1,3 - 17	1 - 3	2,1 - 6	1,5 - 3,1	1 -

ren Konzentrationen aller untersuchten Stoffe in marinen Algen gegenüber Süßwasserplankton – ein Hinweis auf den möglichen Ferntransport dieser Stoffe.

Unter den Vertebraten ist den Fischen besondere Beachtung zu schenken, wobei zu differenzieren ist zwischen dem CKW-Gehalt im Muskelgewebe und dem in der Leber, wo das organisch gebundene Chlor zu einem großen Teil an Ester gebunden vorliegt (WESÉN et al. 1990). Es zeigt sich, daß die Leber als Entgiftungsort des Fisches die höchsten Konzentrationen enthält.

Ein noch stärkeres Anreicherungsorgan als die Leber ist die Milz, wie KALBFUS et al. (1987) an Fischen aus der Donau deutlich machten. Auch die Nieren sowie die Gonaden können in unterschiedlich hohem Maß mit CKWs beladen sein, wie aus den Rückstandsanalysen in Tabelle 8.4.3 hervorgeht. Dagegen weisen Kiemen und Muskelgewebe deutlich niedrigere Konzentrationen auf.

In einem Modellversuch wurde desweiteren die Anreicherungsweise von Tetrachlorethen in der Regenbogenforelle untersucht. Bei wesentlich höheren, experimentell herbeigeführten Konzentrationen wurde deutlich, daß bei einer Konzentrationszunahme von 10 auf 100 µg/l nur die Milz und die Leber, nicht aber die anderen Organe, weiterhin $CCl_2=CCl_2$ speichern konnten. Allerdings näherte sich die angereicherte Schadstoffmenge mit steigender Konzentration einem asymptotischen Grenzwert. Während der Akkumulationsfaktor der Forellenmilz in dem Medium mit 10 µg/l $CCl_2=CCl_2$ noch 0,094 betrug, lag er in einem Medium mit 100 µg/l bei 0,011.

Sehr viel höhere Akkumulationsfaktoren für Tetrachlorethen wurden in Laborversuchen mit Schollen ermittelt. In Abhängigkeit von Expositionsdauer und -konzentration bewegten sich die Akkumulationsfaktoren zwischen 5 und 9 (Muskelgewebe) bzw. 200 und 400 (Leber) (PEARSON & McCONNELL 1975, zit. in NIEMITZ 1987).

Tabelle 8.4.3: Leichtflüchtige CKWs in verschiedenen Organen von Donaufischen (ng/g), bezogen auf Lebendmasse (nach KALBFUS et al. 1987)

	$CHCl_3$	CCl_4	$CHCl=CCl_2$	$CCl_2=CCl_2$
Kiemen	0 - 3,7	0 - 6,0	0 - 5,6	0,6 - 13,2
Muskel	0 - 12,0	0 - 3,8	0 - 1,2	0,3 - 7,1
Leber	0 - 7,1	0 - 0,7	0 - 10,5	1,0 - 9,7
Milz	0 - 28,0	0 - 11,4	0 - 35,6	1,3 - 49,6
Nieren	0 - 23,0	0 - 2,8	0 - 30,1	1,1 - 13,5
Gonaden	0 - 3,0	0 - 4,5	0 - 2,5	0,6 - 9,0

Starke Anreicherungen im Fettgewebe, wie es bei den aromatischen CKWs der Fall ist, lassen sich bei den aliphatischen CKWs nicht beobachten. Dieser Befund steht im Einklang mit biologischen Halbwertszeiten von unter einer Stunde, die BARROWS et al. (1980, zit. in NIEMITZ 1987) bei *Lepomis macrochirus* für chlorierte Ethane und Ethene fanden.

Nach Befunden von WESN & OKLA (1984) ist der Anreicherungsfaktor für das Zooplankton bei solchen Substanzen gering, die für Algen einen hohen Faktor besitzen. Der Grund dafür könnte sein, daß die Assimilation der durch die Algen zurückgehaltenen chlorierten Substanzen im Zooplankton unvollständig abläuft (HARDING et al. 1981) oder, daß die Algen die Substanzen metabolisieren, so daß diese leichter durch das Zooplankton ausgeschieden werden können.

8.4.1.2 Effekte

In der HOV-Studie (Niemitz 1987) sind Toxizitätsangaben für Chloralkane, Chloralkene und Dichlorbenzol aus verschiedenen Arbeiten zusammengefaßt. Danach liegen die 48stündigen LC_{50}-Werte für Goldorfen (*Leuciscus idus melanotus*) in einem Konzentrationsbereich zwischen 100 und 500 mg/l.

Eine Belastung der Leber stellten Dixon et al. (1987) bei Regenbogenforellen (*Oncorhynchus mykiss*) nach Aufnahme von 5 mmol/kg CCl_4 mit der Nahrung fest. Sie machten sich dabei die Steigerung der Serum-Sorbitol-Dehydrogenase-Aktivität zunutze, die sie als zuverlässigen Indikator einer subletalen Lebertoxizität beschreiben. Akute und chronische Schadwirkungen auf Organismen offener Gewässer sind bisher nicht nachgewiesen, wobei die Fachgruppe Wasserchemie auf etliche Wissenslücken hinsichtlich der chronischen Ökotoxizität, vor allem bei höheren aquatischen Organismen, aufmerksam macht (Niemitz 1987).

Die Antworten auf die Frage nach der Karzinogenität sind kontrovers. Nicht auszuschließen sind gentoxische Eigenschaften von $CHCl_3$ und CCl_4. Das Beratergremium für umweltrelevante Altstoffe (1985) faßt verschiedene Arbeiten über Chloroform zusammen und kommt zu dem Ergebnis, daß eine Interaktion von Phosgen ($COCl_2$) und anderen reaktiven Metaboliten mit der DNA nicht völlig ausgeschlossen werden kann, aber als unwahrscheinlich anzusehen ist.

8.4.1.3 Verbleib

Durch die hohe Flüchtigkeit der chlorierten aliphatischen Kohlenwasserstoffe rückt ihr Wirkungspotential von der Biosphäre, in der diese Stoffe verhältnismäßig schwach oder gar nicht angereichert werden, in die Atmosphäre (Bundesminister für Umwelt, Naturschutz und Reaktorsicherheit 1987).

Abbaureaktionen erfolgen hauptsächlich photoinduziert in der Troposphäre, gefolgt vom mikrobiellen Abbau der polareren Nebenprodukte im Wasser (Pearson 1982a). Über Stoffe wie z.B. Vinylchlorid, dessen jährliche Weltproduktion mit 10 Millionen Tonnen hinter der von Dichlorethen an 2. Stelle innerhalb der chlorierten aliphatischen Kohlenwasserstoffe steht, ist bisher kaum berichtet worden. Das dürfte damit zusammenhängen, daß hier der Abbau schneller als der Eintrag erfolgt. Im Zusammenhang mit solchen Abbauvorgängen werden jedoch Wechselwirkungen mit der Ozonschicht diskutiert, die für die Fluorchlormethane $CFCl_3$ und CF_2Cl_2 als sicher gelten.

Während die nicht vollständig chlorierten Chlormethane vornehmlich einem durch OH-Radikale initiierten oxidativen Abbau unterliegen, lassen sich die Fluorchlormethane nur durch direkte Photodissoziation (UV-Strahlung) aus der Atmosphäre eliminieren. Daher weisen sich die FCKWs durch außerordentlich lange Halbwertszeiten von 10 und mehr Jahren aus und können sich in der Stratosphäre immer mehr anreichern. Hierbei handelt es sich um die Höhenzone mit der höchsten Konzentration an natürlichem Ozon, das durch Reaktion mit FCKWs zerstört wird (Cox et al. 1976, Winteringham 1977).

Stoffe wie C_2Cl_4 und C_2HCl_3 – die jährliche weltweite Emission dieser beiden Stoffe betrug 1975 $1,5 * 10^6$ t – sind in der Troposphäre weiterhin reaktiv und können hochtoxische Stoffe wie Chloracetylchloride und das als Kampfgas im 1. Weltkrieg zur Anwendung gekommene Phosgen ($COCl_2$) bilden (Singh 1976).

8.4.2 Ausgewählte chlorierte aromatische Kohlenwasserstoffe

Chlorierte aromatische Kohlenwasserstoffe haben aufgrund ihrer lipophilen Eigenschaften eine hohe Bioakkumulationstendenz (HUTZINGER et al. 1978). Ein Biomonitoring mit aquatischen Tieren ist somit im Prinzip gut durchführbar. Wie aber noch eingehend dargelegt werden wird (vgl. Kapitel 8.7), stellen allerdings auch adulte Insekten mit aquatischen Larvenstadien eine wirkungsvolle Alternative zu noch nicht ausgereiften benthischen Insekten oder anderen Invertebraten dar, um eine erste Abschätzung über organische Xenobiotika in aquatischen Habitaten zu treffen (KOVATS & CIBOROWSKI 1989). Das Sammeln der adulten Insekten am Gewässerrand vereinfacht die Biomonitoringprozedur sehr stark.

8.4.2.1 Chlorbenzole

Hinsichtlich ihrer chemischen Struktur und Eigenschaften sind die Chlorbenzole den PCBs und den PCTs recht ähnlich. Die 12 verschiedenen Formen chlorierter Benzole können Zwischenprodukte oder auch als Pestizid direkt zum Einsatz gekommene Stoffe darstellen. Chlorbenzole werden in der chemischen und der pharmazeutischen Industrie verwendet. Die jährliche Weltproduktion wird auf 900.000 t geschätzt. Mit zunehmendem Chlorierungsgrad erhöht sich der Schmelz- und Siedepunkt, während Wasserlöslichkeit und Dampfdruck abnehmen. Verbunden mit einer zunehmenden Lipophilie haben höher chlorierte Benzole eine verstärkte Bio- und Geoakkumulationstendenz (KOCH & WAGNER 1989, RICHTER et al. 1983). Vergleichsweise hohe Anreicherungsfaktoren fanden SMITH et al. (1990) bei dem Florida-Kärpfling, *Jordanella floridae*. Ähnlich wie die Chlorphenole werden die schwächer chlorierten Chlorbenzole von Fischen schnell akkumuliert, nach Expositionsende aber auch schnell wieder ausgeschieden. Die der Tabelle 8.4.4 zu entnehmenden kurzen Halbwertszeiten von z.T. weniger als einem Tag wurden auch für andere Fischspezies gefunden. BARROWS et al. (1980, zit. in NIEMITZ 1987) ermittelten beim Blauen Sonnenbarsch *Lepomis macrochirus* Halbwertszeiten von ortho- und meta-Dichlorbenzol, die unter einer Stunde lagen. Als Monitororganismen für Chlorbenzole mit weniger als 5 Chloratomen im Molekül eignen sich Fische folglich nicht.

Vergleichbare Anreicherungsfaktoren werden ebenfalls von bromierten Benzolen berichtet. In einem 90tägigen Test ergaben sich bei der Regenbogenforelle (*Oncorhynchus mykiss*) je nach Bromierungsgrad durchschnittliche Anreicherungsfaktoren von 600-6300. Im Fall von

Tabelle 8.4.4: Anreicherungsfaktoren und Halbwertszeiten von Chlorbenzolen im Florida-Kärpfling, *Jordanella floridae* (nach SMITH et al. 1990)

	BCF-Wert	Halbwertszeit [d]
1,4-Dichlorbenzol		
Ganzkörper	296	0,70
Fettbasis	3.590	0,59
1,2,4-Trichlorbenzol		
Ganzkörper	2.026	1,21
Fettbasis	17.750	1,21
1,2,4,5-Tetrachlorbenzol		
Ganzkörper	4.050	1,72
Fettbasis	50.300	2,04

1,2,4,5-Tetrabrombenzol, dessen 6300fache Anreicherung zum Untersuchungsende noch nicht abgeschlossen war, könnte es die Molekülgröße sein, die beim Stofftransport über die Kiemen aufnahmebestimmend wirkt (OLIVER & NIIMI 1984).

Von den in der Umwelt wiederzufindenden Chlorbenzolen spielt vor allem das als Fungizid zur Anwendung gekommene Hexachlorbenzol (HCB) aufgrund seiner hohen Persistenz und seiner starken Anreicherung in tierischem Gewebe eine besondere Rolle (Tabelle 8.4.5). Wie NAGEL (1986) in einem Test mit Zebrabärblingen zeigen konnte, wird es nur in sehr geringem Maß metabolisiert. Nach 2 Tagen waren, bezogen auf die Ausgangsdosis, nur 0,8% polare Metabolite im Haltungswasser enthalten; in den Fischen konnten überhaupt keine Metabolite nachgewiesen werden.

Tabelle 8.4.5: Konzentrationsbereiche von HCB bezogen auf Lebendmasse (mg/kg) (aus PEARSON 1982b)

Plankton	0,0001 - 0,0003
Aquatische Invertebraten	0,001
Fische	0,02 - 20
Vögel (Fettgewebe)	0,01 - 12
Marine Säuger und Amphibien	0,01 - 1

Im Rahmen eines internationalen Meßprogramms wurden 1986 und 1987 in einem passiven Biomonitoring Plattfische und Miesmuscheln aus dem Bereich der Elbmündung auf ihren Gehalt an HCB und anderen organischen Schadstoffen hin untersucht. Gegenüber einer Wasserkonzentration von weniger als 1 ng/l HCB wiesen die Muscheln maximal 300fache, die Fische bis zu 500.000fache, auf Fettbasis bezogene Anreicherungen auf (FLÜGGE 1989). Wider Erwarten bestand kein signifikanter Zusammenhang zwischen der HCB-Konzentration und dem Alter bzw. der Länge der Fische. Dagegen war zwischen der HCB-Konzentration im Muskelfett und der im Leberfett eine lineare Beziehung herstellbar, wobei das Leberfett etwa doppelt so stark mit HCB angereichert war wie das Muskelfett. Hier kommen unterschiedliche Eigenschaften der Fettarten hinsichtlich ihres Lösungs- und Aufnahmevermögens zum Ausdruck.

Für ein zeitlich gerastertes Monitoring auf HCB empfehlen KRÜGER & KRUSE (1984) Brassen (*Abramis brama*). Diese Fischart spiegelte beispielsweise seit Anfang der 80er Jahre die rückläufigen HCB-Einträge in die Elbe sehr deutlich wieder. Muskelgewebe enthielt nur noch 100 µg/kg Frischgewicht und das Fett der Fische 5000 µg/kg. Die vergleichende Betrachtung eines Aalkollektivs zeigte, daß die fettreicheren Aale HCB und auch andere organische Schadstoffe zwar stärker akkumulieren, ihre HCB-Gehalte aber einer größeren Variationsbreite als bei Brassen unterliegen. Dies läßt sich durch die größere Variabilität des Fettgehaltes sowie der Wanderungs- und Ernährungsgewohnheiten des Aales erklären. Ähnliche Probleme beschreiben NEBEKER et al. (1989) in Biokonzentrationsstudien an Crustaceen, Anneliden und Fischen. Sie kamen zu dem Ergebnis, daß die HCB-Anreicherung unabhängig von der Konzentration erfolgte und für jede Art einen bestimmten Anreicherungsfaktor aufwies. Die untersuchte Fischart *Pimephales promelas* (Dickkopf-Elritze) hatte gegenüber *Gammarus lacustris* und *Lumbricus variegatus* den Vorzug, daß keinerlei toxische Effekte während der 28tägigen Gleichgewichtseinstellung von Aufnahme und Abgabe des HCB auftraten (Tabelle 8.4.6).

Entsprechend der steigenden Akkumulationstendenz nimmt auch die Toxizität von Chlorbenzolen zu. Die Ursache liegt in beiden Fällen in der Zunahme des Chlorierungsgrades von Benzol (CARLSON & KOSIAN 1987). Das veranschaulicht sehr deutlich Tabelle 8.4.7, in der akute und chronische Toxizitätswerte den Anreicherungsfaktoren bei *Pimephales promelas*

Tabelle 8.4.6: Anreicherung von HCB in der Dickkopf-Elritze (*Pimephales promelas*) nach 28 Tagen (aus NEBEKER et al. 1989)

Konzentration im Wasser (µg/l)	BCF_F	BCF_L
3,8	12.240	177.000
2,0	15.250	221.000
0,7	21.140	306.000
0,5	12.600	182.000
0,3	13.330	193.000

gegenübergestellt werden. Gegenüber Säugern ist die akute Toxizität generell gering und nimmt vom Mono- zum Trichlorbenzol zu, vermindert sich jedoch wieder vom Tetra- zum Hexachlorbenzol (KOCH & WAGNER 1989).

Letale Effekte nach Exposition von 1,2,3-Tri-, 1,2,3,4-Tetra- und Pentachlorbenzol traten in mit Guppies (*Poecilia reticulata*) durchgeführten Toxizitätstests dann ein, wenn die Fische 2-2,5 µmol/g des jeweiligen Chlorbenzols enthielten (VAN HOOGEN & OPPERHUIZEN 1988). Darüber hinaus beschreiben die Autoren ein toxikokinetisches Modell, mit dem Vorhersagen über den Zeitpunkt einsetzender Mortalität getroffen werden können, wenn die Konzentration sowie die Aufnahme- und Abgaberate des Toxikums bekannt sind.

Tabelle 8.4.7: Toxizität und Anreicherungsverhalten von Chlorbenzolen in der Dickkopf-Elritze (*Pimephales promelas*) (nach CARLSON & KOSIAN 1987)

Benzol-derivat	Toxizität		BCF_F-Wert
	akut 96 h LC_{50} ($\mu g/l$)	chronisch NOEC-LOEC ($\mu g/l$)	
1,3-DCB	7.800	1.000-2.300	97
1,4-DCB	4.200	570-1.000	110
1,2,4-TCB	2.800	500-1.000	410
1,2,3,4-TCB	1.100	250-410	2.400
Penta-CB	–	55	8.400
HCB	–	5	22.000

Während der Abbau ein- bis vierfach chlorierter Chlorbenzole in erster Linie durch oxidative Hydroxylierung eingeleitet wird, bedarf der erste Transformationsschritt bei den höher chlorierten Benzolen PeCB und HCB einer reduktiven Dechlorierung. Dieser Prozeß verläuft jedoch sehr langsam, was die hohe Persistenz, insbesondere die des HCB erklärt (MORITA 1977).

Nur eines der drei Isomere des Dichlorbenzols, das 1,4-Dichlorbenzol, weist eine gute biologische Abbaubarkeit auf (NIEMITZ 1987). Der abiotische Abbau dieser Modellstoffe durch Photolyse verläuft dagegen recht schnell. In der Gasphase betragen die Halbwertszeiten bei einer angenommenen mittleren troposphärischen OH-Radikalkonzentration von $4 * 10^5$ Molekülen cm^{-3} weniger als 100 Tage. In wässriger Matrix verliert die Photolyse ihre Bedeutung. Die Bioakkumulation von Chlorbenzolen aus dem Sediment ist bei den Larven von *Chironomus decorus* abhängig von der Konzentration im interstitiellen Wasser (KNEZOVICH et al. 1988). Die Arbeiten von SICKO-GOAD et al. (1989a, 1989b, 1989c, 1988) haben gezeigt, daß die Toxizität von Chlorbenzolen für Diatomeen von einer Reihe verschiedener Faktoren abhängig ist. Der physiologische Zustand der Zellen, Umweltbedingungen und die Strukturmerkmale der toxischen Substanzen spielen dabei eine Rolle. Die Autoren haben ebenfalls festgestellt, daß die Exposition unter verschiedenen chlorierten Benzolen im subletalen Konzentrationsbereich unterschiedliche Auswirkungen auf Morphologie und Fettsäurezusammensetzung hatte.

Pentachlorbenzol hat einen größeren Bioakkumulationsfaktor und ist toxischer für Süßwasser-Algen als niedrig chlorierte Benzole, wie z.B. Trichlorbenzole (WONG et al. 1984, GEYER et al. 1984, HALFON & REGGIANI 1986). SICKO-GOAD et al. (1989) jedoch beschreiben eine Toxizitätsreihenfolge für die Diatomee *Cyclotella meneghiniana*, bei der 1,2,4-Trichlorbenzol (TCB) die toxischste Substanz ist, gefolgt von 1,2,3-TCB, 1,3,5-TCB und Pentachlorbenzol. RICHTER et al. (1983) stellten fest, daß 1,2,4-Trichlorbenzol für *Daphnia magna* akut toxischer war als 1,3-Dichlorbenzol und entsprechen damit der Aussage von KOCH & WAGNER (1989), wonach die Toxizität vom Mono- zum Trichlorbenzol zunimmt. Im Gegensatz dazu konnte LEBLANC (1980) einen Zusammenhang von Chlorierungsgrad und Toxizität nicht nachweisen.

In den chronischen Toxizitätstests von RICHTER et al. (1983) stellten sich für die meisten chlorierten Kohlenwasserstoffe mit Ausnahme des 1,2-Dichlorethans die Reproduktion und die Größe der Testorganismen als gleich sensitive Parameter heraus.

Chlorbenzol

Chlorbenzol dient zur Herstellung von DDT und ist ein hervorragendes Lösungsmittel (SCHRÖTER et al. 1985). Die Substanz gilt als biologisch nicht leicht abbaubar, der Biokonzentrationsfaktor wird mit rund 180 angegeben (KOCH & WAGNER 1989).

Nach KOCH & WAGNER (1989) sind im aquatischen Bereich folgende Konzentrationen zu finden:

Grundwasser	bis zu	1 µg/l
Oberflächenwasser	bis zu	6 µg/l
Abwasser	bis zu	17 µg/l
Trinkwasser	bis zu	27 µg/l

Als toxische Grenzkonzentrationen für aquatische Organismen werden von den Autoren folgende Konzentrationen angegeben:

Scenedesmus		390 mg/l
Pseudomonas		17 mg/l
Microcystis		110 mg/l
Daphnia magna	LC_0	110 mg/l
	LC_{50}	310 mg/l
	LC_{100}	390 mg/l

Eine größere Sensitivität auf Chlorbenzol ermittelte LEBLANC (1980) in akuten Toxizitätstests mit *Daphnia magna*. Bei einer Wasserhärte von 72 mg/l $CaCO_3$ lag die LC_{50} nach 24 Stunden bei 140 mg/l, bzw. nach 48 Stunden bei 86 mg/l. Die NOEC (*no observed effect concentration*) lag bei 10 mg/l. Untersuchungen von BRINGMANN & KÜHN (1980) ergaben, daß *Pseudomonas putida* (Bakterium) sensitiver auf Chlorbenzol reagiert als *Scenedesmus quadricauda* (Grünalge) und *Entosiphon sulcatum* (Protozoe). Die ermittelten Toxizitätsgrenzen [*toxicity threshold* (TT)] lagen bei 17 bzw. bei über 390 mg/l für Grünalgen und Protozoen.

Dichlorbenzol

Die drei existierenden Dichlorbenzolisomere besitzen folgende Biokonzentrationsfaktoren

1,2-Dichlorbenzol	3550
1,3-Dichlorbenzol	4000
1,4-Dichlorbenzol	4000.

Während 1,4-Dichlorbenzol biologisch leicht abbaubar ist, sind die übrigen beiden nicht leicht abbaubar (KOCH & WAGNER 1989). (Vergl. auch Kapitel 8.4.6).

LEBLANC (1980) ermittelte für die verschiedenen Isomere in Toxizitätstests mit *Daphnia magna* folgende LC_{50} Werte:

Testsubstanz	LC_{50} (mg/l)		NOEC (mg/l)
	24h	48h	
1,2-Dichlorbenzol (a)	2,4	2,4	0,36
1,3-Dichlorbenzol (a)	48	28	6,0
1,4-Dichlorbenzol (b)	42	11	0,68

a: Härte = 72 mg/l $CaCO_3$
b: Härte = 173 mg/l $CaCO_3$

Die von RICHTER et al. (1983) durchgeführten Langzeit-Toxizitätstests, mit *Daphnia magna* erbrachten dagegen deutlich niedrigere Konzentrationen. Die 28tägige NOEC von 1,3-DCB betrug 0,69 mg/l, und die LC_{50} lag sowohl bei gefütterten wie bei ungefütterten Daphnien zwischen 7,0 und 7,5 mg/l.

Wie das einfach chlorierte Chlorbenzol erwies sich in den Versuchen von BRINGMANN & KÜHN (1980) auch 1,2-Dichlorbenzol toxischer gegenüber Bakterien (*Pseudomonas putida*) als gegenüber Grünalgen (*Scenedesmus quadricauda*) und Protozoen (*Entosiphon sulcatum*).

Trichlorbenzol

Trichlorbenzol läßt sich biologisch nur schwer abbauen. Folgende Fischtoxizitäten werden von KOCH & WAGNER (1989) für die verschiedenen Isomere angegeben:

Regenbogenforelle	LD_{50}	8,9 mg/l	1,2,3-TCB
		9,7 mg/l	1,2,4-TCB
		30,1 mg/l	1,3,5-TCB
Blauer Sonnenbarsch	LC_{50} (24h)	34 mg/l	1,2,3-TCB
Guppy	LC_{50} (14d)	77 mg/l	1,2,3-TCB
		75 mg/l	1,2,4-TCB
		55 mg/l	1,3,5-TCB

LEBLANC (1980) ermittelte für 1,2,4 Trichlorbenzol in einem 24-stündigen Test mit *Daphnia magna* eine LC_{50} von 110 mg/l (Wasserhärte = 173 mg/l $CaCO_3$). Der 95% Vertrauensbereich wird mit 32-2.800 mg/l angegeben. In einem 48-stündigen Toxizitätstest ergab sich eine niedrigere LC_{50} von 50 mg/l (Wasserhärte = 173 mg/l $CaCO_3$) mit einem Vertrauensbereich von 7,2-130 mg/l. Die NOEC lag bei < 2,4 mg/l. Auch für 1,2,4-Trichlorbenzol geben RICHTER et al. (1983) eine geringere letale Konzentration an. In dem Testansatz mit Fütterung der Testorganismen ergab sich eine LC_{50} von 1,7 mg/l und in dem Ansatz ohne Fütterung eine LC_{50} von 2,1 mg/l. Die ersten Effekte auf Wachstum und Reproduktion wurden bei einer Konzentration von 0,69 mg/l beobachtet, die NOEC lag bei 0,36 mg/l.

Für die coccalen Grünalgen *Scenedesmus subspicatus* geben GEYER et al. (1985 b) folgende akute Toxizitätswerte (Wachstumsverminderungen) für 1,2,4-Trichlorisomere an:

	96 h EC_{10}	96 h EC_{50}
mg/l	3,0	8,4.

Tetrachlorbenzol

Tetrachlorbenzol ist biologisch nicht leicht abbaubar. Für die Fischtoxizität einzelner Isomere geben KOCH & WAGNER (1989) folgende Konzentrationen an:

Regenbogenforelle	LD_{50}	4,9 mg/l	1,2,3,4-TCB
		7,8 mg/l	1,2,3,5-TCB
		23,4 mg/l	1,2,4,5-TCB
Blauer Sonnenbarsch	LC_{50} (24h)	33 mg/l	1,2,3,5-TCB
		134 mg/l	1,2,4,5-TCB
Guppy	LC_{50} (14d)	269 mg/l	1,2,3,4-TCB
		269 mg/l	1,2,3,5-TCB
		707 mg/l	1,2,4,5-TCB

Für 1,2,3,5-Tetrachlorbenzol ermittelte LEBLANC (1980) in akuten Toxizitätstests mit *Daphnia magna* geringe LC_{50}-Werte von 18 mg/l (24h) und 9,7 mg/l (48h). Die NOEC war < 1,1 mg/l. Das Isomer 1,2,4,5-Tetrachlorbenzol zeichnete sich mit einer 24- und 48-stündigen LC_{50} von > 530 mg/l durch eine auffallend geringe akute Toxizität aus. Selbst die NOEC lag noch bei 320 mg/l.

Hexachlorbenzol (HCB)

Das ubiquitäre Hexachlorbenzol ist biologisch nicht leicht abbaubar (KOCH & WAGNER 1989, SCHEELE 1980). Die Substanz wird als Fungizid eingesetzt und fällt als Abfallstoff in der chemischen Industrie an (COURTNEY 1979). Die im aquatischen Milieu vorkommenden HCB-Konzentrationen werden von KOCH & WAGNER (1989) wie folgt angegeben:

Oberflächenwasser	0,003-90	µg/l
Trinkwasser	< 2,8	µg/l
Regenwasser	< 0,3	µg/l
Gewässersedimente	< 8,6	µg/kg

Zur Kontamination von ausgewählten Bereichen der fünf neuen Bundesländer mit HCB wird ein Bericht von HEINISCH et al. (1991c) vorgelegt. Die Autoren, die bei der Ermittlung von Kontaminationspfaden häufig auf aquatisches und terrestrisches Biomonitoring zurückgreifen, schreiben: „Die industrielle Produktion als mengenmäßig bedeutendste Quelle für HCB-Kontaminationen abiotischer und biotischer Konstituenten der Ökosphäre wird anhand von HCB-Pegeln in Wasser und Fischen der Elbe sowie Wasser, Fischen und aquatischem Sediment im Einflußbereich eines Chemieproduktionsbetriebes im Berlin/Potsdamer Raum dargestellt. Auch ein regionaler Vergleich der HCB-Pegel in Schlachtviehproben der früheren Bezirke der DDR ergibt die höchsten Belastungen für die urban-industriell stark geprägten Räume Halle, Leipzig und Berlin. Demgegenüber weist der von Produktionsbetrieben der organisch-technischen Synthesechemie freie, stark landwirtschaftlich geprägte Raum Schwerin die geringsten Kontaminationsdaten innerhalb dieses Vergleiches auf. Das eröffnet zugleich die Möglichkeit, in diesem Gebiet die Auswirkungen des Anwendungsstopps HCB enthaltender Saatgutbeizen in der ehemaligen DDR zu Beginn der achtziger Jahre auf die

Kontaminationspegel von Trinkvollmilch, Butter, Eiern, Schweine- und Rindfleisch, Schwarz-wild, Wasser der Schweriner Seen, Bleien, Plötzen, Barschen, Ostseewasser, Heringen, Sprotten und der Leber von Dorschen verschiedener Fanggebiete sowie schließlich Humanmilchlipiden auszuwerten. Dies gelingt teilweise recht gut bei Matrices tierischen Ursprungs und Fischen. Die Untersuchungsergebnisse können als Freilandversuche großen Ausmaßes Initiativen zur Validierung ökochemisch-ökotoxikologischer Thesen und Parameter wie Geo- und Bioakku-mulation, Transferverhalten innerhalb der Kompartimente u.a.m. verstanden werden."

Aufgrund der hohen Lipophilie (log K_{ow} = 5,50) ist eine hohe Bioakkumulation sowie eine hohe Toxizität zu erwarten (CARLSON & KOSIAN 1987, vgl. Tabelle 8.4.7). SCHUYTEMA et al. (1990) untersuchten die Akkumulation von Hexachlorobenzol bei Elritzen und Makro-invertebraten in einem Sediment/Wasser System. Keiner der durchgeführten Tests konnte zeigen, daß bei der HCB-Exposition das Sediment eine wichtigere Rolle spielt als das Wasser. So akkumulierte z.B. *Lumbriculus*, obwohl er in direktem Kontakt zum Sediment lebt, relativ zum HCB-Gehalt des Sediments weit weniger HCB im Gewebe als die Dickkopf-Elritze *Pime-phales promelas*. Die Autoren zeigten ferner, daß eine 28-tägige Exposition von 5 µg/l, somit rund bei einer um den Faktor 1000 geringeren Exposition als bei Tri- oder Tetrachlorbenzol, weder bei Elritzen noch bei *Lumbriculus* (Oligochaeta), *Hyalella* (Amphipoda) oder *Gamma-rus* (Amphipoda) toxisch waren. Für *Scenedesmus subspicatus* lag die akute Toxizität [Wachstumsverminderungen (96h EC_{10} und 96h EC_{50})] mit > 10 µg/l über der Wasserlös-lichkeit der Hexachlorbenzols (GEYER et al. 1985b).

Da HCB leichter ans Sediment bindet als an Organismen, waren die Organismen in mit Se-diment ausgelegten Aquarien einer geringeren HCB-Konzentration ausgesetzt. Auch für Muscheln fanden MUNCASTER et al. (1990) heraus, daß es keine signifikanten Unterschiede im Kontaminationsgrad der Organismen gab, gleich, ob sie in belastetem oder unbelastetem Sediment lebten.

Mollusca

In der Muschel *Mytilus edulis* kommt es nach den Untersuchungen von BAUER et al. (1989) zu einer Biotransformation des HCB. Nach einer 20-tägigen HCB-Exposition wurden aus den Organismen Metabolite isoliert wie Pentachlorthioanisol, 1,4-Di(methylthio)-2,3,5,6-tetrachlorbenzol und S-(Pentachlorphenyl)thioglycolat. Pentachlorphenol, das als haupt-sächlicher Metabolit des HCB in aquatischen Systemen angegeben wird (LU & METCALF 1975, SANBORN et al. 1977) wurde von BAUER et al. (1989) nicht nachgewiesen.

Oligochaeta

Die Biokonzentration chlorierter Kohlenwasserstoffe durch Oligochaeten ist nach OLIVER (1987) abhängig von der Konzentration der Substanzen im Sediment. Auch FOX et al. (1983) konnten eine gute Korrelation zwischen dem Sedimentgehalt an Hexachlorbenzol und dem der Oligochaeten in mehreren Sedimentproben des Lake Ontario nachweisen. Der Bio-konzentrationsfaktor der Oligochaeten (*Limnodrilus hoffmeisteri, Tubifex tubifex*) steigt mit größer werdendem K_{ow}-Wert. Diese Aussagen stehen in klarem, an dieser Stelle nicht auf-lösbarem Widerspruch zu den oben zitierten Ausführungen von SCHUYTEMA et al. (1990).

8.4.2.2 Chlorierte Phenole (Chlorphenole)

Unter den Chlorphenolen besitzen 2,4-Dichlor-, 2,4,5-Trichlor-, 2,4,6-Trichlor, 2,3,4,6-Tetrachlorphenol und Pentachlorphenol eine größere kommerzielle Bedeutung. Von den global mit 200.000 t angegebenen Produktionsmengen an Chlorphenolen entfällt der maßgebliche Anteil mit ca. 90.000 t auf Pentachlorphenol (KOCH & WAGNER 1989). Mit zunehmendem Chlorierungsgrad vermindert sich die Flüchtigkeit und Wasserlöslichkeit, wohingegen die Lipidlöslichkeit (BELTRAME et al. 1984) und somit die Akkumulationstendenz und Toxizität der Chlorphenole steigen.

Der Grad der Giftigkeit ist nach der Gefahrstoffverordnung (KOCH & WAGNER 1989) für 4-Chlorphenol, 2,4-Dichlorphenol, 2,4,5-Trichlorphenol und 2,4,6 Trichlorphenol mindergiftig, für 2,3,4,6, Tetrachlorphenol giftig.

Die Bioakkumulationsfaktoren werden von KOCH & WAGNER (1989) für die einzelnen Substanzen wie folgt angegeben:

4-Chlorphenol	= 50
2,4-Dichlorphenol	= 70
2,4,5-Trichlorphenol	= 200
2,4,6-Trichlorphenol	= 200
2,3,4,6-Tetrachlorphenol	= 700.

Während 2,4,6-TCP biologisch leicht abbaubar ist, lassen sich die übrigen Chlorphenole weniger gut abbauen (KOCH & WAGNER 1989).

Einige Eigenschaften der Chlorphenole sind im folgenden kurz aufgeführt:
- Chlorphenole binden an organisches Material im Sediment in undissoziierter Form (XIE 1983).
- Verschiedene Chlorphenole werden von den meisten aquatischen Organismen rasch eliminiert (METCALFE & HAYTON 1989).
- Einige polychlorierte Phenole sind persistent und bioakkumulativ (LEACH & THAKORE 1975, LANDNER et al. 1977).
- Anreicherung in aquatischen Nahrungsketten (PAASIVIRTA et al. 1980).
- Bioakkumulation abhängig von der Lebensweise und der Nahrung der Organismen, z.B. akkumulieren Muscheln und andere filtrierende benthische Invertebraten selektiv die mehr wasserlöslichen Phenole wie 2,4-Dichlorphenol und die im Sediment lebenden Herbivoren die weniger wasserlöslichen sedimentgebundenen Substanzen wie 2,6-Dimethoxy-3,4,5-trichlorphenol (PAASIVIRTA et al. 1985).

Bivalvia

Über das Anreicherungsverhalten von Chlorphenolen sind in der Literatur verschiedene Angaben zu finden. Nach den Studien von METCALFE & HAYTON (1989) enthalten Muscheln überwiegend Di- und Trichlorphenole, sehr wenig 2,3,4,6-Tetrachlorphenol und kein Pentachlorphenol. FOLKE et al. (1983) finden bei *Mytilus edulis* für 2,3,4,6-Tetrachlorphenol einen Biokonzentrationsfaktor von 60 bzw. von 170 für Pentachlorphenol. Chlorphenole werden von Muscheln schnell eliminiert. ERNST (1979) ermittelte für Pentachlorphenol in der marinen Muschel *M. edulis* eine Halbwertszeit von 2-3 Tagen.

Bei der Süßwassermuschel *Anodonta piscinalis* fanden PAASIVIRTA et al. (1985) einen BCF-Wert von 64 für 2,4,6-Trichlorphenol. Sie beobachteten, daß Muscheln und andere filtrierende benthische Invertebraten selektiv die mehr wasserlöslichen Chlorphenole 2,4-Dichlorphenol und 3,4-Dichlorphenol akkumulierten.

In einer detaillierten Studie mit ^{14}C-markierten Substraten ermittelten MÄKELÄ & OIKARI (1990) die BCF-Werte von PCP und von 3,4,6-Trichlorgaiacol in verschiedenen Organen und Körperteilen von *Anodonta anatina* (= *piscinalis*) auf der Basis von Frischgewichten. Die lipidreiche Verdauungsdrüse erwies sich für beide chlorierte Phenole als das am stärksten akkumulierende Organ, gefolgt von den Nieren. Die geringsten Werte traten in der Hämolymphe auf (Abb. 8.4.1). Es wird deutlich, daß selbst der höchste BCF-Wert sehr viel niedriger liegt, als bei den nachfolgend besprochenen Anneliden. Ein Metabolismus der untersuchten Chlorphenole schien nur eine recht untergeordnete Rolle zu spielen (MÄKELÄ & OIKARI 1990).

Annelida

Egel akkumulieren hauptsächlich 2,4,6-Trichlorphenol, 2,3,4,6-Tetrachlorphenol und Pentachlorphenol. Für Chlorphenole allgemein besitzen sie ein höheres Akkumulations-potential als Muscheln, Köcherfliegenlarven, Eintagsfliegenlarven und Fische (hier: Elritzen). Sie sind aus diesem Grund als überaus geeignete Monitoring-Organismen für Chlorphenole im aquatischen Milieu anzusehen (METCALFE & HAYTON 1989). Die Autoren machen aber darauf aufmerksam, daß Egel während der Geschlechtsreife wegen ihrer verminderten Resistenzfähigkeit nicht als Testorganismen geeignet sind.

Aufgrund des hohen Bioakkumulationspotentials für Chlorphenole zeigte sich die Art *Dina dubia* als bester Bioindikator. Da diese Art jedoch nicht sehr verbreitet und wenig erforscht ist, werden die weit verbreiteten Arten *Erpobdella punctata*, *Glossiphonia complanata* und *Helobdella stagnalis* als Testorganismen empfohlen (METCALFE et al. 1984).

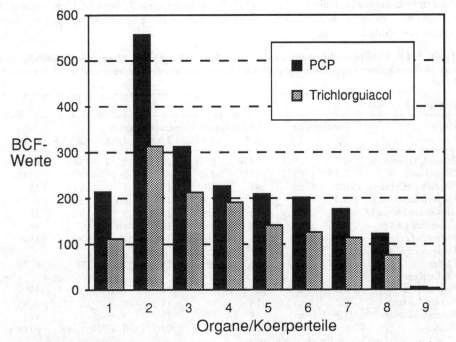

Abbildung 8.4.1.: Mittlere BCF-Werte in verschiedenen Organen und Körperteilen der Muschel *Anodonta anatina* (nach MÄKELÄ & OIKARI 1990)
1: Weichkörper; 2: Verdauungsdrüse; 3: Nieren; 4: Gonaden; 5: Kiemen; 6: Fuß; 7: Schließmuskel; 8: Mantel; 9: Hämolymphe

Folgende BCF-Werte werden für Chlorphenole in Egeln von METCALFE et al. (1989) angegeben:
2,4,6-Trichlorphenol   1.200-4.200
2,3,4,6-Tetrachlorphenol   4.000-5.500
Pentachlorphenol   3.000-4.300

Die Aufnahme von Chlorphenolen erfolgt bei Egeln schnell. JACOB (1986) setzte *Haemopsis marmorata* fünf verschiedenen Chlorphenolen in einer Konzentration von 10 µg/l aus und konnte feststellen, daß das Gleichgewicht bei 4°C und 12°C innerhalb von 4-5 Tagen und bei 22°C innerhalb von 7 Tagen erreicht wurde. Die Halbwertszeit ist für Egel dagegen sehr hoch. Sie beträgt für Pentachlorphenol in der Regel mehr als einen Monat (METCALFE et al. 1989) und ist somit höher als die für Mollusken.

Ähnlich den Egeln zeigten auch die Oligochaeten erhöhte Chlorphenolrückstände (METCALFE et al. 1984) (Tabelle 8.4.8).

Anneliden sind nicht in der Lage, diese Substanzen zu metabolisieren oder schnell auszuscheiden (METCALFE et al. 1984). MCLEESE et al. (1980) fanden heraus, daß der marine Polychaet *Nereis virens* selbst 26 Tage nach der Belastung mit Pentachlorphenol noch nichts von dieser Substanz ausgeschieden hatte (im Vergleich dazu: die Halbwertszeit für Pentachlorphenol in Goldfischen liegt bei 10 Stunden).

Crustacea

LEBLANC (1980) ermittelte für verschiedene Chlorphenole LC_{50}-Werte in 24h- und 48h-Tests mit *Daphnia magna* (Tabelle 8.4.9). Die LC_{50}-Werte betrugen > 22 mg/l 2-Chlorphenol und 8,8 mg/l 4-Chlorphenol in 24-Stunden- sowie 2,6 mg/l 2-Chlorphenol und 4,1 mg/l 4-Chlorphenol in 48-Stunden-Tests.

Tabelle 8.4.8: Chlorphenolkonzentration in Egeln (*Dina, Glossiphonia, Haemopsis, Erpobdella*) und verschiedenen anderen Organismen und im Wasser an vier verschiedenen Probentagen (aus METCALFE et al. 1984)

Datum: 2. Juni 1981

Probe	Frischgewicht [g]	Chlorphenolkonzentration [µg/kg] 2,6	2,4	3,4	2,4,6	2,4,5	2,3,4,6	PCP
Erpobdella punctata	0,5	1515	2456	855	3715	4524	583	834
Oligochaeta	0,53	83	588	230	355	561	37	314
Napfschnecke *Ferrissia*	0,8	nn	41	10	119	5	119	25
Sphaeriidae	0,35	nn	nn	3	10	nn	15	6
Anisoptera-Larven	0,4	nb	nb	nb	29	8	139	18
Zygoptera-Larven	0,16	nb	nb	nb	118	nn	77	34
Nigronia-Larven	0,44	nb	nb	nb	14	18	36	15
Hydropsychidae-Larven	1,07	nb	nb	nb	29	19	33	6
Köcherfliege *Pycnopsyche*	5,5	109	124	nn	303	185	120	45
Agabus-Larven	0,2	nn	14	nn	11	1	1	1
Tipulidae-Larven	1,7	nn	38	10	76	90	51	68
Wasser		0,025	0,015	0,016	0,037	0,067	0,004	0,0069

nn = nicht nachweisbar
b = nicht bestimmt

Datum: 9. Juli 1981

Dina dubia	0,27	152	869	267	756	1356	122	149
Erpobdella punctata	4,2	968	932	545	1107	1046	113	123
Köcherfliege *Pycnopsyche*	0,64	nb	nb	nb	67	34	23	15
Wasser		0,013	0,005	0,004	0,011	0,036	0,001	0,002

Tabelle 8.4.8: Fortsetzung

Datum: 30. September 1980

Glossiphonia								
complanata	0,21	50	325	175	430	710	66	18
Haemopsis grandis	2,12	512	1288	270	485	1110	96	51
Schnecke *Physa*	5,37	nb	nb	nb	16	14	6	9
Ephemeroptera	0,43	nb	nb	nb	21	5	10	24
Anisoptera-Larven	0,17	nb	nb	nb	18	8	14	59
Zygoptera-Larven	0,4	nb	nb	nb	30	9	33	20
Nigronia-Larven	0,42	nb	nb	nb	nn	nn	nn	7
Hydropsychidae-								
Larven	4,01	nb	nb	nb	11	7	5	4
Tipulidae-Larven	2,28	nb	nb	nb	2	nn	nn	nn
Wasser		0,010	0,119	0,027	0,053	0,041	0,006	0,004

Datum: 4. November 1980

Dina dubia	0,08	160	4817	530	1529	4917	119	35
Glossiphonia								
complanata	1,22	50	226	26	221	640	21	1
Oligochaeta	0,54	nb	nb	nb	1128	894	124	180
Schnecke *Physa*	5,11	nb	nb	nb	7	36	2	1
Ephemeroptera	0,68	nb	nb	nb	23	27	4	12
Anisoptera-Larven	1,64	nb	nb	nb	nn	2	nn	64
Zygoptera-Larven	1,53	nb	nb	nb	24	46	24	3
Hydropsychidae-								
Larven	4,65	nb	nb	nb	22	26	3	4
Tipulidae-Larven	3,72	nb	nb	nb	nn	1	1	1
Wasser		0,007	0,017	0,006	0,014	0,015	0,003	0,003

Tabelle 8.4.9: LC_{50}-Werte für *Daphnia magna* bei verschiedenen Chlorphenolen. Angaben in mg/l (aus LeBlanc 1980)

Substanz	LC_{50}		NOEC
	24h	48h	
2-Chlorphenol	> 22	2,6	1,0
4-Chlorphenol	8,8	4,1	1,1
2,4-Dichlorphenol	> 10	2,6	0,46
2,4,5-Trichlorphenol	3,8	2,7	0,78
2,4,6-Trichlorphenol	15	6,0	< 0,41
2,3,4,6-Tetrachlorphenol	> 1,0	0,29	0,01
2,3,5,6-Tetrachlorphenol	2,5	0,57	0,01
Pentachlorphenol	1,5	0,68	0,32

Amphipoda

Nach Borlakoglu & Kickuth (1990) wirken phenolische Verbindungen auf Membranen von *Gammarus* giftig: so das Derivat (3,5-Dichlor-4-hydroxyphenyl-α,β-dichlorpropansäure) der 4-Hydroxyzimtsäure bei 700 µg/l auf Membranen, Extremitäten, Antennen und Exoskelett. Desweiteren stellen die Autoren in ihren Untersuchungen eine um 1,8mal höhere Wachstumshemmung bei *Gammarus pulex* gegenüber *Escherichia coli* fest. Änderungen im Schwimm- und Kopulationsverhalten wurden bereits bei einer Konzentration festgestellt, die 1/20 der akuten LC_{50} betrug.

113

Di-, Tri- und Tetrachlorphenole

GERSICH & MILAZZO (1988) geben für *Daphnia magna* einen MATC-Wert[1] an, der zwischen 0,74 und 1,48 mg/l für 2,4-Dichlorphenol liegt (21-Tage-Test) (Tabelle 8.4.10).

Tabelle 8.4.10: Chronische Effekte (gemittelte MATC-Werte) bei *Daphnia magna* nach 21tägiger Einwirkung von 2,4-Dichlorphenol (aus GERSICH & MILAZZO 1988)

Nominalkonzentration [mg/l]	Überlebensrate (%)	Gesamtnachkommen pro adulter *Daphnia*	Eizahl pro adulter *Daphnia*
Kontrolle	100	128,5	32,0
0,37	95	143,7	35,3
0,74	100	119,3	29,1
1,48	85	54,9	18,8
2,96	5	0	0
5,94	0	0	0

LEBLANC (1980) ermittelte für *Daphnia magna* einen LC_{50} Wert > 10 mg/l 2,4-Dichlorphenol bei 24 Stunden und von 2,6 mg/l bei 48 Stunden (Tabelle 8.4.9). 2,4-Dichlorphenol erwies sich für *Entosiphon sulcatum* mit einer Toxizitätsgrenze (TT) von 0,5 mg/l als sehr toxisch. Die Toxizitätsgrenzen (TT) für die parallel untersuchten Organismen *Scenedesmus quadricauda* und *Pseudomonas putida* lagen bei 3,6 bzw. 6 mg/l (BRINGMANN & KÜHN 1980). Die akuten Toxizitätswerte für 2,4,6-Trichlorphenol liegen bei *Scenedesmus subspicatus* mit 1,1 (96h EC_{10}) und 5,6 mg/l (96h EC_{50}) in derselben Größenordnung wie die für Trichlorbenzol (GEYER et al. 1985b). Für junge Tiere des Zebrakillifisches (*Fundulus heteroclitus*) fanden BURTON & FISHER (1990), daß 2,3 mg/l in 96 Stunden auf 50% der Testfische tödlich wirken. Deutlich geringere akut toxische Konzentrationen ermittelten dagegen FREITAG et al. (1990) an frühen Lebensstadien der Regenbogenforelle: 200 µg/l 2,4,6-Trichlorphenol senkten den Schlupferfolg und erhöhte die Mißbildungsrate an Fischlarven. Auch diese Gegenüberstellung stellt den ökologischen Wert von LC_{50}-Untersuchungen wieder unter Beweis. Für *Daphnia magna* sind die LC_{50}-Werte, von LEBLANC (1980) ermittelt, der Tabelle 8.4.9 zu entnehmen. Zu ähnlichen Resultaten kommen MOUNT & NORBERG (1984), die für Tetrachlorphenol 48stündige LC_{50}-Werte von 0,406 und 1,0 mg/l bei *Daphnia magna* bzw. *Daphnia pulex* fanden. Am empfindlichsten reagierte *Simocephalus vetulus*, deren LC_{50}-Wert bei 0,145 mg/l lag.

KOCH & WAGNER (1989) geben für Tetrachlorphenol durchschnittliche BCF-Werte von 320 für aquatische Organismen an.

Pentachlorphenol (PCP)

KOCH & WAGNER (1989) heben die fungiziden und bakteriziden Eigenschaften hervor. Die Weltproduktion betrug 1984 in westlichen Industrieländern und Japan etwa 35.000-40.000 t. Bei der Herstellung von PCP können toxische Nebenprodukte gebildet werden: z.B. polychlorierte Dibenzodioxine, Dibenzofurane, Phenoxyphenole und Diphenyl-Ether (NILSON et al. 1978, RAPPE et al. 1979, AHLBORG & THUNBERG 1980). Der kommerzielle Umgang mit PCP ist in der Bundesrepublik durch die PCP-Verbotsverordnung seit Ende 1989 verboten. Bei UV-Bestrahlung werden 30 mg/l PCP in 7 Tagen zu 99% abgebaut (KOCH & WAGNER 1989). Die Substanz wird als biologisch nicht leicht abbaubar eingestuft. Der Biokonzentra-

---

[1] Maximum acceptable toxicant concentration = Maximal tolerierbare Giftkonzentration

Tabelle 8.4.11: PCP-Konzentrationen in Oberflächengewässern verschiedener Länder (nach verschiedenen Autoren aus WHO 1987b und V. PETROSJAN, pers. Mitt.)

Land	Gewässer und Gebiet	PCP [µg/l]
Kanada	Süßwasser in British Columbia (BC)	Spuren bis 0,30
	marine Probenstellen in BC	nn bis 7,3
Bundesrepublik Deutschland	Weser, Fluß und Ästuar	nn bis 7,3
	Deutsche Bucht	< 0,002 bis 0,026
	Ruhr	< 0,1 bis 0,2
	Rhein bei Köln	0,1
Japan	Tama-Fluß, Tokyo	0,01 bis 0,9
	Sumida-Fluß, Tokyo	1 bis 9
	Flußwasser, Tokyo-Gebiet	0,18 + 0,14
Niederlande	Rhein 1976	bis 2,4
	Rhein 1977	bis 11,0
	Maas 1976	bis 1,4
	Maas 1977	bis 10,0
Südafrika	124 Meßpunkte	nn bis 0,85
Schweden	Fluß unterhalb Papierfabrik	9
	See mit Abwasser	3
USA	Willamette-Fluß	0,1 bis 0,7
	Stark verschmutzter Fluß bei Philadelphia	
	– Fabrik-Bereich	4.500 bis 10.500
	– flußabwärts	49 bis 240
	Ästuar in der Galveston Bucht, Texas	
	Teich in Mississippi, durch	< 1 bis 82
	Holzimprägnierung verschmutzt	nn = nicht nachweisbar
UdSSR	Moskwa in Moskau, nahe Lomonosov-Universität, Juni 1987	> 100

tionsfaktor beträgt rund 8000 (KOCH & WAGNER 1989). Im aquatischen Milieu wird PCP bei Einwirkung von Licht zu Tetrachlorcatechol, Tetrachlorhydrochinon und Tetrachlorresorcinol abgebaut (WONG & CROSBY 1981). Das Absinken der PCP-Konzentrationen im Gewässer ist wahrscheinlich auf die erhöhte Mobilität der Substanz durch Dissoziation, die Adsorption an organisches Material im Sediment und die hohe Flüchtigkeit zurückzuführen (KRIEGER 1989). Oberflächengewässer können bis zu ~ 100 µg/l (durchschnittlich 0,1-1 µg/l) und Abwässer bis zu 11 mg/l enthalten (Tabelle 8.4.11).

PCP stört bzw. entkoppelt die oxidative Phosphorylierung (WEINBACH 1956, KOCH & WAGNER 1989, THURSTON et al. 1985), hemmt die Enzymsysteme (BOSTRÖM & JOHANSSON 1972, HOLMBERG et al. 1972, KOCH & WAGNER 1989) und stört somit den Energiemetabolismus der Organismen (GRANEY & GIESY 1987).

Nach der WHO (1987 b) werden die meisten Invertebraten (Annelida, Mollusken, Crustacea) und Vertebraten (Pisces) in akuten Toxizitätstests bei PCP-Konzentrationen unter 1 mg/l beeinflußt. Dagegen gibt die US-EPA (1986) eine akute Toxizität für aquatische Organismen bei PCP-Konzentrationen um 55 µg/l an. Reproduzierende und juvenile Stadien reagieren nach der WHO-Studie mit einer EC_{50} von etwa 0,01 mg/l bei juvenilen Fischen am empfindlichsten. Sedimente haben wesentlich höhere PCP-Werte als das darüber gelegene Wasser. In

Kanada wurden z.B. in Sedimenten von Gewässern, die aus der Holzindustrie belastet wurden, 590 mg/l gemessen, während das darüberstehende Wasser nur 7,3 µg/l enthielt.
Die hohe Persistenz dieser Substanz im Sediment (PAASIVIRTA et al. 1980) wird von KRIEGER (1989) auf mehrere denkbare Ursachen zurückgeführt:
– hohe Affinität von PCP zu organischem Material
– Bindung an Komplexbildner (Huminsäuren)
– Absinken abgestorbener Organismen, die bereits PCP-Rückstände akkumuliert haben.

Bakterien

Nach KOCH & WAGNER (1989) kann *Pseudomonas* bis zu 200 mg/l PCP ohne nachweisbare toxische Nebenwirkung abbauen. Leider werden Art oder Stamm nicht weiter erwähnt.

Protozoa

CANTELMO & RAO (1978) untersuchten den Einfluß von PCP u.a. auf Foraminiferen. Sie stellten fest, daß auch bei einer Zugabe von 622 µg/l keine signifikanten Abundanzänderungen der Protozoen auftraten (Tabelle 8.4.12).

Tabelle 8.4.12: **Zusammensetzung der Meiofauna unter Pentachlorphenol-Belastung. Die Angaben sind geometrische Mittelwerte der Individuenanzahl in 10 cm^{-2} (aus** CANTELMO & RAO 1978).

Taxon	PCP [µg/l]			
	0	7	76	622
Nematoda	424	311	665	93
Copepoda:				
Harpacticoida	4,9	7,5	5,6	5,3
Nauplii	5,2	3,9	1,4	4,1
Foraminiferida	4,5	2,6	2,6	1,5
Bivalvia	1,6	3,5	1,0	1,0
Polychaeta	1,5	1,0	1,0	1,0
Ostracoda	2,1	2,2	2,2	2,5
Rotifera	19,2	3,6	3,1	1,9
Gesamtdichten	499,0	352,0	783,0	118,0

Algen

Viele Algen reagieren auf PCP sehr empfindlich. Für die Grünalge *Chlorella pyri* sind 1 µg/l akut toxisch (KOCH & WAGNER 1989); Wachstumsverminderungen (96 h EC_{10} und EC_{50}) für eine weitere coccale Grünalge (*Scenedesmus subspicatus*) liegen mit 30, bzw. 90 µg/l deutlich höher (GEYER et al. 1985b). Noch weniger sensitive Arten haben gar eine EC_{50} von etwa 1 mg/l (WHO 1987b).

Nematoda

Nach den Untersuchungen von CANTELMO & RAO (1978) sind bei einer PCP-Konzentration von 7 µg/l keine Auswirkungen auf die Abundanz der Nematoden festzustellen, während bei einer Konzentration von 76 µg/l eine signifikante Zunahme der Individuendichte und bei 622 µg/l eine signifikante Abnahme gegenüber der Kontrolle zu beobachten war (Tabelle 8.4.12). Weiterhin ist mit steigender PCP-Konzentration eine Änderung des Artenspektrums und der „feeding-types" zu vermerken (Zunahme der relativen Abundanz der *selective deposit-feeders*) (Tabelle 8.4.13). Diese Befunde über die Veränderungen der Nematodenfauna

Tabelle 8.4.13: Abundanz der Nematoden Spezies unter PCP-Belastung. Die Angaben sind geometrische Mittelwerte der Individuenanzahl in 10 cm^{-2} (aus CANTELMO & RAO 1978).

Art	Ernäh-rungstyp	Kontrolle	PCP	[µg/l]	
			7	76	622
Diplolaimella punica	1A	1,0	1,0	28,2	46,8
Monhystera spec. 1	1A	1,0	1,4	5,2	2,5
Monhystera spec. 2	1A	5,2	1,0	1,8	1,5
Microlaimus problematicus	2A	155,0	49,5	92,1	2,9
Viscosia macramphida	2B	40,0	11,5	4,6	1,4
Anoplostoma spec. 1	1B	3,8	2,5	1,9	1,5
Prochromadorella micoletzkyi	2A	68,4	47,6	71,0	4,4
Chromadorita germanica	2A	1,0	1,0	1,0	1,3
Chromadora nudicapitata	2A	24,9	15,1	31,4	2,8
Chromadorita spec. 1	2A	1,0	1,0	1,0	2,2
Chromadorita spec. 2	2A	12,7	16,8	25,6	1,4
Oncholaimus domesticus	2B	12,8	17,5	2,9	1,0
Cyatholaimus spec. 1	2B	3,2	1,0	1,9	1,0
Eurystomina spec. 1	2B	4,0	2,5	1,6	1,0
Eleutherolaimus stenosoma	2A	3,4	1,0	1,0	1,0
Theristus spec. 1	1B	3,1	1,0	1,0	1,0
Axonolaimus paraponticus	1B	9,8	11,1	7,5	1,0
Neonyx spec. 1	2A	1,0	1,5	1,0	1,0

durch PCP-Belastung sind nicht nur unter dem Gesichtspunkt des Biomonitorings, sondern auch hinsichtlich einer möglichen Bioindikation (Definitionen siehe Kapitel 1) von großem Interesse. Ferner verweisen die Befunde darauf, daß die Möglichkeiten, Nematoden als Biomonitore oder auch Bioindikatoren einzusetzen, bei weitem noch nicht ausgeschöpft zu sein scheinen (vgl. auch Kapitel 9.1.2). In Tabelle 8.4.13 werden verschiedene Ernährungstypen (1 A bis 2 B) aufgelistet, die auf WIESER (1953) zurückgehen. Es bedeuten:

1 A: Formen ohne eigentliche Mundhöhle, d.h. die Mundöffnung führt mehr oder weniger direkt in das Ösophaguslumen. Größere Objekte können nicht aufgenommen werden. Es wurde die Bezeichnung *selective deposit-feeder* eingeführt (unter *deposit* sind Sinkstoffe zu verstehen). Die Nahrung besteht vor allem aus Bakterien und Detritus.

1 B: Arten mit konischer, schalenförmiger oder weit zylindrischer Mundhöhle. In manchen Fällen, z.B. bei *Monhystera*-Arten, ist die Trennung von der vorherigen Kategorie nur künstlich. Die Vergrößerung der Mundhöhle ermöglicht nicht nur eine quantitative Steigerung des aufgenommenen Materials, sondern auch eine qualitative Änderung seiner Zusammensetzung. Bei diesen Arten ist ein häufigeres Vorkommen von Diatomeen im Darm zu beobachten. Für diese Gruppe wurde der Begriff *non-selective deposit feeder* (nicht-selektive Sinkstofffresser) geprägt.

2 A: Die Mundhöhleneinrichtungen sind klein bis mittelgroß und dienen zum Schaben, Raspeln oder Stechen beim Nahrungserwerb. Die Nahrung besteht vor allem aus selektiv aufgenommenen Algen. Dieser Typ wird als *epistrate-feeder* (Sandlecker) bezeichnet.

2 B: Die Mundhöhleneinrichtungen sind groß und zum Ergreifen von tierischer Beute oder zum Anstechen tierischer oder pflanzlicher Objekte geeignet. Diese Gruppe umfaßt Räuber und Allesfresser.

Die Tabelle 8.4.13 zeigt auf, daß insbesondere der Ernährungstyp 1 A Belastungen mit PCP, möglicherweise auch anderen organischen Chemikalien, widersteht. Nach weiteren Unter-

117

suchungen (z.B. VRANKEN et al. 1988) ist auch der Ernährungstyp 1 B sehr resistent gegen anorganische Verschmutzung wie Schwermetalle. Am empfindlichsten haben sich in vielen Studien (allerdings nicht in der in Tabelle 8.4.13 wiedergegebenen) die Pflanzenfresser (Typ 2 A) herausgestellt und werden häufig vollkommen durch den Typ 1 B ersetzt.

Rotatoria

Die Rotatorien zeigen eine signifikante Abnahme der Individuendichte schon bei einer Konzentration von 7 µg/l im Vergleich zur Kontrolle (CANTELMO & RAO 1978) (Tabelle 8.4.12). Eine Erhöhung der Pentachlorphenol-Konzentration auf bis zu 622 µg/l brachte im Vergleich zu den mit 7 µg/l belasteten Organismen keine weiteren signifikanten Änderungen der Individuendichte.

Annelida

ERNST & WEBER (1978) fanden in dem Polychaeten *Lanice conchilega* im Ästuar-Bereich PCP-Rückstände von 103-339 µg/kg NG. Nach den Beobachtungen von CANTELMO & RAO (1978) zeigten die untersuchten *Polychaeten* auch bei einer Belastung von 622 µg/l PCB keine signifikanten Abundanzänderungen (Tabelle 8.4.12).

Nach den Untersuchungen von WHITLEY (1968) wurden für die Mischpopulation *Tubifex tubifex* und *Limnodrilus hoffmeisteri* bei steigendem pH-Wert (7,5, 8,5, 9,5) auch steigende LC_{50}-Werte von 0,31, 0,67 bzw 1,40 festgestellt.

In den Untersuchungen von CHAPMAN et al. (1982 a u. b) zeigten sich der Süßwasser-Oligochaet *Stylodrilus heringianus* und die im Salzwasser vorkommende Art *Monopylephorus cuticulatus* als die tolerantesten Organismen. *Limnodrilus verrucosus* war am wenigsten tolerant. Die Süßwasser-Spezies *Limnodrilus hoffmeisteri*, *Tubifex tubifex* und *Stylodrilus heringianus* waren unter salinen Bedingungen Pentachlorphenol gegenüber toleranter als im Süßwasser. Die Ergebnisse sind in der voranstehenden Tabelle 8.4.14 zusammengefaßt. Die

Tabelle 8.4.14: LC_{50}-Werte in 96 Stunden für verschiedene Oligochaeten mit und ohne Sediment im Testansatz (aus CHAPMAN et al. 1982 a u. b)[2]

Testorganismus	Pentachlorphenol [mg/l]	
	ohne	mit Sediment
SÜSSWASSER		
Limnodrilus hoffmeisteri	0,33	1,25
Branchiura sowerbyi	0,28	0,56
Tubifex tubifex	0,38	0,82
Quistradrilus multisetosus	0,57	0,92
Spirosperma nikolskyi	0,98	3,6
Spirosperma ferox	0,43	N.D.
Stylodrilus heringianus	0,63	1,35
Rhyacodrilus montana	0,75	N.D.
Varichaeta pacifica	0,105	N.D.
SALZWASSER		
Monopylephorus cuticulatus	0,55	1,3
Tubificoides gabriellae	0,46	0,7
Limnodriloides verrucosus	0,25	0,98

---

[2] Testbedingungen: pH = 7,0, Temperatur = 10°C, Salinität = 0‰ (Süßwasserspezies) oder 20‰ (Salzwasserspezies)

Anwesenheit eines Sediments resultierte bei allen Spezies in einer gesteigerten Toleranz. Dies zeigt, welche wichtige Rolle das Sediment bei der Veränderung toxischer Effekte spielt.

Die Toleranz der Salzwasserspezies auf die verschiedensten Schadstoffe läßt sich in folgender Rangfolge zum Ausdruck bringen:

M. cuticulatus > *T. gabriellae* > *L. verrucosus* > *Limnodriloides victoriensis* (CHAPMAN et al. 1982 a u. b). Die Süßwasserspezies ließen eine solche Rangfolge in der Toleranz nicht erkennen. Im Vergleich zu den Fischen und den Copepoden scheinen aufgrund dieser Ergebnisse Oligochaeten gegenüber Pentachlorphenol toleranter zu sein.

In dem von JOHNSON (1980) zusammengestellten Handbuch werden die Ergebnisse von Fischtoxizitätstests aufgelistet. Die Ergebnisse für die Tests mit Pentachlorphenol sind dabei die folgenden (Tabelle 8.4.15).

Nach HANUMANTE & KULKARNI (1979) sind die LC_{50}-Werte für Süßwasser-Fische unter Pentachlorphenolbelastung in der Regel < 0,1 mg/l, was weitgehend mit der Aufstellung von JOHNSON (1980) übereinstimmt.

Bivalvia

Für die Muschel *Mytilus edulis* erwiesen sich 0,1 mg/l als unwirksam (TURNER et al. 1948). Die von CANTELMO & RAO (1978) untersuchten Bivalvia wurden in ihrer Dichte von 622 µg/l PCP nicht signifikant beeinflußt (Tabelle 8.4.12). Die in Tabelle 8.4.16 aufgelisteten PCP-Rückstände wurden gefunden.

Die Halbwertszeit für Pentachlorphenol beträgt für die marine Muschel *Mytilus edulis* 2-3 Tage (ERNST 1979).

Tabelle 8.4.15: Toxizität von Pentachlorphenol gegenüber verschiedenen Fischarten (aus JOHNSON 1980)

Testorganismus	Gewicht (g)	Temp. (°C)	96h LC_{50} (µg/l)
Königslachs	1,0	10	68
(*Oncorhynchus tschawytscha*)			48-95
Regenbogenforelle	1,0	11	52
(*Oncorhynchus mykiss*)			48-56
Dickkopf-Elritze	1,1	20	205
(*Pimephales promelas*)			179-234
Katzenwels	0,8	20	68
(*Ictalurus punctatus*)			58-80
Blauer Sonnenbarsch	0,4	15	32
(*Lepomis macrochirus*)			23-44

Crustacea

Die LC_{50} (48h) für *Ceriodaphnia reticulata* liegt bei 164 µg/l (MOUNT & NORBERG 1984). Für *Daphnia magna*, *D. pulex* und *Simocephalus vetulus* waren die LC_{50}-Werte 143, 246 und 217 µg/l. Nach dem WHO-Bericht (1987b) wurden folgende Konzentrationen (Tabelle 8.4.17) in Crustaceen gefunden.

Bei der Untersuchung von SCHAUERTE et al. (1982) verschwand die Population von *Daphnia pulex pulex* drei Tage nach der Applikation von 1 mg/l PCP. Die EC_{50}-Werte für *Daphnia magna* betrugen je nach Härtegrad des Wassers nach 24h 0,5 mg/l bzw. 0,51 mg/l und nach 48h 0,37 mg/l bzw 0,44 mg/l (BERGLIND & DAVE 1984). BORGMANN et al. (1989) ermittelten einen LC_{50}-Wert für *Daphnia magna*, der zwischen 320 und 1000 µg/l liegt (Tabelle 8.4.18).

Tabelle 8.4.16: PCP-Rückstände in Muscheln nach verschiedenen Autoren

Tier	Organ	Kontamination	Quelle
unbest. Süßwassermuschel	Muskel	1,7-5,6 µg/kg NG	PAASIVIRTA et al. 1980
Mya arenaria (Meer)	Weichkörper	266-133.000 µg/kg TG (im Mittel 800)	BUTTE et al. 1985
Macoma spec. (Meer)	Muskel	bis zu 12 µg/kg NG	ENVIRONMENT KANADA 1979

NG = Naßgewicht
TG = Trockengewicht

Tabelle 8.4.17: PCP-Rückstände in Krebsen nach verschiedenen Autoren

Tier	Organ	Kontamination (µg/kg NG)	Quelle
Cancer magister (Meer)	Muskel	< 20	ENVIRONM. KANADA 1979
Cancer productus (Meer)	Muskel	< 7	ENVIRONM. KANADA 1979
Penaeus aztecus (Ästuar)	Weichkörper	4-17	MURRAY et al. 1981
Calinectes sapidus (-"-)	-"-	1,9-4,1	-"-
Lollingnuula brevis (-"-)	-"-	1,4-4,3	-"-

Für *Daphnia magna* und *Lymnaea acuminata* fanden GUPTA & RAO (1982) LC_{50}-Werte (96h-Test) von 0,8 bzw. 0,16 mg/l. THURSTON et al. (1985) ermittelten in einem 48h-Test für *Daphnia magna* eine LC_{50} von 0,15 mg/l. Damit zeigte sich *Daphnia magna* sensitiver als die meisten untersuchten Fischarten.

Tabelle 8.4.18: Überleben (%) und Jungtierzahl pro Muttertier von *Daphnia magna* in dreiwöchigen Toxizitätstests mit PCP (aus BORGMANN et al. 1989).

Konzentration [µg/l] Nominal	gemessen	Überlebensrate [%]	Jungtiere pro Muttertier
0	0,61	100	88
10	14,1	100	103
32	46,7	100	102
100	139	80	91
320	336	75	87
1000	--	0	0

ELNABARAWY et al. (1986) fanden für drei verschiedene Crustaceenarten ähnliche EC_{50}-Werte (48 h) in mg/l:

Daphnia magna   1,0
Daphnia pulex   1,1
Ceriodaphnia reticulata   0,9.

Die Autoren verweisen darauf, daß die Reproduktion sensitiver als die Überlebensrate selbst sei. Das Alter der ersten Brut eignete sich ebenfalls nicht als Indikator.

Für den Panzerkrebs *Orconectes immunis* ist die LC_{50} größer als 183 mg/l (Tabelle 8.4.19). Die von CANTELMO & RAO (1978) untersuchten *Ostracoden*, Nauplien und *Harpacticiden* zeigten unter PCP-Belastung bis zu 622 µg/l keine signifikanten Abundanzänderungen (Tabelle 8.4.6).

Tabelle 8.4.19: Ergebnisse von Toxizitätstests mit Pentachlorphenol bei verschiedenen Organismenarten. Die Dauer der *Daphnia*- und *Tanytarsus*-Tests betrug 48h, die übrigen dauerten 96h (aus THURSTON et al. 1985).

Testtier	mittl. Gewicht [g]	LC_{50} [mg/l]	LC_{50} [mmol/l]
Daphnia		0,145	0,000544
Tanytarsus		31,3	0,118
Tanytarsus		19,0	0,0713
Orconectes	1,87	> 183	> 0,687
Regenbogenforelle	2,48	0,115	0,000432
Blauer Sonnenbarsch	0,85	0,202	0,000758
Mosquitofisch	0,76	0,288	0,00108
Mosquitofisch	0,33	0,278	0,00104
Wels	2,84	0,132	0,000496
Goldfisch	2,84	0,328	0,00123
Goldfisch	3,53	0,200	0,000751
Dickkopf-Elritze	0,24	0,266	0,000999
Kaulquappe	2,50	0,207	0,000788

Amphipoda

BORGMANN et al. (1989) ermittelten eine chronische Toxizität für *Hyalella azteca* und *Gammarus fasciatus* bei einer PCP-Konzentration von 100 µg/l. Dies zeigte, daß die Amphipoden auf PCP empfindlicher reagierten als *Daphnia magna*. GRANEY & GIESY (1987) fanden für *Gammarus pseudolimnaeus* eine LC_{50} (96h) von 1,15 mg/l. Der Anteil an freien Aminosäuren in den Geweben war bei einer Konzentration von 1,68 mg/l (48 h) erheblich reduziert.

Insecta

Resistent gegenüber 5 mg/l waren in der Untersuchung von GOODNIGHT (1942) die Insekten *Epicordulia* spec., *Ischnura* spec. und die Krebse *Asellus communis* und *Hyalella knickerbockeri*. Wie verläßlich diese Angaben sind, sei dahingestellt. Für die zur Familie der Chironomidae gehörende Spezies *Tanytarsus dissimilis* liegt die LC_{50} bei 25 mg/l (Tabelle 8.4.19).

Pisces

Bei Fischen ist eine Anreicherung von PCP in der Gallenblase festzustellen (KOCH & WAGNER 1989). Die Autoren geben folgende LC_{50}-Werte an:
Goldorfe   0,2-0,6 mg/l
Lachs   1,8
Guppy   1
Goldfisch   0,2-0,24
PHILLIPS et al. (1981) geben für die Elritze eine LC_{50} von 0,220 mg/l an.

8.4.2.3 Chloranilin

Anilin, das in Farben, Lacken und Gummi enthalten ist, kontaminiert das Abwasser der anilinherstellenden und -verarbeitenden Industrie. Da Anilin einer schnellen Mineralisation unterliegt, ist eine Anreicherung in der Umwelt kaum gegeben. NOVICK & ALEXANDER (1985) wiesen nach, daß 39% einer 10 mg/l-haltigen Anilin-Lösung innerhalb einer Woche durch Bakterien mineralisiert wurden.

Ein größeres Gefahrenpotential als das Anilin selbst stellen dagegen substituierte Aniline dar. So wurde durch verschiedene Forschergruppen festgestellt, daß die akute Toxizität von primären aromatischen Aminen (Anilin-Derivate mit log K_{ow} < 2,9) bedeutend größer ist als sie nach dem normalen Modell der unspezifischen, unpolaren Membranwirkung[3] vorhergesagt wird (VEITH et al. 1983, KÖNEMANN 1981). Die wahrscheinlichste Erklärung hierfür ist, daß diese primären aromatischen Amine nach einem effektiveren Mechanismus, dem der unspezifischen, polaren Membranwirkung, agieren (HERMENS et al. 1990). Ein anderer Wirkungsmechanismus, nämlich eine verstärkte N-Oxidation durch MFOs nach deren Induktion mit anderen Xenobiotika (PAH, PCBs) (HERMENS et al. 1984) hat sich zumindest für die Regenbogenforelle als unwahrscheinlich herausgestellt, da die akute Toxizität der getesten Amine auch nach MFO-Induktion nicht höher war als ohne Induktion (HERMENS et al. 1990).

Chloranilin fällt als Zwischenprodukt bei der Herstellung von Azo-Farbstoffen, Antioxidantien und Pharmazeutika an und erreicht innerhalb der EG eine jährliche Produktionsrate von 500-1.000 t (RUDOLPH & BOJE 1987, zit. in BRAUNBECK et al. 1990b). Die bedeutendste Quelle aber stellt die Zersetzung bestimmter Herbizide wie Phenylcarbamat, Phenylharnstoff und Azylanilid dar.

BRAUNBECK et al. (1990) untersuchten in einem Langzeittest Veränderungen der Ultrastruktur in Leberzellen des Zebrabärblings *Brachydanio rerio* und der Regenbogenforelle *Oncorhynchus mykiss* nach Applikation verschiedener Konzentrationen von 4-Chloranilin. Bereits 0,04 mg/l 4-Chloranilin reichten im Fall des Zebrabärblings aus, ultrastrukturelle Veränderungen wie z.B. eine Perforation des rauhen endoplasmatischen Reticulums oder eine Verminderung der Peroxisomen hervorzurufen. Damit ist eine Indikation für diesen Schadstoff gegeben, die weit unterhalb der NOEC von 1,8 mg/l für *B. rerio* liegt. Akut toxische Effekte treten sogar erst bei einer mehr als 1.000fach höheren Konzentration auf (LC$_{50}$ 48h = 46 mg/l; KORTE & GREIM 1981, zit. in BRESCH et al. 1990). Ähnliche cytologische Veränderungen wurden in den Leberzellen von *O. mykiss* beobachtet. Allerdings vollzog sich hier im endoplasmatischen Reticulum ein andersartiger Gestaltwandel, der von einer Zellvermehrung in der Forellenleber begleitet war. Im Rahmen dieser Untersuchungsreihe berücksichtigten BRESCH et al. (1990) die Einwirkung von 4-Chloranilin auf die Reproduktionsrate und die Wachstumsrate des Zebrabärblings *B. rerio*. Während der Schwellenwert für vermindertes Wachstum 0,4 mg/l betrug, sank die Eiablagerate schon bei 0,04 mg/l.

Die akut toxischen 4-Chloranilin-Werte für die Grünalge *Scenedesmus subspicatus* [Wachstumsverminderungen (96h EC$_{10}$ und 96h EC$_{50}$)] liegen bei 0,4 bzw. 2,4 mg/l (GEYER et al. 1985b).

8.4.2.4 Dichlordiphenyltrichlorethan (DDT)

1,1-(p-p'-Dichlordiphenyl)-2,2,2-trichlorethan (DDT) ist ein gegenüber physikalisch-chemischen und biologischen Transformationsprozessen sehr stabiles Insektizid, das als Kontaktgift eingesetzt wurde. Durch seine hohe Lipophilie ist DDT durch eine starke Tendenz zur Bio- und Geoakkumulation geprägt (KOCH & WAGNER 1989). Aufgrund seines umweltchemischen Verhaltens (Persistenz und Akkumulation) ist DDT in der alten Bundesrepublik Deutschland seit dem 16. Mai 1971 verboten.

Im Gegensatz zur alten Bundesrepublik wurde DDT in den neuen Bundesländern noch wesentlich länger eingesetzt (HEINISCH et al. 1991a). So wurden in der ehemaligen DDR die schwerflüchtigen Chlorkohlenwasserstoffe (SCKW, DDT, HCH, PCB und Polychlorcamphen

---

[3]   im englischen Sprachgebrauch unpräzise auch als „Narkosemodell" bezeichnet.

(Toxaphen) zwar in vergleichsweise kleinen Mengen produziert (Toxaphen in größerem Maßstab). Die Ausmaße der Wirkungen dieser – für DDT sehr geringen – Herstellung auf das nähere und z.T. auch weitere Umland der Produktionsstätten, hier demonstriert an der Kontamination aquatischer Systeme (Oberflächenwasser, Sediment, Fische) in speziellen Ausschnitten des Großraumes Berlin-Potsdam (Teltowkanal), steht aber in keinem Verhältnis zum Umfang der Produktion. Dies kann nur mit dem von der DDR-Regierung praktizierten Informations- und Publikationsverbot erklärt werden, das zu einer totalen Desinformation der Bevölkerung und den hieraus resultierenden häufig fahrlässigen Verhaltensweisen der Betroffenen führte und teilweise Kontaminationsausmaße zur Folge hatte, die international nur wenig Parallelen erkennen lassen.

Die Anwendung des Insektizids DDT spielte im chemischen Pflanzenschutz und der Schädlingsbekämpfung (Materialschutz, Hygiene) in der DDR eine überproportional große Rolle, da der sehr wirkungs- und produktionsgünstige Wirkstoff beschaffbar und die Palette insektizider Aktivsubstanzen nicht groß war. Die breiten Einsätze fanden in der Landwirtschaft, der Veterinärhygiene und dem Gartenbau etwa 1980 ein Ende und wurden in der Forstwirtschaft, dem Materialschutz und z.T. der Bekämpfung von Hygieneschaderregern gelegentlich noch bis Ende 1989 fortgesetzt.

In der vorliegenden Arbeit wurden biotische und abiotische Matrices – Boden, Oberflächenwasser, aquatische Sedimente, Indikator- und landwirtschaftliche Kulturpflanzen, Schlachttiere, Butter, freilebendes Wild, Vertreter der Avifauna und Humanmilch – in einer raum-zeitlichen Erhebung hinsichtlich des Kontaminationsgehaltes an DDT und den Metaboliten DDE und DDD untersucht. Hierbei konnten teilweise Zeitreihen zur Kontaminationsentwicklung transparent gemacht werden, die bekannt gewordene Anwendungsumfänge repräsentieren. Besonders klar werden solche raum-zeitlichen Tendenzen im Sinne eines Abklingverhaltens bei Schwarzwild, bei Schlachttieren und vor allem bei Ostseefischen sowie bei Haferkörnern und bei Frauenmilch transparent. Diese deutlich werdenden Zusammenhänge von Rückgängen von Kontamination und Anwendung können durch Auswertungen der Kontaminationsmuster (Relation DDT:DDE:DDD) teilweise noch verifiziert und präzisiert werden.

Die in der vorliegenden Arbeit aufgezeigten Ursache-Wirkungs-Beziehungen stellen ein in diesem Umfang bisher noch nie praktiziertes Beispiel der Anwendung ökologisch-chemischer und ökotoxikologischer Grundkenntnisse dar. Sie übersteigen daher das ursprünglich konzipierte Ziel der Demonstration des Umweltzustandes der ehemaligen DDR, dargestellt am Fallbeispiel der SCKW, speziell des DDT.

DDT verändert den Natrium- und Kalium-Transport über die Membran der Nervenaxone (MURPHY 1980) und inaktiviert die osmoregulatorischen Enzyme (Na, K-ATPase) in den Kiemen von Fischen (LEADMAN et al. 1974) und Crustaceen (NEUFELD & PRITCHARD 1979). Akute Toxizitätsdaten für aquatische Invertebraten sind in Tabelle 8.4.20 zusammengestellt. DDT wird von Invertebraten schnell akkumuliert (JOHNSON 1980). Die p,p'-Isomere scheinen für Invertebraten toxischer zu sein als die o,p-Isomere.

Crustacea

Die meisten Toxizitätsstudien beschreiben für *Daphnia magna* 48h LC_{50}-Werte von < 1,0-2,0 µg/l (STRATTON & GILES 1990). Für juvenile Tiere liegen die 48stündigen LC_{50}-Werte um 1 µg/l BERGLIND & DAVE (1984).

Die Halbwertszeit von DDT in Daphnien beträgt sieben Tage. Nach JOHNSON (1980) konnte eine 60%ige Reproduktionsbeeinträchtigung für *Daphnia* bei Konzentrationen von 100 µg/l beobachtet werden. Die Untersuchungen von BERGLIND & DAVE (1984) erbrachten zudem, daß p,p'-DDT toxischer auf Organismen wirkte, die in hartem Wasser (300 mg/l $CaCO_3$) kul-

Tabelle 8.4.20: Toxizitätsdaten von DDT gegenüber ausgewählten aquatischen Invertebraten (aus Johnson 1980)

Testorganismus	Entwicklungs-stadium	Temperatur ratur	96h LC$_{50}$ (μg/l)
CLADOCERA			
Daphnia magna	frühes	15	4,7(a)
OSTRACODA			
Cypridopsis vidua	voll entwickelt	21	15(a)
ISOPODA			
Asellus brevicaudus	voll entwickelt	21	4,0
AMPHIPODA			
Gammarus lacustris	voll entwickelt	21	1,0
DECAPODA			
Orconectes nais	juvenil	21	0,18(b)
Palaemonetes kadiakensis	voll entwickelt	21	2,3
PLECOPTERA			
Pteronarcys californica	zweites Jahr	15	7,0
Isoperla spec.	juvenil	15	1,2
DIPTERA			
Pentaneura spec.	juvenil	21	1,5
Chaoborus spec.	„	15	7,4

(a) = 48h EC$_{50}$
(b) = Testansatz in Quellwasser

tiviert worden waren, als auf die, die in weichem Wasser (50 mg/l CaCO$_3$) aufgezogen wurden. Dies zeigte sich besonders in 24stündigen Toxizitätstests. Die Autoren kamen zu dem Ergebnis, daß p,p'-DDT in dem weichen Testmedium mindestens 40mal toxischer war als in dem Medium mit dem harten Wasser (Tabelle 8.4.21).

Hirudinea

Egel besitzen allgemein ein beachtliches Bioakkumulationspotential für synthetische organische Stoffe (METCALFE et al. 1984). Drei Monate nach dem Versprühen von DDT konnte WEBSTER (1967) im Gewebe von *Erpobdella punctata* Rückstände im Gewebe nachweisen, während Amphipoden und Copepoden keine nachweisbaren Mengen DDT mehr enthielten. D'ELISCU (1975) fand heraus, daß im See Tahoe Basin *Glossiphonia* spec. 8,1mal so viel DDT anreicherte wie die Erbsenmuschel *Pisidium* spec.

Für das Biomonitoring auf DDT und andere Organochlor-Pestizide eignen sich Mollusken besonders gut, wie Experimente zum aktiven Biomonitoring mit der Süßwassermuschel *Westralunio carteri* in Australien gezeigt haben. Allerdings waren die Expositionszeiten zum Teil sehr lang (bis zu 112 Tagen) (STOREY & EDWARD 1989).

Tabelle 8.4.21: Akute Toxizität von p,p'-DDT in hartem und weichem Wasser für *Daphnia magna*, kultiviert in weichem oder hartem Wasser (aus BERGLIND & DAVE 1984)

Härte des Kulturwasser	Zeit	EC$_{50}$-Werte [µg/l]	
	[h]	weiches Verdünnungswasser	hartes Verdünnungswasser
weich	24	-	98
hart	24	0,99	42
weich	48	-	1,3
hart	48	-	0,50

8.5. Ausgewählte chlorierte aliphatische Kohlenwasserstoffe

Kurzkettige chlorierte aliphatische Kohlenwasserstoffe besitzen, bedingt durch ihren hohen Dampfdruck, im allgemeinen keine große Persistenz im aquatischen System. Wenn auf diese Stoffe (im wesentlichen die chlorierten Methane, Ethane und Ethene) im Rahmen von Biomonitoring in aquatischen Systemen dennoch eingegangen wird, dann deshalb, weil sie einerseits weltweit verbreitet sind und andererseits einige Stoffe, beispielsweise Trichlormethan, beträchtliche Halbwertszeiten im Gewässern aufweisen können.[1] Chlorierte Aliphate haben ein nennenswertes Bioakkumulationspotential, doch liegen nur wenige experimentell ermittelte Daten vor. Die meisten chlorierten Aliphate – mit Ausnahme der hochchlorierten, kurzkettigen Verbindungen, die in Fischen und Muscheln lange Zeit akkumuliert bleiben – werden zudem rasch ausgeschieden (SUNDSTRÖM & RENBERG 1986).

Chlorierte **Methane** sind durch eine hohe Flüchtigkeit, gute Wasserlöslichkeit und relativ hohe Stabilität in der Hydro-, Pedo- und Atmosphäre geprägt. Innerhalb der Halogenmethane werden nur Brommethan, Tribrommethan und Tetrachlormethan als giftig eingestuft (KOCH & WAGNER 1989). Neben dem Tetrachlormethan ist auch das Di- und Trichlormethan von ökotoxikologischer Bedeutung.

Dichlormethan

Dichlormethan wird als Lösungsmittel eingesetzt und ist ein Ausgangsprodukt für die Kunststoffherstellung (KOCH & WAGNER 1989, WHO 1984). Auch durch die Chlorung von Wasser entsteht Dichlormethan (BELLAR et al. 1974). Aufgrund der hohen Wasserlöslichkeit ist eine Bioakkumulation sehr begrenzt. Abwasser-Mikroorganismen und eine *Pseudomonas*-Art bauen Dichlormethan aerob ab und benutzen diese Substanz unterhalb einer Konzentration von 425 mg/l als Kohlenstoffquelle (BRUNNER et al. 1980, RITTMAN & MCCARTY 1980). Oberhalb von 1000 mg/l wirkte Dichlormethan toxisch (KLECHKA 1982). Für *Daphnia magna* ermittelte LEBLANC (1980) eine NOEC von 68 mg/l. Die LC$_{50}$ nach 24 Stunden betrug 310 mg/l, die nach 48 Stunden 220 mg/l. HUTCHINSON et al. (1978) bestimmten für die Algen *Chlorella vulgaris* und *Chlamydomonas angulosa* EC$_{50}$-Werte (3h) von 27.000 und 17.400 mg/l.

Trichlormethan

Trichlormethan, auch als Chloroform bezeichnet, wird als Fett- und Harzlösungsmittel sowie zur Herstellung von Polytetrafluorethen verwendet (SCHRÖTER et al. 1985). Die Substanz ist biologisch nicht leicht abbaubar und besitzt eine geringe Bioakkumulationstendenz. Im Wasser werden Halbwertszeiten von $10 * 10^4$ bis $14 * 10^6$ Wochen gefunden, was auf eine

---

[1] Weitere allgemeine Eigenschaften sind im Kapitel 8.4 nachzulesen.

hohe Stabilität dieser Substanz hindeutet (KOCH & WAGNER 1989). *Pseudomonas putida* (Bakterium) reagierte auf Trichlormethan sensitiver als *Scenedesmus quadricauda* (Grünalge) und *Entosiphon sulcatum* (Protozoe) (BRINGMANN & KÜHN 1980):

	TT-Wert (toxicity threshold)
Pseudomonas putida	125 mg/l
Scenedesmus quadricauda	1100 mg/l
Entosiphon sulcatum	6560 mg/l

LeBLANC (1980) bestimmte für *Daphnia magna* eine LC_{50} (24 + 48 h) von 29 mg/l. Die NOEC lag bei < 7,8.

Tetrachlormethan

Tetrachlormethan wird aus anderen Halogenalkanen bzw. -alkenen durch photolytische bzw. oxidative Prozesse in der Atmosphäre gebildet. Die akute Toxizität wird ohne Speciations-Differenzierung mit 100-1.000 mg/l angegeben. Der relativ ubiquitäre Stoff wird durch eine geringe Bio- und Geoakkumulationstendenz gekennzeichnet. Die Hydrolyse-Halbwertszeit in Gewässern wird mit 10^3 Wochen angegeben (KOCH & WAGNER 1989).

Unter den chlorierten **Ethanverbindungen** sind besonders das 1,2-Dichlorethan, das 1,1,2-Trichlorethan, das 1,1,2,2-Tetrachlorethan, Pentachlorethan, Hexachlorethan und Tetrachlorethen zu nennen, da sie eine direkte Toxizität ausüben und in aquatischen Organismen gefunden wurden (US-EPA 1980 b,c). Chlorierte Ethane bilden in Wasser Azeotrope, eine Eigenschaft, die ihre Persistenz beeinträchtigt (KIRK & OTHMER 1963). Es stehen nur wenige Toxizitätsdaten mit diesen Substanzen für *Daphnia magna* zur Verfügung (RICHTER et al. 1983). Nach BARROWS et al. (1980) wächst mit dem Grad der Chlorierung das Biokonzentrationspotential. Während RICHTER et al. (1983) mit steigendem Chlorierungsgrad der Ethane auch eine steigende akute Toxizität beobachteten, konnte LeBLANC (1980) eine solche Abhängigkeit nicht finden.

1,2-Dichlorethan

1,2-Dichlorethan besitzt als Zwischenprodukt für die Synthese anderer organischer Stoffe, z.B. des Vinylchlorids, eine große kommerzielle Bedeutung. Das technische Produkt enthält u.a. Trichlorethan als Verunreinigung. Die Substanz wird als mindergiftig eingestuft und ist biologisch nicht leicht abbaubar. Die Hydrolysehalbwertszeit von bis zu 10^3 Wochen deutet auf eine relativ hohe Stabilität in aquatischen Systemen hin (KOCH & WAGNER 1989). Eine Anreicherung in der Hydrosphäre kommt wegen großer Flüchtigkeit aber nicht zum Tragen, so daß eine Bioakkumulation in aquatischen Systemen nicht zu erwarten ist. Die in verschiedenen aquatischen Systemen ermittelten 1,2-Dichlorethankonzentrationen werden in Tabelle 8.5.1 zusammengefaßt.

Die am meisten sensitiven Spezies gehören zur Klasse der Crustaceen. Für *Daphnia magna* wurde ein NOEC-Wert von unter 68 mg/l ermittelt (LeBLANC 1980). Bei 250 mg/l lag die LC_{50} für einen 24stündigen und bei 220 mg/l für einen 48stündigen Toxizitätstest (Härte = 72 mg/l $CaCO_3$). Laut RICHTER et al. (1983) trat der erste zu beobachtende Effekt während eines 28tägigen chronischen Tests auf die Reproduktion von *D. magna* bei einer Konzentration von 21 mg/l ein. 72 mg/l veränderten die Größe der Organismen. Nach diesen Untersuchungen liegt die NOEC in Bezug auf die Reproduktion bei 11 mg/l und in bezug auf die Größe bei 42 mg/l 1,2-Dichlorethan. Die Ergebnisse für den akuten Toxizitätstest entsprechen den von LeBLANC (1980) ermittelten.

Tabelle 8.5.1: 1,2-Dichlorethankonzentrationen im Wasser (aus WHO 1987 a)

Wassertyp	Gebiet	Konzentrationen (µg/l)
Meerwasser	Golf von Mexico offener Ozean	n.n.
	nahe der Mississippi-Mündung	0,05-0,21
Flußwasser	drei Flüsse in Deutschland	1,0 im Mittel (n.n.-4,0)
	14 industriell belastete Flüsse in den USA	5,6 im Mittel (n.n.-90)
Unbehandeltes Wasser	80 Trinkwasserfassungen in den USA	n.n. max. 3,0
	232 Grundwasserstellen in den Niederlanden	n.n. (229 Stellen) 0,8-1,7 (3 Stellen)
Trinkwasser	80 Stellen in den USA	n.n. (max. 6,0)
	5 Stellen in Japan	n.n. (max. 0,9)
	100 Städte in Deutschland	n.n.

n.n. = nicht nachweisbar

ADEMA (1976) konnte in einem Durchflußversuch mit Seewasser für die Garnele *Crangon crangon* eine LC_{50} (96h) von 85 mg/l bestimmen. Cyanobakterien (*Microcystis aeruginosa*) und Grünalgen (*Scenedesmus quadricauda*), die acht Tage bei einer Konzentration von 105 und 710 mg/l exponiert waren, wurden in ihrer Zellteilung gehemmt (BRINGMANN & KÜHN 1978). Mit einer Toxizitätsgrenze [toxicity treshold (TT)] von 135 mg/l war *Pseudomonas putida* sensitiver als Scenedesmus quadricauda (TT = 710 mg/l) und *Entosiphon sulcatum* (TT = 1127 mg/l) (BRINGMANN & KÜHN 1980). Einen Überblick über die akute Toxizität von 1,2-Dichlorethan für aquatische Organismen gibt Tabelle 8.5.2.

Nach Angaben der WHO (1987a) stellt 1,2-Dichlorethan kein großes Risiko für aquatische Systeme dar, es sei denn durch einen Unfall würde eine große Menge dieser Substanz in ein Gewässer gelangen.

Trichlorethan

Trichlorethan wird als mindergiftig und biologisch nicht leicht abbaubar eingestuft. Für Fische wird die letale Dosis ohne Speciations-Differenzierung mit 150-175 mg/l angegeben (KOCH & WAGNER 1989). Die Bioakkumulationstendenz dieses Stoffes ist gering. Für Algen beträgt die toxische Schwellenkonzentration etwa 5 mg/l (KOCH & WAGNER 1989).

LEBLANC (1980) ermittelte für *Daphnia magna* folgende LC_{50}-Werte (Härte = 72 mg/l $CaCO_3$):

Substanz	LC_{50} (mg/l) 24h	48h	NOEC (mg/l)
1,1,1-Trichlorethan	> 530	> 530	530
1,1,2-Trichlorethan	19	18	1,0

Die von RICHTER et al. (1983) in einem akuten Toxizitätstest ermittelte LC_{50} (48h) für *D. magna* liegt mit 150 bis 200 mg/l wesentlich höher. Die in einem chronischen Test (28 Tage) anhand der Reproduktion ermittelte NOEC lag bei 26 mg/l, die durch vermindertes Wachstum der Organismen ermittelt wurde bei 13 mg/l. Bei 42 und 26 mg/l zeigten sich erste Effekte auf die Reproduktion bzw. auf das Wachstum der Daphnien.

Tabelle 8.5.2: Akute aquatische Toxizität von 1,2-Dichlorethan (aus WHO 1987 a)

Organismus	t [°C]	pH	gel. O_2 [mg/l]	Härte [mg/l $CaCO_3$]	Test-system[2]	Parameter	Wert
Bakterien:							
Pseudomonas putida	25	7			st ge	16 h MHK[3]	135
Süßwasser							
Protozoa:							
Entosiphon sulcatum	25	7			st ge	72 h MHK	943-1127
Uronema parduczi							
Chilomonas paramecium							
Crustacea:							
Daphnia magna	22	6,7-8,1	6,5-9,1	72	st of	24 h LC_{50}	250
	20	8,0	>2	-	st of	24 h LC_{50}	540
	20	7,1-7,7	7,9-9,9	44,7	st	48 h LC_{50}	270
					ge	48 h LC_{50}	160
	20	7,0-7,5	4,1-8,4	44,7	st	48 h LC_{50}	320
					ge	48 h LC_{50}	180
Fische:							
Lepomis macrochirus	21-23	6,5-7,9		32-48	st ge	96 h LC_{50}	430
	23	7,6-7,9		55	st of	96 h LC_{50}	550
Pimephales promelas	25	6,7-7,6	8,0	45,1	du of	96 h LC_{50}	116
Meerwasser							
Algen							
Phaeodactylum tricornutum					st	EC_{50}	340
Vermes							
Ophryotrocha labronica	23				st ge	96 h LC_{50}	400
Crustacea							
Crangon crangon	15	8,0	>8,0		du of	96 h LC_{50}	85
	16				st of	24 h LC_{50}	170
Elminius modestus					st ge	48 h LC_{50}	186
Fische							
Limanda limanda					du of	96 h LC_{50}	115
Menidia beryllina	20	7,6-7,9		55	st of	96 h LC_{50}	480
Cyprinodon variegatus	25-31				st of	96 h LC_{50}	130-230
Gobius minutus					du of	96 h LC_{50}	185

---

[2] du = Durchfluß, st = statisch, of = offen, ge = geschlossen
[3] MHK = minimale Hemmkonzentration

ADEMA (1978), der ähnliche Untersuchungen wie RICHTER et al. (1983) durchführte, fand für *Daphnia magna* nach 48 Stunden in dem Fütterungs- und dem Nicht-Fütterungsansatz eine LC_{50} von 43 mg/l. Die NOEC, gemessen an der Reproduktion, wird mit 18 mg/l angegeben. Damit ermittelte ADEMA (1978) zwar eine um ein Viertel niedrigere Letalkonzentration, aber eine ähnliche NOEC.

Wie für die meisten chlororganischen Verbindungen, so reagierte auch bei Trichlorethan *Pseudomonas putida* sensitiver als *Scenedesmus quadricauda* und *Entosiphon sulcatum*. Die toxischen Grenzwerte (TT) betrugen 93, 43 und > 1040 mg/l (BRINGMANN & KÜHN 1980).

Tetrachlorethan

Tetrachlorethan ist biologisch nicht leicht abbaubar und hat eine mittlere Bioakkumulationstendenz. Für Fische werden 5 mg/l als nicht toxisch angegeben (KOCH & WAGNER 1989). LEBLANC (1980) veröffentlichte für die Toxizität gegenüber *Daphnia magna* folgende LC_{50} Werte (Härte = 173 mg/l $CaCO_3$):

Substanz	LC_{50} (mg/l) 24h	48h	NOEC (mg/l)
1,1,2,2-Tetrachlorethan	18	9,3	< 1,7
1,1,1,2-Tetrachlorethan	27	24	< 10

Von RICHTER et al. (1983) wurde für 1,1,2,2-Tetrachlorethan eine höhere LC_{50} von 50 bis 70 mg/l gefunden.

Die anhand der Reproduktionsdaten ermittelte LOEC lag bei 14 mg/l, die NOEC bei 6,9 mg/l.

Pentachlorethan

Pentachlorethan wird in der Industrie als Lösungs- und Flotationsmittel verwendet. Es ist außerdem ein Zwischenprodukt bei der Herstellung von Tetrachlorethen (NEUMÜLLER 1985). Von LEBLANC (1980) wird für *Daphnia magna* eine LC_{50} (24h + 48h) von 63 mg/l angegeben; die NOEC beträgt 46 mg/l. RICHTER et al. (1983) ermittelten in einem akuten Test eine sehr viel niedrigere letale Konzentrationen von etwa 8 mg/l.

Hexachlorethan

Hexachlorethan ist biologisch nicht leicht abbaubar. Es wird u.a. bei der Herstellung von Pestiziden verwendet. 5 mg/l gelten für Fische als nicht toxisch (KOCH & WAGNER 1989). Hexachlorethan ist eine nicht spezifisch wirkende toxische Substanz (THURSTON et al. 1985). MOUNT & NORBERG (1984) untersuchten verschiedene Cladocerenarten in Hinblick auf ihre Sensitivität in einem siebentägigen Toxizitätstest. Die für Hexachlorethan ermittelten LC_{50} Werte (48h) lagen alle über 2,0 mg/l.

Obwohl sich *Daphnia pulex* Hexachlorethan gegenüber toleranter zeigte als die übrigen drei Testorganismen, so kann man jedoch nicht von einem deutlichen Sensitivitätsunterschied der drei Spezies sprechen (MOUNT & NORBERG 1984). Während RICHTER et al. (1983) für *D. magna* eine EC_{50} (48h) von 2,1 mg/l ermittelten, beobachteten ELNABARAWY et al. (1986) eine EC_{50} (48h) von 10 mg/l. Für *D. pulex* und *Ceriodaphnia reticulata* lagen die Werte bei 13 bzw. 6,8 mg/l. Demnach beschreiben auch ELNABARAWY et al. (1986) die drei Testorganismen als gleich sensitiv.

Die von LEBLANC (1980) durchgeführten Toxizitätstests (Härte = 72 mg/l $CaCO_3$) ergaben für *Daphnia magna* LC_{50}-Werte von 26 (24h) und 8,1 mg/l (48h). Die NOEC lag bei 0,28 mg/l.

Tabelle 8.5.3: LC_{50}-Werte für Hexachlorethan (nach THURSTON et al. 1985)

Testorganismus	Gewicht (g)	Testdauer	LC_{50} (mg/l)
Krebstiere (Crustacea)			
Daphnia magna		48h	1,36
Orconectes immunis	0,42	96h	2,70
Insecta			
Tanytarsus dissimilis		48h	1,23
Fische (Pisces)			
Oncorhynchus mykiss	1,93	96h	1,18
Lepomis macrochirus	0,68	96h	0,856
Gambusia affinis	0,33	96h	1,38
Ictalurus punctatus	3,48	96h	2,36
„	0,31	96h	1,77
Carassius auratus	1,74	96h	1,42
Pimephales promelas	0,56	96h	1,39
„	0,44	96h	1,10
Lurchtiere (Amphibia)			
Rana catesbeiana	4,12	96h	3,18
„	4,21	96h	2,44

In Tabelle 8.5.3 sind die von THURSTON et al. (1985) ermittelten LC_{50}-Werte für verschiedene Organismengruppen aufgeführt. Im Gegensatz zu den oben genannten Toxizitätsdaten bewegen sich diese in einem engen Konzentrationsbereich. Die Konzentrationsspanne der LC_{50}-Werte reicht von 0,86 mg/l für *Lepomis macrochirus* bis 3,18 mg/l für *Rana*-Kaulquappen.

Dichlorethen

1,1-Dichlorethen ist Bestandteil in Klebstoffen und synthetischen Fasern. Die Toxizität gegenüber Wasserorganismen ist vergleichsweise gering:

Blauer Sonnenbarsch (*Lepomis macrochirus*) bei [mg/l]	%-Überlebensrate nach			
	24 h	48 h	72 h	96 h
750	0	-	-	-
560	0	-	-	-
320	0	-	-	-
180	100	80	70	70
132	100	100	100	100

(aus VERSCHUEREN 1983).

Akut toxische Wirkungen, ermittelt als Wachstumsverminderungen (96h EC_{10} und 96h EC_{50}), treten bei *Scenedesmus subspicatus* bei 240 und 410 mg/l auf (GEYER et al. 1985b).

Trichlorethen

Trichlorethen ist ein unbrennbares Lösungs- und Extraktionsmittel für Fette, Öle und Harze (SCHRÖTER et al. 1985). Aufgrund der guten Wasserlöslichkeit ist nur eine geringe Biokonzentrationstendenz zu erwarten (KOCH & WAGNER 1989). Photochemische Reaktionen initiieren den Abbau von Trichlorethen in der Umwelt (WHO 1985). Im Regenwasser werden Konzentrationen im µg/l-Bereich gefunden (McCONNELL et al. 1975). Trichlorethen kommt im

Sediment im µg/kg-Bereich, in natürlichen Gewässern im niedrigen µg/l-Bereich und in aquatischen Organismen ebenfalls im µg/kg-Bereich vor (WHO 1985). Im Seewasser der Liverpool Bay sind im Mittel Konzentrationen von 0,3 µg/l enthalten (PEARSON & McCONNELL 1975). Die Trichlorethenkonzentrationen der Organismen reichten von wenigen ng/g (NG) bis hin zu 100 ng/g (NG). Andere Untersuchungen von PEARSON & McCONNELL (1975) geben für marine Invertebraten Konzentrationen von 1 µg/kg und für Fische (Muskel) 10 µg/kg an. Für *Daphnia magna* wurde nach VERSCHUEREN (1977) eine LC_{100} von 600 mg/l und für die Cyanobakterie *Microcystis aeruginosa* eine LC_{50} von 63 mg/l bestimmt. Die von LEBLANC (1980) für *Daphnia magna* bestimmte LC_{50} (Härte = 173 mg/l $CaCO_3$) betrug nach 24 Stunden 22 mg/l und nach 48 Stunden 18 mg/l. Die NOEC betrug 2,2 mg/l. BRINGMANN & KÜHN (1980) ermittelten für *Entosiphon sulcatum* (Protozoa) eine Toxizitätsgrenze (TT) von 1200 mg/l und für *Scenedesmus quadricauda* (Grünalge) eine Toxizitätsgrenze von > 1000 mg/l. *Pseudomonas putida* (Bakterium) zeigte sich mit einem TT-Wert von 65 mg/l sensitiver als die übrigen beiden Organismengruppen. In einer Mischkultur aus Diatomeen (*Thalassiosira pseudonana*) und Flagellata (*Dunaliella tertiolecta*) wurden bei 50 und 100 µg/l Effekte auf die Photosynthese beobachtet (BIGGS et al. 1979). Akut toxische Wirkungen [Wachstumsverminderungen (96h EC_{10} und 96h EC_{50})] treten bei der Grünalge *Scenedesmus subspicatus* bei 300, bzw. 450 mg/l auf (GEYER et al. 1985 b). Die akute Toxizität für Fische wird mit 50-600 mg/l angegeben (KOCH & WAGNER 1989).

Die subakute Toxizität von verschiedenen Trichlorethen-Präparaten gegenüber der Regenbogenforelle (*Oncorhynchus mykiss*) wurde von HOFFMANN (1990) im Rahmen einer Dissertation studiert. Bei 21tägiger Exposition traten subakute Effekte erst bei Konzentrationen oberhalb von 2,5 mg/l auf. Dabei wurden erhöhte Schwimmaktivität und Schreckhaftigkeit ebenso festgestellt wie eine verzögerte und reduzierte Futteraufnahme der Tiere. Zudem waren im letzten Drittel des Versuchs stark erhöhte Atemfrequenzen erkennbar.

In den Versuchen von HOFFMANN (1990) reicherte sich Trichlorethen am stärksten in der Milz und in den Kiemen an, gefolgt von Leber und Niere. Die Muskulatur speicherte am wenigsten Trichlorethen. Zudem traten histologische Veränderungen der Magenwand und des Milzgewebes auf.

Tetrachlorethen

Tetrachlorethen, auch als Perchlorethylen bezeichnet, gilt als mindergiftig, biologisch nicht leicht abbaubar mit einem geringen Biokonzentrationspotential (KOCH & WAGNER 1989). Tetrachlorethen wird als Lösungs- und Reinigungsmittel in der Industrie eingesetzt (WHO 1984, LAY et al. 1984). Die Hepatotoxizität, Karzinogenität und Mutagenität von Tetrachlorethen ist in der Literatur bereits oft beschrieben worden (JAEGER et al. 1975, GREIM et al. 1975, MOSTEN et al. 1977). In wäßriger Lösung wird für diese Substanz eine sehr kurze Halbwertszeit von 3-4 Stunden angegeben (KOCH & WAGNER 1989). Dagegen fanden ZOETEMAN et al. (1980) für Tetrachlorethen im Flußwasser Halbwertszeiten von 3-30 Tagen und in Seen- und Grundwasser von 30-300 Tagen. Als Ursache für den Verlust der Substanz aus dem Wasser ist in erster Linie die hohe Verdunstung anzusehen. Das Oberflächenwasser in West-Europa enthält nach CORREIA et al. (1977) und BAUER (1981) Konzentrationen von 0,01-46 µg/l. Untersuchungen von PEARSON & McCONNELL (1975) haben ergeben, daß das Bai-Wasser entlang der Küste Englands 0,12-2,6 µg/l und das Sediment 0,02-4,8 µg/l Tetrachlorethen enthält. Die untersuchten Algen aus diesem Gebiet hatten Konzentrationen von 13-20 µg/kg (NG) angereichert.

Über die ökotoxischen Effekte von Tetrachlorethen in aquatischen Systemen wurden bisher nur wenig Daten veröffentlicht (LAY et al. 1984). Die LC_{50}-Werte für marine Plattfische werden mit 5 mg/l, für Muscheln mit 3,5 mg/l und für einzellige Algen mit 10,5 mg/l angegeben (McCONNELL et al. 1975, UTZINGER & SCHLATTER 1977). LAY et al. (1984) untersuchten die

Effekte von Tetrachlorethen auf die Phyto- und Zooplanktongemeinschaft eines Versuchs-teiches bei Konzentrationen von 1,2 und 0,44 mg/l. Beide Dosierungen hatten auf *Daphnia magna* letale Effekte. Bei der Phytoplanktongesellschaft war eine Abundanzzunahme domi-nierender Arten und insgesamt eine Abnahme der Diversität zu beobachten. Die autotrophen Planktonarten zeigten eine sehr hohe Sensitivität. Die Autoren machen im Zusammenhang ihrer Untersuchungen noch einmal deutlich, daß es aufgrund der Komplexität eines aqua-tischen Systems nicht ausreicht, die Toxizität einer Substanz aufgrund eines einzelnen Para-meters zu bestimmen, sondern Parameter wie etwa die „Diversität" und „Abundanz" in die Risikoabschätzung mit einzubeziehen.

In einem statischen Toxizitätstest ermittelte LeBlanc (1980) für *Daphnia magna* eine LC_{50} (Härte = 72 mg/l $CaCO_3$) von 18 mg/l (24 und 48h). Der NOEC-Wert lag bei 10 mg/l. Auch die von Richter et al. (1983) bestimmte letale Konzentration betrug bei ungefütterten Tieren 18 mg/l (48h). Es traten allerdings deutliche Unterschiede bei verschiedenen physiologischen Zuständen auf:

Testansatz	LC_{50}	EC_{50}
gefüttert	9,1	7,5
nicht gefüttert	18	8,5

Die EC-Werte beziehen sich auf Schwimmunfähigkeit. Bei gefütterten Testorganismen stieg die Toxizität der Substanz um 100% gegenüber ungefütterten. Die ebenfalls von Richter et al. (1983) in einem chronischen Test ermittelte NOEC betrug 0,51 mg/l, die LOEC 1,1 mg/l. Bringmann & Kühn (1982) bestimmten eine hohe EC_{50} (24h, 2,5 mmol/l Ca und Mg) von 147 mg/l. Der EC_0-Wert (24h) betrug 65 mg/l.

8.6 Polycyclische aromatische Kohlenwasserstoffe (PAHs)

8.6.1 Stoffcharakteristika und Einträge

Polycyclische aromatische Kohlenwasserstoffe (PAHs) sind ausschließlich aus Kohlenstoff und Wasserstoff aufgebaut und stellen Kondensationsprodukte des Benzols dar. Ihre Wasser-löslichkeit ist gering (Tabelle 8.6.1). Ihr ubiquitäres Vorkommen resultiert aus zwei Quellen. Ihre Bildung kann sowohl auf natürlichem Weg, z.B. durch diagenetische Veränderungen von Terpenen erfolgen (Wakeham et al. 1980, Youngblood & Blumer 1975) als auch durch jede Art unvollständiger Verbrennung von biogenen Stoffen wie Holz, Kohle oder Erdöl. Die Bela-stung aquatischer Ökosysteme hat somit anthropogene (Hites et al. 1977) und natürliche (Brown & Starnes 1978) Ursachen.

Die unvollständige Verbrennung ist der Grund für die seit etwa 150 Jahren in Oberflächen-sedimenten von Seen zu verzeichnende Anreicherung von PAHs, die selbst in entlegenen, industriefernen Regionen auftritt (Wickström & Tolonen 1987, Steinberg et al. 1989). Inzwischen besteht kein Zweifel mehr an ihrer maßgeblich anthropogenen Herkunft, der Verbrennung sowie der heutigen Verarbeitung fossiler Energieträger (Hites et al. 1977, Ven-katesan et al. 1987). Blumer et al. (1977) gehen in ihrer Differenzierung noch weiter, indem sie als Hauptemittenten von PAHs den Fahrzeugverkehr hervorheben.

In Kanada konnten PAH-Emissionen klar auf den Betrieb einer Stahlfabrik zurückgeführt werden (Boom & Marsalek 1988). Dort ließen sich in Abhängigkeit von Windrichtung und Entfernung von der Fabrik unterschiedlich hohe Konzentrationen mehrerer PAHs in Schnee-proben nachweisen. In diesem Zusammenhang stellten Schöndorf & Herrmann (1987) fest, daß der Großteil der in Schneeproben enthaltenen PAHs partikelgebunden vorliegen muß, da fast 90% aller PAHs mit den letzten 20% des Schmelzwassers eluiert wurden.

Tabelle 8.6.1: Löslichkeit einiger PAHs in Wasser bei 25°C (µg/l)[1] (aus JACOB 1985 mit Originalverweisen)

Naphthalin	31.700
Biphenyl	7.000
Fluoren	1.980
Phenanthren	1.290
Anthracen	73
Pyren	135
Fluoranthen	260
Triphenylen	43
Benz[a]anthracen	14
Chrysen	2,0
Perylen	0,4
Benzo[a]pyren	0,5
Benzo[e]pyren	3,8
Benzo[g,h,i,]perylen	0,3
Coronen	0,1

Noch stärker als Schnee ist Nebelwasser mit PAHs belastet, wie HERMANN (1984) bei Untersuchungen im Frankenwald feststellte. GIGER (1986) kommt für die PAH-Belastung der Niederschläge zu folgender Reihenfolge: Sommerregen < Winterregen = Schnee ≪ Nebelwasser (Abb. 8.6.1). In den Regen- und Schneeproben dominierten drei- und vierkernige PAHs, während im Nebel die PAHs mit fünf und sechs aromatischen Ringen die Hauptkomponenten darstellten.

Mit zunehmender Hydrophobie wird die Bindung der PAHs an Humuspartikel stärker (MCCARTHY & JIMENEZ 1985 a). Die Schadstoffe können somit nur noch z.T. oder gar nicht mehr nachgewiesen (CARLBERG & MARTINSEN 1982) werden. Aber auch kleinräumige PAH-Emissionen, wie z.B. der Einsatz von Brennstäben gegen Insekten, verdienen erwähnt zu werden. In emittierten Verbrennungsrückständen wiesen LAZARDIS & LÖFROT (1987) 30 verschiedene PAHs mit einem Massenanteil von 0,6% nach.

PAHs kommen in fast allen Gewässern sowohl gelöst als auch ungelöst und an Feststoffe adsorbiert vor und gelangen somit in die Nahrungskette. Sedimente und suspendierte Sedimente mit hydrophoben Rückständen können PAHs adsorbieren und so die Konzentration in Lösung verändern und den Transportmechanismus beeinflussen (HERRMANN 1981). LAFLAMME & HITES (1978) und HITES et al. (1980) fanden beispielsweise in allen 50 untersuchten Sedimentproben von Gewässern aus aller Welt PAHs. Punktuelle und regionale PAH-Belastungen der Niederschläge sind in Tabelle 8.6.2 zusammengestellt. Diese Tabelle enthält offensichtlich nicht nur die gelösten, sondern auch die an organischen und anorganischen Partikeln adsorbierten PAHs, da die Löslichkeit zumeist geringer als die veröffentlichten Werte ist (vgl. Tabelle 8.6.1). Einen Überblick über die maximale Belastung des Rheins an PAHs zeigt die folgende Tabelle (8.6.3).

Tabelle 8.6.3: PAH-Frachten 1981 im Rhein an der Meßstelle Lobith [in t] (nach SCHENK 1986 mit Originalverweisen)

Benzo[b]fluoranthen	1,4
Benzo[k]fluoranthen	6,1
Benzo[g,h,i]perylen	3,3
Benzo[a]pyren	3,3
Fluoranthen	8,0
Indeno[1,2,3-cd]pyren	3,8

---

[1] In der Arbeit von Jacob (1985) wird fälschlicherweise ng/l anstelle von µg/l angegeben!

Tabelle 8.6.2: Das Vorkommen von PAHs in verschiedenen Untersuchungsgebieten (nach verschiedenen Autoren)

PAH	Untersuchungs-gebiet	Untersuchungs-zeit	Niederschlags-art	Konzentration [ng/l]	
Benzo[a]pyren	Nordost-Bayern[2]	Jan. 1978	Schnee	29	
Fluoranthen				200	
3,4-[o-Phenylen]-pyren				62	
Benzo[a]pyren	Nordost-Bayern[3]	Apr. 80 – Feb. 81	Niederschlag	3,0-11,4	
Benzo[g,h,i]perylen			8,3-21,5		
Fluoranthen				17,7-64,4	
Benzo[g,h,i]-perylen	ländl. Norddeutschl.[4]	Jun. 80 – Jul. 81	Niederschlag	8,9-30	
Benzo[a]pyren				2,0-8,4	
Fluoranthen				23,0-52	
Phenanthren	Hannover, Stadtrand[5]	Einzelereignis	Regenwasser	103	
Anthracen				5	
Fluoranthen				185	
Pyren				115	
Benzo[a]naphtho-[2,1-3]thiophen				24	
Benzo[g,h,i]fluoranthen				104	
Benz[a]anthracen				43	
Chrysen				140	
Benzofluoranthen				210	
Benzo[e]pyren				78	
Perylen				42	
Indeno[1,2,3-c,d]pyren				50	
Benzo[g,h,i]perylen				60	
Coronen				12	
	Rhein-Main-Gebiet[6]	Einzelereignis	wäßrig	partik.	
Acenaphthen			114	6	
Anthracen			84	36	
Chrysen			80	120	
Coronen			7	58	
Fluoranthen			346	284	
Phenanthren			225	25	
Pyren			130	160	

[2] SCHRIMPFF et al. (1979)
[3] THOMAS et al. (1983)
[4] MATZNER (1984)
[5] WINKELER et al. (1988)
[6] GEORGII & SCHMITT (1982), SCHMITT (1982)

8.6.2 Bioakkumulation

Entsprechend dem Belastungsgrad eines Gewässers bewegt sich das Konzentrationsniveau von PAHs bei Fischen vom ng-Bereich bis in den mg-Bereich hinein. Verschiedene Fisch- und Krebsarten im kaum belasteten nordamerikanischen Savannah River enthielten an keiner Probenahmestelle eine höhere PAH-Gesamtkonzentration als 0,15 mg/g Lebendgewicht (WINGER et al. 1990).

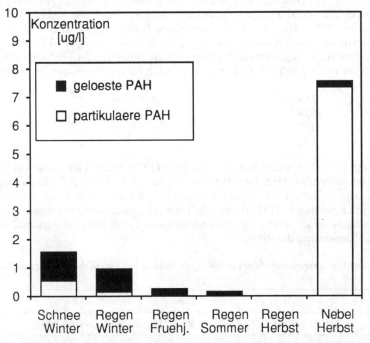

Abbildung 8.6.1: Konzentrationen einzelner PAHs in Sommerregen, Winterregen, Schnee und Nebel. Die Konzentrationen beziehen sich auf das Wasservolumen (aus GIGER 1987)

Aufgrund der geringen Wasserlöslichkeit von PAHs erfolgt die Aufnahme bei Fischen weniger über das Wasser als vielmehr über das Sediment, mit dem sie direkt oder indirekt über die Nahrungskette in Verbindung stehen. Ein biologisches Monitoring konzentriert sich daher auf den benthischen Lebensbereich.

MACCUBBIN et al. (1988) setzten den sediment- und benthosfressenden Zwergwels (*Ictalurus nebulosus*) als Monitor für unterschiedlich stark mit B[a]P und Phenanthren kontaminierte Gewässer ein. Während in Fischen des weniger belasteten, unteren Niagara River die jeweils auf Lebendgewicht bezogenen B[a]P-Gehalte zwischen 0-197 ng/g bzw. die Phenanthren-Gehalte zwischen 316-2.570 ng/g gemessen wurden, enthielten Fische des Buffalo River 350-47.600 ng/g B[a]P bzw. 37.700-1.490.000 ng/g Phenanthren, ebenfalls auf Lebendgewicht bezogen. Außerdem vermuten die Autoren einen Zusammenhang zwischen den in der Galle stark angereicherten, polaren PAH-Metaboliten und den vermehrt aufgetretenen Wucherungen in den Zwergwelsen des Buffalo River.

McCain et al. (1990) untersuchten Jungfische des Königslachses *Oncorhynchus tschawytscha*, die in einer juvenilen Entwicklungsphase mehrere Monate im stark belasteten Mündungsbereich des Duwamish-Schiffahrtsweges in der Nähe von Seattle lebten. Die Fische wurden indirekt in den Dienst eines Monitorings gestellt, indem der PAH-Gehalt ihres Mageninhalts, der hauptsächlich aus Flohkrebsen bestand, bestimmt wurde. Gegenüber Fischen aus dem unbelasteten Nisqually River enthielt ihr Mageninhalt eine ca. 650fach höhere Gesamt-PAH-Konzentration (z.B. 38 µg/g Trockengewicht Phenanthren). Das Belastungsbild ließ sich auch anhand von Fluoreszenzmessungen der in der Galle lokalisierten Metabolite nachzeichnen.

In den Organen, in denen die PAHs transformiert werden, kommt es gleichzeitig zu einer Anreicherung, die um so ausgeprägter ist, je mehr Benzolringe das PAH-Molekül enthält (Roubal et al. 1977). Die Transformationsorgane Galle, Leber und Milz stellen die mit den ursprünglichen PAHs hauptbelasteten Organe dar, wie Correia & Venables (1985) an dem tropischen Fisch *Mugil curema* deutlich machten. Sie setzten den Fisch einer Naphthalinkonzentration von 10 µg/l aus und ermittelten nach 48 Stunden folgende Anreicherungsfaktoren (BCF$_F$):

Milz	1158
Leber	1054
Kiemen	530
Muskelgewebe	492

BCF-Werte von 13.000 fanden Melancon & Lech (1978) in der Gallenblase von *Oncorhynchus mykiss* nach vierwöchiger Naphthalinexposition. BCF-Werte für Fische aus bayerischen Gewässern sind in Tabelle 8.6.4 zusammengestellt. Leber und Muskulatur werden nach den Angaben von Kalbfus et al. (1987) offensichtlich in geringerem Umfang belastet als Niere und Milz. Allerdings wiesen auch Leber und Kiemen von Tieren aus dem Alzkanal höhere Belastungen als solche aus der Regnitz auf.

Tabelle 8.6.4: Biokonzentrationsfaktoren (BCF$_F$) in Fischen aus bayerischen Gewässern (aus Kalbfus et al. 1987)

Fluß	PAH	Niere	Milz
Regnitz	gesamt	< 1.250	< 1.000
Donau	Fluoranthen		2.100
	Pyren		2.500
	Benzo[e]pyren		4.500
	Chrysen		3.800
	Benzo[a]pyren		3.200
Alzkanal	Pyren		14.300
vor Einmündung	Benzo[e]pyren	48.000	71.300
in die Salzach	Chrysen		51.600

Tiere des Freiwasserraumes wie der Wasserfloh *Daphnia magna* (Kukkonen & Oikari 1987, Kukkonen et al. 1990) und der Blaue Sonnenbarsch (*Lepomis macrochirus*) akkumulieren an Humus gebundene PAHs nicht. Hydrophilere und somit teilweise oder überwiegend ungebundene PAHs dagegen werden weitgehend akkumuliert (McCarthy et al. 1985 a, McCarthy & Jimenez 1985 b).

Southworth et al. (1978) ermittelten für *Daphnia pulex* Biokonzentrationsfaktoren von 10^2-10^3, wobei die Faktoren mit steigendem Molekulargewicht zunahmen. Bei Austern fanden LEE et al. (1978) für 3-Ring-PAHs Faktoren von 10^3. Auch wenn im Pelagial keine oder nur geringe Mengen PAHs zu finden waren, inkorporierten Muscheln zum Teil große Mengen dieser Substanzen (ELDER & DRESLER 1988). Muscheln sind aufgrund dieser Eigenschaft geeignete Monitororganismen für PAHs.

Bei den Larven der Eintagsfliege *Hexagenia limbata* stellte sich heraus, daß diese Tiere die PAHs B[a]P und Phenanthren aus der Wasserphase akkumulierten und daß größere Tiere höhere BCF-Werte aufwiesen als kleinere (STEHLY et al. 1990).

An einem Beispiel soll hier, ergänzend zu den Ausführungen in Kapitel 2, die Abhängigkeit der Stoffanreicherung von physikalischen Randbedingungen, z.B. der Temperatur demonstriert werden. Eine Temperaturerhöhung von 13 °C auf 23 °C zog bei dem Blauen Sonnenbarsch *Lepomis macrochirus* eine sechsmal höhere B[a]P-Aufnahmerate, aber nur eine dreimal höhere Eliminationsrate nach sich (Tabelle 8.6.5). Die Konsequenz war eine Erhöhung des Anreicherungsfaktors auf 608 (JIMENEZ et al. 1987).

Die stärkste Anreicherung trat bei hohen Temperaturen in ungefütterten Fischen ein. Infolge temperaturbedingter Erhöhung der Respiration, verbunden mit einer stärkeren Ventilation erfolgt zwar eine Schadstoffakkumulation, aber keine adäquate Ausscheidung. Als Eliminationspfad kommen daher nur die Kiemen und die Körperoberfläche in Frage (Tabelle 8.6.5).

Tabelle 8.6.5: B[a]P-Anreicherungsverhalten bei *Lepomis macrochirus* in Abhängigkeit von Temperatur und Nahrungsangebot (aus JIMENEZ et al. 1987)

	Aufnahmerate	Eliminationsrate	BCF_f-Wert
	ml/g·h	ml/g·h	
ungefüttert, 23°C	15,4	0,005	3208
gefüttert, 23°C	32,6	0,054	608
gefüttert, 13°C	5,65	0,015	377

Transformationsprozesse in Fischen stehen einer starken Anreicherung entgegen, so daß in Arbeiten, die sich mit dieser Stoffgruppe befassen, immer wieder von PAH-Metaboliten berichtet wird.

In vielen Arbeiten ist belegt, daß neben Fischen auch andere aquatische Tiere über wirkungsvolle Metabolisierungs- und Eliminationsmöglichkeiten für PAHs verfügen (ROUBAL et al. 1977, MACCUBBIN et al. 1988, NIIMI & DOOKHRAN 1989). Bereits in den 70er Jahren zeigte sich, daß marine Tiere über die für eine Transformation und Exkretion von Kohlenwasserstoffen notwendigen Enzyme verfügen. Eine Ausnahme bildete *Mytilus edulis* (LEE et al. 1972). Ähnliche Befunde lieferten die Ergebnisse der Ökosystemstudie von LU et al. (1977), wonach Mückenlarven (*Culex*) und Schnecken (*Physa*) als Ausdruck weniger hoch entwickelter Organisation eine geringere Fähigkeit zur Metabolisierung dieser Substanzen besaßen. Das konnte daran gezeigt werden, daß der B[a]P-Anteil höher war als der seiner polaren Abbauprodukte. Dagegen enthielten Fische der Gattung *Gambusia*, die in einem 2,5-ppb-haltigen Medium exponiert worden waren, nur die polaren Abbauprodukte, nicht aber die Ausgangssubstanz B[a]P. Über die Nahrungskette wurde B[a]P aber auch bei *Gambusia* um den Faktor 930 angereichert.

Einen schnellen Transfer von PAHs durch die Nahrungskette Seston – Miesmuschel (*Mytilus edulis*) – Eiderente (*Somateria mollisima*) stellten BROMAN et al. (1990) fest. Gleichzeitig war zu beobachten, daß mit steigendem trophischen Niveau die PAH-Konzentrationen zurückgingen, ebenfalls ein Hinweis auf deren größere Metabolisierungsaktivität. Dementsprechend war die Gallenblase der Eiderente das Organ mit den höchsten PAH-Konzentrationen.

In Hinblick auf Rückstandsuntersuchungen von PAHs in Fischen ist ihre Eignung als Biomonitore damit in Frage zu stellen, wenn nicht die Abbauprodukte selbst eine Aussage über den Belastungsgrad der Ausgangssubstanzen gestatten würden. Die Möglichkeit scheint zumindest für Naphthalin begründet zu sein, denn dessen Metabolite werden in der Leber und der Haut von Fischen viel länger zurückgehalten als die Ausgangssubstanzen selbst (VARANASI et al. 1979). Auch die fluorometrischen Untersuchungen von KRAHN et al. (1986 und 1987) deuten darauf hin, daß von den in der Fischgalle nachgewiesenen PAH-Metaboliten auf die Ausgangssubstanzen rückgeschlossen werden kann. Bei einer Wellenlängenkombination von 380/480 nm konnten die Autoren in der Galle von Seezungen (*Parophrys vetulus*) vornehmlich Metabolite von vielringigen aromatischen Kohlenwasserstoffen aus fossilen Verbrennungsrückständen, darunter B[a]P messen. Bei 290/335 nm wurden dagegen die Metabolite von zweiringigen aromatischen Kohlenwasserstoffen, also Naphthalinäquivalente aus der Kerosin/Benzinfraktion des Rohöls erfaßt.

Muscheln sind offensichtlich nicht zum Metabolismus von PAHs befähigt. Ferner können sie, wie sich zum Beispiel in einem sehr stark mit PAHs kontaminierten Fjord in Norwegen herausgestellt hat, bis zu 225 mg/kg Trockengewicht von diesen Xenobiotika akkumulieren. Die Konzentration in den Muscheln war damit zweimal so hoch wie im Sediment derselben Region (BJØRSETH et al. 1979). Dies weist auf die hervorragende Eigenschaft dieser Tiere als Biomonitore für PAHs hin. Während aber im Sediment Phenanthren, Fluoranthen, Chrysen/Triphenylen und Benzo[e]pyren dominierten, war das vorherrschende PAH in den Muscheln (*Mytilus edulis* und *Modiolus modiolus*) jedoch Benzo[b]fluoranthen. Dieser Umstand kann entweder durch eine bevorzugte Aufnahme von Benzo[b]fluoranthen oder durch bevorzugte Ausscheidung der anderen Komponenten verursacht worden sein. Dieser Umstand mindert aber nicht den Wert der Mollusken als Biomonitore für PAHs.

Folgende Substanzen werden insbesondere aufgrund ihrer Nachweishäufigkeit von der WHO als Leitsubstanzen vorgeschlagen (KOCH & WAGNER 1989):
- Fluoranthen
- Benzo[g,h,i]perylen
- Benzo[k]fluoranthen
- Benzo[a]pyren
- Benzo[b]fluoranthen
- Indenol[1,2,3cd]pyren

8.6.3 Effekte

PAHs gelten für aquatische Organismen bei Konzentrationen um 0,2-10 mg/l als akut toxisch (NEFF 1980).
Die Toxizität von PAHs stellt eine Funktion der Wasserlöslichkeit und der Molekülgröße dar. Das bedeutet, daß das aus nur zwei Benzolringen zusammengesetzte Naphthalin in Verbindung mit seiner hohen Wasserlöslichkeit (Tabelle 8.6.1) weniger toxisch ist als beispielsweise Phenanthren und Benzo[a]pyren mit 3 bzw. 5 Ringen. Von Interesse für die Toxizitätsbeurteilung von PAH-Metaboliten ist auch die von NEFF & ANDERSON (1975, zit. in MERIAN & ZANDER 1982) gemachte Feststellung, alkylierte PAHs seien stärker toxisch als ihre Ausgangssubstanzen.
S.B. SMITH et al. (1988) untersuchten 14 verschiedene PAHs und verwandte Stoffe im Hinblick auf ihre toxische Wirkung gegenüber *Daphnia pulex*. Es zeigte sich eine breite Toxizitätsspanne (EC_{50}-Werte, 48h) von 0,035 mg/l für Octahydro-1,4,9,9-tetramethyl-1H-3A,7-methanoazulen bis zu 6,961 mg/l für Octahydro-1-methylpentalen (Tabelle 8.6.6).

Tabelle 8.6.6: Molekulargewicht und mittlere Toxizität (48h – EC_{50}) verschiedener PAHs und einiger ihrer Derivate (getestet bei 20°C mit *Daphnia pulex*) (aus S.B. SMITH et al. 1988). Die Verbindungen sind nach abfallender Toxizität angeordnet.

Verbindung	Molekulargewicht	Toxizität [μg/l]
Octahydro-1,4,9,9,-tetramethyl-1H-3A,7-methonoazulen	206	35
Decahydro-2,3-dimethylnaphthalin	166	40
2-Methylanthracen	192	96
2,6-Dimethylnaphthalin	156	193
Fluoren	166	212
Phenanthren	178	350
9-Methoxyanthracen	208	395
1,3-Dimethylnaphthalin	156	767
Anthracen	178	754
1,2,3,4-Tetrahydronaphthalin	132	2.412
Decahydronaphthalin	138	2.490
trans-Octahydro-1H-inden [Hydrindan]	124	3.701
Naphthalin	128	4.663
Octahydro-1-methylpentalen	124	6.961

Die angegebenen Toxizitätswerte in dieser Tabelle liegen zum Teil deutlich über der jeweiligen Wasserlöslichkeit (vgl. Tabelle 8.6.1 – bei Anthracen um den Faktor 10), so daß anzunehmen ist, daß die PAHs in den Untersuchungen von S.B. SMITH et al. dispergiert oder an Partikeln sorbiert vorlagen. Die Toxizitätsbreite, gemessen von EC_{10} bis EC_{90}, fiel ebenfalls sehr unterschiedlich für die einzelnen untersuchten Substanzen aus (Abb. 8.6.2). Die z.B. im Gegensatz zu Decahydro-2,3-dimethylnaphthalin weniger toxische Substanz 2-Methylanthracen beeinflußt *Daphnia pulex* über einen größeren Konzentrationsbereich.

Nach S.B. SMITH et al. (1988) läßt der Strukturvergleich der PAHs vier verschiedene Merkmale erkennen:

1) Mit der Anlagerung einer weiteren Methylgruppe (vergl. 2,6- oder 1,3-Dimethylnaphthalin mit Naphthalin) steigt die Toxizität.
2) Die Anordnung der Methylgruppe (vergl. 1,3-Dimethylnaphthalin mit 2,6-Dimethylnaphthalin) bestimmt den Toxizitätsgrad.
3) Mit steigendem Molekulargewicht wächst die Toxizität (NEFF 1980). Auch TRUCCO et al. (1983) stellten fest, daß die Toxizität gegenüber *D. pulex* mit steigendem Molekulargewicht zunimmt.
4) Mit wachsender Anzahl Benzolringe steigt ebenfalls die Toxizität (vergl. Phenanthren mit Naphthalin).

ELDER & DRESLER (1988) führten Untersuchungen an Kreosot durch. Dieses Substanzgemisch findet Anwendung als Holzschutzmittel und besteht hauptsächlich (etwa 90%) aus polycyclischen aromatischen Kohlenwasserstoffen. In Gebieten, in denen Kreosot in aquatische Systeme eingeleitet wird, kann es eine bedeutende Quelle für PAH-Belastungen darstellen (ZITKO 1975, DUNN & STICH 1976). Die Autoren stellten fest, daß die Konzentrationen von Phenanthren, Fluoranthen und Pyren im Sediment bei einer Tiefe von 8-13 cm am höchsten waren. In größeren Tiefen nahmen die Konzentrationen bis zu nicht mehr nachweisbaren Mengen hin ab. Die untersuchten Mollusken *Crassostrea virginica* und *Thais haemastoma* zeigten für die PAHs ein ähnliches Anreicherungsverhalten. Sie reicherten Fluoranthen, Pyren

139

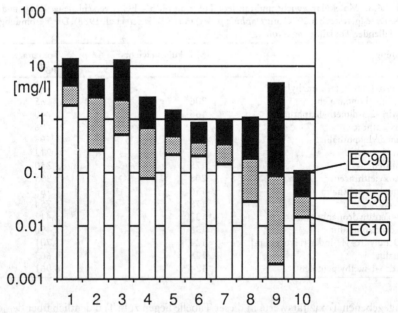

Abb. 8.6.2: Toxizitätsbreite (EC$_{10}$ bis EC$_{90}$) verschiedener PAHs und ihrer Derivate untersucht an *Daphnia pulex* (aus S.B. Smith et al. 1988)1: Naphthalin; 2: Decahydronaphthalin; 3: 1,2,3,4-Tetrahydronaphthalin; 4: Anthracen; 5: 1,3-Dimethylnaphthalin; 6: 9-Methoxyanthracen;7: Phenanthren; 8: 2,6-Dimethylnaphthalin; 9: 2-Methylanthracen; 10: Decahydro-2,3-dimethylnaphthalin

und Phenanthren im Vergleich zur Kontrolle auf eine zehnfache Konzentration an, während sich die Bioakkumulation von Naphthalin nicht sehr von der Kontrolle unterschied. CATALLO & GAMRELL (1987), die ebenfalls Untersuchungen an Kreosot durchführten, stellten fest, daß mit zunehmender PAH-Konzentration in den Sedimenten Mikro- und Meiobenthosgesellschaften reduziert werden. Die Ursache für die Reduktion der Bakterienbiomasse liegt wahrscheinlich an dem mit wachsender Kreosotkonzentration steigenden Redoxpotential. Auch MALINS et al. (1985), KRAHN et al. (1986), HARGIS et al (1984) und TAGATZ et al. (1983) stellten Effekte durch kreosotbelastete Sedimente an in Bodennähe lebenden Fischen und benthischen Invertebraten fest. TAGATZ et al. (1983) fanden in Rekolonisierungsversuchen heraus, daß die niedrigste Kreosotkonzentration, die benthische Organismen beeinträchtigt, für Mollusken bei 844 mg/kg (TG) und für Echinodermata, Annelida und Arthropoda (einschließlich der Amphipoden) bei 177 mg/kg liegt. Nach SWARTZ et al. (1989) sind die PAH-Konzentrationen im Interstitialwasserraum ein besserer Anzeiger für die Sedimenttoxizität als gemessene Sedimentkonzentrationen.

8.6.3.1 Effekte gegenüber Fischen

Die Tabelle 8.6.7 enthält die Daten über die akute Toxizität einiger PAHs gegenüber Fischen (aus NEFF 1980). Auch bei diesen Angaben liegen verschiedene Toxizitätswerte deutlich über der Wasserlöslichkeit: bei Naphthalin und dem Koboldkärpfling um den Faktor 5, bei Benz[a]anthracen um den Faktor 7 und bei Phenanthren gar um den Faktor 100.

Ein Umweltfaktor, der im allgemeinen den Abbau von Xenobiotika beschleunigt und damit das Toxizitätspotential verändert, ist die UV-Strahlung. Im Fall von sonnenbestrahltem Anthracen kommt es zumindest gegenüber *Daphnia pulex* jedoch zu einer Toxizitätssteigerung, ohne daß ein Abbau eingeleitet worden wäre. ALLRED & GIESY (1985) führen diesen Sachverhalt auf eine Aktivierung des Anthracenmoleküls zurück. Dieser Befund wurde auch für andere PAHs und Testorganismen, wie z.B. *Pimephales promelas* bestätigt (ORIS & GIESY 1987). Dies gilt für Acridin, Anthracen, Benzanthon, Benz[a]anthracen, Pyren und Benzo[a]-pyren. Als nicht giftig stellten sich in den Biotests die Produkte von Benzo[g,h,i]perylen, Dibenz[a,h]anthracen, Phenanthren und Perylen heraus. Hinsichtlich der anthropogenen Beeinflussung der Ozonschicht und einer möglichen Zunahme kurzwelliger Sonnenstrahlen auf die Erdoberfläche könnte dieser Parameter künftig an Bedeutung gewinnen.

Tabelle 8.6.7: **Akute Toxizität von PAHs gegenüber limnischen Organismen (aus** NEFF **1980 mit Hinweisen auf die Originalliteratur)**

Substanz	Tierart	Test (statisch)	Konzentration [mg/l]
Naphthalin	*Gambusia affinis* Koboldkärpfling	$96\,h\,LC_{50}$	150
	Oncorhynchus gorbuscha „Rosa"-Lachs (Brut)	$24\,h\,LC_{50}$	0,92
	Cyprinodon variegatus Schafskopf-Elritze	$24\,h\,LC_{50}$	2,4
1-Methylnaphthalin	*Cyprinodon variegatus*	$24\,h\,LC_{50}$	3,4
2-Methylnaphthalin	*Cyprinodon variegatus*	$24\,h\,LC_{50}$	2,0
Dimehtylnaphthalin	*Cyprinodon variegatus*	$24\,h\,LC_{50}$	5,1
Fluoren	*Cyprinodon variegatus*	$96\,h\,LC_{50}$	1,68
Dibenzothiophen	*Cyprinodon variegatus*	$96\,h\,LC_{50}$	3,18
Phenanthren	*Gambusia affinis*	$96\,h\,LC_{50}$	150
Benz[a]anthracen	*Lepomis macrochirus* Blauer Sonnenbarsch	$96\,h\,LC_{50}$	1,0

Wie stark fischtoxisch Flußsedimente sein können, ließ sich in einer amerikanischen Untersuchungsreihe von ROBERTS et al. (1989) zeigen. In Sedimenten des Elisabeth River wurde ein PAH-Gehalt von 33 mg/g Sedimenttrockengewicht ermittelt. Dieses kontaminierte Sediment hatte im Labor nach 2 Stunden den Tod aller Versuchstiere von *Leiostomus xanthurus* zur Folge. In Versuchsansätzen, in denen das Elisabeth-River-Sediment mit unkontaminiertem Sediment gemischt wurde, verringerte sich der akut letale Effekt der Verdünnung entsprechend. Die 24stündige LC_{50} wurde bei einem Sedimentgemisch registriert, das sich zu 56% aus dem Sediment des Elisabeth River zusammensetzte. Wie der Abb. 8.6.3 zu entnehmen ist, blieb die LC_{50} bei einem Sedimentanteil des Elisabeth River von etwa 50% dann über etwa zwei Wochen auf einem konstanten Niveau. Danach kam es allerdings zu einer rapiden Mortalitätssteigerung: nach etwa 20 Tagen stellte sich die LC_{50} schon bei einem Anteil von etwa 3% Elisabeth-River-Sediment ein. Hier kommt ein chronischer Effekt in Form einer

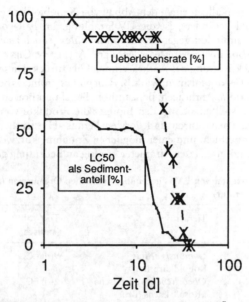

Abbildung 8.6.3: Vergleich des zeitlichen Verlaufs der LC$_{50}$-Werte mit der Überlebensrate einer hungernden Kontrollpopulation (aus ROBERTS et al. 1989). Bei dem oberen Verlauf (Strichlinie) handelt es sich um die Überlebensrate der Hungerpopulation. Der untere Verlauf (durchgezogene Linie) beschreibt dagegen den LC$_{50}$-Verlauf in Abhängigkeit unterschiedlicher Anteile des mit PAHs kontaminierten Elisabeth-River-Sediments.

Beeinflussung der Nahrungsaufnahme zum Ausdruck, und zwar weit unterhalb akut toxischer Konzentrationen. Belegt wurde dies durch den nahezu parallel verlaufenden Abfall der Überlebensrate einer Population, die keinem PAH-kontaminiertem Sediment ausgesetzt war, dafür aber hungern mußte.

Ein sehr sensibler Anzeiger auf in Sedimenten enthaltenen PAHs ist die Winterflunder *Pseudopleuronectes americanus*. PAYNE et al. (1988) berechneten die Dosis-Wirkungsbeziehungen für eine Reihe biologischer und biochemischer Parameter. Sie exponierten die Winterflundern für 4 Monate unterschiedlich stark mit Erdöl-kontaminierten Sedimenten. Bereits ein PAH-Gehalt von 1 µg/g im Sediment wirkte sich in typischen Entgiftungserscheinungen wie der Zunahme an Fett- und Glykogengehalt der Leber sowie einer Aktivitätssteigerung der Oxygenase in Leber und Nieren aus. Desweiteren zogen PAYNE et al. (1988) Gewichtsveränderungen des Körpers bzw. bestimmter Organe heran, um Konditionsindices zu erstellen. Mit ihnen läßt sich der Grad der Schadstoffbelastung eines Gewässers darstellen. Der Fisch-Konditionsindex bzw. der Organ-Konditionsindex ergibt sich aus

$$I_{Fisch} = M_F / L^3 * 100$$
bzw.
$$I_{Organ} = M_O / M_F * 100$$

M_F = Gesamtmasse des Fisches in g
L = Länge des Fisches in cm
M_O = Organmasse des Fisches in g

In Tabelle 8.6.8 ist zu erkennen, daß vor allem der Konditionsindex der Leber infolge einer Hypertrophie mit steigender PAH-Belastung zunimmt.

Tabelle 8.6.8: Veränderungen der Konditionsindices bei *Pseudopleuronectes americanus* nach Kontamination des Sedimentes mit Petroleum (nach PAYNE et al. 1988)

	0 ml	5 ml	25 ml	50 ml	250 ml	500 ml
Fisch	1,01	1,07	1,06	1,02	1,05	1,00
Leber	0,69	0,74	0,74	0,80	1,06	1,15
Milz	0,16	0,15	0,17	0,16	0,11	0,12
Niere	0,39	0,37	0,39	0,40	0,38	0,44
Darm	2,78	2,84	2,86	2,88	2,87	2,89

Da diese Konditionsindices keine stoffspezifischen Größen darstellen, können mit ihnen allein zunächst nicht mehr als Anhaltspunkte dafür gegeben werden, ob eine Belastung vorliegt oder nicht. Eine nähere Angabe über die Art des Schadstoffes bedarf einer gezielteren Analyse. Es bleibt zu prüfen, inwieweit sich solche Konditionsindices auf pelagisch lebende Fische oder auch auf andere Organismengruppen übertragen lassen.

Eine andere Methode wählten LUXON et al. (1987), die sich biochemische Abbauprozesse zunutze machten. Sie zogen die Aktivität der Monooxygenase von Seesaiblingen (*Salvelinus namaycush*) als Maß für die Belastung kanadischer Seen mit PAHs und anderen chlorierten Kohlenwasserstoffen heran. Die in den Great Lakes industriegeprägter Regionen beheimateten Fische zeichneten sich durch eine 6- bis 62fach höhere Enzymaktivität gegenüber geringer belasteten Regionen aus. Die Autoren geben allerdings zu bedenken, daß diese Art von Monitoring während der Laichzeit der Fische, in der die Enzymaktivität grundsätzlich herabgesetzt ist, nicht anzuwenden ist.

Enzymaktivitäten als Maß für die Metabolisierungsgeschwindigkeit und damit als Maß für den Kontaminationsgrad eines Gewässers wurden auch von GARRIGUES et al. (1990) herangezogen. Sie konnten eine gute Korrelation zwischen der PAH-Konzentration im getrockneten Sediment mediterraner Küstenregionen und der Zunahme von Enzymaktivitäten in Muscheln und der Leber verschiedener Fischarten ermitteln.

Die Karzinogenität einzelner PAHs ist bereits seit den 30er Jahren nachgewiesen und seitdem Gegenstand zahlreicher Untersuchungen geworden (GRICIUTE 1979, MACCUBBIN et al. 1988). Von den 40 unter humantoxischen Aspekten relevanten PAHs sind 11 Vertreter wie z.B. B[a]P als stark karzinogen einzustufen (KOCH & WAGNER 1989). Dabei ist zu berücksichtigen, daß die karzinogenen Eigenschaften weniger auf die reaktionsträgen Ausgangssubstanzen als vielmehr auf die oxidierten Abbauprodukte zurückzuführen sind (GIBSON et al. 1975, GROVER 1980). Ihr Anteil hängt JACOB (1985) zufolge wesentlich von der Aktivität der Cytochrom-P-448-Monooxygenase ab. Hierbei können synergistische Effekte durch andere, selbst wenig toxisch oder karzinogen wirkende Xenobiotika auftreten, die die Biosynthese der Oxygenase stimulieren und sich auf die Weise als „Cocarcinogen" entpuppen.

Die karzinogene und tumorigene Wirkung verschiedener PAHs sei beispielhaft für B[a]P nach SHUGART (1985) geschildert. Diese PAHs können kovalent an zellulären Makromolekülen gebunden werden, nachdem sie metabolisch (durch Cytochrom P-450 Isoenzyme) aktiviert wurden. B[a]P wird enzymatisch umgebaut zu

1. *trans*-B[a]P-7,8-dihydrodiol und anschließend zu
2. *anti*- und (in untergeordnetem Ausmaß) zu *syn*-B[a]P-diolepoxid.

Die Diolepoxide binden sehr aktiv an DNA zu den sogenannten DNA-Addukten (siehe „Biomarker").

Eine Mutagenität wurde im Ames-Test für Fluoranthen, Benz[a]anthracen, Chrysen und Benzo[a]pyren festgestellt (KOCH & WAGNER 1989). Einen gentoxischen Effekt in Form vermehrter Mikronuklei entdeckte METCALFE (1988) in den Erythrozyten von *Ictalurus nebulosus* nach B[a]P-Injektion.

8.6.4 Verbleib im Gewässer

Die Entfernung von PAHs aus dem Wasserkörper kann in unterschiedlicher Weise erfolgen. Die Verdunstung als Eliminationspfad ist vor allem für niedermolekulare PAHs von Bedeutung, deren Moleküle nicht mehr als 15 C-Atome enthalten und die einen Siedepunkt von maximal 270°C aufweisen (z.B. Naphthalin).

In besonderer Weise fördert die schlechte Wasserlöslichkeit der PAHs deren Adsorption an feinkörnige Tone und Detritus und damit die Verfrachtung in das Sediment. Naphthalin kann, wie von LEE et al. (1978) vermutet, vom Phytoplankton aktiv aufgenommen werden und so relativ schnell nach Absterben der Algen in das Sediment gelangen.

KOCH & WAGNER (1989) haben für Benzo[a]pyren die Halbwertszeiten von verschiedenen Transformationsprozessen vergleichend dargestellt (Tabelle 8.6.9).

Tabelle 8.6.9: Mittlere Halbwertszeiten von Benzo[a]pyren in Jahren (nach KOCH & WAGNER 1989)

	Photolyse	Oxidation	Flüchtigkeit
Flußwasser	3	340	140
Talsperrenwasser	7,5	340	350
Eutrophe Seen	7,5	340	700
Oligotrophe Seen	1,5	340	700

Demnach ist die Photolyse der wichtigste abiotische Abbauprozeß. Einer photochemischen Oxidation unterliegen die hochmolekularen PAHs wie Fluoranthen, Benz[a]anthracen sowie in besonderem Maße Benzo[a]pyren, solange sie in den oberen Wasserschichten (bis ca. 5 m) vorkommen. LU et al. (1977) berichten für in Methanol gelöstes B[a]P eine Halbwertszeit von zwei Stunden bei Bestrahlung mit einer Wellenlänge von 254 nm.

Der biotische Abbau kann auf allen trophischen Ebenen erfolgen. Einige Prokaryonten wie *Pseudomonas*- und *Aeromonas*-Arten besitzen eine Enzymausstattung, die es ihnen erlaubt, niedermolekulare PAHs zu oxidieren und damit eine Ringspaltung zu ermöglichen (JACOB 1985). Naphthalin und Anthracen werden so über cis-1,2-Dihydrodiol zu Salicylsäure abgebaut. LEE et al. (1978) veranschlagten die mikrobielle tägliche Abbauleistung von naphthalinhaltigem Wasser mit 5%. Zu einem wirkungsvolleren Abbau sind jedoch Eukaryonten wie Pilze, Hefen und höhere Vertebraten befähigt. Sie alle sind mit mischfunktionellen Monooxygenasen ausgestattet, die die Transformation von PAHs einleiten.

Auch Mikroorganismen im Sediment-Wasser-Kontaktbereich bauen PAHs ab. Dies gilt in besonderem Maße für natürliche Mischpopulationen. Niedermolekulare PAHs wie Naphthalin werden am leichtesten metabolisiert. Steigende Molekulargewichte bewirken eine Abnahme der Abbaubarkeit. Bereits bei PAHs mit drei oder mehr Ringen tritt kein oder nur noch ein sehr langsamer mikrobieller Abbau auf (LEE et al. 1978, HERBES 1981, READMAN et al. 1982). Der mikrobielle Abbau läuft nur unter aeroben Bedingungen ab (DELAUNE et al. 1981) und wird durch Nährstoffreichtum beschleunigt (FEDORAK & WESTLAKE 1981). Adaptation beschleunigt den Abbau: Er vollzieht sich beispielsweise in Öl-kontaminierten Sedimenten schneller als in Sedimenten der Quellregionen (HERBES & SCHWALL 1978).

Während bei den genannten Organismen ein Abbau nachgewiesen werden konnte, fehlt ein derartiger Beweis für Süßwassermuscheln, das heißt: Diese können PAHs nicht oder nur sehr unzureichend metabolisieren (PAYNE et al. 1983). Mit anderen Worten: Wiederum Mollusca eignen sich auch für diese Stoffgruppe offensichtlich am besten.

Mit Hilfe von Modellen bilanzierten MCVEETY & HITES (1988) Eintrag und Verbleib von PAHs im Siskiwitt Lake, der auf einer unbewohnten Insel im nördlichen Teil des Oberen Sees liegt. Die Ergebnisse sind Abb. 8.6.4 zu entnehmen. Beim Eintrag zeichnet sich ab – wie bereits an anderer Stelle erwähnt –, daß zwischen 70 und 90% der PAHs trocken deponiert werden. Bei Phenanthren, Anthracen, Fluoranthen, Pyren, Benz[a]anthracen und Chrysen gehen 50% und mehr wieder in die Atmosphäre zurück. Der Rest wandert ins Sediment, denn der Austrag mit dem Seeabfluß scheint überhaupt keine Rolle zu spielen.

Als Fallbeispiel für ein Fließgewässer liegt für ein einzelnes Ereignis, nämlich einen Starkregen am 27. Mai 1979 in Bayreuth, die Bilanz über die Quellen und den Verbleib des PAH 3,4-Benzpyren vor (HERRMANN 1981). Die Ergebnisse sind in Tabelle 8.6.10 dargestellt und sprechen weitgehend für sich. Nur ein kleiner Teil der PAHs stammt aus dem Regen selbst. Es dominiert beim Eintrag die Abwaschung von den Straßen. Der Transport im Gewässer erfolgt überwiegend an Schwebstoffen.

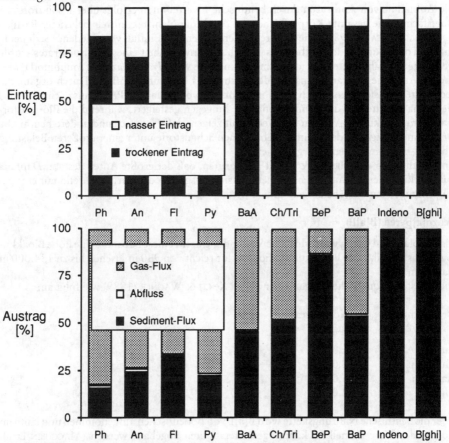

Abbildung 8.6.4: Eintrag und Verbleib einzelner PAHs im Siskiwit Lake (aus MCVEETY & HITES 1988)

Tabelle 8.6.10: Flüsse von Benzpyren während eines Starkreregenereignisses in Bayreuth (aus HERRMANN 1981)

Kompartiment	Fluß $\mu g \, s^{-1}$
Eintrag durch Regen	$0,26 * 10^3$
Abspülung von Flächen und Abwasser	$6,4 * 10^3$
Kanalisation	$3,4 * 10^3$
Flußschwebstoffe	$3,2 * 10^3$
Sedimentaufwirbelung	$0,06$
gelöste Fracht im Fluß	1

8.6.5 Einzelbeschreibungen

Anthracen

Die Aufnahme von Anthracen durch benthische Invertebraten erfolgt über respiratorische Oberflächen, die gesamte Körperfläche und durch die Nahrung mittels belasteter Partikel (LANDRUM & SCAVIA 1983). Die Autoren untersuchten den Einfluß verschiedener Sedimente auf die Toxikokinetik des Anthracens. Durch die Anwesenheit eines Sandsubstrates wurde weder die Aufnahmerate noch die Eliminierungsrate von *Hyalella azteca* (Amphipoda) verändert. Auch die Biotransformation des Anthracens blieb unbeeinflußt. Durch organische Sedimente, die sich stets durch ein hohes Sorptionspotential für PAHs auszeichnen, wird die Aufnahmerate und die Eliminierungsrate hingegen gesteigert, während die Biotransformationsrate sinkt. Die Autoren konnten somit zeigen, daß *H. azteca* und andere benthische Organismen aufgrund der sedimentgebundenen Schadstoffe unter einer größeren Belastung leben als frei schwimmende Organismen.

Untersuchungen von HERBES & RISI (1978) zeigten, daß der größte Anteil des von *Daphnia pulex* akkumulierten Anthracens unmetabolisiert ausgeschieden wird, während nur eine geringe Menge vom Gewebe aufgenommen wird.

Benzo[a]pyren (B[a]P)

Als unpolare und wenig wasserlösliche Verbindung besitzt diese Substanz eine hohe Bioakkumulationstendenz. Der Bioakkumulationsfaktor reicht von 930 in Fischen bis zu 134.000 in Daphnien.

Die Belastung aquatischer Organismen geben KOCH & WAGNER (1989) wie folgt an:

Organismus	Konzentration [μg/kg]
Austern	1,0-70
Muscheln	2,0-30
Plankton	5,0-10
Algen	2,0-5

Über die benthische Nahrungskette wird B[a]P von Bodenfischen aufgenommen und kann im Körper der Tiere schnell zu karzinogen Metaboliten abgebaut werden (MACCUBIN et al. 1988). Auf die hohe karzinogene Aktivität dieser Substanz wurde schon von SCHOENTAL

(1964) hingewiesen. Die Akkumulation von B[a]P durch *Daphnia magna* wird mit wachsender Konzentration an gelöster organischer Substanz (DOC) geringer (KUKKONEN et al. 1990, KUKKONEN et al. 1989, OIKARI & KUKKONEN 1990).

EVANS & LANDRUM (1989) führten vergleichende toxikokinetische Untersuchungen in bezug auf B[a]P und andere Chemikalien an den Crustaceen *Pontoporeia hoyi* und *Mysis relicta* durch. Die Aufnahmeraten waren dabei für beide Organismen gleich, obwohl sich große Unterschiede in der Eliminierung der Substanzen zeigten. Während die epibenthisch lebende *Mysis relicta* B[a]P besser eliminieren konnte, vermochte der benthisch lebende Amphipode *P. hoyi* eher DDE und Hexachlorbiphenyl zu eliminieren.

HARANGHY (1956) studierte den Effekt von B[a]P auf die Filtrationsrate verschiedener Süßwassermuscheln. Eine Injektion von 0,2-1,0 µg in den Visceralbeutel der Mollusken hatte bei *Dreissena polymorpha*, *Anodonta cygnea*, *Unio pictorum* und *U. tumidus* eine signifikante Abnahme der Filtrationsrate zur Folge. Der Autor vermutet eine Inhibierung der Cilienaktivität oder des gesamten Metabolismus der Muscheln durch B[a]P.

Der Süßwasser-Oligochaet *Tubifex* spec. akkumulierte nach Untersuchungen von SCACCINI-CICATELLI (1966) bei einer Konzentration von 100 µg/l Benz[a]pyren während einer Dauer von 11 Tagen bis zu 88 µg/kg im Gewebe. Ein B[a]P-Metabolismus war nicht festzustellen.

Fluoranthen

Fluoranthen gehört wie Benz[a]pyren zu den ubiquitären Stoffen, zeigt aber im Gegensatz zu dieser Substanz eine erhöhte Wasserlöslichkeit, eine geringere Flüchtigkeit und eine Photolysestabilität (KOCH & WAGNER 1989). Die Autoren geben für die Belastung aquatischer Strukturen folgende Konzentrationen an:

Oberflächenwasser	4,7-6,5 ng/l
Trinkwasser	2,6-132,6 ng/l
Regenwasser	5,6-1460 ng/l
Abwasser	0,1-45 µg/l
Schlamm	580-4090 µg/kg
Abwasserschlamm (frisch getrocknet)	610-5160 µg/kg
Sediment (Seen)	13-5870 µg/kg

DEWITT et al. (1989), die die akute Toxizität von Ästuar-Sedimenten untersuchten, führten Tests mit verschiedenen Süßwasser- und marinen Amphipodenarten durch. Der Amphipode

Tabelle 8.6.10: LC_{50}-Angaben (10d) für verschiedene Amphipodenarten in Bezug auf Fluoranthen-kontaminierte Sedimente bei verschiedenen Salinitäten (aus DEWITT et al. 1989)

Amphipoden-Art	Salinität [%o]	Nominale LC_{50} [mg/kg]	Gemessene LC_{50} [mg/kg]
Hyalella azteca	2	21,2	15,4
Eohaustorius estuarius	2	13,8	9,3
	5	14,0	-
	10	15,1	10,7
	15	13,9	-
	28	17,51	1,8
Rhepoxynius abronius	28	6,6	5,1

Eohaustorius estuarius zeigte eine breite Salinitätstoleranz (2-28‰). Die LC$_{50}$ lag durchschnittlich bei 10,6 mg/kg Fluoranthen und die Sensitivität wurde durch eine höhere Salinität kaum beeinflußt. Der marine Amphipode *Rhepoxynius abronius* war etwas sensitiver als *E. estuarius*. Im Vergleich zum Süßwasseramphipoden *Hyalella azteca* zeigte sich dagegen *E. estuarius* sensitiver (Tabelle 8.6.10).
DeWitt et al. (1989) bezeichnen *E. estuarius* aufgrund ihrer Ergebnisse als guten Testorganismus für akute Toxizitätstests an marinen und Ästuarsedimenten.

Naphthalin

S.B. Smith et al. (1988) fassen die in verschiedenen Toxizitätstests mit Crustaceen ermittelten EC$_{50}$-Angaben (48h) in einer Tabelle zusammen (Tabelle 8.6.11).

Tabelle 8.6.11: EC$_{50}$-Angaben (2d) aus Toxizitätstests mit Naphthalin und Phenanthren an *Daphnia magna* und *D. pulex* [mg/l] (aus S.B. Smith et al. 1988 nach verschiedenen Autoren)

Daphnia-Art	Naphthalin	Phenanthren
Daphnia magna	8,6	-
Daphnia magna	2,2	0,7
Daphnia magna	22,6	0,8
Daphnia magna	24,1	1,0
Daphnia pulex	1,0	0,1
Daphnia pulex	4,6	0,4

Die Bioakkumulation von Naphthalin durch *Daphnia magna* ist geringer als für B[a]P (Kukkonen et al. 1990). Dies zeigt sich auch in dem kleineren K$_{ow}$-Wert, also der größeren Hydrophilie dieser Substanz. Nach Neff et al. (1976) ist die biologische Verfügbarkeit des aus zwei Benzolringen bestehenden Naphthalins größer als die schwererer Aromaten. In sauerstoffgesättigtem Wasser zählt Naphthalin zu den am häufigsten biologisch abgebauten PAH-Verbindungen (Dean-Raymond & Bartha 1975, Herbes 1981). Untersuchungen an *Crassostrea virginica* (Lee et al. 1978) und *Mytilus edulis* (Hansen et al. 1978) haben gezeigt, daß angereichertes Naphthalin schneller aus dem Organismus der Mollusken entfernt werden kann als Phenanthren.
Eine Naphthalinbelastung im Konzentrationsbereich von 0,019 bis 0,17 mg/l hatte auf das Überleben der marinen Krabbe *Cancer magister* während der Larvenentwicklung keinen Einfluß (Caldwell et al. 1977). Bei einer chronischen Belastung von 0,13 mg/l Naphthalin verlängerte sich jedoch die Dauer der ersten drei Larven-Stadien (Zoëa).
Berdugo et al. (1977) konnten bei Konzentrationen von 1 und 2 mg/l Naphthalin bei dem Copepoden *Eurytemora affinis* nach einer Dauer von 24 Stunden eine Abnahme der Freßrate um 10 und 16% feststellen. Eine 10tägige Exposition bei 10 oder 50 µg/l hatte eine wachsende Mortalität, eine abnehmende Eiproduktion und eine Abnahme der Freßrate zur Folge. Ott et al. (1978), die ebenfalls Untersuchungen an *Eurytemora affinis* vornahmen, konnten bei einer chronischen Belastung (29 Tage) von 10 µg/l Naphthalin, 2-Methylnaphthalin, 2,6-Dimethylnaphthalin oder 2,3,5-Trimethylnaphthalin eine Abnahme der Lebensdauer, der produzierten Nauplien und der Brutgröße feststellen. Die Rate der Eiproduktion und die Anzahl der produzierten Eier pro Weibchen wurde um nahezu 50% reduziert. Trimethylnaphthalin hatte insgesamt einen größeren Einfluß auf die Reproduktion als die übrigen Naphthaline.

Phenanthren

Die von S.B. SMITH et al. (1988) referierten Toxizitätsdaten für Phenanthren gegenüber Daphnien sind in Tabelle 8.6.11 wiedergegeben. Wie Naphthalin gehört auch das aus drei Benzolringen bestehende Phenanthren zu den biologisch gut abbaubaren (DEAN-RAYMOND & BARTHA 1975, SHERRILL & SAYLER 1980, KOCH & WAGNER 1989) und löslichen Substanzen (MAY et al. 1978, KOCH & WAGNER 1989) innerhalb der PAH-Verbindungen. Die Bioakkumulation dieser Substanz ist relativ hoch (EADIE et al. 1982, KVESETH et al. 1982, SOLBAKKEN et al. 1984, ELDER & DRESLER 1988). Die Bioverfügbarkeit von Phenanthren ist wahrscheinlich darauf zurückzuführen, daß diese Substanz zu den im Wasser und Sediment am häufigsten vorkommenden PAH-Verbindungen zählt (GIGER & BLUMER 1974, MARTY et al. 1978, EADIE et al. 1982).

Eine Phenanthrenkonzentration von 200 µg/l war für die Larve der marinen Krabbe *Rhithropanopeus harrisii* akut toxisch. Das erste und zweite Zoëastadium zeigte sich gegenüber Phenanthren als besonders sensitiv (LAUGHLIN & NEFF 1979).

Die Larven der Garnele (*Palaemonetes pugio*) waren gegenüber Phenanthren resistenter als die adulten Organismen (YOUNG 1977). Phenanthrenkonzentrationen von 25-100 µg/l hatten keinen Einfluß auf die Dauer des ersten Larvenstadiums, die Dauer der gesamten Larvenentwicklung oder das Überleben der Organismen während der Larvenentwicklung.

8.7 Polychlorierte Biphenyle (PCBs)

8.7.1 Allgemeines

Polychlorierte Biphenyle (PCBs) sind eine Klasse chlorierter, aromatischer Verbindungen, die aufgrund ihrer physikalischen und chemischen Eigenschaften weltweite Anwendung gefunden haben. Hohe thermische und chemische Stabilität sowie gute dielektrische Eigenschaften führten zu ihrem Einsatz als Weichmacher von Kunststoffen, Transformator- und Kondensatorflüssigkeiten sowie als Flüssigkeiten in hydraulischen Systemen, Gasturbinen und Vakuumpumpen. Trotz insektizider und fungizider Wirkung sind sie als Pestizid kaum zur Anwendung gekommen.

Eine der herausragenden Eigenschaften von PCBs sind ihre starke Lipophilie (4,5 < log K_{ow} > 8,1) und hohe Persistenz. Beide Eigenschaften steigen mit zunehmendem Chlorierungsgrad an. Gleichzeitig sinkt dabei die Flüchtigkeit des PCB. Bei Aroclor 1221 und 1232 betragen die Verdunstungsverluste bei einer Temperatur von 100°C bis zu 1,5% (HUTZINGER et al. 1974).

Aufgrund humantoxischer Effekte wie Leberatrophie, Dermatitis, Chlorakne, Anämie oder Schwächung des Immunsystems wurden PCBs 1978 in der Bundesrepublik in offenen Systemen verboten. Während in Ländern der „Dritten Welt" die Produktion von PCBs weiter ansteigt, werden sie hierzulande durch die Phthalsäureester und Tetrachlorbenzyltoluole (TCBTs) ersetzt. Inzwischen wird aber auch auf die Problematik dieser Ersatzstoffe hingewiesen, wie z.B. in einer niederländischen Arbeit über TCBTs (WESTER & VALK 1990).

Trotz des PCB-Verbots kommen durch diffuse Quellen wie ausgebrachte Holzschutzfarbe, Stanzfett und Dachplatten aus Asbest-Zement auch dabei weiterhin PCB-Emissionen vor. Im Sommer werden höhere Immissionen als im Winter gemessen; ein temperaturabhängiges Verdampfen liegt daher nahe (MARFELS et al. 1988). In die Kanalisation gelangen PCBs oft über Öl und Altöl von gewerblichen Indirekteinleitern, obwohl diese mit sogenannten Ölabscheidern ausgestattet sind (BALZER et al. 1991).

BRAUN et al. (1987) untersuchten sowohl Isarwasser als auch Niederschlagswasser und wiesen in allen Proben PCBs mit einer durchschnittlichen Konzentration von 22 ng/l nach. Im Niederschlagswasser war im Vergleich zu vorangegangenen Jahren sogar ein leicht ansteigender Trend festzustellen. Wenngleich auch damit die Höchstgrenze nach der Trinkwasserverordnung von 100 ng/l nicht überschritten wurde, treten deutliche Probleme durch die Anreicherung über die Nahrungskette auf. Bei Rotaugen und Aalen zeigten die Untersuchungsergebnisse maximale Anreicherungsfaktoren von 10.000 bzw. 50.000 (s. auch 8.7.2). Die Höhe der Kontamination hängt von der Stellung im Nahrungsnetz und von dessen Länge ab: Jedes Glied in der Nahrungskette vor dem Endkonsumenten erhöht die PCB-Kontamination um den Faktor von rund 3,5 (RASMUSSEN et al. 1990) (vgl. Kapitel 6).

Für die Hydrosphäre werden von KOCH & WAGNER (1989) folgende durchschnittliche PCB-Kontaminationen angegeben (Tabelle 8.7.1):

Tabelle 8.7.1: Durchschnittliche PCB-Kontamination in der Hydrosphäre (nach KOCH & WAGNER 1989) und BALZER et al. 1991)

Meerwasser	bis	30 ng/l
Ozeane		0,2 ng/l
Oberflächenwasser	bis	1,4 µg/l
Trinkwasser	bis	8,5 µg/l
Abwasser	bis	33 µg/l
Flußsedimente	bis	61 mg/kg
Klärschlamm	bis	13 mg/kg

Das ubiquitäre Vorkommen der hydrophoben PCBs in aquatischen Nahrungsketten ist noch nicht ausreichend geklärt. PCBs werden durch die Luft verbreitet und in aquatischen Ökosystemen abgelagert. Wahrscheinlich ermöglicht eine Mikroschicht den Austausch zwischen Luft und Wasser (SÖDERGREN et al. 1990). Sie hat oberflächenaktive und lipophile Eigenschaften, die persistente Organochlorverbindungen binden und so ihren Eintritt in die aquatische Nahrungskette ermöglichen können. Die Ergebnisse zeigten, daß bei bekannter PCB-Konzentration in der Luft die Konzentrationen in Mikroschicht und Wasser vorhergesagt werden können. Die weniger chlorierten PCB-Kongenere – mit höherem Dampfdruck und höherer Verdampfungsrate – werden schneller als die stärker chlorierten Kongenere an die Luft abgegeben (MURPHY et al. 1987, SHIU & MACKAY 1986). Das sich am schnellsten und intensivsten verflüchtigende Kongenere ist Tetrachlorbiphenyl (PCB 52). Niederchlorierte PCBs haben eine größere Wasserlöslichkeit als hochchlorierte Kongenere, z.B.: Tetrachlorbiphenyl (PCB 52) mit 112 µg/l; Pentachlorbiphenyl (PCB 101) mit 26 µg/l und Hexachlorbiphenyl (PCB 138) mit 7 µg/l.

Organische Substanzen, also auch PCBs, kommen in Verbindung mit feinkörnigem Material in nahezu allen natürlichen aquatischen Systemen vor (GIBBS 1973, PRESLEY et al. 1980, ELDER & MATTRAW 1984). Die Bioverfügbarkeit ist abhängig von vielen physikalischen und chemischen Faktoren. Gewässersedimente können als historische Indikatoren für die Wasserqualität herangezogen werden (FELTZ 1980). Zum Schutz aquatischer Systeme wird eine Belastungsgrenze gefordert, die für PCBs bei 0,5 µg/g liegt (NAS-NAE 1972).

PCBs werden im folgenden auch mit dem amerikanischen Handelsnamen Aroclor bezeichnet. Da es sich bei der Aroclor-Serie um eine vielfältige Zusammensetzung von PCBs handelt, werden die Mixturen z.B. wie folgt gekennzeichnet: Aroclor 1260 (polychloriertes Biphenyl mit einem Chloranteil von 60%), darin bedeutet 12-- = biphenyl und --60 = Chloranteil dieses Substanzgemisches.

Tabelle 8.7.2: Wasserlöslichkeit verschiedener Chlorbiphenyle (Angaben in mg/l)

Quelle	1	2	3
2-		4,13-5,9	4,13
3-		1,3-3,5	1,30
4-	1,20	0,9-1,17	0,90
2,2'-Di.	1,51	0,79-1,7	0,79
2,5-Di.	1,95	0,58	0,58
2,4-Di.	1,41	1,4	
2,4'-Di.		0,62-1,88	0,062
4,4'-Di.	0,060	0,056-0,08	0,056
2,6-Di.	1,38		
2,4,6-Tri.	0,224		
2,4,5-Tri.	0,162		
2,2',5-Tri.	0,45	0,25-0,64	0,064
2',3,4-Tri.		0,078	
2,4,4'-Tri.		0,085-0,26	0,260
2,4,5-Tri.		0,092	0,092
3,4,4'-Tri.		0,0152	0,0152
2,2',3,3'-Tetra.	0,0334	0,034	
2,2',3,5-Tetra.		0,170	
2,2',4,4'-Tetra.	0,0170	0,0068	
2,2',5,5'-Tetra.	0,0269	0,06q-0,046	
2,3',4,4'-Tetra.		0,058	
2,3,4,5-Tetra.	0,0209	0,0192	0,0192
2,3',4',5-Tetra.		0,041	
2,2',4,5-Tetra.	0,0158		
3,3',4,4'-Tetra.		0,00075-0,175	0,00075
2,2',3,4,5-Penta.		0,0098	0,0098
2,2',3,4,5'-Penta.		0,0045-0,023	0,0045
2,2',4,5,5'-Penta.	0,0100	0,0042-0,031	0,0042
2,2',3,4,6-Penta.		0,0012	0,0012
2,3,4,5,6-Penta.	0,00550	0,0068	0,0068
2,2',4,4',6,6'-Hexa.	0,0004	0,0009	0,0009
2,2',3,3'4,4'-Hexa.	0,000282	0,00044	0,00044
2,2',3,3'4,5-Hexa.		0,00085	0,00085
2,2',3,3',5,6-Hexa.		0,0091	0,00091
2,2',4,4',5,5'-Hexa.	0,00120	0,001-0,01	0,0012
2,2',4,4',6,6'-Hexa.		0,0009	
2,2',3,3',6,6'-Hexa.	0,00603		
2,2',3,3',4,4'6-Hepta.	0,00219		
2,2',3,4',5,5',6-Hepta.		0,00047	
2,2',3,3',5,5'6,6'-Octa.	0,000389	0,00018	
2,2',3,3',4,4'6,6'-Octa.		0,00027-0,0072	0,0027
2,2',3,3',4,5,5',6,6'-Nona.	0,0000182		
2,2',3,3',4,4',5,5',6-Nona.		0,000112	0,000112
Deca.	0,00000741	0,000016	0,000016

1 = Isnard & Lambert (1989)
2 = Mackey et al. (1980), der verschiedene Quellen zitiert, als wichtigste jedoch Weil et al. (1974)
3 = Weil et al. (1974)

Die Verwendung von PCB-Gemischen bei Bioakkumulations- und Toxizitätsuntersuchungen, die nicht eindeutig nach ihren chemischen Bestandteilen definiert sind, erschwert die Überprüfung dieser Daten auf Plausibilität anhand der Wasserlöslichkeit der verschiedenen PCB-Kongenere, die in Tabelle 8.7.2 wiedergegeben sind. Es steht allerdings zu vermuten, daß – ähnlich wie bei den PAHs – gelegentlich mit übersättigten Lösungen gearbeitet wurde. Einige Toxizitätswerte in Tabelle 8.7.11 scheinen zu hoch zu sein.

8.7.2 Anreicherung

Alle aquatischen Organismen, die bisher untersucht wurden, absorbieren PCBs direkt aus dem Wasser (WHO 1976). Die Konzentration ist dabei nach dem WHO-Bericht (1976) abhängig von Expositionsdauer und Konzentration des umgebenden Milieus. FALKNER & SIMONIS (1982) geben an, daß mit Ausnahme höherer Vertebraten die Biomagnifikation weniger bedeutend ist als die direkte Aufnahme aus dem Wasser. Bei Fischen (getestet wurden Guppies) ist die Aufnahmerate beispielsweise von 2,2',5,5'-Tetrachlorbiphenyl nicht von der umgebenden Sauerstoffkonzentration abhängig. Es stand zu befürchten, daß die bei geringen Sauerstoffkonzentrationen erhöhte Atemfrequenz der Fische auch zu einer verstärkten Aufnahme der Xenobiotika führt (SCHRAP & OPPERHUIZEN 1986).

Die stark lipophilen Eigenschaften der PCBs tragen zu ihrer hohen Anreicherung in der Biota bei. Demnach ist die Konzentration in lebenden Organismen nicht nur abhängig von der lokalen Verschmutzung, sondern auch vom Fettanteil im Gewebe (PORTMANN 1970, WESTÖÖ & NOREN 1970) und der Stellung der Organismen in der Nahrungskette, was – im Gegensatz zu den vorangegangen Ausführungen – auf eine Biomagnifikation hinweist. Die scheinbar widersprüchlichen Ausführungen zur Lipid- und Nahrungsketten-abhängigen Akkumulation von Kontaminanten wurde bereits im Kapitel 6 versucht aufzuklären.

Die Akkumulation von PCBs variiert zwischen den einzelnen Spezies, und innerhalb einer Spezies gibt es große Unterschiede aufgrund der verschiedenen Lebensräume und der damit veränderten Parameter wie Metabolismus, Exposition, Größe und Wachstumsrate (JENSEN et al. 1982).

Marines Zooplankton kann PCB-Werte bis zu 5 mg/kg in extrahierbaren Lipiden in mittelmäßig verschmutzten Gewässern enthalten (JENSEN et al. 1972c, WILLIAMS & HOLDEN 1973). Planktonbefunde, insbesondere dann, wenn hohe Konzentrationen an Kontaminanten gefunden wurden, sollten jedoch mit Vorsicht behandelt werden, da die Proben mit PCB-reichen Öl- oder Teerpartikeln kontaminiert gewesen sein können (WHO 1976).

Pisces

Zum Verständnis des Verbleibs von PCBs im Fischorganismus stellten KULKARNI & KARARA (1990) ein aus drei Kompartimenten bestehendes pharmakokinetisches Modell auf. Als zentraler Bereich des Versuchstieres *Ictalurus punctatus* wurde das Blut angenommen. Nach einer Injektion von 50 µg/kg PCB sank der Gehalt im Blut innerhalb der ersten vier Stunden sehr schnell, danach immer langsamer (Abb. 8.7.1). Ein ähnlicher Konzentrationsabfall wurde für das periphere, gut durchblutete Kompartiment mit Leber und Muskelgewebe simuliert. Die Diffusionsrate zwischen diesen beiden Kompartimenten erscheint demnach annähernd gleich. Die PCB-Diffusion vom Blut in das dritte Kompartiment – das Fettgewebe und die Haut – war den Computersimulationen zufolge etwa 12mal höher als in entgegengesetzter Richtung. Die starke Akkumulation kommt in der hohen Halbwertszeit des injizierten PCB zum Ausdruck. Erst nach 56 Stunden, als das Blut nur noch etwa 1% der ursprünglichen PCB-Konzentration enthielt, war die Hälfte des PCB ausgeschieden.

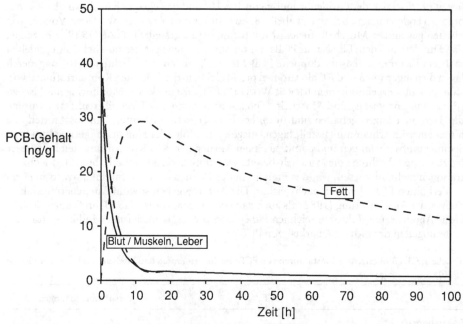

Abbildung 8.7.1: Zeitlicher Verlauf von simulierten PCB-Gehalten in verschiedenen Organen des Welses *Ictalurus punctatus* bei 18°C (nach KULKARNI & KARARA 1990)

Daß Fettgehalt und PCB-Konzentration aquatischer Organismen in einem direkten Zusammenhang stehen, wurde bereits in den 70er Jahren an Tieren aus der Nordsee festgestellt. Eine vom RAT VON SACHVERSTÄNDIGEN FÜR UMWELTFRAGEN (1980) durchgeführte Untersuchung zeigte, daß die PCB-Konzentration in Fischen mit geringem Fettgehalt, wie Kabeljauen, am niedrigsten lag. Tiere mit höherem Fettgehalt wie Schollen, Muscheln und Heringe wiesen entsprechend höhere Werte auf.

Aus der Gegenüberstellung mit anderen Untersuchungsergebnissen wird deutlich, daß in Hinblick auf eine PCB-Anreicherung der Fettgehalt des Fisches eine größere Rolle als die Artzugehörigkeit spielen kann. So wurde z.B. 1982 nach einem Fang in der Deutschen Bucht festgestellt, daß die im Vergleich zu den Schollen hier fettreicheren Kabeljaue höhere PCB-Konzentrationen aufwiesen (ERNST & GAUL 1984).

Am stärksten werden hochchlorierte, wenig wasserlösliche Biphenyle akkumuliert. Schwächer chlorierte Biphenyle können, wie CALAMBOKIDIS et al. (1979) an der Miesmuschel *Mytilus edulis* nachwiesen, dagegen relativ schnell ausgeschieden werden.

HAMDY & GOOCH (1986) werteten verschiedene Arbeiten mit Angaben zu den biologischen Halbwertszeiten (*biological half-life* = BHL) aus. Danach hatten Guppies und Buntbarsche bereits nach fünf bis sechs Tagen die Hälfte des aufgenommenen Aroclor 1254 wieder ausgeschieden. In der Regenbogenforelle *Oncorhynchus mykiss* hatte 2,5,2',5'-Tetrachlorbiphenyl eine wesentlich höhere Halbwertszeit (GUINEY et al. 1977). Dabei betrug die Expositionsdauer 26 Stunden. Während im Laufe der ersten 14 Tage ca. 30% des aufgenommenen PCBs eliminiert wurden, konnten in den nachfolgenden 126 Tagen nur noch 6% abgegeben werden. Rechnerisch ergibt sich daraus eine biologische Halbwertszeit von 2,67 Jahren.

Die auf die PCB-Konzentration des Wassers bezogenen Biokonzentrationsfaktoren (BCF_F)

liegen für Fische in der Größenordnung von 10^2-10^5 und bewegen sich in einem den Invertebraten vergleichbaren Bereich (Tabelle 8.7.3). In einigen Arbeiten wird der Vorzug von Fischen gegenüber Muscheln für ein Monitoring herausgestellt. FLÜGGE (1989) z.B. zeigte, daß Flundern aus dem Elbeästuar PCBs stärker anreicherten als Miesmuscheln. Sie enthielten in ihrem Fett mindestens die doppelte PCB-Menge. Von den untersuchten PCB-Kongeneren lagen diejenigen mit 5 und 6 Chloratomen pro Molekül in den höchsten Konzentrationen vor. Zum gleichen Ergebnis kamen RICE & WHITE (1987), die ein aktives Monitoring mit Fischen (*Pimephales promelas*) und Muscheln (*Sphaerium striatinum*) durchführten. Dazu wurden die Tiere in Käfigen gehalten und in unterschiedlich weit entfernten Flußabschnitten, die hinter einer Entschlammungsstelle lagen, ausgesetzt. Infolge der Flußausbaggerung kam es zu Sedimentaufwirbelungen und damit zu einem Anstieg der PCB-Konzentrationen im Wasser bis zu 4,7 µg/l. Während die Muscheln bereits 4 km flußabwärts keine erhöhten PCB-Konzentrationen mehr aufwiesen, war das Ereignis in den Fischen noch 11 km flußabwärts in Form von erhöhten PCB-Gehalten nachweisbar. Die Autoren geben sowohl Anreicherungsfaktoren vor der Ausbaggerung (1982) als auch nach der Ausbaggerung (1983) an (Tabelle 8.7.4). Hohe Anreicherungsfaktoren zeichnen *Pimephales promelas* als sensiblen Indikator für Veränderungen in der Bioverfügbarkeit von PCBs aus.

Tabelle 8.7.3: Biokonzentrationsfaktoren von PCBs bei Invertebraten und Fischen (aus HAMDY & GOOCH 1986)

Tier	BCF_F	Versuchsbedingungen
Invertebraten		
Crassostrea virginica	100.000	1 µg/l
Muscheln	1.800	
Nereis diversicolor	80	
Mückenlarven	12.600	nach 24 Stunden
	20.000	nach 7 Tagen
Gammarus pulex	100	
Daphnia magna	48.000	
Crustacea (scud)	27.000	nach 21 Tagen
„ (grass shrimp)	16.600	„
Fische		
Anarrhichas lupus	60.000	nach 77 Tagen
Leiostomus xanthurus	37.000	1 µg/l; nach 56 Tagen
Lepomis macrochirus	26.300-71.400	2-10 µg/l
Lagodon rhomboides	17.000	1 µg/l; nach 56 Tagen
Oncorhynchus mykiss	9.500	
Fundulus similis	375	nach 11 Tagen
Poecilia reticulata	200	5-15 µg/l; nach 4 Tagen

Die Beziehungen zwischen PCB-Gehalten im Sediment und in der Biozönose waren auch Gegenstand von Untersuchungen an den Great Lakes (WILLFORD et al. 1987). Gegenüber dem Sedimenttrockengewicht lagen die Anreicherungsfaktoren bei Oligochaeten und Elritzen zwischen 0,7 und 12,2, ohne allerdings eine Korrelation zwischen dem PCB-Gehalt im Sediment und dem im Tier erkennen zu lassen. Als Erklärung ziehen die Autoren unterschiedliche Sedimenttypen in Betracht.

Obwohl in manchen Studien die Auffassung vertreten wird, daß Fische PCBs stärker über das Wasser als über die Nahrung aufnehmen (NARBONNE 1979, zit. in HAMDY & GOOCH 1986), steht eine Biomagnifikation außer Frage (Tabelle 8.7.5 und Kapitel 6).

Tabelle 8.7.4: Anreicherungsfaktoren von zwei technischen PCB-Gemischen in *Pimephales promelas* bezogen auf Lebendmasse (nach RICE & WHITE 1987)

	1982	1983
Aroclor 1242		
0 km (Kontrolle)	1.551	1.101
1,6 km	22.496	18.632
11,0 km	12.664	24.740
Aroclor 1254		
0 km (Kontrolle)	168.420	35.802
1,6 km	157.140	355.210
11,0 km	33.462	284.290

Tabelle 8.7.5: Konzentrationsbereiche in mg/l Naßgewicht von verschiedenen Organismengruppen (aus PEARSON 1982b)

Plankton	0,01-2,0
Aquatische Invertebraten	0,01-10.0
Fische	0,01-25
Vögel (Fettgewebe)	0,10-1000
Vögel (Eier)	0,10-500
Marine Säuger u. Amphibien	0,10-1000
Mensch (Fettgewebe)	0,10-10

MALINS et al. (1987) ermittelten in der getrockneten Leber des Bodenfisches *Genyonemus lineatus* gegenüber dem Sedimenttrockengewicht Anreicherungsfaktoren bis zu 135. Wie die Analyse des Mageninhaltes von *Genyonemus* ergab, erfolgte die Anreicherung über benthisch lebende Nahrungsorganismen, die PCBs bis zu achtfach angereichert hatten.

Die hohe Persistenz von PCBs bringt es mit sich, daß sie in den obersten Gliedern der Nahrungspyramide am stärksten akkumuliert werden. Das trifft auf Vögel, Fische und Säugetiere, insbesondere dann zu, wenn sie sich carnivor ernähren (HOOPER et al. 1990, GILBERTSON 1989, PEARSON 1982 b).

Ein direkter Zusammenhang zwischen PCB-Konzentration und Dicke der Eischale von Vögeln konnte bereits in den 60er Jahren nachgewiesen werden (HICKEY & ANDERSON 1968).

Auch wenn es noch umstritten ist, ob PCB-Anreicherungen 1988 eine Rolle bei dem Robbensterben in der Nord- und Ostsee gespielt haben, gilt es als sicher, daß PCBs einen negativen Einfluß auf das Hormonsystem ausüben. BROWER et al. (1989) führten erst kürzlich Versuche mit Seehunden (*Phoca vitulina*) durch, in denen die Tiere mit PCB-kontaminierten Fischen gefüttert wurden. Stark kontaminierte Nahrung wirkte sich erstens in einem Rückgang des plasmatischen Gehaltes an Retinol, einer Vitamin-A-Vorstufe, aus und hatte zweitens einen Konzentrationsrückgang des Schilddrüsenhormons Thyroxin zur Folge. Als Ursache wurden proteinabhängige Unterbrechungen des Plasmatransports in Betracht gezogen. Zu vermuten ist, daß der Mangel an Vitamin A eine höhere Anfälligkeit gegenüber mikrobiellen Infektionen sowie reproduktive Störungen zur Folge hatte. Das Massensterben von Seehunden könnte somit möglicherweise auf eine Sekundärinfektion mit einem bis dahin unbekannten Morbillvirus zurückgeführt werden (UBA 1989).

Eine Biomagnifikation wird auch von den Säugern Mink (*Mustela vison*), Fischotter (*Lutra canadensis*) und Waschbär (*Procyon lotor*) berichtet. Sie alle ernähren sich von Fischen und reichern in ihrem Fettgewebe PCBs von zum Teil mehr als 100 µg/g Lebendmasse an (FOLEY et al. 1988, HERBERT & PETERLE 1990).

Nicht zuletzt lassen sich auch im menschlichen Fettgewebe zum Teil beträchtliche PCB-Mengen wiederfinden. Besonders betroffen sind Japaner und Skandinavier, für die Meerestiere eine wichtige Nahrungsgrundlage darstellen (BERGLUND 1972, FUJIWARA 1975).

Bei Fischen besteht in der Akkumulation von PCBs und anderen Organochlorverbindungen ein augenfälliger Unterschied zwischen Männchen und Weibchen: Die Männchen akkumulieren signifikant mehr Xenobiotika als die Weibchen. Die Kontamination wird offensichtlich nicht in den Eiern gespeichert oder an die Eier weitergegeben (Tabelle 8.7.6, die Konzentrationsangaben beziehen sich auf Frischgewebe).

Tabelle 8.7.6: PCBs, DDT + DDE in der Maräne *Coregonus hoyi* beider Geschlechter und Coregonus-Eiern aus dem Lake Superior (aus PASSINO & KRAMER 1980)

Organismus	Geschlecht	PCBs [µg/g]	DDT + DDE [µg/g]
Coregonus hoyi	m	2,3	1,4
Coregonus hoyi	w	1,2	0,67
Coregonus-Eier		0,51	0,25

Phytoplankton

Algen als Indikatororganismen für PCB-Verunreinigungen heranzuziehen hat den Vorteil, daß man einen Organismus aus der untersten Stufe der Nahrungskette verwendet, birgt jedoch das methodische Risiko, daß bei der PCB-Bestimmung nicht nur Planktonpartikel mit einem hohen PCB-Gehalt mit einbezogen werden (JENSEN et al. 1972a).

NAU-RITTER et al. (1982) fanden heraus, daß 8,6 µg/l Aroclor 1254, von kontaminierten Boden-Partikeln aufgenommen, die Photosynthese mehr hemmen und den Chlorophyll a-Gehalt in Phytoplankton-Gemeinschaften stärker reduzieren als dem Wasser zugesetztes PCB. Das Algenwachstum selbst wurde von PCB-Konzentrationen gehemmt, die zwischen 11 und 111 µg/l lagen (CHRISTENSEN & ZIELSKI 1980).

Bei der Grünalge *Ankistrodesmus bibraianum* (*Selenastrum capricornutum*) fanden RHEE et al. (1988) ein völlig unerwartetes Ergebnis: Bei einer zellulären Konzentration von $12*10^{-8}$ ng von 2,5,2',5'-Tetrachlorbiphenyl blieb nicht nur die Wachstumsrate unverändert, sondern steigerte sich die photosynthetische Kapazität sogar um gut 50%. Auch die photosynthetische Effektivität stieg an. Die Autoren schließen daraus, daß – obwohl die Arbeiten mit nur einer Algenart und nur einem PCB-Kongener durchgeführt wurden – die generelle Meinung, organische Verschmutzung führe notwendigerweise zu Hemmungseffekten beim Phytoplankton, überprüft werden müsse.

Zum Einfluß von Photoadaptation auf die PCB-Toxizität siehe auch Kapitel Randbedingungen (S. 8).

Invertebraten

Laborstudien haben gezeigt, daß viele Makroinvertebraten PCBs auf ein Vielfaches der im umgebenden Wasser zu findenden Konzentration anreichern (BUSH et al. 1985). Die Aufnahme erfolgt über folgende Pfade:

– Ingestion kontaminierter Sedimentpartikel (NIMMO et al. 1971 a u. b),
– Absorption von PCBs aus dem interstitiellen (MCLEESE et al. 1980) und

– aus dem Freiwasserraum über die Körperoberfläche (NIMMO et al. 1971 a u. b) sowie
– Aufnahme direkt aus dem Sediment (OMANN & LAKOWICZ 1981, LARSSON 1983).

Die Aufnahme und die biologische Anreicherung von PCBs erfolgt bei einigen Invertebraten
sehr schnell. SANDERS & CHANDLER (1972) untersuchten die Aufnahmerate von Aroclor 1254
bei acht verschiedenen aquatischen Invertebraten. Bei den meisten Organismen wurde eine
Sättigungskonzentration innerhalb weniger Tage erreicht (Tabelle 8.7.7).
Unter den limnischen Invertebraten erreichte z.B. *Gammarus pseudolimnaeus* eine Gleichgewichtskonzentration nach 14 Tagen. Die im Körper angereicherte Konzentration lag dann
bei 44 mg/kg, was einer 27.500fachen Konzentration des Wassers entspricht. Die Nymphen
der Steinfliege *Pteronarcys dorsata* akkumulierten bei 2,8 mg/l Aroclor 1254 im Wasser nach
7 Tagen 8 mg/kg und erreichten innerhalb der nächsten 7 Tage keine höheren Konzentrationen mehr.
PCBs werden von benthischen Makroinvertebraten aus dem kontaminierten Sediment aufgenommen (NIMMO et al. 1971 a u. b, COURTNEY & LANGSTON 1978, FOWLER et al. 1978,
McLEESE et al. 1980, SÖDERGREN & LARSSON 1982). Sie akkumulieren PCB-Verbindungen so
stark, daß der PCB-Rückstand im Gewebe die Sedimentkonzentrationen erreicht (BUSH et al.
1990). Aus diesem Grunde sind benthische Invertebraten brauchbare Indikatoren für den
Kontaminationsgrad des Sediments (KAUSS & HAMDY 1985, TANABE et al. 1987a).

Tabelle 8.7.7: **Anreicherung von Aroclor® 1254 in limnischen Invertebraten aus** SANDERS & CHANDLER
1972)

| Organismus | Biokonzentrationsfaktoren nach Exposition | | | | |
	1-Tag	4-Tage	7-Tage	14-Tage	21-Tage
Daphnia magna (Cladocera)	24.000	47.000	-	-	-
Chaoborus punctipennis (Diptera)	22.000	23.000	23.800	24.800	-
Gammarus pseudolimnaeus (Amphipoda)	17.000	24.000	26.000	27.500	27.000
Culex tarsalis (Diptera)	12.600	18.000	20.000	-	-
Pteronarcy dorsata (Plecoptera)	2.100	2.500	2.800	2.900	2.800
Orconectes nais (Decapoda)	570	1.700	3.400	4.500	5.100

Insecta

BUSH et al. (1985) untersuchten die Bioakkumulation von Trichopteren zu verschiedenen
Zeitpunkten an drei Stellen des Hudson River. *Hydropsyche leonardi* stellte sich dabei mit
konstanten Biokonzentrationsfaktoren als repräsentative Spezies für ein PCB-Monitoring
dar. Im Gegensatz dazu war *Cheumatopsyche* (green phase) kein geeignetes Taxon für
PCB-Monitoring. Diese Bezeichnung umfaßt mehrere Spezies der Köcherfliegen, die im
Larvenstadium nicht bestimmt werden können. Die gewonnenen Ergebnisse zeigten die Notwendigkeit auf, die Höhe der Anreicherung für die einzelnen Spezies festzustellen und Auf-
nahme- und Abgaberate zu bestimmen, um Wasserqualitätsüberwachungen durchzuführen
(BUSH et al. 1985).

NOVAK et al. (1990) setzten *Chironomus tentans* einer Konzentration von 67 ng/l PCB aus. Nach einer 96stündigen Exposition hatten die Testorganismen 6,7 µg/g PCB akkumuliert. Insekten, die zu den Hydropsychiden und Chironomiden gehören, akkumulieren lipophile Substanzen bis zur Gleichgewichtskonzentration (NOVAK et al. 1990). LARSSON (1984) untersuchte mit *Chironomus plumosus* den Transport von PCBs aus dem aquatischen in den terrestrischen Lebensraum. Die Aufnahme der PCBs stand dabei in direkter Beziehung zur PCB-Konzentration im Sediment, was darauf hindeutet, daß es sich bei der PCB-Aufnahme um einen physikalisch-chemischen Prozeß handelt. Nach der Metamorphose und der damit verbundenen Gewichtsabnahme haben sich die PCBs im adulten Tier konzentriert. Nur 17% des ursprünglichen PCB-Anteils gehen mit der Exuvie verloren. Bei der Nahrungsaufnahme durch insektivore Vögel gelangen somit beträchtliche Mengen der chlororganischen Verbindungen (im See Havgardssjön in Schweden 20 µg PCBs m^{-2} Jahr^{-1}) in die terrestrische Nahrungskette.

SANDERS & CHANDLER (1972) untersuchten das Anreicherungsverhalten bei der Stechmückenlarve *Culex tarsalis*. Sie setzten die Organismen einer Konzentration von 1,5 ± 0,3 µg/l Aroclor 1254 aus und konnten innerhalb von 24 Stunden eine Anreicherung auf 19 mg/kg beobachten, was einer 12.600fachen Aufkonzentrierung entspricht. Die Anreicherung dauerte während der nächsten sieben Versuchstage an, bis die Tiere das Puppenstadium erreichten. Obwohl die Puppen keine erkennbaren Vergiftungssymptome zeigten, waren einige nicht mehr in der Lage, die Metamorphose zur adulten Form zu durchlaufen.

MAYER et al. (1977) führen folgende Biokonzentrationsfaktoren auf (Tabelle 8.7.8):

Tabelle 8.7.8: Biokonzentrationsfaktoren (BCF-Werte) für Aroclor 1254 bei ausgewählten Insekten-Larven (aus MAYER et al. 1977)

Organismus	Dauer (d)	BCF_F	Konzentration (µg/l)
Pteronarcys dorsata	14	750	2,8
Culex tarsalis	7	3500	1,5
Chaoborus punctipennis	14	2700	1,3

Arthropoda, Brachiopoda, Malacostraca

Im Ontario-See zeigte sich, daß Amphipoden höhere Konzentrationen an PCB enthielten als Muscheln, Zooplankton oder Oligochaeten (BORGMANN et al. 1989). Dies gilt auch für *Gammarus pseudolimnaeus*, den NEBEKER & PUGLISI (1974) einer Konzentration von 5,1 µg/l Aroclor 1254 aussetzten und im Gewebe eine Anreicherung von 552 µg/g (FG) feststellten. Bei derselben Art fanden SANDERS & CHANDLER (1972) heraus, daß sie bevorzugt die niederchlorierten Kongenere von Aroclor 1254 akkumuliert. Dieses Anreicherungsverhalten ist jedoch für die meisten Organismen untypisch.

Die in Tabelle 8.7.9 zusammengesellten Werte sind typische Biokonzentrationsfaktoren.

Untersuchungen von NIMMO et al. (1971 a u. b) ergaben für die juvenile Garnele *Penaeus duorarum* eine Letalkonzentration (LC_{50}) von 1 µg/l (15d) Aroclor 1254. Die Wachstums- und Reproduktionsgrenze von *Gammarus pseudolimnaeus* und *Daphnia magna* lag für Aroclor 1248 bei 5 µg/l (STALLING & MAYER 1972). Dies entspricht auch den Angaben von HELLAWELL (1986), wonach eine Exposition von 5,1 µg/l Aroclor 1248 eine 50%ige Hemmung der Reproduktion von *Gammarus pseudolimnaeus* zur Folge hatte.

NEBEKER & PUGLISI (1974) setzten *Gammarus pseudolimnaeus* Konzentrationen von 2,8 und 8,7 µg/l Aroclor 1242 aus und stellten fest, daß sich die Amphipoden mit PCB-Rückständen von 76 µg/g noch vermehrten, wohingegen sie bei einem Gehalt von 316 µg/g die Reproduktion einstellten.

Tabelle 8.7.9: PCB-Biokonzentrationsfaktoren (BCF) bei ausgewählten Crustaceen (aus HELLAWELL 1986)

Organismus	Dauer (d)	BCF	Konz. (µg/l)	Substanz	Quelle
Gammarus pseudolimnaeus	60	36.000	8,7	Aroclor 1242	NEBEKER & PUGLISI (1974)
Gammarus pseudolimnaeus	60	108.000	5,1	Aroclor 1248	NEBEKER & PUGLISI (1974)
Gammarus pseudolimnaeus	14	6.300	1,6	Aroclor 1254	MAYER et al. (1977)
Daphnia magna	4	3.800	1,1	Aroclor 1254	MAYER et al. (1977)
Orconectes nais	21	750	1,2	Aroclor 1254	MAYER et al. (1977)
Palaemonetes kadiakensis	21	2.600	1,3	Aroclor 1254	MAYER et al. (1977)

Die Zugabe von 100 µg/l Aroclor 1242 oder 2,5,2',5'-Tetrachlorbiphenyl während eines 10-wöchigen Toxizitätstests mit *Hyalella azteca* führte zur vollständigen Mortalität. Bei 30 µg/l wurden weder negative Effekte auf das Überleben, die Reproduktion und das Wachstum festgestellt. Bei Gewebekonzentrationen zwischen 30 und 180 µg/g (NG) waren toxische Effekte zu beobachten (BORGMANN et al. 1990). Die zu den coplanaren PCBs zählende Substanz 3,4,3',4'-Tetrachlorbiphenyl war für *Hyalella* weniger toxisch als 2,5,2',5'-Tetrachlorbiphenyl. Selbst bei 2700 µg/l konnten keine toxischen Effekte beobachtet werden. *Hyalella azteca* ist in der Lage, Anreicherungen über 140 µg/g 3,4,3',4'-Tetrachlorbiphenyl zu verhindern. Bis zu einer Konzentration von 100 µg/l verlief die Aufnahme dieser Substanz proportional zur Konzentration im Wasser und danach blieb sie konstant (BORGMANN et al. 1990). Die im Vergleich zu 2,5,2',5'-Tetrachlorbiphenyl (nicht-coplanar) geringe Toxizität von 3,4,3',4'-Tetrachlorbiphenyl steht dabei im Gegensatz zur hohen Toxizität der coplanaren PCBs bei Säugern und muß mit der bei Amphipoden festgestellten geringeren Umsetzungsrate aromatischer Kohlenwasserstoffe in Verbindung gebracht werden (VARANASI et al. 1985). In statischen Tests wurde die Reproduktion von *Daphnia magna* (beurteilt durch die Anzahl produzierter Jungtiere) durch subletale Konzentrationen von Aroclor beeinträchtigt, während in Durchflußversuchen die Reproduktionsbeeinträchtigung erst in solchen Konzentrationen erfolgte, bei denen die Adulten starben (NEBEKER & PUGLISI 1974). WILDISH (1970) fand heraus, daß die Sterblichkeit von *Gammarus oceanicus* bei einer Konzentration von über 10 µg/l Aroclor 1254 abhängig war von der Dauer der Exposition. STALLING und MAYER (1972) berichten, daß die LC_{50} (15d) für juvenile Garnelen (*Pinaeus duorarum*) bei 0,94 µg/l Aroclor 1254 lag. HANSEN et al. (1973, 1974) veröffentlichten, daß Konzentrationen von 5-10 µg/l Aroclor 1254 von der Garnele *Palaemonetes pugio* gemieden werden. Im Gegensatz dazu weicht die *Penaeus duorarum* Aroclor 1254 erst wesentlich höheren Konzentrationen aus. Fluchtreaktionen können demnach sehr ausgeprägt oder nur von geringer Bedeutung sein. Nach Untersuchungen von DUKE et al. (1970) und NIMMO et al. (1974) scheint *Palaemonetes* spec. Gewebekonzentrationen zwischen 18 und 27 µg/g (16-20tägige Exposition) Aroclor 1254 zu tolerieren.

Von SÖDERGREN et al. (1972) wurde im Süßwasser *Gammarus pulex* als Indikatororganismus für chlorierte Kohlenwasserstoffe benutzt. Die Arbeiten von HEESEN & McDERMOTT (1974) und NIMMO et al. (1970, 1971 a, b, 1974) vertreten die Ansicht, Decapoda als Indikatororganismen für chlororganische Verbindungen zu verwenden. In der synoptischen Betrachtung wird noch zu erheben sein, ob diese Ratschläge auch dem heutigen Kenntnisstand entsprechen.

Mollusca

WILBRINK et al. (1990) führten an der Schnecke *Lymnea stagnalis* toxikokinetische Untersuchungen mit 2,2'- und 4,4'-Dichlorbiphenyl (DCB) durch. Die Organismen wurden mit 210 µg 4,4'-DCB über die Nahrung belastet oder es wurden 50 µg 2,2'-DCB bzw. 4,4'-DCB in den Fuß der Tiere injiziert, um die Aufnahme von DCB über das Verdauungssystem zu vermeiden. Frühere Untersuchungen hatten bereits gezeigt, daß sich 2,2'-DCB effektiver auf die Reproduktion der Schnecken auswirkt als 4,4'-DCB. Die Ergebnisse zeigten, daß im Falle der oralen Aufnahme des 4,4'-DCB bereits nach 144 Stunden 97,5% der Dosis unverändert wieder ausgeschieden waren. Die Eliminierungsrate des 4,4'-DCB war nach der Injektion wesentlich langsamer als nach der oralen Aufnahme. Eine mögliche Begründung könnte darin gesehen werden, daß durch die Injektion die Aufnahme ins Gewebe vollständiger und somit die Eliminierung langsamer abläuft. 2,2'-DCB stellte sich 4,4'-DCB gegenüber als toxischer heraus, was wahrscheinlich darauf zurückzuführen ist, daß diese Substanz verstärkt zu toxischen Produkten metabolisiert wird.

LOWE et al. (1972) untersuchten die Auswirkungen von Aroclor 1254 auf die Auster *Crassostrea virginica* in fließendem Seewasser. Sie stellten fest, daß bei einer 24wöchigen Belastung mit 5 µg/l die Wachstumsrate signifikant reduziert wurde und sich reversible Gewebsveränderungen einstellten. Bei einer 30wöchigen Belastung mit 1 µg/l hingegen wurde die Wachstumsrate der Austern nicht beeinträchtigt. Bei einer Belastung von 5 µg/l reicherten die Organismen 425 mg/kg PCB an. Dies entspricht einer 85.000fachen Konzentration. Bei 1 µg/l PCB akkumulierten die Austern 101 mg/kg, was einer 101.000fachen Konzentration entspricht.

In der Muschel *Perna viridis* wurde eine schnelle Aufnahme- und Abgaberate der weniger lipophilen, niederchlorierten PCBs beobachtet. Die Akkumulation der lipophilen Schadstoffe durch *Perna viridis* als Kiemenatmer entspricht dem Verteilungskonzept, d.h. die Substanzen werden solange angereichert, bis sie im Gewebe und umgebenden Wasser gleichverteilt sind. *P. viridis* antwortet somit schnell auf Änderungen der umgebenden PCB-Konzentrationen. Sie eignet sich gut, um PCB-belastete Gebiete nachzuweisen (TANABE et al. 1987a). Die Autoren machen jedoch darauf aufmerksam, daß es aufgrund der PCB-Kinetik in Bivalvia notwendig ist, in häufigen Intervallen Proben des Bioindikators auszuwerten, um so ein besseres Bild über den Verschmutzungsgrad des Gewässers zu erhalten. Auch das „National Monitoring Programme" für chlororganische Verbindungen wurde an Bivalvia durchgeführt, wobei in monatlichen Intervallen Proben genommen wurden (BUTLER 1971, 1973). In der bundesdeutschen Umweltprobenbank ist die Süßwassermuschel *Dreissena polymorpha* aus denselben Gedanken heraus eine wichtige Monitor-Art. Allerdings ist die Probenahme in diesem Monitoring seltener als in dem Mollusken-Programm.

PCBs werden von Muscheln, die in der Nähe des Sediments leben, zu einem hohen Anteil akkumuliert. Chlororganische Verbindungen werden überwiegend an der Schale der Tiere adsorbiert, nach dem Einsetzen in sauberes Wasser aber wieder schnell an das Medium abgegeben (PHILLIPS 1980). KANNAN et al. (1988c, 1989a) haben gezeigt, daß gerade die am meisten toxisch wirkenden, coplanaren PCBs, in Muscheln bevorzugt angereichert werden.

Der Stoffwechsel von PCBs in Muscheln ist wahrscheinlich gering. BOON et al. (1989) konnten in der marinen Muschel *Macoma balthica* keine Biotransformation von chlorierten Biphenylen nachweisen. Es ist anzunehmen, daß dies auch für andere Muschel-Taxa gilt.

Es hat allerdings den Anschein, daß Mollusken PCBs selektiv aufnehmen: Die gering chlorierten Kongenere werden in den Geweben stärker angereichert als die hoch chlorierten (STAINKEN & ROLLWAGEN 1979 mit weiteren Verweisen). Interessante Hinweise für die sinnvolle Bezugsgröße für Akkumulation organischer hoch lipophiler Substanzen in Muscheln stammen von HUMMEL et al. (1990) durch Untersuchungen an *Mytilus edulis*. Die Autoren untersuchten die Anreicherung von PCBs sowohl auf der Basis von Fett als auch von Lipiden. Fett und Lipide wurden operational unterschieden: Die mit n-Pentan aus den Muscheln extrahierbaren Stoffe wurden als Fett angesehen, die mit einer Chloroform-Methanol-Mischung als Lipide. Im Jahreszyklus kam es in *Mytilus* zu einer Anreicherung von Fetten, aber nicht zu einer gleichzeitigen erhöhten Bioakkumulation von PCBs. Der PCB-Gehalt wurde damit gleichsam „verdünnt". Bezogen auf Lipide gab es keine saisonalen Schwankungen der PCB-Anreicherung. Wenn auf Lipide bezogen wird, wird ebenfalls eine andere Saisonalität im Lebenszyklus von *Mytilus* eliminiert: die Gametenbildung im Frühjahr.

Zwei sehr aufschlußreiche Biomonitoring-Beispiele, die für PCBs herausgearbeitet wurden, mögen die Sinnhaftigkeit des Biomonitorings überhaupt belegen. Das erste Beispiel sind flächenhafte Untersuchungen an der deutschen Ostseeküste, bei der sich Belastungsschwerpunkte deutlich abheben (Abb. 8.7.2).

Neben den regionalen können auch zeitliche Aspekte durch das Biomonitoring – wie durch jedes Monitoring allgemein – dargestellt werden. Ein eindrucksvolles Beispiel ist die Verfolgung von PCBs in Muscheln an vier Stellen der Kalifornischen Pazifik-Küste (Abb. 8.7.3). Deutlich lassen sich die Erfolge administrativer Maßnahmen sowohl bei der diffusen Belastung (untere drei Kurven) als auch bei der punktförmigen Quelle (Abwassereinleitung von Los Angeles) verfolgen (Abb. 8.7.3).

Polychaeten und Oligochaeten

Auf die Polychaeten als rein marine Anneliden wird an dieser Stelle deshalb eingegangen, weil an ihnen einige Gesetzmäßigkeiten gefunden wurden, die mit großer Wahrscheinlichkeit auch für limnische Anneliden Gültigkeit haben. Letztere sind bislang allerdings deutlich weniger untersucht worden. Nach PHILLIPS (1980) werden PCBs von einigen Arten sowohl aus dem Wasser als auch vom kontaminierten Sediment[1] aufgenommen. COURTNEY & LANGSTON (1978) zeigten dies beispielsweise für *Nereis diversicolor* und *Arenicola marina*. Beide Organismen akkumulierten Aroclor 1254 sowohl aus einer Lösung als auch von kontaminierten Partikeln. *N. diversicolor* konnte jedoch die Substanz schneller ausscheiden als *A. marina*. Da sich PCBs im Sediment anreichern, ist es denkbar, Polychaeten als Indikatoren für die Bioverfügbarkeit von sedimentgebundenen chlororganischen Verbindungen für das marine Monitoring zu verwenden (PHILLIPS 1980).

Die Höhe der Akkumulation scheint bei Oligochaeten negativ mit der Größe (MCLEESE et al. 1980) und dem organischen Anteil des Sediments (LYNCH & JOHNSON 1982) zu korrelieren. Die Anwesenheit der Oligochaeten steigert durch Bioturbation den Fluß der Schadstoffe aus dem Sediment (KARICKHOFF & MORRIS 1985) (siehe auch Kapitel 2). Der Chemikalienfluß nimmt dabei mit abnehmender Wasserlöslichkeit ab. Die Biokonzentrationsfaktoren der Oligochaeten steigen mit steigendem K_{ow}-Wert (OLIVER 1987).

Wie MCLEESE et al. (1980) es bereits für marine Polychaeten feststellten, so akkumulieren auch Süßwasser-Oligochaeten mit abnehmender Größe eine höhere Konzentration des Schadstoffs. Wenn dies – unabhängig von den Taxa – allgemein für alle Tiergruppen zutrifft, wären Studien an Meiobenthos, hier besonders Nematoden, sicher sehr aufschlußreich, da sie zum einen vergleichsweise klein und zum anderen relativ lipidreich sind.

---

[1] Das Muster der Kontaminanten in den Sedimenten wird im wesentlichen von zwei Vorgängen beeinflußt: die Adsorption der PCBs an Sediment-Partikel (BUSH et al. 1990) und die anaerobe mikrobielle Dechlorierung (BROWN et al. 1987, QUENSEN et al. 1988).

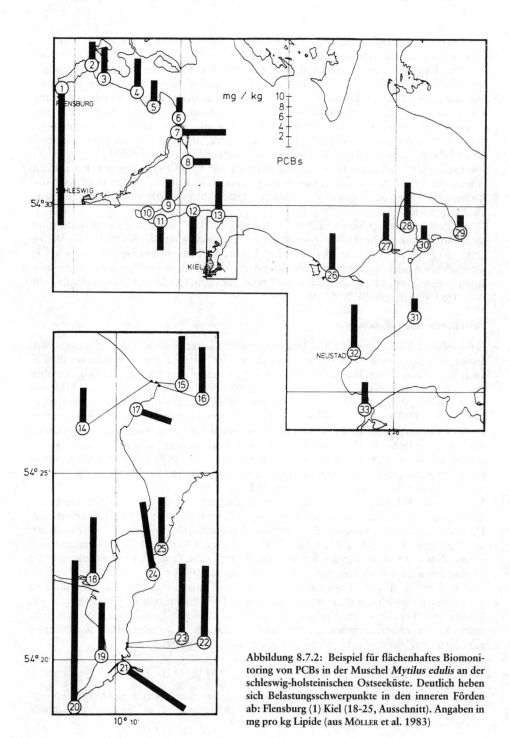

Abbildung 8.7.2: Beispiel für flächenhaftes Biomonitoring von PCBs in der Muschel *Mytilus edulis* an der schleswig-holsteinischen Ostseeküste. Deutlich heben sich Belastungsschwerpunkte in den inneren Förden ab: Flensburg (1) Kiel (18-25, Ausschnitt). Angaben in mg pro kg Lipide (aus MÖLLER et al. 1983)

162

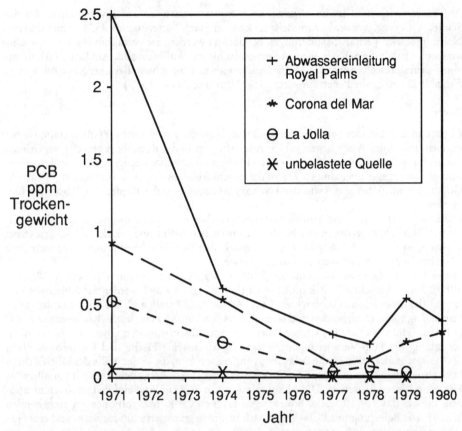

Abbildung 8.7.3: Zeitliches Biomonitoring von PCBs an der Kalifornischen Pazifikküste (Los Angeles County) mit Hilfe der Muschel *Mytilus californianus* (aus STOUT 1986)

8.7.3 Effekte

Viele Autoren sehen coplanare PCBs als die am stärksten toxischen Verbindungen innerhalb der PCBs an (TANABE et al. 1987 b, c, KANNAN et al. 1987, 1988 a, b, DUINKER et al. 1988, KUBIAK et al. 1989, TARHANEN et al. 1989). Diese Substanzen sind in *meta*- und *para*-Position am Biphenylring substituiert (3,3',4,4'-Tetrachlorbiphenyl, 3,3',4,4',5-Pentachlorbiphenyl und 3,3',4,4',5,5'-Hexachlorbiphenyl), wodurch eine zusätzliche Resonanzstabilisierung der π-Elektronen gegeben ist (TANABE 1989). PCBs, die ihre Chloratome nicht in *meta*- oder *para*-Position tragen, werden offensichtlich metabolischen Umwandlungen durch mischfunktionelle Oxigenasen in Lebermikrosomen und Exkretion unterworfen, wie BORLAKOGLU et al. (1990 a-c) an ausgewählten fischfressenden Meeresvögeln (Alken und Kormoranen) nachwiesen.

Während die coplanaren PCBs im Sediment nicht spezifisch angereichert werden, wird eine verstärkte Anreicherung in der Biosphäre beobachtet. Die gesteigerte Bioakkumulation ist nicht auf Muscheln beschränkt, sondern gilt auch für viele andere aquatische Organismen (TANABE et al. 1987b, KANNAN et al. 1989b).

Auf Fische wirken PCBs im allgemeinen weniger toxisch als auf Invertebraten. An der Schnecke *Cepeae nemoralis* zum Beispiel konnten nach Fütterung mit PCB kontaminierter Nahrung starke Verhaltensänderungen beobachtet werden: Sie verfällt in einen Kannibalismus und raspelt die Schalen ihrer Artgenossen bis zur Auflösung ab. Ähnliche Verhaltensanomalien sind sonst nur in Ca-Mangelsituationen zu beobachten. Bei einer Anwendung von 5 mg/l PCB betrug die Penetrationsrate 5% (HATCH & ALLAN 1979).

Pisces

Es gibt in der Literatur nicht viele konkrete Hinweise, daß Fische PCBs metabolisieren können. Für einige Arten liegen jedoch Angaben vor: In der Regenbogenforelle, im Grünen Sonnenbarsch, und im Goldfisch konnten Hydroxymetabolite nachgewiesen werden, nachdem die Tiere gegenüber einigen Tri- und Tetrachlorbiphenylen exponiert waren (HAMDY & GOOCH 1986). (Über die Rolle der Hydroxy-Metabolite siehe Kapitel 10, Abschnitt Biomarker.)

PCBs und andere chlorierte Kohlenwasserstoffe stehen im Verdacht, verschiedene Krankheiten bei Fischen hervorzurufen, wobei die eindeutige Beweisführung gerade bei Fischen extrem schwierig ist. Tabelle 8.7.10 gibt einen Überblick über Fischkrankheiten und deren vermutete Ursachen in Binnengewässern und in der Ostsee.

Fische sind im Durchschnitt mit 200-2.000 µg/kg PCB kontaminiert (KOCH & WAGNER 1989). Bei chronischen PCB-Expositionen (100 d) von 10 µg/l werden Schädigungen und letale Effekte bei Fischen beobachtet. 5 µg/l Aroclor 1254 stellen für die im Ästuar lebenden Fische *Lagodon rhomboides* und *Leiostomus xanthurus* eine letale Konzentration dar (14-45d) (HANSEN et al. 1971). Nach den Befunden dieser Autoren scheinen Austern nicht so anfällig für PCB-Verunreinigungen zu sein wie marine Fische und Crustaceen. Nach SÖDERGREN et al. (1990) ist die Belastung von Organismen, die in der Nähe des Oberflächen-Häutchens leben oder in engem Kontakt dazu stehen, besonders hoch. Dies gilt vor allem für Fische und deren Beutetiere. Die Akkumulation von PCBs in Fischen führt zu Konzentrationen, die um das 10^3-10^6-fache höher liegen als die PCB-Konzentrationen im umgebenden Wasser. Die Belastung mit PCBs äußert sich in einem gestörten Immunsystem und einer gestörten Reproduktion (SÖDERGREN et al. 1990).

Der Phytoplankton fressende Hering wird von JENSEN et al. (1972 b) als Indikatororganismus für marines Biomonitoring vorgeschlagen. Für den limnischen Bereich empfehlen JENSEN et al. (1972c) Hechte und Seevögel.

In HELLAWELL (1986) sind LC_{50}-Angaben von verschiedenen Aroclor-Gemischen in akuten und chronischen Toxizitätstests zusammengestellt (Tabelle 8.7.11).

CHAPMAN (1986) untersuchte unterschiedlich stark mit Blei, PAHs und PCBs belastete Sedimente im amerikanischen Pudget Sound und stellte gleichzeitig histopathologische Untersuchungen an dem benthisch lebenden Fisch *Parophrys vetulus* an. Er kam zu dem Resultat, daß Leberschäden oberhalb folgender Schadstoffgehalte im Sediment auftraten: Pb 50 mg/l; PAH 3,8 mg/l; PCB 0,1 mg/l.

Die Regenbogenforelle *Oncorhynchus mykiss* verfügt über eine hohe Immunabwehr. Selbst Konzentrationen von 300 mg/l Aroclor 1254 in der Nahrung zogen keine Schwächung des Immunsystems nach sich. Allerdings erlitten die Tiere im Vergleich zu Kontrolltieren Gewichtseinbußen um 40%. Nahrung, die eine Konzentration von nur 30 mg/l Aroclor bzw. 5 mg/l des Pestizids Mirex enthielt, hatte keinerlei Auswirkungen auf das Gewicht der Fische. Wurden aber beide Stoffe der Nahrung gleichzeitig zugesetzt, machte sich eine synergistische Wirkung bemerkbar; die Forellen erlitten Gewichtsverluste um 13% (CLELAND et al. 1988). Daß es auch ohne Gewichtseinbußen zu funktionellen Störungen kommen kann, vermittelten

Tabelle 8.7.10: Aufgetretene Fischkrankheiten und deren vermutete Ursachen in Binnengewässern und in der Ostsee (aus GILBERTSON 1989)

Ort (Jahr)	Fischart	Krankheitssymptome	vermutete Ursache
schwedische Ostsee (1980)	Lachs *Salmo salar*	„Fettleber", Embryonen-Sterblichkeit	PCB
Ostsee zwischen Deutschland und Dänemark (nicht genannt)	Flunder *Platichthys flesus*	Abnahme der Lebensfähigkeit nach dem Schlupf	PCB und möglicherweise andere Chemikalien
Ostsee bei Travemünde (1979)	Hering *Clupea harengus*	Abnahme der Lebensfähigkeit nach dem Schlupf	PCB und DDT und möglicherweise andere Chemikalien
Niederrhein, Holland (1976)	Regenbogenforelle *Oncorhynchus mykiss*	Wachstumshemmungen, Vergrößerung der Leber und Nieren, Anomalien bei Hämoglobin und Blutzucker	CKWs und PAHs
Lake Michigan, USA (nicht genannt)	Seesaibling *Salvelinus namaycushnen*	ausbleibende Reproduktion, Sterblichkeit der Embryo- und der Brut	CKWs, PCB, DDE und weitere Verbindungen
Green Bay, Wisconsin (1984)	Gelber Zander *Stizostedion vitreum vitreum*	Dysfunktion bei Reproduktivität, Embryonen- und Larvensterblichkeit	Org. Cl-Verbindungen in suboptimaler Umwelt
Lake Erie Lake Michigan Lake Ontario, (1974-76)	Silberlachs *Oncorhynchus kisutch*	Schilddrüsen-Hyperplasia Wachstumshemmungen Lebervergrößerung und Enzyminduktion, Dysfunktionen bei Osmoregulation und Fettstoffwechsel	PCB, Mirex, DDT, Dieldrin
Lake Ontario, Kanada (nicht angegeben)	Sauger *Catostomus commersoni*	Lippen-Papilloma	Viruskrankheit nach Schwächung durch PAHs, CKWs und Schwermetalle
Lake Erie Lake Michigan Lake Huron Lake Ontario	Goldfisch x Karpfen-Hybride *Carassius auratus x Cyprinus carpio*	Gonaden-Tumor	PCB und/oder DDT

verschiedene biochemisch ausgelegte Tests. Als geeignetes Maß zur Einschätzung biochemischer Effekte durch PCBs gilt z.B. die Aktivität des Schilddrüsenhormons Thyroxin. Dieses Hormon ist von zentraler Bedeutung für verschiedene physiologische Prozesse wie die Respiration, die Osmoregulation, den Ammonium- und Kohlenhydrat-Metabolismus sowie die Funktionsweise des zentralen Nervensystems. MAYER et al. (1977) injizierten den Fischen *Ictalurus punctatus* und *Oncorhynchus kisutch* radioaktiv markiertes Jod, und bestimmten seine Aufnahme durch die Schilddrüse, nachdem die Fische mit unterschiedlich stark kontaminierter Nahrung gefüttert worden waren. Bereits 1/1000 der tödlichen Dosis von Aroclor 1254 reichte bei *Oncorhynchus kisutch* aus, um die Thyroxin-Aktivität zu stimulieren. Eine

Tabelle 8.7.11: Toxizität (LC_{50}) von PCBs gegenüber Fischen (aus HELLAWELL 1986 mit Verweisen auf die Originalliteratur)

PCB	Fischart	Test	Wert [µg/l]
Aroclor 1242	Pimephales promelas[2]	96 h LC_{50}	300
1245	Pimephales promelas	96 h LC_{50}	> 30
1242	Pimephales promelas frisch geschlüpft	96 h LC_{50}	15,0
1254	Pimephales promelas frisch geschlüpft	96 h LC_{50}	7,7
1248	Pimephales promelas frisch geschlüpft	30 h LC_{50}	4,7
1260	Pimephales promelas frisch geschlüpft	30 h LC_{50}	3,3
Aroclor 1221	Salmo clarki[3]	96 h LC_{50}	1.200
1232	Salmo clarki	96 h LC_{50}	2.500
1242	Salmo clarki	96 h LC_{50}	5.400
1248	Salmo clarki	96 h LC_{50}	5.700
1254	Salmo clarki	96 h LC_{50}	42.000
1260	Salmo clarki	96 h LC_{50}	61.000
Aroclor 1242	Oncorhynchus mykiss[4]	10 d LC_{50}	48
1248	Oncorhynchus mykiss	10 d LC_{50}	38
1254	Oncorhynchus mykiss	10 d LC_{50}	160
1260	Oncorhynchus mykiss	10 d LC_{50}	326
Aroclor 1254	Salvelinus fontinalis[5] (Brut)	96 h LC_{50}	> 100
Aroclor 1242	Ictalurus punctatus[6]	15 d LC_{50}	219
1284	Ictalurus punctatus	15 d LC_{50}	121
1254	Ictalurus punctatus	15 d LC_{50}	286
1260	Ictalurus punctatus	15 d LC_{50}	482
Aroclor 1242	Lepomis macrochirus[7]	15 d LC_{50}	164
1248	Lepomis macrochirus	15 d LC_{50}	111
1254	Lepomis macrochirus	15 d LC_{50}	303
1260	Lepomis macrochirus	30 d LC_{50}	400

Dosis von 0,5 mg/l Aroclor 1254 wirkte sich gemessen in aufgenommenem Jod in einer 52%igen Aktivitätssteigerung aus. Vergleichbare Zunahmen waren bei *Ictalurus punctatus* im Falle der Aufnahme von Aroclor 1254, nicht aber anderer PCB-Gemische wie Aroclor 1232, 1248 oder 1260, meßbar.

[2] Dickkopf-Elritze
[3] Cut-throat trout, kein deutscher Name.
[4] Regenbogenforelle
[5] Bachsaibling
[6] Katzenwels
[7] Blauer Sonnenbarsch

MONOD et al. (1988) untersuchten die PCB-Belastung der Rhone vor und hinter einer PCB-Verbrennungsanlage und wiesen eine enge Beziehung zwischen dem Kontaminationsgrad und der Monooxygenase-Aktivität bei Plötze (*Rutilus rutilus*), Nase (*Chondrostoma nasus*) und Äsche (*Thymallus thymallus*) nach. Hierbei handelt es sich um eine Enzymgruppe, die die Wasserlöslichkeit des Xenobiotikums erhöht und damit einen entscheidenden Beitrag zur Erhöhung der Ausscheidungsrate leistet.

Weitere Veränderungen von Enzymaktivitäten, die in Zusammenhang mit der Glycolyse, der Gluconeogenese, der oxidativen Phosphorylierung und dem Phospholipid- und Triglyzerid-Metabolismus stehen, stellt GAMBLE (1986) zusammenfassend dar.

Bakterien

Bakterien sind nicht besonders sensitiv gegenüber einigen chlorierten organischen Stoffen wie z.B. den PCBs (VITKUS et al. 1985).

Invertebraten

Nach MAYER et al. (1977) sind aquatische Makroinvertebraten in akuten Tests empfindlicher als Fische. Unter den Makroinvertebraten scheinen die Insekten resistenter als Crustaceen zu sein.

JOHNSON (1980) faßte die toxische Wirkung verschiedener Chemikalien auf Invertebraten und Fische in einem Handbuch zusammen. Tabelle 8.7.12 zeigt die für verschiedene PCBs und verschiedene Invertebraten ermittelten letalen Konzentrationen (LC_{50}).

Tabelle 8.7.12: Vergleich der 96h-LC_{50}-Werte für verschiedene Invertebraten und einige PCB-Gemische (aus JOHNSON 1980)

Testorganismus	Entwicklungs-stadium	Temperatur	96h-LC_{50} (µg/l)	Aroclorstadium
AMPHIPODA				
Gammarus fasciatus	voll entwickelt	21	52	1248
G. fasciatus		21	2.400	1254
G. pseudolimnaeus		15	10 (b)	1242
DECAPODA				
Orconectes nais	frühes	21	30 (c)	1242
-"-		21	100 (a)	1254
ODONATA				
Macromia spec.	juvenil	21	800 (c)	1242
-"-	juvenil	21	800 (c)	1254
Ischnura verticalis	juvenil	15	400 (b)	1242
-"-	juvenil	15	200 (b)	1254
PLECOPTERA				
Pteronarcella badia	Nymphen	10	610 (a)	1016
DECAPODA				
Procambarus spec.	frühes	12	> 550	1254
Palaemonetes kadiakensis	frühes	15	3,0 (b, c)	1254

(a) = Testansatz in hartem Wasser (162-272)
(b) = Testansatz im Durchfluß
(c) = Testdauer 7 Tage

Tabelle 8.7.13: Toxizitätswerte in Abhängigkeit vom Chlorierungsgrad (aus STALLING & MAYER 1972)

Organismus	Dauer	LC_{50} (µg/l)	Substanz
Gammarus pseudolimnaeus	4d	10	Aroclor 1242
Gammarus pseudolimnaeus	4d	52	Aroclor 1248
Gammarus pseudolimnaeus	4d	2400	Aroclor 1254
Flußkrebs	7d	30	Aroclor 1242
Flußkrebs	7d	80	Aroclor 1254
Garnele (glass shrimp)	7d	3	Aroclor 1254

Für die Toxizität ist der Chlorierungsgrad von entscheidender Bedeutung. So nimmt mit wachsendem Chlorierungsgrad die PCB-Toxizität für *Gammarus pseudolimnaeus* (STALLING & MAYER 1972) ab. In statischen Toxizitätstests mit Amphipoden wurden von MAYER et al. (1977) fünf verschiedene PCB-Kongenere getestet. Sie konnten zeigen, daß Trichlorbiphenyl toxischer für die Organismen war als Dichlor-, Hexachlor- und Pentachlorbiphenyl.

STALLING & MAYER (1972) führten Untersuchungen über die Toxizität von unterschiedlich stark chlorierten PCBs durch und ermittelten die in Tabelle 8.7.13 folgenden LC_{50}-Angaben.

8.7.4 Verbleib

PCBs werden auf natürlichem Wege über die Prozesse Verbrennung, Photolyse und mikrobieller Abbau eliminiert. Obwohl Photolyse für einige PCBs ein wichtiger Eliminierungspfad sein kann, dürfte die überwiegende Menge der freigesetzten PCBs jedoch in aquatischen Sedimenten akkumulieren und so dem Prozeß der Photolyse entzogen sein. Photolyse ihrerseits kann allerdings zu einem größeren toxischen Problem führen, zu den polychlorierten Dibenzofuranen (HOOPER et al. 1990).

Der Abbau von PCBs ist nur wenigen Organismengruppen vorbehalten. Er erfolgt in erster Linie durch Bakterien und Pilze, über Metabolite wie Dihydrodiol, Dihydroxy-Verbindungen zu Chlorbenzoesäure (FURUKAWA 1986). Auch Cyanobakterien der Gattung *Oscillatoria* sind in der Lage, Biphenyle zu 4-Hydroxybiphenylen zu oxidieren. In einigen Fällen sind sogar in Fischen Hydroxy-Metaboliten nachgewiesen worden (HINZ & MATSUMURA 1977). Die Spaltung des aromatischen Ringes scheint aber den Bakterien vorbehalten zu sein.

Biodegradation wurde zuerst bei zwei *Achromobacter*-Arten für Mono- und Dichlorbiphenyle nachgewiesen. Es entstand Benzoesäure. Zwischenzeitlich sind eine Reihe von Gattungen ermittelt worden, die zur PCB-Biotransformation befähigt sind. Die Bioabbaubarkeit beschränkt sich allerdings auf die niederchlorierten Kongenere. Es wird darüber nachgedacht, genetisch modifizierte Mikroorganismen zur biotischen Reinigung von PCB-Kontaminationen einzusetzen (HOOPER et al. 1990 mit Hinweisen auf die Originalliteratur).

Ein Großteil der PCBs gelangt schließlich in die Sedimente. Dort kommt es zu einer Akkumulation, da die diffusionsbedingte Freisetzungsrate von PCBs aus dem Sediment mit 1,2 bis $850 * 10^{-9}$ cm^{-2} pro Tag als sehr gering anzusehen ist. Mit steigendem Chlorierungsgrad des PCB-Moleküls erhöht sich dessen Diffusionsgeschwindigkeit im Interstitialwasser (FISHER et al. 1983).

WILDISH et al. (1980) bestätigten in ihren Untersuchungen über das Adsorptions- und Desorptionsverhalten von Aroclor 1254 an verschiedenen Sedimenttypen diese Ergebnisse. Sie ermittelten eine hohe Bindungsfestigkeit von Aroclor im Sediment, die mit steigendem organischen Gehalt und geringerer Korngröße noch zunahm.

8.8 Dibenzodioxine und -furane

Die Hauptquelle der polychlorierten Dioxine (polychlorierte Dibenzo-p-dioxine = PCDD) und Furane (polychlorierte Dibenzofurane = PCDF) im Gewässer sind, sofern nicht Industrieabwässer oder sonstige Dioxin-haltigen Abwässer (Sickerwässer von Mülldeponien) mehr oder weniger direkt eingeleitet werden, Flugaschen aus Verbrennungen, die diffus deponiert werden. Erst kürzlich wurde veröffentlicht, daß PCDDs und PCDFs offensichtlich auch auf enzymatischem Weg gebildet werden können. SVENSON et al. (1989 a u. b) berichteten, daß eine Peroxidase aus Meerrettich die Wasserstoffperoxid-Oxidation von 2,4,5- oder 3,4,5-Trichlorphenol (TrCP) zu chlorierten Dibenzodioxinen und Dibenzofuranen katalysiert, darunter in sehr geringen Mengen auch die extrem toxischen 2,3,7,8-Kongenere. ÖBERG et al. (1990) wiesen diese Fähigkeit auch für eine Rinder-Lactoperoxidase nach, die eine erhöhte Ausbeute an PCDD/Fs lieferte. Peroxidase-Enzyme allgemein oxidieren in Gegenwart von Wasserstoffperoxid phenolische Substrate unter Bildung von freien Phenoxyradikalen. Eine von **vielen** konkurrierenden Folgereaktionen ist die Oligomerisierung zu den PCDDs und PCDFs, so daß die Konzentrationen sehr gering bleiben (WAGNER 1990). Aus einem Gramm 3,4,5-TrCP liefert die Lactoperoxidase z.B. 11 µg und aus 2,4,5-TrCP 10 µg PCDD/Fs. Davon waren 8,5, bzw. 2,2 µg/g die 2,3,7,8-substituierten Kongenere.

Dioxine und Furane sind sogenannte Co-Karzinogene. Sie wirken erst zusammen mit zelleigenen Rezeptoren krebserregend. Für das „Seveso"-Dioxin (2,3,7,8-Tetrachlordibenzo-p-Dioxin) konnte dieser Weg in Rattenexperimenten aufgeklärt werden (CARLSTEDT-DUKER et al. 1982): In Leberzellen wird das TCDD innerhalb von 30 Minuten an ein Rezeptorprotein gebunden. Nach zwei Stunden hat sich dieser Komplex an die DNA angelagert. Das Rezeptorprotein allein ist zur Anlagerung an die DNA nicht befähigt.

Die polychlorierten Dibenzo-p-dioxine (PCDD) und Dibenzofurane (PCDF) werden in aquatischen Organismen wie z.B. Fischen nach vielen, aber nicht allen Studien am stärksten aus dem Wasser angereichert. Ein Vergleich der BCF-Werte in Fischen zeigt, daß besonders die PCDDs and PCDFs mit der höchsten Toxizität, die in der Stellung 2,3,7,8 substituiert sind, akkumulieren. Nach Berechnungen von GEYER et al. (1987) scheint aber das Akkumulationspotential z.B. bei den PCDFs nicht mit der akuten Toxizität korrelierbar zu sein. Ist die 2,3,7,8-Stellung im Dibenzo-p-dioxin bzw. Dibenzofuran-Molekül mit Halogen substituiert, so ist die Metabolisierung stark gemindert. Für die Toxizität ist insgesamt der Umstand sehr bedeutsam, daß der Molekülquerschnitt mit steigendem Cl-Gehalt im Molekül zunimmt. Dadurch wird der Durchtritt durch Membranen stark vermindert bzw. eingeschränkt. Durch dieses Phänomen kann auch zum Teil erklärt werden, warum die hochchlorierten Dibenzo-p-dioxine eine verhältnismäßig niedrige akute Toxizität aufweisen. Diese Moleküle können nämlich nur sehr schwer zu den eigentlichen Zielorganen gelangen.

Das apparente Anreicherungspotential der PCDDs ist bei 2,3,7,8-TCDD am größten und nimmt mit höherem Cl-Gehalt zum OCDD (Octachlordibenzo-p-dioxin) wieder ab.

Zu diesem Thema erschien vor kurzem ein neuer zusammenfassender Aufsatz von OPPERHUIZEN & SIJM (1990). Darin werden die Kinetik von Aufnahme, Elimination und Biotransformation sowie der Einfluß der Membranpermeabilität bei der Akkumulation von Dioxinen und Furanen in Fischen diskutiert. OPPERHUIZEN & SIJM stellen ein Bioakkumulationsmodell auf, das drei Gruppen von PCDDs und PCDFs unterscheidet: **erstens** die Kongenere (z.B. 2,3,7,8-TCDD, 1,2,3,7,8-PeCDD), die sich entsprechend ihrer physikalisch-chemischen Eigenschaften wie andere chlorierte aromatische Kohlenwasserstoffe verhalten, sich anreichern und wieder ausgeschieden werden, **zweitens** Verbindungen wie 2,8-DCDD und andere niederchlorierte Dioxine und Furane, die sehr schnell wieder ausgeschieden werden, **drittens** hochchlorierte Kongenere mit großer Molekülgröße (z.B. OCDD, OCDF), die von Fischen kaum aufgenommen und angereichert werden. Die Aufnahmerate von Dioxinen und Furanen wird nach der herkömmlichen Meinung also weniger durch die physikochemischen Eigenschaften (Lipophilie z.B.) als vielmehr durch die morphologische und physiologische Membranbeschaffenheit bestimmt. Diese Auffassung sowie die genannte Einteilung in Gruppen nach dem unterschiedlichen Anreicherungspotential beruht unserer Meinung nach auf unzureichenden Versuchsansätzen (vgl. Kapitel 4.1).

Die im Freiland auftretende selektive Anreicherung der Tetra-Kongenere zeigt sich beispielsweise in der Miesmuschel *Mytilus edulis* aus der Osaka-Bucht, deren Kongener-Muster mit dem in der Flugasche verglichen wurde (Abb. 8.8.1). Die Exposition der Tiere im Freiland wird sicherlich nicht mit einer konstanten Konzentration der hochchlorierten CDDs und CDFs erfolgen, so daß die Zeiten zum Erreichen eines *steady state* nicht ausreichen können. MEHRLE et al. (1988) untersuchten die Toxizität und das Anreicherungsverhalten von 2,3,7,8-TCDD sowie von 2,3,7,8-TCDF im 28tägigen Durchflußtest bei der Regenbogenforelle (*Oncorhynchus mykiss*). Es wurde mit richtigen, d.h. nicht übersättigten Lösungen experimentiert. Nach einer ebenso langen Dekontaminationsphase wurde für TCDD, das bereits bei der niedrigsten, untersuchten Konzentration von 38 pg/l toxische Effekte (Verhalten, Wachstum, Mortalität) zeigte, ein Anreicherungsfaktor von 26.707 in den Fischen ermittelt. Im Fall von TCDF, dessen NOEL bei 1,79 ng/l lag, ergab sich bei einer Exposition von 0,41 ng/l ein Anreicherungsfaktor von 6.049.

Unbestritten ist (bislang) allerdings, daß die verschiedenen Kongenere unterschiedlich stark metabolisiert werden: 1,2,3,7-TCDD und 1,2,3,4,7-PCDD gehören zu den Dioxin-Kongeneren, die schnell in polare Metaboliten überführt werden. MUIR & YARECHEWSKI (1988) berichten von Halbwertszeiten von 9-13 Tagen bei den juvenilen Testorganismen *Oncorhynchus mykiss* und *Pimephales promelas*, die mit ^{14}C markierter Nahrung 30 Tage lang gefüttert worden waren. Dabei erwies sich die Regenbogenforelle als die Art, die diese Stoffe am wenigsten gut ausschied. Die nach dem Modell von THOMANN & CONNOLLY (1984, zit. in MUIR & YARECHEWSKI 1988) für die stärker akkumulierbaren 1,2,3,4,7,8-H$_6$CDD und 1,2,3,4,6,7,8-H$_7$CDD in Betracht gezogene Abwägung der Aufnahmepfade Wasser/Nahrung ließ den Schluß zu, daß ein bedeutender Teil dieser PCDD-Kongenere die Nahrungskette durchlaufen kann. Das bedeutet, daß auch für Fische die PCDD-Kontamination über die Nahrung schwerwiegender sein kann als die Kontamination über das Wasser.

In aquatischen Ökosystemen wird OCDD rasch aus der Wassersäule entfernt, da es sich schnell auf partikulärem sowie gelöstem organischen Kohlenstoff verteilt. In Enclosures von Seen der Experimental Lake Area im nordwestlichen Ontario in Kanada wies OCDD eine Halbwertszeit von 4 Tagen auf; 24 Tage nach der Applikation waren > 98% des OCDD in das Sediment gewandert. Eine Wiedereinschleusung in die Biota via Detritus-Nahrungskette erscheint als der einzige Weg, wie die recht hohe Kontamination von Fischen (756 ng/kg bei dem Sauger *Catostomus*) in verschmutzten Flüssen erklärt werden kann (SERVOS et al. 1989).

Auch die Mono-, Di- und Trichlordibenzo-*p*-dioxine werden weniger angereichert als 2,3,7,8-TCDD. Dies beruht darauf, daß diese Substanzen eine geringere Lipophilie besitzen und auch leichter metabolisiert (hydroxyliert) werden und damit leichter ausgeschieden werden können als 2,3,7,8-TCDD (GEYER et al. 1987 mit Originalverweisen).

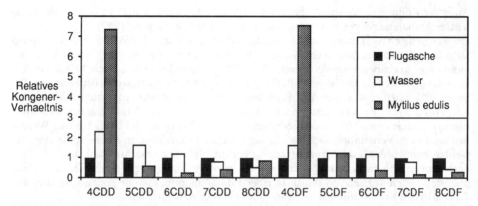

Abbildung 8.8.1: Biokonzentrierung der Tetra-Kongenere in der Miesmuschel *Mytilus edulis* in der Osaka-Bucht im Verhältnis zum Kongener-Muster in Flugasche und Wasser (nach MIYATA et al. 1989)

In einer Versuchsserie, bei der eine Gruppe von Goldfischen mit Piperonylbutoxid (PBO) als Monooxygenase-Hemmer behandelt wurde, konnten SIJM et al. (1989) diesen Mechanismus der selektiven Anreicherung von 2,3,7,8-TCDD weiterhin aufklären. In diesen Fischen wurden auch solche Kongenere angereichert gefunden, die entweder keine Chlorsubstitution an den lateralen Positionen (2,3,7,8-Positionen) oder die mindestens ein Paar von unsubstituierten benachbarten Plätzen aufweisen. In den nicht mit PBO behandelten Fischen wurde dagegen nur das 2,3,7,8-Kongener angereichert. Daraus schließen die Autoren, daß alle andere Kongenere einer Biotransformation im Fisch unterworfen sind, so daß es zu der selektiven Anreicherung des Seveso-Dioxins kommt.

8.8.1 Anreicherung von PCDDs und PCDFs in Fischen aus Wasser, Sediment und Nahrung

Die Biokonzentrationsfaktoren von PCDDs in verschiedenen Fischen, auf Naßgewicht bezogen, reichen je nach Konzentration im Wasser von 9.270 bis 13.000 (siehe Tabelle 8.8.1). Kürzlich wurde von amerikanischen Autoren (zitiert in GEYER et al. 1987) in Karpfen BCF-Werte für 2,3,7,8-TCDD von 65.900 und 68.200 sowie von ca. 97.000 bis 159.000 in Dickkopf-Elritzen bei Wasserkonzentrationen von ca. 62, 49 bzw. 67 pg/l bestimmt.
Auch die lipophilen polychlorierten Dibenzofurane (PCDFs) mit 4-6 Chloratomen pro Molekül können in Fischen um einen Faktor von ca. 300 bis 450 bei Hexachlordibenzofuran bis 6.600 bei 2,3,7,8-Tetrachlordibenzofuran (TCDF) akkumuliert werden. Dioxine und Furane werden bei Fischen bevorzugt im Fettgewebe und nicht – wie bei Säugetieren – in der Leber angereichert (VAN DER WEIDEN et al. 1989).
Allgemein werden besonders die 2,3,7,8-substituierten Dibenzofurane angereichert (Tabelle 8.8.2). Es fällt auf, daß von den penta-chlorierten Dibenzofuranen das 2,3,4,7,8-substituierte um den Faktor 2 stärker angereichert wird als das 1,2,3,7,8-Kongener. Dies kann damit erklärt werden, daß das Cl-Atom in Position 4 den Furan-Ring vor der Metabolisierung schützt (GEYER et al. 1987).
Fische können auch PCDDs und PCDFs, die an Sedimenten sorbiert sind, akkumulieren. Quantitativ spielt dieser Kontaminationspfad offensichtlich keine Rolle (KUEHL et al. 1987).

Auch der Kontaminationspfad über die Nahrung (vgl. Tabelle 8.8.2) scheint für die kurzfristige Aufnahme vergleichsweise unbedeutend zu sein (GEYER et al. 1987).

Zu gegenteiligen Aussagen gelangten allerdings BATTERMAN et al. (1989). Mit ^{13}C-markierten Dioxinen konnten die Anteile des Wassers, des Sediments und der Nahrung bei der Kontamination von Regenbogenforellen mit 2,3,7,8-TCDD ermittelt werden. Nach 120tägiger Akkumulation hatten die Fische mehr als 60 ng/kg TCDD angereichert, wobei der Sedimentpfad bis zu 20% beteiligt war. Der Anteil aus dem Sediment war direkt proportional den organischen Kohlenstoff-Konzentrationen im Sediment. Im *steady-state*-Ansatz trat nur ein Bioverfügbarkeitsindex von 0,03 für den Sedimentanteil auf. Dies ist nur 1/120 bis 1/30 des Wertes, der nach dem Verteilungsgleichgewicht organischer Kohlenstoff zu Fisch-Lipide erwartet werden konnte. Auch die Kontamination über die Nahrung erreichte nicht den Wert, der nach dem genannten Verteilungsgleichgewicht hätte erreicht werden können. Die Aufnahme über den reinen Wasserpfad führte zu einer Kontamination, die nur geringfügig über den Werten in den Kontrollfischen lag, also nahezu vernachlässigbar war.

Daß die Belastung von aquatischen Ökosystemen mit den toxischen PCDD/PCDFs überwiegend in partikel-gebundener Form erfolgt, wurde bereits erwähnt. Ebenso wurde auf die stark verminderte Bioverfügbarkeit und damit verringerte Ökotoxizität derartiger Dioxin- und Furan-Belastungen hingewiesen.

Tabelle 8.8.1: BCF_F-Werte von PCDDs in Regenbogenforellen (*Oncorhynchus mykiss*) sowie in Guppies (*Poecilia reticulata*) bei Aufnahme aus dem Wasser (aus GEYER et al. 1987 mit Originalzitaten)

Chemikalie	$\log K_{ow}$	BCF Forelle	BCF Guppy
2,7,-Di-CDD	5,75	n.b.	800
1,2,3,7-Tetra-CDD	6,91	1.230	n.b.
1,3,6,8-Tetra-CDD	7,13	2.100	n.b.
2,3,7,8-Tetra-CDD	6,64	9.270	13.000
1,2,3,4,7-Penta-CDD	7,44	810	n.b.
1,2,3,7,8-Penta-CDD	n.b.	n.b.	7.700
1,2,3,7,9-Penta-CDD	n.b.	n.b.	1.600
1,2,3,4,7,8-Hexa-CDD	7,79	2.280	n.b.
1,2,3,7,8,9-Hexa-CDD	n.b.	n.b.	900
1,2,3,4,6,7,8-Hepta-CDD	8,20	1.430	n.b.
Octa-CDD	8,60	85	n.b.

Tabelle 8.8.2: BCF_F und BAF-Werte von PCDFs in Guppies (*Poecilia reticulata*) bei Aufnahme aus dem Wasser sowie Regenbogenforellen (*Oncorhynchus mykiss*) aus der Nahrung (aus GEYER et al. 1987 mit Originalverweisen)

Chemikalie	BCF_F Guppy	BAF_L Forelle
2,3,7,8-Tetra-CDF	6.600	
1,3,6,8-Tetra-CDD	n.b.	0,42
2,3,4,7,8-Penta-CDF	5.000	
1,2,3,7,8-Penta-CDF	2.400	
1,2,3,7,8,9-Hexa-CDF	300-400	
1,2,3,4,7,8-Hexa-CDF		0,50
1,2,3,4,6,7,8-Hepta-CDD		0,27
OCDD		0,04

n.b. = nicht bestimmt

8.9 Octachlorstyrol (OCS)

OCS ist eine persistente und stark lipophile Umweltchemikalie, die industriell nicht gezielt hergestellt wird. Natürliche Emissionsquellen für OCS sind bisher nicht bekannt, obwohl nicht ausgeschlossen werden kann, daß es bei „natürlichen Bränden" aus chlorhaltigen Naturstoffen gebildet wird. Anthropogene Emissionsquellen sind Müll- und Polyvinyl-chlorid-Verbrennung, Chlorproduktion an Graphit-Anoden, Herstellung von Aluminium, Magnesium, Nickel, Niob und Tantal, Nebenprodukte bei der Herstellung von chlorierten Lösungsmitteln wie Tetrachlorkohlenstoff und Tetrachlorethen, aber auch von anderen chlorierten Verbindungen. Es sind also Verfahren, bei denen chlorhaltige organische Verbindungen bzw. Chlor und Kohlenstoff hohen Temperaturen ausgesetzt werden. Das dabei entstehende OCS wird direkt über die Abluft oder durch das Abwasser in die Umwelt emittiert (LAHANIATIS et al. 1988). Es hat somit dieselbe Entstehungsquelle wie Hexachlorbenzol, mit dem es bei Thermolyseprozessen im Gleichgewicht steht[1] (LAHANIATIS et al. l.c.)

ERNST et al. (1984) schließen aufgrund ihrer Untersuchungen in der Nordsee, daß OCS eine Umweltchemikalie aus hochindustrialisierten Gebieten sei, aber gegenwärtig noch nicht ubiquitär in der Umwelt verteilt ist. OCS wird bei Fischen in der Größenordnung höher chlorierter PCBs (10^4 bis 10^6) angereichert (ERNST et al. 1984). Für die Dickkopf-Elritze (*Pimephales promelas*) wird von VEITH et al. (1979) ein Biokonzentrationsfaktor von 33.000 angegeben. In der Süßwassermuschel *Elliptio complanata* reicherte sich OCS um den Faktor 14.500 an (RUSSELL & GOBAS 1989). An weiteren ökotoxikologischen Daten liegt so gut wie gar nichts vor.

OCS wurde vielfach in Invertebraten, Fischen und Vögeln sowie in Sedimenten nachgewiesen. Für den limnischen Bereich liegen vor allem Untersuchungen aus den Great Lakes (Nordamerika), Skandinavien, den Niederlanden, der Elbe und dem Neckar vor (EDER et al. 1987, KYPKE-HUTTER et al. 1986). WOLF (1983) berichtete OCS-Konzentrationen in Elbfischen, vornehmlich Aalen, zwischen 1 und 5 mg/kg Fett. Norwegische Wissenschaftler wiesen OCS teilweise als wichtigste halogenorganische Komponente in Fischen, Invertebraten und Sedimenten der südnorwegischen Küsten nach (LOMMEL 1985 mit Originalverweisen).

Monitoring durch Fische

Über die Rückstandsanalytik von Fischen aus dem Neckar, also über Monitoring mit Flußfischen, konnten KYPKE-HUTTER et al. (1986) und VOGELSANG et al. (1986) einen Emittenten lokalisieren. Aus dem Oberlauf des Neckar wurden 1983 und 1984 50 Fische auf Rückstände von chlororganischen Verbindungen untersucht. Bei 52% der Proben wurde die zulässige Höchstmenge für Hexachlorbenzol überschritten. Die Konzentration stieg dabei ab Rottweil spunghaft an und nahm danach allmählich wieder ab. Octachlorstyrol und Pentachlorbenzol zeigten einen ähnlichen Verlauf. Diese Befunde deuteten auf eine lokal begrenzte Einleitung hin. Durch Analyse der Klärschlämme von Abwassereinleitern in den Neckar stellte sich die Sammelkläranlage der Stadt Rottweil als Emittent heraus. Bei ihr fließen die Abwässer der Haushalte und mehrerer Industriebetriebe zusammen. Ursache für die Kontamination war das Abwasser eines Motorkolbenherstellers. HCB, OCS und PCB entstanden hier bei der Entgasung einer Aluminiumschmelze mit Chlor. Die Emission konnte durch Einbau eines Filters zu über 99% reduziert werden.

---

[1] Oberhalb von 600 °C bildet sich aus OCS Hexachlorbenzol.

Monitoring durch Muscheln

Die meisten Studien, die Muscheln als Biomonitore auf organische Schadstoffe nutzen, stammen aus dem marinen Bereich. Es liegen nur sehr wenige Arbeiten für limnische Systeme vor. KAUSS & HAMDY (1985) beispielsweise setzten Muscheln (*Elliptio complanata*) drei Wochen lang in Käfigen aus, um die Belastungen in zwei Flüssen im Great-Lakes-Gebiet zu charakterisieren und um Belastungsschwerpunkte herauszufinden. An den untersuchten Abschnitten zeigten sich nach der Exposition verschiedene Muster an chlorierten Kohlenwasserstoffen, darunter auch OCS, die sicherlich deutliche Hinweise auf unterschiedlich starke Belastungen geben. Allerdings wird kein Vergleich mit der Kontamination des Wassers oder des Sediments angestellt, so daß bei dieser Studie offenbleiben muß, ob die Belastungsmuster der Flüsse durch die Muscheln quantitativ wiedergegeben werden.

Nach RUSSEL & GOBAS (1989) ist für Anreicherung von OCS (wie auch für HCB) durch die Muschel *Elliptio complanata* der Wasserweg maßgeblich. Aus den Anreicherungs- und Eliminationskinetiken für diese beiden Stoffe kalkulierten die Autoren die benötigten Expositionzeiten: Für HCB sind 17 und für OCS 43 Tage anzusetzen. Die Expositionszeit von KAUSS & HAMDY (1985) ist für OCS somit zu kurz gewesen. Die Organismen müssen also für den jeweiligen Biomonitoringzweck – am sinnvollsten unter Feldbedingungen – „geeicht" werden.

8.10 Phthalsäureester

Phthalsäureester haben als Weichmacher von Kunststoffen anstelle der inzwischen verbotenen PCBs weite Verbreitung gefunden. Allein in den USA betrug die Produktion 1979 $2,8*10^6$ t (KOCH & WAGNER 1989). Die Tatsache, daß ihnen entsprechend ihrer hohen Produktionsrate keine größere Aufmerksamkeit geschenkt wird, liegt an ihrer geringen akuten Toxizität gegenüber Fischen und aquatischen Invertebraten (MAYER & SANDERS 1973) sowie an ihrer vergleichsweise geringen Persistenz. Die Persistenz erhöht sich allerdings dann, wenn Phthalsäureester in die anaerobe Zone von Sedimenten gelangen (PETERSON & FREEMAN 1982). Hohe Siedepunkte, niedrige Dampfdrucke und eine hohe Lipophilie begünstigen die Sedimentation und damit den Schutz vor Abbau.

Die Untersuchungen über Phthalsäureester beschränken sich größtenteils auf Di(2-ethylhexyl)phthalat (DEHP), das einen bedeutenden Anteil an der Gesamtproduktion ausmacht und sich durch eine besonders hohe Lipophilie und Bioakkumulation auszeichnet. Phthalsäureester können sowohl gasförmig als auch partikelgebunden, zumindest über kurze Strecken, in der Atmosphäre transmittiert werden (GIAM et al. 1980). Im Regenwasser japanischer Industriegebiete wurden bis zu 9 µg/l DEHP und 52 µg/l DBP (Di-n-butylphthalat) gemessen (GOTO 1979).

Durch verfeinerte Analysenmethoden wie den Einsatz der Kapillargaschromatographie und die Aufarbeitung größerer Wasservolumina konnte im Laufe der 80er Jahre ein wesentlich erweitertes Belastungsbild für die Nordsee erstellt werden. So waren neben PCBs die Phthalsäureester in Sedimenten der Deutschen Bucht und des Emsästuars die Hauptkomponenten organischer Schadstoffe (ERNST & GAUL 1984). Zu ähnlichen Ergebnissen kamen auch GIAM & ATLAS (1980). Sie fanden in den obersten Sedimentschichten des Bodensees, bezogen auf Trockengewicht, 0,2-0,7 µg/g DEHP, 0,1-0,3 µg/g DBP und 0,1-0,3 µg/g PCB.

Die potentielle Bioverfügbarkeit von sedimentiertem DEHP nahmen verschiedene Autoren zum Anlaß, den Reproduktionserfolg von Fischen und Fröschen zu überprüfen. Während DEFOE et al. (1990) in einem 90tägigen Test mit Eiern der Regenbogenforelle (*Oncorhynchus mykiss*) keine signifikanten Abnahmen der Schlüpfrate beobachten konnten, kamen LARSSON

Tabelle 8.10.1: Anreicherungsfaktoren für Di(2-ethylhexyl)phthalat in verschiedenen aquatischen Organismengruppen (nach verschiedenen Autoren aus Giam et al. 1984)

Organismus	BCF$_F$-Wert	Expositionszeit [d]	Konzentration [µg/l]
Würmer			
Dendrocoelum lacteum	4.100	27	1
Helobdella spec.	2.000	27	1
Weichtiere			
Mytilus edulis	2.500	28	4-42
Planorbis corneus	17.500	27	1
Crassostrea virginica	11	1	100
	7	1	500
Krebse			
Gammarus pulex	24.500	27	1
G. pseudolimnaeus	2.800	1	0,1
	13.600	7	0,1
Daphnia magna	5.200	7	0,3
	210	21	3-100
Insektenlarven			
Limnephilus spec.	19.200	27	1
Chironomus plumosus	2.400	1	0,03
Fische			
Lampetra planeri	10.600	27	1
Pugitus pugitus	300	27	1
Phoxinus phoxinus	178	27	1000
Cyprinodon variegatus	11	1	100
	14	1	500

& THURÉN (1987) zu dem Ergebnis, daß sich die Höhe der Schlüpfrate von Froscheiern (*Rana arvalis*), die auf die Sedimentoberfläche abgesunken waren, invers zur DEHP-Konzentration im Sediment verhielt. Die Höhe der Sedimentbelastung spiegelte sich auch in entsprechenden DEHP-Gehalten der geschlüpften Kaulquappen wider. Die DEHP-Aufnahme war sowohl über das Sediment, also partikulär, als auch gelöst über das Wasser möglich.

Der Biokonzentrationsfaktor gegenüber Wasser lag bei 1000. Dieser Wert sollte allerdings nicht überschätzt werden, da es sich bei DEHP mit dem hohen Octanol/Wasser-Verteilungskoeffizient log K_{ow} = 9,5 um einen sehr lipophilen, also an das Sediment gebundenen Stoff handelt (GIAM et al. 1984). Wie der Tabelle 8.10.1 zu entnehmen ist, sind Benthosorganismen aufgrund der hohen Retention im Sediment für die Erfassung dieses Stoffes prädestiniert. Hohe DEHP-Anreicherungsfaktoren wurden zwar für Invertebraten, nicht aber für Fische – mit Ausnahme des stammesgeschichtlich alten Neunauges *Lampetra planeri* – ermittelt. Darin kämen – wie die Autoren meinen – die speziellen Abbaumechanismen der hochentwickelten Fische zum Ausdruck (METCALF 1974, SHEA & STAFFORD 1980, GIAM et al. 1984). Hinzu kommt allerdings auch, daß die Versuche in manchen Belangen unzureichend durchgeführt worden sein müssen: So liegt die Wasserlöslichkeit des DEHP bei 270 µg/l. Verschiedene Versuchsansätze haben aber mit deutlich höheren, somit übersättigten Konzentrationen gearbeitet. Ferner dürfte sich bei einer derart hoch lipophilen Substanz wie dem DEHP ein *steady state* nach einem Tag noch gar nicht eingestellt haben. Beide Umstände führen dazu, daß die ermittelten BCF-Werte in den betreffenden Ansätzen von vorn herein viel zu niedrig ausfallen mußten!

Ebenfalls niedrig lagen die DEHP-Konzentrationen in Fischen aus unterschiedlich stark belasteten japanischen Flüssen. Der Konzentrationsbereich in den nicht näher spezifizierten Fischen lag hier zwischen 50 und 720 µg/g (GOTO 1979).

WOFFORD et al. (1981) untersuchten den Zusammenhang zwischen der Biotransformation und der Anreicherung von verschiedenen Phthalsäureestern in Austern (*Crassostrea virginica*), Krebsen (*Penaeus aztecus*) und Fischen (*Cyprinodon variegatus*). Auch wenn nach 24stündiger Exposition keine signifikanten Unterschiede in der Bioakkumulation der Phthalsäureester bei den drei Arten auftraten, waren deutlich voneinander abweichende Biotransformationen festzustellen (Tabelle 8.10.2). Als Kenngröße wählten die Autoren den Biodegradations-Index, der das Verhältnis von Phthalat-Metaboliten zu unveränderten Phthalsäureestern beschreibt. Es zeigte sich, daß *Crassostrea virginica* die geringsten und *Cyprinodon variegatus* die größten Fähigkeiten zur Biotransformation besaß.

Tabelle 8.10.2: Biodegradations-Index von Phthalsäureestern in aquatischen Organismen (aus WOFFORD et al. 1981)

P.ester	Konz. [ppb]	*Crassostrea* (Auster)	*Penaeus* (Krebs)	*Cyprinodon* (Fisch)
DMP	100	–	1,04	5,81
	500	–	0,422	0,26
DBP	100	0,59	31,04	5,85
	500	0,46	17,22	-
DEHP	100	0,27	1,03	3,47
	500	0,31	0,69	23,87

Die Arbeit von TARR et al. (1990) macht deutlich, daß die Aufnahme- und Akkumulationsrate nicht nur von Transformationsprozessen, sondern auch von der Körpergröße und den damit zusammenhängenden physiologischen Parametern abhängt. Versuche mit 3 g und 61 g schweren Regenbogenforellen (*Oncorhynchus mykiss*) zeigten, daß die leichteren Tiere im Wasser gelöstes DEHP wesentlich stärker akkumulierten (Abb. 8.10.1). Dieser Befund ist im Zusammenhang mit einer höheren Ventilationsrate und einer relativ großen Kiemenoberfläche zu sehen.

Die Beobachtung rückläufiger Fischbestände veranlaßten PASSINO & SMITH (1987) zur Überprüfung der akuten Toxizität einiger Xenobiotika, die in Fischen aus den amerikanischen Great Lakes identifiziert worden waren. Dabei stellte sich im statischen, zweitägigen Daphnientest heraus, daß Phthalsäureester ein wesentlich höheres Gefahrenpotential in sich bergen als bislang angenommen wurde. Der EC_{50}-Wert für DEHP lag bei 0,133 mg/l und übertraf den von z.B. PAHs um ein Vielfaches. Ähnliche Befunde lieferten SUGATT et al. (1984) für Diethylphthalat (DEP).

DEFOE et al. (1990) führten mit acht Phthalsäureestern chronische und akute Toxizitätstests an den Fischen *Pimephales promelas, Oncorhynchus mykiss* und *Oryzias latipes* durch. In keinem der Fälle wirkte der am häufigsten in der Umwelt zu findende Phthalsäureester DEHP in der höchsten übersättigten Testkonzentration von 0,5 mg/l akut toxisch. Da die Wasserlöslichkeit von DEHP bei 0,27 mg/l liegt, handelte es sich hierbei um eine Emulsion. Während

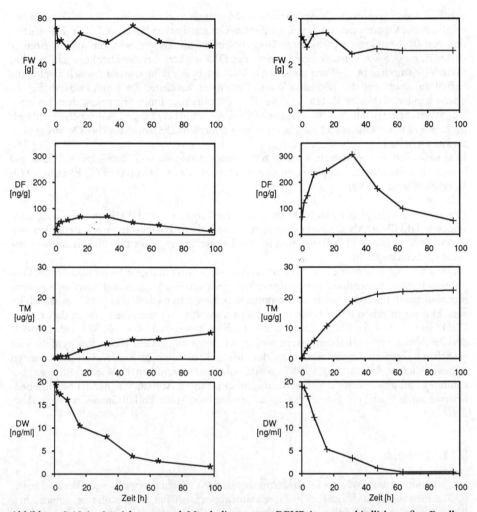

Abbildung 8.10.1: Anreicherung und Metabolismus von DEHP in unterschiedlich großen Forellen. Links: 61 g-Fische; rechts: 3 g-Fische. Exposition gegenüber 20 ng/l DEHP. FW = Fischgewicht; DF = DEHP im Fisch, TM = gesamte Metabolite; DW = DEHP im Wasser (aus TARR et al. 1990)

sich Forellen (Larven von *Oncorhynchus mykiss*) auch in chronischen DEHP-Tests als unempfindliche Organismen erwiesen, reagierten *Oryzias*-Larven bei einer DEHP-Konzentration von 0,54 mg/l mit signifikanten Gewichtseinbußen. Andere, weniger stark vertretene Phthalsäureester wie verschiedene Isomere des DBP wirkten bei der Dickkopf-Elritze akut toxisch (96stündige LC_{50}-Werte zwischen 0,6-1,1 mg/l). Auffällig war, daß es sich hier um die Phthalsäureester mit der höchsten Wasserlöslichkeit handelte. Zu vergleichbaren Ergebnissen kamen MAYER et al. (1972). Der TL_{50} (= tolerance limit; entspricht dem heutigen LC_{50}-Wert) betrug nach einer 96-stündigen DBP-Exposition bei *Pimephales promelas* 1300 µg/l, bei Lepomis macrochirus 731 µg/l, bei *Ictalurus punctatus* 2910 mg/l und bei *Oncorhynchus mykiss* 6470 µg/l.
In chronischen Toxizitätstests wurden teratogene, mutagene und karzinogene Effekte bei hohen Phthalat-Dosen nachgewiesen (METCALF et al. 1973, PEAKALL 1975, ECKARD 1979, KOCH & WAGNER 1989).

Der zeitliche Verlauf der amerikanischen Produktionsrate von DEHP und der wiederzufindende DEHP-Gehalt in einem datierten Sedimentkern korrelierten nach Befunden von PETERSON & FREEMAN (1982) gut, was für die Langlebigkeit dieses Phthalsäureesters in anaerobem Milieu spricht.
Abiotische Abbauvorgänge sind bei Phthalsäureestern von untergeordneter Bedeutung. Eine photoinduzierte Mineralisation ist aufgrund der geringen Flüchtigkeit und dem damit zusammenhängenden überwiegenden Vorkommen in Sedimenten nach KORTE (1985) auszuschließen. Ebenso sprechen lange Hydrolyse-Halbwertszeiten von mehreren Jahren dafür – für DEHP ist bei pH 7 sogar eine Zeit von 2000 Jahren angegeben (KOCH & WAGNER 1989) –, daß der Abbau von Phthalsäureestern vorzugsweise auf biotischem Weg erfolgen muß. Von manchen Bakterienstämmen weiß man, daß sie DEHP als alleinige Kohlenstoffquelle nutzen können (GIBBONS & ALEXANDER 1989). Bakterielle Exkrete erhöhen die Wasserlöslichkeit bestimmter Phthalsäureester und beschleunigen damit ihren Abbau. Wie bereits beschrieben, besitzen auch Fische ein gutes Transformationsvermögen für Phthalsäureester *(siehe Abb. 8.10.1)*.

8.11. Pestizide

Die Behandlung ausgewählter Pestizidgruppen aus der Vielzahl von wirksamen Verbindungen im Rahmen der Grundzüge für ein Biomonitoring organischer Schadstoffe im aquatischen Bereich kann in jedem Fall nur kursorisch sein und soll auf das Problem der Pestizid-Belastung generell aufmerksam machen sowie auf Wirkungen gegenüber Nicht-Ziel-(*Nontarget*)-Organismen hinweisen.
Eine Grundeigenschaft der neu-entwickelten Pestizide (bei den Insektiziden sind dies die synthetischen Pyrethroide) und Grundvoraussetzung für deren Zulassung ist eine geringere Persistenz im Ökosystem als die herkömmlicher Pestizide, sprich eine vergleichsweise gute Abbaubarkeit. Von daher wird bei dem Monitoring auf Pestizide im Wasser in den meisten Fällen das gezielte **chemische** und nicht das **biologische** Monitoring zum Ziel führen. Ausnahmen werden lediglich der Cholinesterase-Test auf Organophosphate und Carbamate (MENZEL & OHNESORGE 1978, OBST et al. 1987) sowie Sonden mit isolierten Chloroplasten (ZIMMERMANN et al. 1987, HIRSCHWALD et al. 1990) oder Cyanobakterien (nach RAWSON, s. Kapitel 10.2) auf Herbizide darstellen. Der Leser sei deshalb auf die umfangreichen Abhandlungen über Pestizide hingewiesen, z.B. WORTHING & WALKER (1983), DFG (1986), MAYER & ELLERSIECK (1986), NRCC SOLOMON et al. (1986) oder JEPSON (1989, ed.).

Obwohl ECKARD (1979) zu dem Ergebnis kam, daß tierisches Gewebe im Gegensatz zu Gewebe von Landpflanzen für ein Monitoring weniger geeignet ist, gibt es eine ganze Anzahl von Veröffentlichungen, die sich mit diesem Thema befassen. Denn selbst wenn Fische und Benthontiere nicht die Zielgruppe sind, werden sie beispielsweise bei der Anwendung aquatischer Herbizide häufig sehr stark betroffen. Dies mögen die Tabellen 8.11.1 und 8.11.3 verdeutlichen.

Da die Bioakkumulation die Exposition am Wirkort wiedergibt, ist der Vergleich verschiedener Tiere hinsichtlich des Akkumulationsvermögens für Pestizide recht aufschlußreich. Wie der Vergleich von Terbutryn und Fluidon bei der Regenbogenforelle und einer Chironomidenart verdeutlicht (Tabelle 8.11.2), können die Tiere die verschiedenen Pestizide höchst unterschiedlich akkumulieren.

Tabelle 8.11.1: Toxizität aquatischer Herbizide auf Fische (aus HELLAWELL 1986 mit Originalverweisen, MORGAN et al. 1991)

Herbizid	Fischart	Test	Wert[1] [mg/l]
Chlorthiamid	Keilfleckbärbling *(Rasbora heteromorpha)*	24 h LC_{50}	41
Kupfer	Regenbogenforelle *(Oncorhynchus mykiss)*	48 h LC_{50}	0,14
Dalapon	Regenbogenforelle *(Oncorhynchus mykiss)*	24 h LC_{50}	350
Dichlobenil	Regenbogenforelle *(Oncorhynchus mykiss)*	96 h LC_{50}	6,4
	Regenbogenforelle *(Oncorhynchus mykiss)*	48 h LC_{50}	22
	Plötze *(Rutilus rutilus)*	10 d LC_{50}	1,6
		96 h LC_{50}	8,0
	Brachse *(Abramis brama)*	96 h LC_{50}	7,5
	Blauer Sonnenbarsch *(Lepomis macrochirus)*	24 h LC_{50}	20
	Keilfleckbärbling *(Rasbora heteromorpha)*	96 h LC_{50}	4,2
		96 h LC_{50}	6,5
Diquat	Regenbogenforelle *(Oncorhynchus mykiss)*	24 h LC_{50}	90
	Koboldkärpfling *(Gambusia affinis)*	24 h LC_{50}	723
		96 h LC_{50}	289
2,4-D	Karpfen *(Cyprinus carpio)*	96 h LC_{50}	96,5
	Regenbogenforelle *(Oncorhynchus mykiss)*	24 h LC_{50}	250
	Dickkopf-Elritze *(Pimephales promelas)*	96 h LC_{50}	8,23
Malein-Hydrazid	Keilfleckbärbling *(Rasbora heteromorpha)*	96 h LC_{50}	25-30
Glyphosate	Keilfleckbärbling *(Rasbora heteromorpha)*	96 h LC_{50}	12
	Regenbogenforelle *(Oncorhynchus mykiss)*	96 h LC_{50}	54,8
als Vision-15[2]	Regenbogenforelle *(Oncorhynchus mykiss)*	96 h LC_{50}	27
als Vision-10			75
Paraquat	Keilfleckbärbling *(Rasbora heteromorpha)*	24 h LC_{50}	840

[1] Die Werte wurden an Tieren unterschiedlicher Größe sowie im statischen oder im Durchfluß-Test ermittelt.

[2] mit vollständiger (15% vol/vol) und verminderter Tensidformulierung.

Tabelle 8.11.2: Biokonzentrationsfaktoren der Herbizide Terbutryn und Fluidon in der Regenbogenforelle (*Oncorhynchus mykiss*) und Larven der Chironomidenart *Chironomus tentans* (aus MUIR et al. 1982)

Herbizid	*Oncorhynchus mykiss* [*]	*Chironomus tentans* [#]
Fluridon	91	128
Terbutryn	312	48

[*] höchste Werte in Leber und Magen-Darm-Trakt
[#] Akkumulationen aus Wasser und Sediment in gleicher Größenordnung

Tabelle 8.11.3: Toxizität aquatischer Herbizide auf Invertebraten (aus HELLAWELL 1986 mit Originalverweisen, und PEICHL et al. 1984)

Herbizid	Tierart	Test	Wert [mg/l]
Kupfer	*Gammarus pseudolimnaeus*	96 h LC_{50}	0,02
	Campeloma decisum	96 h LC_{50}	1,7
	Physa integra	96 h LC_{50}	0,04
	Daphnia magna	24 h LC_{50}	0,06
Dalapon	*Pteronarcys californica*	96 h LC_{50}	> 100
	Daphnia magna	26 h LC_{50}	6,0
Dichlobenil	*Daphnia pulex*	48 h LC_{50}	3,7
	Daphnia magna	48 h LC_{50}	7,8
	Daphnia magna	24 h EC_{50}	6,2
	Gammarus lacustris	24 h LC_{50}	16
		48 h LC_{50}	1,5
	Pteronarcys californica	24 h LC_{50}	42
		48 h LC_{50}	8,4
	Hyalella azteca	96 h LC_{50}	8,5
	Callibaetis spec.	96 h LC_{50}	10,3
	Limnephilus spec.	96 h LC_{50}	10,3
Diquat	*Diaptomus spec.*	48 h LC_{50}	19
	Hyalella azeteca	96 h LC_{50}	0,05
	Callibaetis spec.	96 h LC_{50}	16,4
	Limnephilus spec.	96 h LC_{50}	33,0
2,4-D	*Daphnia pulex*	48 h LC_{50}	3,2
	Gammarus lacustris	24 h LC_{50}	1,4-6,8
	Pteronarcys californica	24 h LC_{50}	8,5
		48 h LC_{50}	1,8
Glyphosate	*Daphnia pulex*	48 h LC_{50}	36
		48 h LC_{50}	4,0
	Simocephalus serrulatus	48 h LC_{50}	3,7
	Gammarus lacustris	24 h LC_{50}	38
		48 h LC_{50}	18
	Pteronarcys californica	96 h LC_{50}	≫ 100
	Diaptomus mississippiensis	48 h LC_{50}	5,3

Im folgenden wird ein informativer Teil der immensen Literatur über phosphororganische und chlororganische Pestizide, über Pyrethroide sowie über ausgewählte stickstofforganische Pestizide zusammengetragen.

8.11.1 Phosphororganische Pestizide

Durch schnelle biologische Abbauvorgänge übersteigen die phosphororganischen Pestizide kaum den unteren ppb-Bereich in aquatischen Ökosystemen. Aufgrund einer hohen human-toxikologischen Bedeutung – Empfindlichkeit des Zentralnervensystem – ist man trotzdem darum bemüht, für diese Stoffgruppe ein Monitoring zu entwickeln.

Tabelle 8.11.4: Toxizität von phosphororganischen Pestiziden auf Fische (aus HELLAWELL 1986 mit Originalverweisen)

Insektizid	Fischart	Test	Wert [µg/l]
Guthion®	Dickkopf-Elritze (*Pimephales promelas*)	96 h LC$_{50}$	100
	Dickkopf-Elritze (*Pimephales promelas*)	96 h LC$_{50}$	1.900
	Goldfisch (*Carassius auratus*)	96 h LC$_{50}$	2.400
	Blauer Sonnenbarsch (*Lepomis macrochirus*)	96 h LC$_{50}$	5,6
Dursban®	Regenbogenforelle (*Oncorhynchus mykiss*)	96 h LC$_{50}$	7,1-8,0
	Blauer Sonnenbarsch (*Lepomis macrochirus*)	36 h LC$_{50}$	22,0
		96 h LC$_{50}$	3,6
	Goldener Glanzfisch (*Notemigonus chrysoleucas*)	36 h LC$_{50}$	35
	Koboldkärpfling (*Gambusia affinis*)	36 h LC$_{50}$	215
	Dickkopf-Elritze (*Pimephales promelas*)	96 h LC$_{50}$	203
Malathion	Dickkopf-Elritze (*Pimephales promelas*)	96 h LC$_{50}$	12.500
	Blauer Sonnenbarsch (*Lepomis macrochirus*)	96 h LC$_{50}$	20.000
	Katzenwels (*Ictalurus punctatus*)	96 h LC$_{50}$	760
	Bachsaibling (*Salvelinus fontinalis*)	96 h LC$_{50}$	120-130
	„Cut-throat"-Forelle (*Salmo clarki*)	96 h LC$_{50}$	150-201
	Regenbogenforelle (*Oncorhynchus mykiss*)	96 h LC$_{50}$	122
	Silberlachs (*Oncorhynchus kisutch*)	96 h LC$_{50}$	265
Parathion	Dickkopf-Elritze (*Pimephales promelas*)	96 h LC$_{50}$	1.600
	Koboldkärpfling (*Gambusia affinis*)	48 h LC$_{50}$	350
Methylparathion	Dickkopf-Elritze (*Pimephales promelas*)	96 h LC$_{50}$	7.500
	Guppy (*Poecilia reticulata*)	96 h LC$_{50}$	819
Dipterex® (Trichlorfon)	Dickkopf-Elritze (*Pimephales promelas*)	96 h LC$_{50}$	51.000 – 180.000
Disulfoton	Regenbogenforelle (*Oncorhynchus mykiss*)	96 h LC$_{50}$	3.020
	Dickkopf-Elritze (*Pimephales promelas*)	96 h LC$_{50}$	4.000

In neueren Studien wurden die Auswirkungen von Trichlorfon, einem weit verbreiteten Insektizid in Landwirtschaft und Fischkultur, untersucht (COSSARINI-DUNIER et al. 1990; SIWICKI et al. 1990). Im Vordergrund stand dabei das Immunsystem des Karpfen (*Cyprinus carpio*). Hohe Kontaminationen von 20.000 mg/l Trichlorfon bewirkten in Leber und Gehirn zwar eine Hemmung der Acetylcholinesterase-Aktivität, die Milz und die Lymphozyten blieben jedoch unbeeinflußt und damit auch die Antikörperbildung. Ähnliche Befunde ergaben sich für Atrazin und Lindan. Die unspezifische Immunabwehr wurde bei einer Konzentration von 10.000 mg/l Trichlorfon allerdings in Mitleidenschaft gezogen. Bei Fischen, die experimentell mit Bakterien infiziert worden waren, sank der Lysozymgehalt im Blut und damit die Phagozytosefähigkeit. Die Folge war, daß die Fische nach etwa drei Wochen starben.

Tabelle 8.11.5: Toxizität von phosphororganischen Pestiziden auf Invertebraten (aus HELLAWELL 1986 mit Originalverweisen)

Insektizid	Tierart	Test	Wert [mg/l]
Fenthion	*Chaoborus* spec.	$48\,h\,LC_{50}$	12
	Cloëon spec.	$48\,h\,LC_{50}$	12
	Gammarus pulex	$48\,h\,LC_{50}$	14
	Lymnaea stagnalis	$48\,h\,LC_{50}$	6.400
Guthion®	*Pteronarcys californica*	$96\,h\,LC_{50}$	1,5-22
	Gammarus lacustris	$96\,h\,LC_{50}$	0,13-0,15
	Gammarus fasciatus	$96\,h\,LC_{50}$	0,1-0,38
	Daphnia magna	$26\,h\,LC_{50}$	0,18
Dursban®	*Pteronarcys californica*	$96\,h\,LC_{50}$	10
	Gammarus lacustris	$96\,h\,LC_{50}$	0,11
	Gammarus fasciatus	$96\,h\,LC_{50}$	0,32
Malathion	*Pteronarcys californica*	$96\,h\,LC_{50}$	50
	Gammarus lacustris	$96\,h\,LC_{50}$	0,16
	Gammarus fasciatus	$96\,h\,LC_{50}$	0,76-0,9
	Daphnia magna	$26\,h\,LC_{50}$	0,9
Parathion	*Pteronarcys californica*	$96\,h\,LC_{50}$	5,4-32
	Gammarus lacustris	$96\,h\,LC_{50}$	3,5-12,8
	Gammarus fasciatus	$96\,h\,LC_{50}$	1,3-4,5
	Daphnia magna	$26\,h\,LC_{50}$	0,8
Methylparathion	*Daphnia magna*	$26\,h\,LC_{50}$	4,8
Dipterex® (Trichlorfon)	*Pteronarcys californica*	$96\,h\,LC_{50}$	16,5-35
	Gammarus lacustris	$96\,h\,LC_{50}$	40- 50
	Daphnia magna	$26\,h\,LC_{50}$	0,12

Einen histopathologischen Untersuchungsansatz wählten GILL et al. (1988). Sie prüften Kiemen, Leber und Nieren des Fisches *Puntius conchonius* nach einer 15tägigen Exposition von Dimethoat. Bei Konzentrationen von 0,4-0,7 mg/l ließen sich lichtmikroskopisch Veränderungen der Kiemenblättchen bis hin zu nekrotischen Schädigungen feststellen. Kiemenschäden führen zu Respirationsstreß und stören den oxidativen Metabolismus sowie die Ionenregulation.

Reproduktionsstörungen stellten sich bei *Channa punctatus* im Laufe einer sechsmonatigen Exposition von 2 mg/l Cythion ein. Unreife Eizellen enthielten im Zytoplasma proteinhaltige Einschlußkörper, die schließlich eine Degeneration herbeiführten (RAM & SATHYANESAN 1987).

Ähnliche Störungen löste Fenitrothion [Dimethyl-(3-methyl-4-nitrophenol)-thiophosphat] bei *Oryzias latipes* aus; allerdings mit dem Unterschied, daß die hier ebenfalls untersuchten Abbauprodukte größere Auswirkungen als die Ausgangssubstanz zur Folge hatten. So reduzierte eine Konzentration von 1 mg/l Fenitrothion die Schlüpfrate der Fischeier um nur 10%, während die Metabolite gleicher Konzentration die Schlüpfrate um mehr als 50% senkten (HIRAOKA et al. 1990).

Die beiden Tabellen 8.11.4 und 8.11.5 vermitteln ein Bild über die akute Toxizität von phosphororganischen Pestiziden, insbesondere Insektiziden. Es wurden auch solche Untersuchungen mitaufgenommen, die zwar an derselben Tierart ausgeführt wurden, die aber verdeutlichen, welchen starken Schwankungen Wirkungstests in Abhängigkeit von den Randbedingungen (s. Kapitel 2) unterworfen sind. Es treten Abweichungen bis zu zwei Zehnerpotenzen auf.

8.11.2 Chlororganische Pestizide

Halogenorganische Verbindungen besitzen eine hohe Persistenz und können sich in Organismen sehr stark anreichern und toxisch wirken. Die starke Anreicherung vor allem in Fischen und Eiern von Wasservögeln ermöglicht die Feststellung einer Gewässerbelastung auch dort, wo die Konzentrationen im Wasser sehr niedrig oder sogar unterhalb der Nachweisgrenze liegen (VOJINOVIC 1990).

Mit Ausnahme von Lindan (γ-HCH) besteht für die in früheren Zeiten häufig benutzten Pestizide HCB, DDT, Dieldrin und PCP in der Bundesrepublik inzwischen ein Anwendungsverbot. Das Insektizid Lindan konnte in der Nordsee im Rahmen einer flächendeckenden Untersuchung auf chlorierte Kohlenwasserstoffe durch das Deutsche Hydrographische Institut weiträumig verfolgt werden. Sein Verteilungsmuster im Wasser gibt die Haupteintragswege wieder: Mündungen von Rhein, Weser und Elbe sowie am Skagerrak der Ausstrom aus der Ostsee (UMWELTBUNDESAMT 1989).

Einen ersten Überblick über die Kontamination mit HCH in den fünf neuen Bundesländern geben HEINISCH et al. (1991b). Die Autoren bedienten sich in vielen Fällen des Biomonitorings, wobei das Monitoring allerdings nicht nur auf den aquatischen Bereich beschränkt war, sondern vielfach auch terrestrische Nahrungsketten beinhaltete. HEINISCH et al. (1991b) schreiben:

„Präparate auf γ-HCH-Basis (Lindan) waren als Pflanzen- und Materialschutz- sowie Schädlingsbekämpfungsmittel im Bereich der Human- und Veterinärhygiene in der ehemaligen DDR noch 1989 mit Wirkstoffmengen um 30 bis 50 t (das Volumen an Materialschutz- und Hygienepräparaten war nicht genau zu ermitteln) im Einsatz. Die Produktion, die in den

Betrieben Berlin-Chemie, Fettchemie Chemnitz, Chemiekombinat Bitterfeld und Fahlberg-List Magdeburg 1968 noch bei 10 695 t HCH (ca. 1000 t Lindan) lag, wurde 1982 ganz eingestellt, der Bedarf wurde durch Importe abgedeckt. In dem Bericht werden produktionsbedingte Kontaminationen ausführlich an den Beispielen Berlin-Potsdam und Deponie Emden, Kreis Haldensleben, anhand der Belastungspegel von Oberflächen- und Grundwasser, aquatischer Sedimente und Fische (Berlin-Potsdam) sowie Boden, Kultur- und Indikatorpflanzen, Milch und Coronarfett von Rindern (Emden) vorgestellt. Die Auswirkungen gezielter Applikationen in Land- und Forstwirtschaft sowie dem Gartenbau werden durch Kontaminations-Zeitreihen, im günstigsten Falle von 1971–1990, in den Matrices Boden, Getreide, Rapsöl, Kohlgemüse, Hühnereier, Kuhmilch, Butter, Schweine-, Rind- und Schaffleisch, Eiern des Sperbers, im Wasser Schweriner Seen und Barschen, Plötzen sowie Bleien aus diesen Gewässern, im Wasser der Ostsee und Heringen, Sprotten sowie Dorschleber aus verschiedenen Fanggebieten von der Mecklenburger Bucht bis zum Nördlichen Gotlandbecken und schließlich in Humanlipiden vorgestellt. Selbst unter Berücksichtigung der äußerst komplizierten Bedingungen bei der Datengewinnung in der damaligen DDR (strikte Geheimhaltung, keine freien Meinungsaustauschmöglichkeiten im In- und mit dem Ausland einschließlich der Bundesrepublik Deutschland, z.T. veraltete Analysentechnik ohne Ringvergleiche oder gar GLP) liefert das Datenspektrum bei sorgfältig-kritischer Betrachtung eine Reihe von Hinweisen. Diese können als Ursache-Wirkungs-Beziehungen betrachtet werden. Sie stellen darüber hinaus die Basis für einen „Freiland-Praxis-Großversuch" von einmaliger Dimension dar, da hier in einigen Fällen der zeitliche Ablauf der Anwendungsdaten in bezug zu ebendiesem Verlauf bei den Kontaminationsniveaus gegenübergestellt werden kann."

8.11.2.1 Anreicherung

In einer umfangreichen Untersuchung mit mehreren Pestiziden reicherte sich als einziges chlororganisches Pestizid Lindan während einer vierjährigen Testphase in der Schleie (*Tinca tinca*) an. Die in einem Abwasseraufbereitungsbecken gehaltenen Fische enthielten zum Versuchsende durchschnittlich 0,075 µg Lindan pro g Leberfrischgewicht (GUERRIN et al. 1990).
Für DDT ließen sich im Küstengebiet von Los Angeles in dem Bodenfisch *Genyonemus lineatus* Konzentrationen zwischen 22 und 100 µg/g Lebertrockengewicht finden. Das entsprach maximal einer 774fachen Anreicherung gegenüber dem Sedimentgehalt. Der Mageninhalt wies dagegen nur eine 58mal höhere Konzentration als das Sediment auf. Diese Befunde sind ein Zeichen für die Anreicherung über die Nahrungskette (MALINS et al. 1987).
Die Quappe *Lota lota*, die aufgrund ihrer sehr fettreichen Leber ein ausgeprägtes Akkumulationsvermögen von organischen Schadstoffen besitzt, wurde von MUIR et al. (1990) in kanadischen Gewässern als Monitor eingesetzt. Eine erwartete Abnahme chlororganischer Rückstände mit zunehmender Entfernung von industrialisierten Regionen entlang eines Nord-Süd-Transekts konnte nicht für alle Schadstoffe bestätigt werden. So z.B. für das Insektizid Toxaphen nicht, das in den Fischen nördlicher Seen mit 1,4 µg/g Leberfett (Frischgewicht) in fast ebenso hohen Konzentrationen wie in den Fischen aus dem an der amerikanisch-kanadischen Grenze liegenden Lake 625 vorkam (1,7 µg/g). Dieser Stoff wird demnach zu einem großen Teil über die Luft eingetragen. Das Gleiche dürfte für HCB gelten, dessen atmosphärischer Eintrag durch die Verbrennung chlorhaltiger Produkte gegeben ist (BÜTHER 1990).

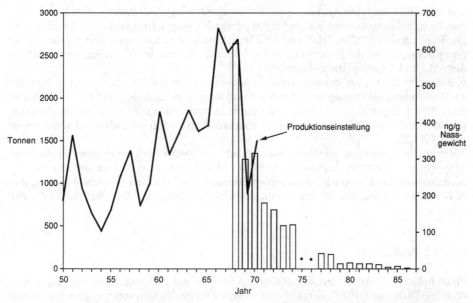

Abbildung 8.11.1: Jährliche DDT-Produktion in Japan und der zeitliche Trend von DDT-Rückständen in *Rhinogobius flumineus* im River Nagaragawa (Linie = Produktion, Balken = Rückstandsgehalte, * = keine Probenahme (nach LOGANATHAN et al. 1989)

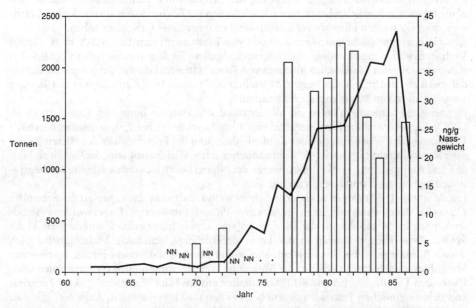

Abbildung 8.11.2: Jährlicher Chlordan-Import nach Japan und der zeitliche Trend von Chlordan-Rückständen in *Rhinogobius flumineus* im River Nagaragawa (Linie = Import, Balken = Rückstandsgehalte, NN = Rückstände nicht nachweisbar, * = keine Probenahme (nach LOGANATHAN et al. 1989)

185

Seit Ende der 60er Jahre wird in Japan die Grundel *Rhinogobius flumineus* als Monitor für eine Reihe chlororganischer Verbindungen erfolgreich eingesetzt (LOGANATHAN et al. 1989). Die Rückstände an PCBs, DDT und HCHs in *Rhinogobius* korrespondierten sehr gut mit dem Rückgang bzw. der Einstellung der Produktion zu Beginn der 70er Jahre, wie für DDT in der Abb. 8.11.1 exemplarisch dargestellt ist.

Ebenso wird der Verlauf des Imports von Chlordan, das in den 70er Jahren gegen Termiten zur Anwendung gekommen war, durch *Rhinogobius* recht gut belegt. Da diesem Insektizid erst 1986 ein Importstop auferlegt wurde, dürfte es noch einige Jahre im biozönotischen Umlauf bleiben, bevor die Rückstände aus dem aquatischen System gänzlich verschwunden sind (Abb. 8.11.2).

Nicht nur die Ausgangssubstanzen, sondern auch ihre Metabolite können zum Teil sehr langlebig sein, wie NOVICK & ALEXANDER (1985) für Alachlor und Propachlor zeigen konnten. Innerhalb von 6 Wochen wurden diese beiden Herbizide von Bakterien zwar metabolisiert, aber in keiner Weise mineralisiert, wie es demgegenüber bei Anilin und Cyclohexylamin der Fall war.

8.11.2.2 Effekte

Einen holistischen Ansatz zur Ermittlung von Effekten auf Ziel- und Nicht-Zielorganismen verfolgte CROSSLAND (1988), der die biozönotischen Auswirkungen verschiedener Konzentrationen von Methyl-Parathion in künstlich angelegten Teichen aufzeigte. Die Versuchstiere waren Regenbogenforellen (*Oncorhynchus mykiss*), für die keine toxischen Wirkungen bekannt waren. Indirekte Effekte zeigten sich aber auch hier in verringerten Wachstumsraten, die auf den insektizidbedingten Rückgang der Invertebraten zurückzuführen waren. Auf Nahrungsmangel zurückgehende Gewichtseinbußen bei Fischen können zwar keinen Nachweis, aber doch einen Hinweis auf Insektizidbelastungen eines Gewässers geben.

Als relativ empfindliche Nachweismethode von Lindan schlagen BRAUNBECK et al. (1990) Verhaltensstudien und zytologische Untersuchungen an Fischen vor. Sie stellten bei *Brachydanio rerio* ab einer Lindankonzentration von 40 µg/l ultrastrukturelle, pathologische Veränderungen an der Leber fest, wogegen Mortalität und verminderte Eiproduktion erst ab einer Konzentration von 80 µg/l registriert wurden.

Biochemische Aspekte standen im Vordergrund der Untersuchung von RADHAIAH et al. (1987). Eine Heptachlor-Konzentration von 30 µg/l wirkte sich bei *Tilapia mossambica* nach 15 Tagen in der Weise aus, daß der Kohlenhydrat- und der Proteingehalt der Nieren gegenüber Kontrolltieren um jeweils 47% abgenommen hatte. Gleichzeitig stieg der Gehalt an Lipiden und Aminosäuren. Funktionsstörungen der Nieren ließen sich durch erhöhte Konzentrationen an Harnstoff und Kreatin im Blut zeigen.

LAL & SINGH (1987) gingen noch einen Schritt weiter, indem sie das Leberfett des Seewolfes *Claras batrachus* während seiner reproduktiven Phase fraktionierten. Dabei wurden Pestizidwirkungen im Metabolismus der weniger polaren Lipide festgestellt. Während γ-HCH die Synthese von Phospholipiden in der Leber unterdrückte, schränkte Malathion lediglich dessen Aufnahme in die Gonaden ein. Dies könnte ein Sekundäreffekt infolge verringerter Sexualhormongehalte sein, die für die Aufnahme von Membranlipiden verantwortlich sind. Die beiden Tabellen 8.11.6 und 8.11.8 beinhalten ausgewählte Werte für die akute Toxizität von chlororganischen Pestiziden gegenüber Fischen und Invertebraten. Auch hier gilt das, was für die phosphororganischen Pestizide ausgeführt wurde: Sie weisen eine vergleichsweise gute Abbaubarkeit auf, reichern sich im Ökosystem kaum an und wirken zum Teil bereits in recht geringen Konzentrationen auch auf Nicht-Zielorganismen. In Tabelle 8.11.7 sind BCF-

Tabelle 8.11.6: Toxizität von chlororganischen Insektiziden auf Fische (aus HELLAWELL 1986 mit Originalverweisen)

Insektizid	Fischart	Test	Wert [µg/l]
Aldrin	Regenbogenforelle (*Oncorhynchus mykiss*)	$24\,h\,LC_{50}$	50
	Blauer Sonnenbarsch (*Lepomis macrochirus*)	$96\,h\,LC_{50}$	13
	Goldfisch (*Carassius auratus*)	$24\,h\,LC_{50}$	50
		$96\,h\,LC_{50}$	28
Chlordan	Regenbogenforelle (*Oncorhynchus mykiss*)	$24\,h\,LC_{50}$	50
	Blauer Sonnenbarsch (*Lepomis macrochirus*)	$96\,h\,LC_{50}$	22
	Dickkopf-Elritze (*Pimephales promelas*)	$96\,h\,LC_{50}$	69
	Goldfisch (*Carassius auratus*)	$96\,h\,LC_{50}$	50-82
Dieldrin	Regenbogenforelle (*Oncorhynchus mykiss*)	$24\,h\,LC_{50}$	50
	Blauer Sonnenbarsch (*Lepomis macrochirus*)	$96\,h\,LC_{50}$	8
	Goldfisch (*Carassius auratus*)	$96\,h\,LC_{50}$	37
Endrin	Regenbogenforelle (*Oncorhynchus mykiss*)	$96\,h\,LC_{50}$	0,41
	Silberlachs (*Oncorhynchus kisutch*)	$96\,h\,LC_{50}$	0,27
	Silberlachs (*Oncorhynchus kisutch*)	$96\,h\,LC_{50}$	0,77
	Elritze (*Pimephales notatus*)	$96\,h\,LC_{50}$	0,27
	Dickkopf-Elritze (*Pimephales promelas*)	$96\,h\,LC_{50}$	1,8
	Goldfisch (*Carassius auratus*)	$96\,h\,LC_{50}$	1,96
	Karpfen (*Cyprinus carpio*)	$48\,h\,LC_{50}$	140
	Blauer Sonnenbarsch (*Lepomis macrochirus*)	$96\,h\,LC_{50}$	0,8
DDT	„Cut-throat"-Forelle (*Salmo clarki*)	$96\,h\,LC_{50}$	0,85-1,37
	Regenbogenforelle (*Oncorhynchus mykiss*)	$96\,h\,LC_{50}$	1,7
	Bachsaibling (*Salvelinus fontinalis*)	$96\,h\,LC_{50}$	7,4.11,9
	Silberlachs (*Oncorhynchus kisutch*)	$96\,h\,LC_{50}$	11,3- 18,5
	Blauer Sonnenbarsch (*Lepomis macrochirus*)	$96\,h\,LC_{50}$	8
	Goldfisch (*Carassius auratus*)	$96\,h\,LC_{50}$	27
HCH technisch	Blauer Sonnenbarsch (*Lepomis macrochirus*)	$96\,h\,LC_{50}$	790
	Dickkopf-Elritze (*Pimephales promelas*)	$96\,h\,LC_{50}$	2.300
	Goldfisch (*Carassius auratus*)	$96\,h\,LC_{50}$	230
Lindan (γ-HCH)	Dickkopf-Elritze (*Pimephales promelas*)	$96\,h\,LC_{50}$	62
	Blauer Sonnenbarsch (*Lepomis macrochirus*)	$96\,h\,LC_{50}$	77
	Bachforelle (*Salmo trutta*)	$96\,h\,LC_{50}$	2
Kepone	Dickkopf-Elritze (*Pimephales promelas*)	$96\,h\,LC_{50}$	340
	Aal (*Anguilla rostrata*) juv.	$96\,h\,LC_{50}$	35
	Blauer Sonnenbarsch (*Lepomis macrochirus*)	$96\,h\,LC_{50}$	50
	Katzenwels (*Ictalurus punctatus*)	$96\,h\,LC_{50}$	514

Tabelle 8.11.6: Fortsetzung

Insektizid	Fischart	Test	Wert [µg/l]
Heptachlor	Regenbogenforelle (*Oncorhynchus mykiss*)	$24\,h\,LC_{50}$	250
	Goldfisch (*Carassius auratus*)	$96\,h\,LC_{50}$	230
	Blauer Sonnenbarsch (*Lepomis macrochirus*)	$96\,h\,LC_{50}$	19
	Dickkopf-Elritze (*Pimephales promelas*)	$96\,h\,LC_{50}$	94
Methoxychlor	Regenbogenforelle (*Oncorhynchus mykiss*)	$24\,h\,LC_{50}$	52
	Goldfisch (*Carassius auratus*)	$96\,h\,LC_{50}$	56
	Blauer Sonnenbarsch (*Lepomis macrochirus*)	$96\,h\,LC_{50}$	62
Toxaphen	Regenbogenforelle (*Oncorhynchus mykiss*)	$24\,h\,LC_{50}$	50
	Goldfisch (*Carassius auratus*)	$96\,h\,LC_{50}$	5,6
	Blauer Sonnenbarsch (*Lepomis macrochirus*)	$96\,h\,LC_{50}$	3,5

Tabelle 8.11.7: BCF-Werte und Halbwertszeiten für die Eliminierung von Chlordan bei Exposition mit 5 µg/l (aus VERSCHUEREN 1983)

Tierart	BCF-Wert	Zeit für max. Absorption	Eliminations-halbwertszeit (Wochen)
Krallenfrosch (*Xenopus laevis*)	108	96 h	3,3
Blauer Sonnenbarsch (*Lepomis macrochirus*)	322	24 h	16
Goldfisch (*Carassius auratus*)	990	16 h	4,4
Auster[3]	7.300		

Tabelle 8.11.8: Toxizität von chlororganischen Insektiziden auf Invertebraten (aus HELLAWELL 1986 mit Originalverweisen)

Insektizid	Tierart	Test	Wert [µg/l]
Aldrin	*Gammarus lacustris*	$96\,h\,LC_{50}$	9.800
	Acroneuria pacifica	$96\,h\,LC_{50}$	143
		$30\,d\,LC_{50}$	22
	Pteronarcys californica	$96\,h\,LC_{50}$	1,3
		$96\,h\,LC_{50}$	180
		$30\,d\,LC_{50}$	3
	Ephemeralla grandis	$96\,h\,LC_{50}$	9
Chlordan	*Pteronarcys californica*	$96\,h\,LC_{50}$	15
	Gammarus fasciatus	$96\,h\,LC_{50}$	40
	Gammarus lacustris	$96\,h\,LC_{50}$	26
DDT	*Pteronarcys californica*	$96\,h\,LC_{50}$	1.800
	Pteronarcys californica	$96\,h\,LC_{50}$	7,0
	Gammarus lacustris	$96\,h\,LC_{50}$	0,8-9,0
	Daphnia magna	$50\,h\,LC_{50}$	1,4

---

[3] Bei diese Angabe fehlen sowohl der Artname als auch Hinweise auf die Versuchsbedingungen. Dieser Wert wird deshalb aufgeführt, weil sich abzeichnet, daß wiederum Mollusken am stärksten bioakkumulieren.

Tabelle 8.11.8: Fortsetzung

Insektizid	Tierart	Test	Wert [mg/l]
Dieldrin	Limnodrilus hoffmeisteri	$96\,h\,LC_{50}$	1.340
	Tubifex tubifex	$96\,h\,LC_{50}$	1.340
	Gammarus lacustris	$96\,h\,LC_{50}$	460
	Acroneuria pacifica	$96\,h\,LC_{50}$	24
		$30\,d\,LC_{50}$	0,2
	Pteronarcys californica	$96\,h\,LC_{50}$	0,5
		$96\,h\,LC_{50}$	39
		$30\,d\,LC_{50}$	2,0
	Ephemeralla grandis	$96\,h\,LC_{50}$	8,0
Endosulfan	Pteronarcys californica	$96\,h\,LC_{50}$	2,3
	Gammarus fasciatus	$96\,h\,LC_{50}$	6,0
Endrin	Gammarus lacustris	$96\,h\,LC_{50}$	3,0
	Acroneuria pacifica	$96\,h\,LC_{50}$	0,39
		$30\,d\,LC_{50}$	0,035
	Pteronarcys californica	$96\,h\,LC_{50}$	2,4
		$96\,h\,LC_{50}$	0,25
		$30\,d\,LC_{50}$	1,2
	Ephemeralla grandis	$96\,h\,LC_{50}$	5,0
Heptachlor	Pteronarcys californica	$96\,h\,LC_{50}$	1,1
	Gammarus fasciatus	$96\,h\,LC_{50}$	40-56
	Gammarus lacustris	$96\,h\,LC_{50}$	29
γ-HCH (Lindan)	Chaoborus spec.	$48\,h\,LC_{50}$	8
	Pteronarcys californica	$96\,h\,LC_{50}$	4,5
	Cloëon spec.	$48\,h\,LC_{50}$	92
	Gammarus fasciatus	$96\,h\,LC_{50}$	10-11
	Gammarus lacustris	$96\,h\,LC_{50}$	48
	Gammarus pulex	$48\,h\,LC_{50}$	30
	Daphnia magna	$48\,h\,LC_{50}$	485
	Lymnaea stagnalis	$48\,h\,LC_{50}$	7.300
Kepone	Gammarus pseudolimnaeus	$96\,h\,LC_{50}$	180
	Daphnia magna	$48\,h\,LC_{50}$	260
	Chironomus plumosus	$48\,h\,LC_{50}$	350
Methoxychlor	Pteronarcys californica	$96\,h\,LC_{50}$	1,4
	Gammarus fasciatus	$96\,h\,LC_{50}$	0,8
	Gammarus lacustris	$96\,h\,LC_{50}$	1,8-1,9
	Daphnia magna	$50\,h\,LC_{50}$	3,6
TDE (DDD)	Pteronarcys californica	$96\,h\,LC_{50}$	380
	Gammarus fasciatus	$96\,h\,LC_{50}$	0,6-0,86
	Gammarus lacustris	$96\,h\,LC_{50}$	0,64
Toxaphen	Pteronarcys californica	$96\,h\,LC_{50}$	2,3
	Gammarus fasciatus	$96\,h\,LC_{50}$	6-35
	Gammarus lacustris	$96\,h\,LC_{50}$	26

Werte für Chlordan zusammengestellt. Chlordan erscheint als eines der wenigen Pestizide, das so hohe BCF-Werte in einigen aquatischen Organismen aufweist, daß sich ein Biomonitoring lohnen würde, zumal auch die Eliminationshalbwertszeiten gegenüber den Adsorptionszeiten recht hoch sind.

8.11.3 Pyrethroide

Diese Verbindungsklasse ist vom Pyrethrum, dem Blütenwirkstoff einiger *Chrysanthemum*-Arten abgeleitet und besitzt gegenüber Insekten als Kontaktgift eine sehr große Wirksamkeit. Die synthetischen Pyrethroide wurden aus der Notwendigkeit heraus entwickelt, Ersatz für die relativ preiswerten chlororganischen, phosphororganischen und Methylcarbamat-Insektizide zu erhalten, da diese eine hohe Persistenz besaßen und zu ungünstigen Umweltbelastungen führten. Ferner wiesen die alten Pestizide vergleichsweise große Toxizitäten gegenüber höheren Tieren, einschließlich dem Menschen, auf. Die Wirkweise der synthetischen Pyrethroide wie Permethrin, Cypermethrin, Deltamethrin (Decamethin) und Fenvalerat erinnert an die der chlorierten Kohlenwasserstoff-Insektizide (SOLOMON et al. 1986).
Die Toxizitätsdaten der synthetischen Pyrethroide (Tabellen 8.11.9 und 8.11.10) sind um mindestens den Faktor 10 höher (die Wirkkonzentrationen sind um mehr als den Faktor 10 kleiner) als die der chlor- oder phosphororganischen Pestizide.
Die nachstehenden Tabellen zeigen deutlich, daß die synthetischen Pyrethroide sehr bis extrem toxisch gegenüber einer Vielzahl von Fischen, aquatischen Insekten und Krebsen sind.
Im allgemeinen werden Mollusken durch Pyrethroide bis zu solchen Konzentrationen nicht betroffen, die die Wasserlöslichkeit erreichen (SOLOMON et al. 1986). Die wenigen verfügbaren Daten lassen vermuten, daß dasselbe auch für Amphibienlarven gilt. Von den getesteten Verbindungen war Deltamethrin die giftigste gegenüber den sensitiven aquatischen Tiergruppen, gefolgt von Cypermethrin.
Das am wenigsten toxische Pyrethroid war im allgemeinen Permethrin. Bei Fenvalerat gab es die größten Schwankungen in der Toxizität gegenüber Mitgliedern der größeren taxonomischen Einheiten (Insecta, Crustacea etc.). Bei den meisten Arten lag die Toxizität von Fenvalerat zwischen der von Cypermethrin und der von Permethrin. Die Körpergewichte und Lebensstadien der exponierten Tiere, die Temperatur und der Gehalt an suspendierten Stoffen in dem Testwasser sowie die Formulierungen der Pyrethroide hatten ebenfalls einen gewichtigen Einfluß auf die toxischen Effekte (SOLOMONS et al. 1986).

8.11.3.1 Anreicherung

SAITO et al. (1990) setzten die elektronenmikroskopische Autoradiographie ein, um die Aufnahmebedingungen von Fenvalerat und einem hochmolekularen Oligomer über die Kiemen des Karpfen *Cyprinus carpio* zu bestimmen. Dabei stellte sich heraus, daß Diffusionsprozesse darüber entscheiden, ob die untersuchten Substanzen im Kiemengewebe absorbiert werden oder nicht.
Nur das Fenvalerat mit einem Molekulargewicht von 420 war im Kiemengewebe nachweisbar, was in Übereinstimmung mit älteren Untersuchungen von ZITKO & HUTZINGER (1976) steht, die ein Molekulargewicht von etwa 600 als obere Grenze für Biokonzentrierungen angaben.

Tabelle 8.11.9: Toxizität von synthetischen Pyrethroiden auf Fische (Auswahl aus Hellawell 1986, Solomon et al. 1986 mit Originalverweisen und Görge & Nagel 1990)

Substanz	Tierart	Test	Wert [µg/l]
Cypermethrin	Oncorhynchus mykiss	96 h LC$_{50}$	0,5-1,1
	Salmo trutta	96 h LC$_{50}$	1,2-2,8
	Salmo salar	96 h LC$_{50}$	2,0-2,4
	Cyprinus carpio	96 h LC$_{50}$	0,5-1,7
	Scardinius erythrophthalmus	96 h LC$_{50}$	0,4
Deltamethrin	Oncorhynchus mykiss	48 h LC$_{50}$	0,5
	Salmo salar	96 h LC$_{50}$	0,50-1,97
	Gambusia affinis	48 h LC$_{50}$	1,0
	Brachydanio rerio	35 d	0,5
Fenvalerat	Oncorhynchus mykiss	24 h LC$_{50}$	3,8-76,0
		48 h LC$_{50}$	4,6-7,3
		96 h LC$_{50}$	3,6-6,2
	Salmo salar	96 h LC$_{50}$	0,46-1,2
	Cyprinodon variegatus	96 h LC$_{50}$	5,0-430
	Ictalurus punctatus	24 h LC$_{50}$	1,54
		48 h LC$_{50}$	0,85-1,40
		96 h LC$_{50}$	0,81-1,42
	Gambusia affinis	24-48 h LC$_{50}$	15,0
	Lepomis macrochirus	24 h LC$_{50}$	1,48
		48 h LC$_{50}$	0,88
		96 h LC$_{50}$	0,64
Permethrin	Oncorhynchus mykiss	24 h LC$_{50}$	8,0-135
		96 h LC$_{50}$	0,62-314,0
	Salmo salar	96 h LC$_{50}$	1,5-12.0
	Salvelinus fontinalis	96 h LC$_{50}$	4,7
	Oncorhynchus kisutch	96 h LC$_{50}$	17,0
	Cyprinodon variegatus	96 h LC$_{50}$	7,8
	Pimephales promelas	96 h LC$_{50}$	2,0
	Cyprinus carpio	96 h LC$_{50}$	15,0
	Ictalurus punctatus	96 h LC$_{50}$	1,10-5,4
	Micropterus salmoides[4]	96 h LC$_{50}$	8,50
	Gambusia affinis	96 h LC$_{50}$	15,00
	Lepomis macrochirus	96 h LC$_{50}$	0,9-10,8
	Oryzias latipes	48 h LC$_{50}$	60,0

[4] Forellenbarsch, eine in der Bundesrepublik ursprünglich nicht heimische Fischart.

Tabelle 8.11.10: Toxizität von synthetischen Pyrethroiden (Insektiziden) auf Invertebraten (Auswahl aus HELLAWELL 1986 und SOLOMON et al. 1986 mit Originalverweisen)

Substanz	Tierart	Test	Wert [µg/l]
Cypermethrin (Insecta)	Cloëon dipterum	$2\,h\,LC_{50}$	0,05-0,07
		$24\,h\,LC_{50}$	0,008-0,6
	Culex quinquefasciatus (Larven)	$24\,h\,LC_{50}$	0,07-0,14
	Corixa punctata	$2\,h\,LC_{50}$	0,5
		$24\,h\,LC_{50}$	0,7->5,0
	Notonecta spec.	$2\,h\,LC_{50}$	0,3
		$24\,h\,LC_{50}$	0,3->5,0
	Gyrinus natator	$2\,h\,LC_{50}$	0,2
		$24\,h\,LC_{50}$	0,07-u5,0
	Chironomus thummi	$2\,h\,LC_{50}$	0,1
		$24\,h\,LC_{50}$	0,2->5,0
	Chaoborus spp.	$2\,h\,LC_{50}$	0,09
		$24\,h\,LC_{50}$	0,03-0,2
	Aedes aegypti	$2\,h\,LC_{50}$	0,05
		$24\,h\,LC_{50}$	0,03-1,0
(Arachnida) (Crustacea)	Piona carnea	$2\,h\,LC_{50}$	0,02
		$24\,h\,LC_{50}$	0,02-0,05
	Gammarus pulex	$2\,h\,LC_{50}$	0,08
		$24\,h\,LC_{50}$	0,005-0,1
		$96\,h\,LC_{50}$	0,004-0,009
	Asellus aquaticus	$2\,h\,LC_{50}$	0,03
		$24\,h\,LC_{50}$	0,02-0,2
	Daphnia magna	$2\,h\,LC_{50}$	5
		$24\,h\,LC_{50}$	2,0-4,2
	Homarus americanus	$96\,h\,LC_{50}$	0,04
(Mollusca)	Lymnaea peregra	$2\,h\,EC_{50}$	>5
		$24\,h\,EC_{50}$	>5
		$24\,h\,LC_{50}$	>5
Permethrin (Insecta)	Culex quinquefasciatus (Larven)	$24\,h\,LC_{50}$	1,40-2,50
	Culex quinquefasciatus (Puppen)	$24\,h\,LC_{50}$	1,00-5,00
	Culex tarsalis (Larven)	$24\,h\,LC_{50}$	2,00-4,00
	Culex tarsalis (Puppen)	$24\,h\,LC_{50}$	6,00-16,00
	Culex pipiens pipiens (Larven)	$24\,h\,LC_{50}$	2,10-4,10
	Culex pipiens pipiens (Puppen)	$24\,h\,LC_{50}$	2,40-4,00
	Culex pipiens molestus (Larven)	$24\,h\,LC_{50}$	1,40-2,80
	Culex pipiens molestus (Puppen)	$24\,h\,LC_{50}$	11,2-16,9
	Culiseta incidens (Larven)	$24\,h\,LC_{50}$	3,00-5,00
	Culiseta incidens (Puppen)	$24\,h\,LC_{50}$	0,70-1,40
	Culiseta annulata (Larven)	$24\,h\,LC_{50}$	5,90-10,70
	Culiseta annulata (Puppen)	$24\,h\,LC_{50}$	13,1-29,8
	Aedes nigromaculis (Larven)	$24\,h\,LC_{50}$	0,50-0,80
	Aedes nigromaculis (Puppen)	$24\,h\,LC_{50}$	0,90-2,00
	Aedes taeniorhynchus (Larven)	$24\,h\,LC_{50}$	0,50-1,30
	Aedes taeniorhynchus (Puppen)	$24\,h\,LC_{50}$	1,40-3,80
	Aedes cantans (Larven)	$24\,h\,LC_{50}$	4,70-15,4

Tabelle 8.11.10: Fortsetzung

Substanz	Tierart	Test	Wert [mg/l]
	Aedes cantans (Puppen)	24 h LC$_{50}$	1,00-6,00
	Aedes sticticus (Larven)	24 h LC$_{50}$	2,70-6,80
	Aedes sticticus (Puppen)	24 h LC$_{50}$	1,00-2,50
	Aedes vexans (Larven)	24 h LC$_{50}$	2,10-6,30
	Aedes vexans (Puppen)	24 h LC$_{50}$	0,80-2,50
	Hexagenia rigida	6 h LC$_{50}$	0,58-2,06
	Baetis rhodani	24 h LC$_{90-95}$ [5]	1
	Hydropsyche pellucidula	24 h LC$_{90-95}$ [5]	100
	Brachycentrus subnubilis	24 h LC$_{90-95}$ [5]	1
	Simulium equinum	24 h LC$_{90-95}$ [5]	5
(Crustacea)	*Daphnia magna*	48 h LC$_{50}$	0,2-0,6
	Daphnia magna	24 h EC$_{50}$	1,9-2,6
	Daphnia magna	48 h LC$_{50}$	0,6-108
	Gammarus pulex	24 h LC$_{90-95}$ [5]	1
	Crangon septemspinosa	96 h LC$_{50}$	0,13
	Uca pugilator	24 h LC$_{50}$	5,3
		48 h LC$_{50}$	2,8
		96 h LC$_{50}$	2,2
	Procambarus clarkii (juvenil)	96 h LC$_{50}$	0,39-0,62
	Homarus americanus	96 h LC$_{50}$	0,73
Permethrin	*Lymnaea stagnalis*	48 h akut	≥10.000
(Mollusca)		48 h Larvalentwicklung	≥200.000
	Helisoma trivolvis	28 d NOEC	≤0,33
	Crassostrea gigas	96 akut	≥4.800
Fenvalerat	*Culex quinquefasciatus* (Larven)	24 h LC$_{50}$	4,70-8,00
(Insecta)	*Culex quinquefasciatus* (Puppen)	24 h LC$_{50}$	6,00-13,0
	Culex tarsalis (Larven)	24 h LC$_{50}$	4,00-8,00
	Culex tarsalis (Puppen)	24 h LC$_{50}$	12,00-30,00
	Culiseta incidens (Larven)	24 h LC$_{50}$	5,50-10,0
	Culiseta incidens (Puppen)	24 h LC$_{50}$	1,20-5,80
	Aedes nigromaculis (Larven)	24 h LC$_{50}$	2,80-10,0
	Aedes nigromaculis (Puppen)	24 h LC$_{50}$	1,50-4,00
	Aedes taeniorhynchus (Larven)	24 h LC$_{50}$	0,90-2,00
	Chironomus utchensis (Larven)	24 h LC$_{50}$	4,20-7,60
	Chironomus decorus (Larven)	24 h LC$_{50}$	4,20-38,0
	Procladius spec. (Larven)	24 h LC$_{50}$	7,2-47,0
	Tanytarsus spec. (Larven)	24 h LC$_{50}$	0,022-0,052
	Cricotopus spec. (Larven)	24 h LC$_{50}$	80,0-420,0
	Dicrotendipes californius (Larven)	24 h LC$_{50}$	44,0-160,0
(Crustacea)	*Daphnia magna*	24 h LC$_{50}$	0,3
	Crangon septemspinosa	96 h LC$_{50}$	0,04
	Uca pugilator	24 h LC$_{50}$	39-53
	Homarus americanus	24 h LC$_{50}$	0,14
(Mollusca)	*Crassostrea virginica*	96 h EC$_{50}$ Wachstum	1.000

[5] 90-95%ige Mortalität innerhalb von 24 h nach 1 h-Exposition.

Tabelle 8.11.10: Fortsetzung

Substanz	Tierart	Test	Wert [µg/l]
Deltamethrin	Culex quinquefasciatus (Larven)	24 h LC$_{50}$	0,02-0,04
(Insecta)	Culex quinquefasciatus (Puppen)	24 h LC$_{50}$	0,30-0,50
	Culex tarsalis (Larven)	24 h LC$_{50}$	0,06-0,08
	Culex tarsalis (Puppen)	24 h LC$_{50}$	0,10-0,30
	Culiseta incidens (Larven)	24 h LC$_{50}$	0,30-0,90
	Culiseta incidens (Puppen)	24 h LC$_{50}$	0,70-0,10
	Aedes nigromaculis (Larven)	24 h LC$_{50}$	0,20-0,55
	Aedes nigromaculis (Puppen)	24 h LC$_{50}$	0,30-0,70
	Aedes taeniorhynchus (Larven)	24 h LC$_{50}$	0,05-0,09
	Aedes taeniorhynchus (Puppen)	24 h LC$_{50}$	0,55
	Culex pipiens pipiens (Larven)	24 h LC$_{50}$	0,19-0,62
	Culex pipiens pipiens (Puppen)	24 h LC$_{50}$	0,30-0,50
	Culex pipiens molestus (Larven)	24 h LC$_{50}$	0,09-0,23
	Culex pipiens molestus (Puppen)	24 h LC$_{50}$	0,20-0,40
	Culiseta annulata (Larven)	24 h LC$_{50}$	0,23-0,52
	Aedes cantans (Larven)	24 h LC$_{50}$	0,03-0,11
	Aedes cantans (Puppen)	24 h LC$_{50}$	0,05-0,10
	Aedes sticticus (Larven)	24 h LC$_{50}$	0,02-0,07
	Aedes sticticus (Puppen)	24 h LC$_{50}$	0,05-0,21
	Aedes vexans (Larven)	24 h LC$_{50}$	0,09-0,37
	Aedes vexans (Puppen)	24 h LC$_{50}$	0,10-0,20
	Chironomus utchensis (Larven)	24 h LC$_{50}$	0,29-0,77
	Chironomus decorus (Larven)	24 h LC$_{50}$	0,27-4,00
	Procladius spec. (Larven)	24 h LC$_{50}$	0,029-0,13
	Tanytarsus spec. (Larven)	24 h LC$_{50}$	0,016-0,04
	Tanypus grodhausi (Larven)	24 h LC$_{50}$	0,11-0,24
	Cricotopus spec. (Larven)	24 h LC$_{50}$	0,11-0,50
	Dicrotendipes californius (Larven)	24 h LC$_{50}$	2,10-7,30
(Crustacea)	Homarus americanus	96 h LC$_{50}$	0,0014

8.11.3.2 Effekte

Der Vorzug der gegen Insekten angewendeten Pyrethroide liegt in der geringen Toxizität bei Säugern und Vögeln. Im aquatischen Bereich ist dagegen eine über die Zielorganismen hinausgehende hohe Toxizität bei Fischen und aquatischen Invertebraten zu beobachten. Das geht zum Beispiel aus der Studie von BRADBURY et al. (1987) hervor, die für *Pimephales promelas* den niedrigen 48stündigen LC$_{50}$-Wert von 1,13 µg/l ermittelten. Dieser Wert bezog sich auf das häufig untersuchte technische Fenvalerat, einem Gemisch von vier Stereoisomeren mit sehr unterschiedlichen toxischen Eigenschaften.

Von COATS et al. (1989) wurden verschiedene toxizitätsbestimmende Faktoren bei einer Fenvalerat-Exposition beleuchtet. Neben den physikalischen und chemischen Eigenschaften des wässrigen Mediums, die die Bioverfügbarkeit beeinflussen, spielt der Aufnahmepfad des lipophilen Pyrethroids (log K$_{OW}$ = 6,4) eine wichtige Rolle. Bei Mückenlarven (*Culex pipiens*) wirkte das über die Kutikula aufgenommene Fenvalerat sechsmal toxischer als das mit der

Nahrung ingestierte. Die Autoren sind der Ansicht, daß Fenvalerat im Verdauungstrakt der Mückenlarven nur zu einem geringen Teil bioverfügbar ist.
Empfindlicher als Fische reagiert ein Teil des Zooplanktons nach Pyrethroidapplikationen, wie kanadischen Arbeiten von DAY et al. (1987) und DAY & KAUSHIK (1987) zu entnehmen ist. Es sind dies insbesondere die mit den Insekten nahe verwandten Krebse. Kurzzeitige Veränderungen in der Filtrationsrate von *Daphnia* spp. und *Ceriodaphnia lacustris* traten bereits bei Fenvaleratkonzentrationen von 0,05 µg/l auf. Zu drastischen Abnahmen der planktivoren Gruppen kam es bei einer Konzentration von 0,1 µg/l (Halbwertszeit: 4,1 Tage) mit der Konsequenz, daß bei fehlendem Fraßdruck die weniger anfälligen Rotatorien und das Phytoplankton einen Populationszuwachs verzeichnen konnten. Das Anreicherungsverhalten drückte sich bei *Daphnia galeata mendotae* in der Weise aus, daß im Konzentrationsbereich von 0,1-0,5 µg/l nicht nur die Fenvaleratkonzentration, sondern auch die Expositionsdauer die akkumulationsbestimmende Größe bezogen auf die Lebendmasse war (Tabelle 8.11.11).

Tabelle 8.11.11: Biokonzentrierungen von [^{14}C]-Fenvalerat in *Daphnia galeata mendotae* bezogen auf Lebendmasse (nach DAY & KAUSHIK 1987)

Expositionszeit [Std.]	Konzentration [µg/g Lebendmasse]	BCF-Wert
Applikation: 0,515 mg/l		
24	1,46	4.492
48	2,66	10.514
Applikation: 0,109 mg/l		
24	1,61	27.568
48	2,24	41.481

Zu ähnlichen Ergebnissen kamen HEIMBACH et al. (im Druck) in einer Vergleichsstudie von künstlichen und natürlichen Teichen. Sie gingen der Wirkung und dem Verbleib des insektiziden Baythroids nach. Während an Forellen keine sichtbaren Effekte beobachtet wurden, war das Crustaceenplankton zwischen dem 1. und dem 7. Tag nach Applikation von 12,5 g/ha des Wirkstoffes Cyfluthrin deutlich reduziert. Diese Zeit entsprach der Elimination des Wirkstoffes aus dem Wasserkörper. Die Elimination aus dem Sediment betrug dagegen etwa zwei Monate.
Wenn überhaupt ein Biomonitoring auf Pyrethroide durchführbar ist, dann könnten einige Mollusken-Arten geeignet sein, die im Gegensatz zu Fischen, Krebsen und Insekten eine viel geringere Empfindlichkeit erkennen ließen (SPEHAR et al. 1983). Allerdings wurden verläßliche Daten nur für wenige, überwiegend nicht heimische Arten (Tabelle 8.11.10: *Lymnaea* spp., *Crassostrea* spp., *Helisoma trivolvis*) veröffentlicht, so daß diese Schlußfolgerung lediglich vorläufigen Charakter besitzen kann.

Tabelle 8.11.12: Bioakkumulation und Toxizität von ausgewählten Harnstoff-Pestiziden (nach VERSCHUE-REN 1983 und HELLAWELL 1986)

Substanz		Art	Wert [mg/l]	Test
Monuron				
	Algen	*Chlorococcum* spec.	0,1	10 d EC_{50} O_2-Prod.
			0,1	10 d EC_{50} Wachstum
		Dunaliella tertiolecta	0,09	10 d EC_{50} O_2-Prod.
			0,15	10 d EC_{50} Wachstum
		Isochrysis galbana	0,1	10 d EC_{50} O_2-Prod.
			0,13	10 d EC_{50} Wachstum
		Phaeodactylum tricornutum	0,09	10 d EC_{50} O_2-Prod.
	Fische			
		Oncorhynchus kisutch	110	48 h LC_{50}
Diuron				
	Algen	*Chlorococcum* spec.	0,02	10 d EC_{50} O_2-Prod.
			0,01	10 d EC_{50} Wachstum
		Dunaliella tertiolecta	0,01	10 d EC_{50} O_2-Prod.
			0,02	10 d EC_{50} Wachstum
		Isochrysis galbana	0,01	10 d EC_{50} O_2-Prod.
			0,01	10 d EC_{50} Wachstum
		Phaeodactylum tricornutum	0,01	10 d EC_{50} O_2-Prod.
			0,01	10 d EC_{50} Wachstum
	Wirbellose	*Daphnia pulex*	1,4	48 h LC_{50}
		Daphnia magna	1,4	24 h LC_{50}
		Simocephalus serrulatus	1,4	24 h LC_{50}
		Gammarus lacustris	0,7	24 h LC_{50}
			0,38	48 h LC_{50}
			0,16	96 h LC_{50}
		Gammarus fasciatus	0,7	96 h LC_{50}
		Pteronarcys californica	3,6	24 h LC_{50} 2,8
			2,8	48 h LC_{50}
			1,2	96 h LC_{50}
	Fische			
		Oncorhynchus kisutch	16,0	48 h LC_{50}
		Oncorhynchus mykiss	4,3	48 h LC_{50}
		Rasbora heteromorpha	110	24 h LC10
			150	48 h LC10
			200	24 h LC_{50}
			190	48 h LC_{50}
		Lepomis macrochirus	7,4	48 h LC_{50}
Chloroxuron				
	Fische	*Lepomis macrochirus*	250	48 h LC_{50}

Tabelle 8.11.12: Fortsetzung

Substanz		Art	Wert [mg/l]	Test
Neburon				
	Algen	*Chlorococcum* spec.	0,02	10 d EC$_{50}$ O$_2$-Prod.
			0,03	10 d EC$_{50}$ Wachstum
		Dunaliella tertiolecta	0,02	10 d EC$_{50}$ O$_2$-Prod.
			0,04	10 d EC$_{50}$ Wachstum
		Isochrysis galbana	0,02	10 d EC$_{50}$ O$_2$-Prod.
			0,03	10 d EC$_{50}$ Wachstum
		Phaeodactylum tricornutum	0,04	10 d EC$_{50}$ O$_2$-Prod.
			0,03	10 d EC$_{50}$ Wachstum
Diflubenzuron (= Dimilin)				
	Wirbellose	Cladocera	0,00001	24/48 h LC$_{50}$
	Fische[6]	*Oncorhynchus mykiss*	250	96 h LC$_{50}$
		Pimephales promelas	430	96 h LC10
		Ictalurus punctatus	370	96 h LC10
		Lepomis macrochirus	660	96 h LC$_{50}$
	Amphibien	Kaulquappen	0,00001	24/48 h LC$_{50}$
Fenuron				
	Algen	*Chlorococcum* spec.	2,000	10 d EC$_{50}$ O$_2$-Prod.
			0,750	10 d EC$_{50}$ Wachstum
		Dunaliella tertiolecta	1,250	10 d EC$_{50}$ O$_2$-Prod.
			1,500	10 d EC$_{50}$ Wachstum
		Isochrysis galbana	1,250	10 d EC$_{50}$ O$_2$-Prod.
			0,750	10 d EC$_{50}$ Wachstum
		Phaeodactylum tricornutum	1,2501	10 d EC$_{50}$ O$_2$-Prod.
			0,750	10 d EC$_{50}$ Wachstum

8.11.4 Stickstofforganische Pestizide

Unter den Begriff stickstofforganische Pestizide fallen die Harnstoffpestizide und die s-Triazine.

8.11.4.1 Harnstoffpestizide

Von den substituierten Harnstoffen haben im wesentlichen nur die aromatisch- aliphatischen Harnstoffe [Ar-NH-CO-NCH$_3$)$_2$] als häufig sehr selektive Herbizide Bedeutung erlangt, wie Fenuron [3-(Phenyl)-1,1,-dimethylharnstoff] (Einsatz gegen Wildkräuter und Sträucher), Monuron [3-(*p*-Chlorphenyl)-1,1-dimethylharnstoff] (Photosynthesehemmer, der über die Wurzeln aufgenommen wird), Chloroxuron [3-*p*-(*p*-Chlorphenoxy)phenyl)-1,1-dimethyl-harnstoff] (Herbizid, das über Wurzeln und Blätter in die Pflanzen dringt), Diuron

---

[6] Diflubenzuron wird von Fischen sehr stark metabolisiert.

[3-(3,4-Dichlorphenyl)-1,1-dimethylharnstoff], Neburon [3-(3,4-Dichlorphenyl)-1-Methyl-1-*n*-butylharnstoff] (allgemeines Pestizid), Diflubenzuron [N-((4-Chlorphenyl)amino)carbonyl)-2,6-difluorobenzamid] (Regulator von Insektenwachstum).
Bioakkumulationswerte sowie Daten über Effekte im aquatischen Ökosystem enthält Tabelle 8.11.12. Die wenigen vorliegenden Daten zeigen nur geringe Bioakkumulationstendenz. Verbunden mit starker Metabolisierung der Harnstoffpestizide durch Fische, kann diese Gruppe von Umweltchemikalien nicht durch Biomonitoring erfaßt werden.

8.11.4.2 *s*-Triazine

Symmetrische Triazine (*s*-Triazine) sind eine seit 1955 eingeführte und inzwischen allmählich an Bedeutung wieder verlierende Klasse sehr wirksamer Herbizide. In diese Verbindungsklasse gehören unter anderem: Atrazin (2-Chlor-4-ethylamino-6-isopropylamino-s-triazin), Simazin (2-Chlor-4,6-*bis*(ethylamino)-1-triazin), Prometryn (2,4-*bis*(isopropylamino)-6-methylthio-*s*-triazin), Ametryn (6-Ethylamino-4-isopropylamino-2-methylthio-1,3,5-triazin), Cyanatryn (2-(4-Ethylamino-6-methylthio-*s*-triazin-2-ylamino)-2-methylpropionitril), Terbutryn (2-Methyltio-4-ethylamino-6-butylamino-*s*-triazin) und Terbuthylazin (6-chlor-N-1,1-dimethylethyl-N'-ethyl-1,3,5-triazin-2,4-diamin), das in vielen Bereichen das seit April 1991 in der Bundesrepublik Deutschland verbotene Atrazin zu ersetzen beginnt und über das vergleichsweise wenig an ökotoxischen Daten bekannt ist. Alle *s*-Triazin-Herbizide gelten als biologisch nicht leicht abbaubar (KOCH & WAGNER 1989). Die direkten und indirekten Effekte dieser Herbizide im Ökosystem sind im Falle des Atrazins recht umfangreich untersucht worden. Bioakkumulationsdaten und ausgewählte Ökotoxizitätsdaten für *s*-Triazine sind in Tabelle 8.11.13 zusammengestellt.

Atrazin[7] (2-Chlor-4-ethylamino-6-isopropylamino-*s*-triazin)

Ein in den letzten Jahren vor allem in Maiskulturen zu starkem Einsatz gekommenes Herbizid ist Atrazin. Es ist biologisch nicht leicht abbaubar (KOCH & WAGNER 1989). Nicht zuletzt wegen seines Vorkommens im Grundwasser und der damit verbundenen möglichen, aber unwahrscheinlichen Trinkwassergefährdung ist es in das Licht öffentlichen Interesses gerückt.
Die Biokonzentrationsfaktoren in Fischen liegen mit weniger als 10 vergleichsweise niedrig, wie GÖRGE & NAGEL (1990) an verschiedenen frühen Lebensstadien des Zebrabärblings ermittelten. Vergleichbare Daten wurden auch von GUNKEL (1984) für Karpfen und Felchen veröffentlicht. Einige Tiere (Laich der Schnecke *Radix auricularia*, *Sigara*-Arten oder Ephemeriden-Larven) reicherten Atrazin überhaupt nicht an. Berechnet wurden allerdings log-BCF-Werte von 3,4 (KOCH & WAGNER 1989). Derartig hohe Biokonzentrationsfaktoren wurden von GUNKEL (1984) nur im Phytoplankton gefunden (vgl. Abb. 6.1). Variable BCF-Werte, die von der externen Atrazin-Konzentration abhängen, fand BÖHM (1976) bei der coccalen Grünalge *Scenedesmus acutus* (Tab. 3.1). Für *Daphnia magna* geben GEYER et al. (im Druck) einen BCF-Wert von 1,8 (Tab. 3.2), und für *Chlorella fusca* ermittelten FREITAG et al. (1985) einen Wert von 50 (gegenüber einem berechneten von der doppelten Größe), für Belebt-

---

[7] Zu Verbleib und Wirkung von Atrazin in aquatischen Ökosystemen wurde ein DFG-Schwerpunktprogramm durchgeführt, über das in den allgemeinen Kapiteln (2-6) auszugsweise berichtet wurde.

schlamm einen von 40 und für die Goldorfe einen von <1 (Tab. 3.5 und 4.3). Ein Biomonitoring auf Atrazin schließt sich somit aus. Im weiteren wird deshalb besonderes Augenmerk auf die Nebeneffekte gelegt, die dieses Herbizid im aquatischen Ökosystem zeigt.

So können beispielsweise Fische als Nicht-Zielorganismen sehr empfindlich auf diesen und andere Vertreter aus der Gruppe der Triazine reagieren (KINZELBACH 1988, MARCHINI et al. 1988). GÖRGE & NAGEL (1990) fanden beim Zebrabärbling Deformierungen geschlüpfter Jungfische und verstärkte Mortalität bereits bei Konzentrationen von 1,3 mg/l. In einer ökosystemar angelegten Studie untersuchten KETTLE et al. (1987) die Auswirkungen von Atrazin auf den Blauen Sonnenbarsch *Lepomis macrochirus*. Während in anderen Arbeiten selbst bei Konzentrationen von 95 µg/l keine Veränderungen in der Anzahl und Entwicklung der Nachkommen beobachtet wurden (MACEK et al. 1976, zit. in KETTLE et al. 1987), ging in dieser Untersuchung bereits bei einer Konzentration von 20 µg/l Atrazin die Anzahl der Jungfische zurück. Dabei handelte es sich um einen indirekten, nahrungsbedingten Effekt, der auf der Reduktion des Makrophytenbestandes in dem Modellökosystem beruhte. Die damit verbundene Habitatverringerung für verschiedene Invertebraten ließ sich durch eine Abnahme gefressener Insekten anhand von Magenanalysen der adulten Fische bestätigen.

Für Forellen und Goldfische werden von KOCH & WAGNER (1989) 96h-LC$_{50}$-Werte von 4,5 bzw. 60 mg/l angegeben.

In Versuchsteichen, in denen die Wirkung von Atrazin auf verschiedene Zooplanktonarten studiert wurde, fanden PEICHL et al. (1984), daß sich infolge der Chemikalienzugabe im subletalen Konzentrationsbereich und dem dadurch geförderten raschen Absterben des Phytoplanktons ein erhöhtes Angebot an Detritus und Bakterien einstellte. Dies führte vorübergehend zu Massenentwicklungen von einigen Rotatorien-Arten (*Keratella* spec., *Anuraeopsis fissa*, *Polyathra* spec.). Den Massenentwicklungen folgte ein rascher Zusammenbruch der Populationen, was sowohl durch einsetzenden Nahrungsmangel als auch durch die eintretende Schadstoffwirkung erklärt werden kann.

In Untersuchungen von Einzelspeziestests bis zu Enclosure-Experimenten in Seen gingen LAMPERT et al. (1989) der Frage von Effekten auf Nicht-Zielorganismen wie den Daphnien nach. Beim akuten Toxizitätstest mit *Daphnia* stellten sich keine aussagekräftigen Ergebnisse heraus. Subletaltests, wie Hemmung der Futteraufnahme und Reduktion des Wachstums und der Reproduktion erbrachten Werte in der Größenordnung von 2 mg/l. In Nahrungsketten-Studien im Labor traten Verminderungen der Daphnien-Abundanzen bei 0,1 mg/l auf. Die bei weitem empfindlichsten Systeme waren die limnischen Ökosystemausschnitte (Enclosures), in denen nicht eindeutig bezeichnete indirekte Effekte auf *Daphnia* bereits bei 0,1 und 1 µg/l Atrazin auftraten, bei Konzentrationen also, die in Gewässern häufig auftreten können (OEHMICHEN & HABERER 1986). Zu vergleichbaren Ergebnissen in Enclosures kamen ebenfalls STAY et al. (1990).

In künstlichen Fließgewässern wurde der Algenaufwuchs qualitativ und quantitativ bereits durch 1 mg/l Atrazin verändert. Am stärksten waren *Rhophalodia*, *Phormidium* und auch *Cladophora* gehemmt (KOSINSKI 1984). Bei Diatomeen machen sich schon 0,01 mg/l Atrazin negativ bemerkbar. Eine mehrwöchige Vorbelastung der Algenbiozönose mit Herbiziden führte zu keinem bemerkbaren Adaptationseffekt (KOSINSKI & MERKLE 1984).

8.11.5 Carbamat-Pestizide

Die meisten Carbamat-Pestizide sind – wie die Harnstoff-Abkömmlinge oder die *s*-Triazine – ebenfalls Photosynthesehemmer, die überwiegend über die Wurzel aufgenommen werden.

199

Tabelle 8.11.13: Bioakkumulation und Toxizität von ausgewählten symmetrischen Triazinen (nach VERSCHUEREN 1983, GEYER et al. 1985b, HELLAWELL 1986, KOCH & WAGNER 1989)

Substanz	BCF-Wert (ber.)[8]	(gem.)	Art	Wert [mg/l]	Test
Atrazin	2.510				
Algen		10-83	Scenedesmus subspicatus	0,04	96 h EC_{10} Wachstum
				0,11	96 h EC_{50} Wachstum
			Chlorococcum spec.	0,1	10 d EC_{50} O_2-Prod.
				0,1	10 d EC_{50} Wachstum
			Dunaliella tertiolecta	0,3	10 d EC_{50} O_2-Prod.
				0,3	10 d EC_{50} Wachstum
			Isochrysis galbana	0,1	10 d EC_{50} O_2-Prod.
				0,1	10 d EC_{50} Wachstum
			Phaeodactylum tricornutum	0,1	10 d EC_{50} O_2-Prod.
				0,2	10 d EC_{50} Wachstum
Schnecken		2-15			
Fische		3-10	Salvelinus fontinalis	0,06	MATC[9], 9-16°C
			Pimephales promelas	0,21	MATC, 25°C
			Lepomis macrochirus	0,09	MATC, 27°C
Simazin	1.585				
Algen			Chlorococcum spec.	2,5	10 d EC_{50} O_2-Prod.
				2,0	10 d EC_{50} Wachstum
			Dunaliella tertiolecta	4,0	10 d EC_{50} O_2-Prod.
				5,0	10 d EC_{50} Wachstum
			Isochrysis galbana	0,6	10 d EC_{50} O_2-Prod.
				0,5	10 d EC_{50} Wachstum
			Phaeodactylum tricornutum	0,6	10 d EC_{50} O_2-Prod.
				0,5	10 d EC_{50} Wachstum
Krebse			Gammarus lacustris	13,0	96 h LC_{50}
			Gammarus fasciatus	100	48 h: kein Effekt
			Daphnia magna	1,0	48 h LC_{50}
			Cypridopsis vidua	3,2	48 h LC_{50}
			Palaemonetes kadiakensis	100	48 h: kein Effekt
			Orconectes nais	100	48 h: kein Effekt
Fische			Oncorhynchus kisutch	6,6	48 h LC_{50}
			Oncorhynchus mykiss	85,0	48 h LC_{50}
			Lepomis macrochirus	130,0	48 h LC_{50}
Prometryn	400				
Fisch			Perca fluviatilis	15,0	Toxizitätsschwelle
			Rutilus rutilus	20,0	Toxizitätsschwelle
			Oncorhynchus mykiss	2,0	96 h LC_{50}
			Carassius auratus	3,6	96 h LC_{50}
			Poecilia reticulata	8,0	48 h LC_{50}

---

[8] Zur Diskrepanz zwischen berechneten und bei den verschiedenen Organismen gemessenen BCF-Werten siehe Atrazin.
[9] *Maximum Acceptable Toxicant Concentration*, Maximal tolerierbare Gift-Konzentration.

Tabelle 8.11.13: Fortsetzung

Substanz	BCF-Wert (ber.)[8] (gem.)		Art	Wert [mg/l]	Test
Ametryn	280				
Algen			*Chlorococcum* spec.	20	10 d EC_{50} O_2-Prod.
				10	10 d EC_{50} Wachstum
			Dunaliella tertiolecta	40	10 d EC_{50} O_2-Prod.
				40	10 d EC_{50} Wachstum
			Isochrysis galbana	10	10 d EC_{50} O_2-Prod.
				10	10 d EC_{50} Wachstum
			Phaeodactylum tricornutum	10	10 d EC_{50} O_2-Prod.
				20	10 d EC_{50} Wachstum
Fische			*Oncorhynchus mykiss*	8,8	96 h LC_{50}
			Carassius auratus	14,0	96 h LC_{50}
			Lepomis macrochirus	4,1	96 h LC_{50}
Terbutryn[10]					
Krebse			*Daphnia magna*	1,4	48 h LC_{50}
Fische			*Oncorhynchus mykiss*	3,5	96 h LC_{50}
			Rasbora heteromorpha	1,8	96 h LC_{50}
				11	96 h LC_{50}
			Rutilus rutilus	5,5	96 h LC_{50}
			Scardinius erythrophthalmus	6,7	96 h LC_{50}
Cyanatrin					
Schnecken			*Lymnaea peregra*	20	2 d LC_{60}
				10	8 d $LC0_{20}$ starke Deformation bei Embryonen, kein Schlupferfolg
Amphibien			*Rana temporaria* (Kaulquappen)	30	96 h LC_{50}
Krebse			*Daphnia longispina*	15,4	96 h LC_{50}
			Daphnia pulex	2,0	3 d LC_{25}
				0,2	3 d LC_{10}
Fische			*Rasbora heteromorpha*	15	24 h LC_{10}
				9	48 h LC_{10}
				9	96 h LC_{10}
				35	24 h LC_{50}
				18	48 h LC_{50}
				15	96 LC_{50}
				5	3 Monate LC_{50} (extrapoliert)
				7,5	96 LC_{50}

[10] Daten zur experimentell ermittelten Bioakkumulation siehe Tabelle 8.11.2.

Hierunter fallen solche Verbindungen, wie Aminocarb [4-(Dimethylamino)-3-methylphenyl-N-methylcarbamat(ester)] (ein nicht spezifisches Insektizid und Molluscizid), Asulam [Methylsulfanilylcarbamat] (ein Herbizid), Benomyl [Methyl-1-(butylcarbamoyl)-2-benzimidazolecarbamat], Carbaryl [1-Naphthyl-N-methylcarbamat] (ein Kontaktinsektizid), Diallat [S-2,3-Dichlorallyl-N,N-di-isopropylthiocarbamat] (ein Herbizid), Isopropyl-N-phenyl-carbamat und Isopropyl-N-(3-chlorphenyl)carbamat, beide relativ unspezifische Pestizide, Pebulate [S-Propyl-N-butyl-N-ethylthiolcarbamat] und Vernam [S-Propyldiopropylthiocarbamat] (ein spezifisches Herbizid).

Bei Carbaryl ist eine Bioakkumulation nicht nachweisbar, nach dem K_{ow} auch nicht zu erwarten (KOCH & WAGNER 1989). Ein Biomonitoring auf diese zum Teil sehr toxischen Stoffe (s. Tabelle 8.11.14) erscheint deshalb als undurchführbar.

Tabelle 8.11.14: Biokonzentrationsfaktoren und Toxizitätsdaten für ausgewählte Carbamat-Pestizide (aus VERSCHUEREN 1983 und HELLAWELL 1986)

Substanz	BCF-Wert	Art	Wert [mg/l]	Test
Aminocarb				
Muscheln	3,8-4,9	*Mytilus edulis*		
Insekten		*Chironomus riparius*	0,38	24 h LC_{50}
Krebse		*Gammarus lacustris*	0,0012	24 h LC_{50}
Asulam				
Krebse		*Gammarus spec.*	1.500	96 h LC_{50}
Fische		*Rasbora heteromorpha*	5.200	24 h LC_{50}
		Oncorhynchus mykiss	>5.000	96 h LC_{50}
		Ictalurus punctatus	>5.000	96 h LC_{50}
		Carassius auratus	>5.000	96 h LC_{50}
		Lepomis macrochirus	>3.000	96 h LC_{50}
Isopropyl-N-(3-Chlorphenyl)-carbamate				
Fische		*Lepomis macrochirus*	8,0	48 h LC_{50}
Isopropyl-N-phenyl-carbamate				
Krebse		*Gammarus lacustris*	10,0	96 h LC_{50}
		Gammarus fasciatus	19,0	96 h LC_{50}
		Simocephalus serrulatus	10,0	48 h LC_{50}
		Daphnia pulex	10,0	48 h LC_{50}
Pebulat				
Krebse		*Gammarus fasciatus*	10,0	96 h LC_{50}
Vernam				
Krebse		*Gammarus lacustris*	1,8	96 h LC_{50}
		Gammarus fasciatus	13,0	96 h LC_{50}
		Orconectes nais	24,0	48 h LC_{50}
		Asellus brevicaudus	5,6	48 h LC_{50}
		Cypridopsis vidua	0,240	48 h LC_{50}
		Daphnia magna	1,1	48 d LC_{50}

Tabelle 8.11.14: Fortsetzung

Substanz	BCF-Wert	Art	Wert [mg/l]	Test
Carbaryl				
Bakterien		*Pseudomonas putida*	>50	Hemmung der Zellvermehrung
Cyanobakterien		*Microcystis aeruginosa*	0,03	-"-
Algen	4.000			
Wasserlinsen	3.600			
Krebse	260	*Gammarus lacustris*	0,016	96 h NOEC
		Gammarus fasciatus	0,026	96 h NOEC
		Orconectes nais	0,0086	96 h NOEC
		Asellus brevicaudus	0,240	96 h NOEC
		Simocephalus serrulatus	0,0076	48 h NOEC
		Daphnia pulex	0,0064	48 h NOEC
		Daphnia magna	0,005	63 d NOEC
Muscheln		*Crassostrea gigas*	2.200	48 h EC_{50}
		Mytilus edulis	2.300	96 h EC_{50}
Schnecken	300	*Lymnea stagnalis*	21	48 h LC_{50}
Insekten		*Pteronarcys californica*	0,0048	96 h NOEC
		Pteronarcys dorsata	0,023	30 d LC_{50}
			0,0115	30 d NOEC
		Hydropsyche bettoni	0,0027	30 d LC_{50}
			0,0018	30 d NOEC
		Chaoborus-Larven	0,296	48 h LC_{50}
		Cloëon-Larven	0,48	48 h LC_{50}
		Chironomus riparius	0,0001	24 h LC_{50}
Fische		*Pimephales promelas*	9	96 h NOEC
		Lepomis macrochirus	6,76	96 h NOEC
		Lepomis microlophus	11,2	96 h NOEC
		Oncorhynchus mykiss	4,34	96 h NOEC
		Oncorhynchus kisutch	0,764	96 h NOEC
		Salmo trutta	1,95	96 h NOEC
		Perca flavescens	0,745	96 h NOEC
	140	*Ictalurus punctatus*	15,8	96 h NOEC
		Ictalurus melas	20,0	96 h NOEC
		Gambusia affinis	40,0	24 h LC_{50}
			35,0	48 h LC
			531,8	96 h LC5
		Cyprinus carpio	13,5	24 h LC_{50}
			11,7	48 h LC
			510,36	96 h LC5

8.11.6 Enzymaktivitäten als mögliche Biomarker bei Pestizidbelastungen

Viele Arbeiten setzen sich mit Veränderungen von Enzymaktivitäten nach Pestizideinwirkungen auseinander (ZINKL et al. 1987, HANKE et al. 1988, ARIYOSHI et al. 1990). Beispielsweise können die Aktivität der Häm-Oxygenase und der Cytochrom P-450-Gehalt hilfreiche Hinweise auf eventuelle Schadstoffbelastungen eines Gewässers geben. In beiden Fällen handelt es sich um ein Enzym des Hepatopankreas, das eine wichtige Rolle im Metabolismus von Xenobiotika spielt. ARIYOSHI et al. (1990) beobachteten am Karpfen *Cyprinus carpio* nach einer Exposition gegenüber dem Pestizid Butylphenyl-N-methylcarbamat eine Senkung des Cytochrom P-450-Gehaltes. Bei derselben Fischart wurden Steigerungen der Glutamat- und der Lactat-Dehydrogenase sowie eine Erhöhung des Blutzuckerspiegels nach Anwendung des Herbizids Paraquat festgestellt (ASZTALOS et al. 1988).

Die vorliegenden Berichte zeigen auf, daß die wenigen, bislang vorliegenden Befunde über Veränderungen von Enzymaktivitäten durch Pestizidbelastungen in ihren Aussagen noch zu uneinheitlich sind, als daß daraus Biomarker entwickelt werden könnten.

8.12 Tenside

Detergentien des täglichen Gebrauchs als Wasch-, Körperpflege- oder Reinigungsmittel enthalten oberflächenaktive Substanzen (Tenside). Im Normalfall sind dies synthetische organische Chemikalien, die 10 bis 18 % in den Detergentien ausmachen. Tenside werden ferner – in untergeordnetem Maße – in Mineralöl-, Textil-, Nahrungsmittel- und Bergbauindustrien eingesetzt.

Von der Vielzahl von Tensid-Typen werden in kommerziellen Detergentien

lineare Alkylbenzol-Sulfonate (LAS),[1]
Alkylsulfate (AS)
Alkylethersulfate
Alkylethoxylate
Alkylphenolethoxylate[2] (APEO) und
quarternäre Ammoniumhalide
häufig eingesetzt.

Die Schätzungen über die Gebrauchsmengen sind nicht einheitlich. Nach BERTH & JESCHKE (1989) fanden 1987 weltweit rund 15 * 10^6 t synthetische Tenside Verwendung. Anionische Tenside machen den bei weitem größten Anteil aus. Allein die LAS-Mengen liegen bei 1,8 * 10^6. Allerdings ist die jährliche Zuwachsrate mit 4-5 % bei kationischen Tensiden größer als bei den übrigen Klassen (2-3 %) (Lewis 1990). Die 1986 in Westeuropa verbrauchte Gesamtmenge an LAS war rund 466.000 t (PAINTER & ZABEL 1988). Von den nichtionischen Tensiden fanden Alkylphenolpolyethoxylate (APEO) in Waschmitteln breite Verwendung.

---

[1] Die in den 50er Jahren in Waschmitteln verwendeten verzweigten und damit schwer abbaubaren Akylsulfonate (im wesentlichen Tetrapropylenbenzolsulfonat) führten zur Schaumbildung auf Gewässern und in Ausnahmen sogar zu schäumendem Trinkwasser. Seit der Verabschiedung des Detergentiengesetzes von 1961 und 1972, das als erstes Regelwerk in der Bundesrepublik ökologische Mindestanforderungen an Inhaltsstoffe von Wasch- und Reinigungsmitteln stellte, ist das Problem der Schaumbildung weitgehend, aber nicht vollständig gelöst (*KATALYSE* 1988).

[2] Im Rahmen einer freiwilligen Selbstverpflichtung verschiedener Industrieverbände vom 14. und 22.1.1986 wird inzwischen auf den Einsatz von APEO verzichtet (SENGEWEIN 1990).

In der (alten) Bundesrepublik wurde der Verbrauch für 1986 an APEO auf 17.000 t geschätzt (GIGER et al. 1986), bevor eine freiwillige Übereinkunft zwischen der Deutschen Waschmittelindustrie und dem Bundesinnenminister im Jahre 1986 von weiterer Anwendung absah. Der Grund lag in der Bildung von persistenten und toxischen Metaboliten, wie Alkylphenol, Alkylphenolmonoethoxylat, Alkylphenoldiethoxylat und Alkylphenoxycarbonsäuren (s. auch *Kapitel 8.3*).

Nach Angaben des Verbandes der Chemischen Industrie (zit. in SENGEWEIN 1990) wurden an Tensiden im Jahre 1988 insgesamt verbraucht:

- anionische Tenside ca. 132.000 t
- nichtionische Tenside ca. 93.500 t
- kationische Tenside ca. 23.000 t
- amphotere Tenside ca. 5.500 t.

In der Schweiz wurden 1986 ca. 5000 t LAS verwendet, von denen ca. 3000 t die Kläranlagen erreichen (GIGER et al. 1987). Die fehlenden 40% werden bereits auf dem Wege zur Kläranlage in der Kanalisation mikrobiell abgebaut. Diese Zahl hat auch für Westeuropa insgesamt Gültigkeit (PAINTER & ZABEL 1988).

Technische LAS sind komplexe Gemische von Homologen (Kettenlängen des Alkylrestes) und Phenylisomeren (Stellung der Sulfongruppe am Benzolring), deren Zusammensetzung von dem Ausgangsmaterial und den Reaktionsbedingungen bei der Herstellung abhängt.

Tabelle 8.12.1: Repräsentative Halbwertszeiten für die Mineralisation von LAS in der Umwelt (aus PAINTER & ZABEL 1988)

Umweltkompartiment	Halbwertszeit (Tage)
Flußwasser	
Wasser oberhalb Einleitung	14
Wasser + Sediment oberhalb Einleitung	2,8
Wasser unterhalb Einleitung	1,4
Wasser + Sediment unterhalb Einleitung	0,7
Grundwasser	1,1
Boden	10
Boden + Klärschlamm	4,3

Unter aeroben Bedingungen wird LAS, das am häufigsten verwendete Tensid, sehr schnell abgebaut. Der Abbau wird überwiegend, wenn nicht vollständig, von Mikroorganismen bewerkstelligt. Photomineralisation spielt nur eine sehr untergeordnete Rolle. Laborstudien haben erbracht, daß einige aromatische Metabolite von LAS allerdings sehr persistent sind. Diese Metabolite wurden in Freilandproben nicht, oder nur in verschwindend geringen Konzentrationen gefunden. In ^{14}C-Studien stellte sich heraus, daß 90% sowohl des Alkyl- als auch des Ringkohlenstoffs mineralisiert oder in Biomasse konvertiert wird (PAINTER & ZABEL 1988 mit weiteren Literaturverweisen). Die Kinetik des Bioabbaus folgt einer Reaktion erster Ordnung, wenn LAS in umweltrelevanten Konzentrationen getestet wird. Bakterien können sich an LAS adaptieren, wodurch die Abbauraten um den Faktor 100 steigen können. Einen informativen Überblick über die Mineralisations-Halbwertszeiten von LAS in der Umwelt geben PAINTER & ZABEL (1988) (Tabelle 8.12.1).

Nach der Passage durch eine aerob arbeitende Kläranlage ist die Alkylkette eines LAS normalerweise verkürzt (PAINTER & ZABEL 1988), was die Bioakkumulierbarkeit und die Toxizität herabsetzt (s.u.). Über den Abbau der nichtionischen und der kationischen Tenside ist deutlich weniger als über den Abbau von LAS bekannt. Die klare Tendenz ist, daß diese Tensidklassen schlechter bioabbaubar sind (SCHÖBERL et al. 1988).

Tabelle 8.12.2: Übersicht über das Vorkommen von Tensiden in Oberflächengewässern (aus LEWIS 1991 und POREMSKI 1990)

Tensid	Konzentration [mg/l]	Gewässer
Anionisch		
ABS	n.n.-0,54	Flüsse und Ästuare in Malaysia
AES	0,008	Ohio-River
LAS	0,01-3,3	größere Flüsse in den USA
LAS	0,04 (0,008-0,17	Flüsse in Großbritannien
LAS	0,0008-0,030	Tokyo Bay
LAS	0,28 (0,08-0,61)	deutsche Flüsse
LAS	0,13	Main
LAS	0,04-0,59	Town River, Mass., USA
LAS	0-0,34	Ebro, Spanien
Nichtionisch:		
Alkoholethoxylat	0,01-1,0	verschiedene europäische Flüsse
Kationisch:		
DTDMAC[3]	0,004-0,092	Rhein-Gebiet
DTDMAC	0,013-0,037	nordamerikanische Flüsse
DTDMAC	0,033 (0,001-0,092)	Rapid Creek, Süddakota, USA
DTDMAC	0,017 (0,009-0,028)	Blackstone River, Mass., USA
DTDMAC	0,024 (0,012-0,040)	Otter River, Mass., USA
DTDMAC	>0,002	Millers River, Mass., USA
DSDMAC[4]	0,008-0,014	deutsche und englische Flüsse
C_{12-18} MAQ[5]	n.n.-0,012	31 europ. und amer. Flüsse

8.12.1 Exposition

Infolge ihrer weiten Verbreitung und ihres allgemeinen Einsatzes sind Tenside oder deren Abbauprodukte in allen Kompartimenten der aquatischen Ökosysteme (Flußwasser, Grundwasser, Sedimente sowie Klärschlamm) in gut meßbaren Konzentrationen zu finden

---

[3] Ditallowdimethyl-Ammoniumchlorid
[4] Distearyldimethyl-Ammoniumchlorid
[5] quarternäres Monoalkyl-Ammoniumsalz

(DE HANAU et al. 1986, McENVOY & GIGER 1985, GIGER et al. 1987, BRUNNER et al. 1988, VENTURA et al. 1989).
Die wenigen, bisher verfügbaren Daten zur Exposition[6] von Tensiden in Gewässern beschränken sich zumeist auf LAS und das kationische DTDMAC in Flüssen, die Abwässer aus Kläranlagen erhalten. Die Daten – wie auch die Werte in der Ruhr (Abb. 8.12.1.) – liegen

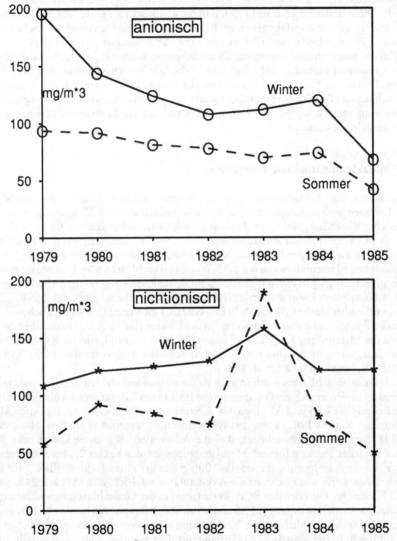

Abbildung 8.12.1.: Entwicklung der Konzentrationen an anionischen und nichtionischen Tensiden für Winter und Sommer in der Ruhr bei Essen (arithmetische Mittelwerte für Abflüsse zwischen 20 und 50 m³ (aus KLOPP 1987)

---

[6] Mit der Einführung der FAB-Massenspektrometrie (fast atomic bombardment-MS) werden zukünftig mehr Daten zur Exposition mit Tensiden erwartet (LEWIS 1991).

allerdings in solchen Größenordnungen (Tabelle 8.12.2), die zu Verhaltensänderungen bei Fischen führen können (Tabelle 8.12.5).

Für die untere Ruhr wurde im Zeitraum 1979 bis 1985 von KLOPP (1987) festgestellt, daß die Gehalte an anionischen Tensiden sowohl im Winter als auch im Sommer um rund 46% rückläufig waren. Bei den nichtionischen Tensiden zeichnet sich, wenn der Wert für 1983 fortgelassen wird, kein Trend ab: Die Gehalte sind weitgehend gleich geblieben (Abb. 8.12.1). Auch für die Frachten in der unteren Ruhr gilt, daß die anionischen Tenside abgenommen haben und die nichtionischen ungefähr gleich geblieben sind. Die Frachten insgesamt haben rechnerisch von 1979 von rd. 450 um 100 t im Jahre 1985 abgenommen (KLOPP 1987).

Diese Zahlen lassen die Belastung der Oberflächengewässer mit Tensiden und deren ökotoxisches Potential erahnen. Aufgrund ihrer Fähigkeit zur Bioakkumulation [s. LAS und alkylierte Phenole (s. Kapitel 4 und 8.3)] und der Toxizität ihrer Metaboliten stellen sie ein ernstzunehmendes Problem der Gewässerbelastung dar, das über systematische Studien wie Biomonitoring verfolgt werden sollte, zumal über viele andere Tenside und deren Metabolite so gut wie nichts bekannt ist.

8.12.2 Bioakkumulation und Elimination

Im Gegensatz zu den Ausführungen in der Literaturzusammenstellung von PAINTER & ZABEL (1988) kommen andere Autoren zu dem Schluß, daß selbst von LAS noch ein erkennbares ökotoxisches Risiko ausgeht. So reichern sich nach Untersuchungen von GIGER et al. (1984, 1987) sowohl LAS als auch Abbauprodukte anderer Tenside, zum Beispiel Nonylphenol (NP) als Abbauzwischenprodukt von Nonylphenolpolyethoxylaten, im Belebtschlamm an. Im stabilisierten Klärschlamm wurden LAS-Werte von im Mittel 4 g/kg Trockensubstanz und von NP im Mittel 1 g/kg in Faulschlämmen gefunden. Biologisch gereinigte Abwässer enthielten NP, 4-Nonylphenolmonoethoxylat (NP1EO), 4-Nonylphenoldiethoxylat (NP2EO) und die entsprechenden Carbonsäuren (NP1EC, NP2EC) im Konzentrationsbereich von 10 bis 100 µmol/m^3 je Substanz und 1,2 µmol/m^3 in der Summe (GIGER et al. 1986). Über die akute Toxizität des Metaboliten Nonylphenol liegen für den juvenilen Lachs (*Salmo salar*) und die Garnele *Crangon septemspinosa* folgende letale Schwellenkonzentrationen vor: 0,15 – 1,0, bzw. 0,15 – 2,7 mg/l (in GIGER et al. 1986).

Nicht nur im Belebtschlamm, sondern auch in Tieren und Sedimenten der Gewässer reichern sich Tenside in den einzelnen Organen sowie im ganzen Körper unterschiedlich stark an, wie am Beispiel der LAS und Alkylbenzole demonstriert ist (Tabelle 8.12.3). Durch Modellbetrachtungen (GAMES 1982) sowie aus systematischen empirischen Studien (HAND & WILLIAMS 1987) wurde herausgearbeitet, daß die Adsorption (K_d) im Sediment oder Belebtschlamm mit jeder „hinzugefügten" Methylengruppe um den Faktor 2,8 bis 3 zunimmt. Insgesamt steigt die Adsorption um rund das 100fache in der Homologen-Reihe C_{10} bis C_{14}.

Normalerweise werden in Fischtests die Akkumulations-Gleichgewichte nach 24 h, seltener nach 72 h, erreicht. Die höchsten BCF-Werte treten in der **Gallenblase** auf, welche somit als das wichtigste Aufnahmeorgan für LAS erscheint. Die Diskrepanzen bei den BCF-Werten des Karpfens sind wahrscheinlich auf die Verwendung von Tieren sehr unterschiedlichen Alters zurückzuführen. In der vierten Versuchsreihe mit dem Karpfen wurde festgestellt, daß die BCF-Werte fielen, wenn einerseits die Konzentration 300 µg/l LAS überstieg und wenn andererseits die Wasserhärte zunahm (WAKABAYASHI et al. 1981).

Beim Blauen Sonnenbarsch stimmen die in verschiedenen Tests gefundenen Ganzkörper-Werte sowohl untereinander als auch mit vorhergesagten Werten sehr gut überein (KIMERLE et al. 1981). Letztere wurden über eine QSAR aus dem Octanol/Wasser-Verteilungskoeffizienten (K_{ow}) berechnet. Dies gilt jedoch nicht für Alkylbenzol beim Blauen Sonnenbarsch: Hier lagen berechnete und gemessene Werte weit auseinander, was mit dem Metabolismus dieser Substanz im Fisch erklärt wird.

Die Eliminationshalbwertszeiten lagen beim Blauen Sonnenbarsch für alle untersuchten Gewebe zwischen 2,5 und 3 Tagen. Nur die Leber eliminierte mit 1,5 Tagen stärker (KIMERLE et al. 1981).

Für die Dickkopf-Elritze (*Pimephales promelas*) zeigten COMOTTO et al. (1979), daß die BCF-Werte einerseits eine Funktion der Kettenlänge der LAS sind und andererseits von der Expositionszeit abhängen. Durch Gewebeanalysen stellte sich heraus, daß zwischen 2 und 75 % des vorhandenen ^{14}C noch intaktes LAS war. Insgesamt waren bei dieser Fischart > 85 % innerhalb von 3 bis 4 Tagen und 100 % nach rund 10 Tagen eliminiert. Entsprechende Zahlen für den Blauen Sonnenbarsch und für eine 50 %ige Elimination lagen bei 2 bis 5 Tagen (KIMERLE et al. 1981) bzw. 30 Stunden (BISHOP & MAKI 1980).

Tabelle 8.12.3: Bioakkumulation von LAS und Alkylbenzolen in Fischen (aus PAINTER & ZABEL 1988 mit Hinweisen auf die Originalliteratur aus sowie GOODRICH et al. 1991)

Substanz	Ausgangskon-zentration [mg/l]	Exposi-tions-zeit	Fischart	Organ/ Gewebe	BCF-Wert
^{35}S-n-Lauryl	1,1	2 h	*Cyprinus carpio*	Kieme	4.0
				Hepatopankreas	1,7
				Gallenblase	0,5
		24 h	*Cyprinus carpio*	Kieme	13
				Hepatopankreas	97
				Gallenblase	1000
^{35}S-n-Lauryl	0,5	24-72 h	*Cyprinus carpio*	Hepatopankreas	30
				Gallenblase	9000
^{14}C,^{35}S-n-Lauryl	0,0091	72	*Cyprinus*	Ganzkörper	16
	0,300	72	*carpio*	Ganzkörper	400
^{14}C-LAS	0,5	-	*Lepomis macrochirus*	Ganzkörper	1040,5
				Gallenblase	5200
				Muskeln	36
				Leber	171
				Kiemen	282
				Blut	237
^{14}C-C$_{12}$LAS	0,064	120 h	*Lepomis*	Ganzkörper	220 (280)[7]
	0,68	120 h	*macrochirus*	Ganzkörper	94 (120)
^{14}C-Alkylbenzol	-	-	*Lepomis macrochirus*	Ganzkörper	35 (6300)
diverse	-	>50 d	*Pimephales promelas*	Ganzkörper	270-1200
				Gallenblase	20.000-70.000
^{14}C-Docdecyl	-	72 h	*Leuciscus idus*	Ganzkörper	130
^{14}C-Dioctyl-sulfosuccinat	0,0055	72 h	*Oncorhynchus mykiss*	Galle	4950
				Blut	3,47
				Skelett	3,78

[7] In Klammern nach dem K_{ow}-Wert berechnete Daten

Für die Ausscheidung des Dioctylsulfosuccinats durch die Regenbogenforelle (*Oncorhynchus mykiss*) gelten folgende Halbwertszeiten (GOODRICH et al. 1991):

Blut	19 h
Galle	120 h
Skelette	2-phasig
1. Halbwertszeit	2 h
2. Halbwertszeit	172 h.

Es existieren sehr besorgniserregende Berichte, nach denen LAS die Bioakkumulation anderer Xenobiotika verstärkt. Zum Beispiel wird die Zink-Akkumulation bei der Marmorierten Grundel (*Proterorhinus marmoratus*) in Gegenwart dieser Tenside drastisch erhöht (TOPCUOGLU & BIROL 1982). Auch organische Chemikalien wie PCBs und Nitrophenylether werden bei Anwesenheit von LAS verstärkt bioakkumuliert (PAINTER & ZABEL 1988 mit Hinweisen auf die Originalliteratur).

8.12.3 Effekte auf Wasserorganismen

Effekte auf Tiere

Der schwer zugängliche Literaturbericht von PAINTER & ZABEL (1988) und die jüngst publizierten Reviews von LEWIS (1990, 1991), denen die nachfolgenden Tabellen (8.12.4 bis 8.12.7) entnommen sind, verdeutlicht das Ausmaß dieser in ihren möglichen ökotoxischen Effekten weitgehend vernachlässigten Gewässerbelastung.

Die Daten sind nicht mit in sich konsistenten Methoden erhoben worden. Meistens handelt es sich in den Versuchsansätzen ferner nur um Nominalkonzentrationen. Dennoch vermittelt Tabelle 8.12.4 einen guten Überblick über die akute Toxizität von LAS gegenüber Fischen. Obwohl wichtige Details, wie Art des LAS, Wasserhärte oder physiologischer Zustand der Fische, in vielen Darstellungen fehlen und die Toxizitätswerte gelegentlich um eine Zehnerpotenz auseinanderliegen, bewegen sich die meisten Toxizitätsdaten unterhalb von 10 mg/l LAS.

Bei den nachfolgenden Darstellungen zur subakuten Toxizität werden der Einfachheit halber solche Daten, die in Tests erhoben wurden, die die normale akute Testdauer (48 h für Invertebraten, 96 h für Fische) überschritten haben, als „chronische Toxizität" angegeben (Tabelle 8.12.5).

Die Toxizitätsdaten variieren naturgemäß über mehrere Größenordnungen (Tabelle 8.12.5), abhängig von der eingesetzten Substanz, von der Testspezies und von den Testbedingungen. Bei den LAS-Reinsubstanzen zeigen sich allerdings einige klare Tendenzen:

1. Je länger der Alkylrest ist, desto toxischer ist die Verbindung. Dies wird zum Beispiel mit den Daten der Dickkopf-Elritze (*Pimephales promelas*) ersichtlich. Trägt man für diese Werte gegen die Alkylkettenlänge auf (Tabelle 8.12.5), ergibt sich eine hochsignifikante Abhängigkeit der chronischen Toxizität von der Kettenlänge des Alkylrestes (Abb. 8.12.2). Diese Abhängigkeit besteht, unabhängig davon, ob in einem 28-Tage-Test oder einem gesamten *life-cycle*-Test Schlupf und Überleben getestet wurde. Die Beziehung für die niedrigen Effektkonzentrationen ($\sim$ LOEC) lautet:

log Toxizität = 8,24 – 0,69 Alkyl-Kettenlänge
(r = –0,99).

Diese Aussage gilt selbstverständlich auch für die akute Toxizität (STEINBERG & KETTRUP im Druck).

Tabelle 8.12.4: Akute Toxizität (LC$_{50}$) von LAS gegenüber Fischen, angeordnet nach fallender Sensibilität der Tiere (aus PAINTER & ZABEL 1988 mit Hinweisen auf die Originalliteratur)

Fischart	LC$_{50}$ [mg/l]	Expostions- zeit [h]	Wasserhärte [mg/l CaCO$_3$]
Cirrhina mrigala (indischer Karpfen)	0,022-0,06	48	120
Lepomis macrochirus (Blauer Sonnenbarsch)	0,72/1,67/3.5/4,0/4,5	96/96/96/96/96	76/137/n.b./50/n.b.
Poecilia reticulata (Guppy)	1-2/1,9/5,6-10	24/96/96	n.b./n.b./138
Tilapia mossambica (Weißkehlbarsch, Mosambikbuntbarsch)	1,5	96	76
Lepomis macrochirus (Blauer Sonnenbarsch)	1,67/3,5/4,0/4,5	96/96/96/96	137/n.b./50/n.b.
Oncorhynchus mykiss (Regenbogenforelle)	1,7/2,2/~5	96/24/96	n.b./290/n.b.
Fundulus heteroclitus (Zebrakillifisch)	2,4	96	n.b. (= nicht bestimmt)
Notropis atheroides (Emerald-Orfe)	3,0	96	50
Pimephales promelas (Dickkopf-Elritze)	3,4/4,2	96/96	n.b./50
Esox lucius (Hecht)	3,7	96	43
Micropterus dolomieu (Schwarzbarsch)	3,7	96	43
Catostomus commersonii (Weißer Sauger)	4,0	96	43
Oryzias latipes (Reisfisch, Killifisch)	4,0/10-18	24/96	n.b./138
Notropis cornutis (Gemeine amerikanische Orfe)	4,9	96	50
Salvelinus alpinus (Wandersaibling)	~5	96	n.b.
Cyprinus carpio (Karpfen)	5-5,4	96	n.b.
Ictalurus melas (Schwarzer Katzenwels)	6,4	96	50
Carassius auratus (Goldfisch)	6,2/7,2	96/96	52/n.b.
Heteropneustes fossilis (Kiemensackwels)	9,8	96	160
Tilapia melanopleura (Weiße Tilapia, Buntbarsch)	12-23	96	n.b.

Tabelle 8.12.5: Chronische Toxizität von Tensiden gegenüber Invertebraten und Fischen (aus LEWIS 1991)

Tensid	LOEC (mg/l)	Testspezies	Test-dauer	Effekt
Anionisch				
Invertebraten:				
$C_{11,8}LAS^{8)}$	1,7-3,4	*Daphnia magna*	21 d	Überleben, Reprod.
	> 0,32-0,89	*Ceriodaphnia dubia*	7 d	Reproduktion
	1,18 (NOEC)	*Daphnia magna*	21 d	Reproduktion
LAS	> 10,0 (NOEC)	*Daphnia magna*	21 d	Reproduktion
$C_{13}LAS$	0,57 (NOEC)			
$AES^{9)}$	0,27 (NOEC)			
AS	0,25	Plattwürmer:		
		Dugesia gonocephala	30 d	Regeneration
		Notoplana humilis		
LAS	0,2-0,4	*Gammarus pseudolimnaeus*	6-15 Wo	Wachstum, Reprod.
	0,4-1,0	Schnecke *Campeloma decisum*		
	> 4,4	Schnecke *Physa integra*		
	0,05-0,10	Auster *Crassostrea virginica*	10 d	Larvenwachstum, Eientwicklung
	0,1-9,8	*Daphnia magna*	n.b.	Reproduktion
$C_{11,7}LAS$	3,0 (NOEC)	*Ceriodaphnia spec.*	n.b.	Reproduktion
$C_{13,1}LAS$	0,04 (NOEC)	Mysidacee	n.b.	n.b.
$C_{11,4}LAS$	0,4 (NOEC)	*Mysidopsis bahia*	(= nicht bestimmt)	
$ABS^{10)}$	0,55-5,8	Muschel *Mercenaria mercenaria*	14 d	Larvenwachstum und Entwicklung
	0,14-1,63	Auster (*C. virginica*)		
AS	0,47-1,46	*M. mercenaria*	14 d	Larvenwachstum
	0,37-1,46	*C. virginica*		und Entwicklung
$C_{11,8}LAS$	$993,0 SK^{11)}$	Zuckmücke	24 d	Emergenz
	$15,2 IW^{12)}$	*Chironomus riparius*		
	$1,69 ÜW^{13)}$			
	$3,72 NS^{14)}$			
LAS	0,05	Muschel *Mytilus edulis*	10 d	Befruchtung, Larvenwachstum
Fische:				
$C_{11,8}LAS$	0,90 (NOEC)	*Pimephales promelas*	28 d	Schlupf, Wachstum
$C_{13}LAS$	0,15 (NOEC)			Larvenentwicklung
AES	0,10 (NOEC)			
$C_{11,2}LAS$	5,1-8,4	*Pimephales promelas*	life cycle	Schlupf, Wachstum
$C_{11,7}LAS$	0,48-0,49			Larvenentwicklung

[8] Gemisch mit mittlerer Alkylkettenlänge von 11,8
[9] Alkylethoxysulfat
[10] Alkylbenzolsulfonat
[11] Sedimentkonzentration, LOEC in mg/kg
[12] Interstitialwasser, LOEC in mg/l
[13] Überstandswasser, LOEC in mg/l
[14] LOEC ohne Sediment

Tabelle 8.12.5: Fortsetzung

Tensid	LOEC (mg/l)	Testspezies	Test-dauer	Effekt
$C_{13,3}$LAS	0,11-0,25			
LAS	0,63-1,2	Pimephales promelas	28 Wo	Überleben
C_{10}LAS	14,0-28,0	Pimephales promelas		
C_{11}LAS	7,2-14,2			
C_{12}LAS	1,08-2,45			
C_{13}LAS	0,12-0,28			
C_{14}LAS	0,05-0,10			
LAS	3,2 (NOEC)	Poecilia reticulata	28 d	Immobilität
LAS	0,05-0,50	marine Plattfische	30 d	Schlupferfolge
LAS	2,0-5,0	Pimephales promelas	30 d	-----
LAS	0,25-1,10	Tilapia mossambica	90 d	Befruchtung Geschlechtsreife
LAS	4,0-10	Lepomis macrochirus	6 d	Befruchtung, Schlupf
LAS	0,5-1,1	Pimephales promelas	30 d	Biomasse

Nichtionisch

Invertebraten:

Tensid	LOEC (mg/l)	Testspezies	Test-dauer	Effekt
C_{12-13}AE$_{6,5}$[15]	0,24 (NOEC)	Daphnia magna	21 d	Reproduktion
C_{14-15}AE$_7$	0,24 (NOEC)			
C_{14-15}AE$_7$	0,17-0,7	Ceriodaphnia dubia	7 d	Reproduktion
Laurox-9	1,0	Daphnia magna	30 d	Reproduktion
C_{13-15}AE$_{10}$	0,25-0,50	Dugesia gonocephala Notoplana humilis	30 d	Regeneration
TAE$_{10}$	> 0,1-20	Mytilus edulis	5 Mon.	Befruchtung
Alkylpolyether	1,75-2,5	Mercenaria mercenaria	14 d	Larvenwachstum und Entwicklung
Alkohol	1,6-2,5	Crassostrea virginica		
Iso-octyl-phenoxy	0,77-2,5	Mercenaria mercenaria	14 d	Larvenwachstum und Entwicklung
Polyethoxy-Ethanol	0,86-1,0	Crassostrea virginica		
APEO[16]	2,4	Mytilus edulis	14 d	Larvenwachstum und Entwicklung

Fische:

Tensid	LOEC (mg/l)	Testspezies	Test-dauer	Effekt
C_{12-13}AE	0,32 (NOEC)	Pimephales promelas	28 d	Wachstum, Schlupf
C_{14-15}AE	0,18 (NOEC)			Überlebensfähigkeit
Oleyl-cetylalkohol Ethylenoxid-Kondensat	> 3,98	Tilapia mossambica	90 d	Fruchtbarkeit Geschlechtsreife

Kationisch

Invertebraten:

Tensid	LOEC (mg/l)	Testspezies	Test-dauer	Effekt
TMAC[17]	0,065 (NOEC)	Daphnia magna	------ keine Angaben -------	
TMAC	0,17-0,35	Ceriodaphnia dubia	7 d	Reproduktion

---

[15] Alkyletoxylat
[16] Alkylphenoethoxylat
[17] Dodecyltrimethyl-Ammoniumchlorid

Tabelle 8.12.5: Fortsetzung

Tensid	LOEC (mg/l)	Testspezies	Test-dauer	Effekt
DTDMAC[18]	0,38-0,76	*Daphnia magna*	21 d	Reproduktion
DSDMAC[19]	2708, SK[4]	*Chironomus riparius*	24 d	Emergenz
	0,18 IW[5]			
	0,41 ÜW[6]			
	1,02 NS[7]			
TMAC	>3084, SK[4]	*Chironomus riparius*	24 d	Emergenz
	>2,3 IW[5]			
	>0,9 ÜW[6]			
	0,62 NS[7]			
Laurylpyridinium-chlorid	0,009-0,05	*Mercenaria mercenaria*	14 d	Larvenwachstum
	0,05-0,09	*Crassostrea virginica*		und Entwicklung
Ethyldimethyl-benzylammonium-chlorid	0,25-1,27	*Mercenaria mercenaria*	14 d	Larvenwachstum
	0,10-0,49	*Crassostrea virginica*		und Entwicklung
Fische:				
DTDMAC	0,05-0,45	*Pimephales promelas*	28 d	Wachstum, Schlupf
TMAC	0,46 (NOEC)	*Pimephales promelas*	----- keine Angaben -----	

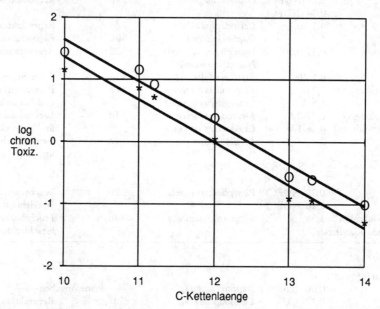

Abbildung 8.12.2: Chronische Toxizität von LAS gegenüber *Pimephales promelas* in Abhängigkeit von der Alkylkettenlänge. Die beiden Geraden geben die Schwankungsbreite der LC_{50}-Werte wieder (aus STEIN-BERG & KETTRUP im Druck)

---

[18] Ditallowdimethyl-Ammoniumchlorid
[19] Distearyldimethyl-Ammoniumchlorid

Da allerdings der Abbau in Kläranlagen unter aeroben Bedingungen theoretisch zu sehr stark verkürzten Alkylketten führt, nimmt das ökotoxische Potential signifikant ab. Für 4 und 5 C kurze Ketten fanden KIMERLE & SWISHER (1977) 24 h-LC$_{50}$-Werte bei *Daphnia magna* von ~12.000 mg/l. Derart kurze Ketten treten jedoch, soweit sich dies anhand der vorliegenden Daten sagen läßt, nicht auf. PAINTER & ZABEL (1988) geben eine Übersicht über die vorhandenen Daten und stellen heraus, daß die mittlere Alkyl-Kettenlänge auch in Oberflächengewässern zwischen 11 und 12 liegt. Somit liegt noch immer ein LAS-Gemisch vor, das eine deutliche Tendenz zur Adsorption und Bioakkumulation sowie ein nicht zu vernachlässigendes ökotoxisches Potential in sich birgt. Dies wird auch aus der Tatsache deutlich, daß die Kettenlänge in Flußsedimenten mit 11,8 bis 13 signifikant (p< 0,001) höher als im Flußwasser (10,9 bis 11,2) selbst ist, denn die längerkettigen LAS adsorbieren stärker als die kürzerkettigen an die organischen Substanzen des Sediments. Damit nimmt das ökotoxische Risiko für Benthontiere etwa 10fach zu (STEINBERG & KETTRUP im Druck). Ob eine detoxierende Wirkung durch die Anwesenheit von Huminstoffen im Sediment auftritt, ist durch Untersuchungen zwar nicht belegt, jedoch wahrscheinlich.

2. Die Toxizität hängt signifikant von der Stellung der Sulfongruppe ab. Sie ist am geringsten, wenn sie am Benzolring in Stellung 6 substituiert ist, und am größten, wenn sie sich in Stellung 2 befindet (DIVO 1976). Die entsprechenden QSARs sind in Abb. 8.12.3 zu finden. Viele Tiere zeigen bereits bei solchen Konzentrationen, die sehr viel niedriger als selbst die chronisch toxischen Konzentrationen liegen, Veränderungen in ihrem Verhalten, wie aus Tabelle 8.12.6 hervorgeht.

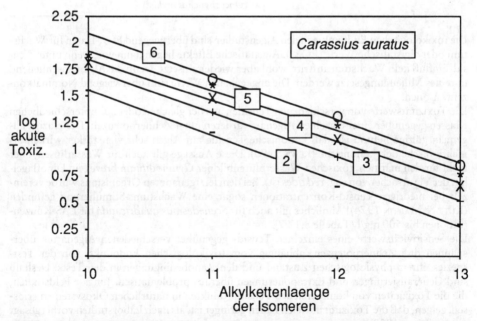

Abbildung 8.12.3: Abhängigkeit der akuten LAS-Toxizität gegenüber Goldfischen von der Alkylkettenlänge und von der Stellung der Sulfongruppe (aus STEINBERG & KETTRUP im Druck). 2 bis 6: Stellung der Sulfongruppe am C-Atom 2 bis 6

Effekte auf Pflanzen

Verglichen mit den Daten über toxische Effekte auf Wassertiere sind die auf Pflanzen recht spärlich (LEWIS 1990). Zudem dominieren die Arbeiten mit Algen. KOHLER & LABUS (1983) stellen fest, daß aquatische Makrophyten sensibler auf LAS als terrestrische Pflanzen reagieren. Bereits 0,5 mg/l LAS reduzieren bei einer Reihe von Makrophyten die Photosynthese um 27 bis 77% innerhalb von 20tägigen Versuchen. Die Tenside interagieren hierbei mit zellulären und subzellulären Membranen.

Tabelle 8.12.6.: Durch Tenside hervorgerufene Verhaltensänderungen bei Fischen (aus LEWIS 1991). Angaben in mg/l

Tensid	Effekt-konzentration [mg/l]	Fischart	Effekt
LAS	0,014	Medaka (*Oryzias latipes*)	Vermeidung
LAS	0,02	Wandersaibling (*Salvelinus alpinus*)	Schwimmen
LAS	5,0	Karpfen (*Cyprinus carpio*)	Schwimmen
C_{10-15}LAS	0,2-0,4	(*Oncorhynchus mykiss*)	Schwimmausdauer
C_{12}, C_{14}LAS	3,2-4,7	Goldfisch (*Carassius auratus*)	Schwimmaktivität
APEO[20]	5-6	Regenbogenforelle (*Oncorhynchus mykiss*)	Schwimmaktivität

Die toxikologischen Endpunkte in den Algenstudien sind überwiegend EC_{50}-Daten für Wachstum oder algistatische Werte (EC_{100}). Algistatische Effekte liegen dann vor, wenn unter Tensid-Einfluß kein Wachstum auftritt, wohl aber wieder einsetzt, wenn die Algen anschließend in reines Milieu umgesetzt werden. Die angegebenen Werte sind überwiegend Nominalkonzentrationen.

Die Toxizitätswerte von verschiedenen Tensiden aus der gleichen oder aus unterschiedlichen Klassen gegenüber einer einzelnen Algenart variieren um 4 Zehnerpotenzen. Der einzige allgemein gültige Befund ist, daß kationische Tenside auf Algen sehr viel stärker wirken als nichtionische oder anionische (LEWIS 1990). Diese Aussage gilt auch für Wasserlinsen, aber nicht für den marinen, toxischen Wasserblütenbildner *Gymnodinium breve* (ein Dinoflagellat, der Verursacher von sog. *red tides* ist). Bei dem letztgenannten Organismus wurde vereinzelt bei niedrigen Tensid-Konzentrationen sogar eine Wachstums-Stimulierung gefunden (KUTT & MARTIN 1974)! Ähnliches gilt auch für *Scenedesmus quadricauda* für LAS-Konzentrationen bis 500 mg/l (Tabelle 8.12.7).

Die Sensitivitätswerte eines einzelnen Tensids gegenüber verschiedenen Algenarten überspannen drei Zehnerpotenzen, abhängig vom toxikologischen Endpunkt, von der Testspezies, ihrem physiologischen Zustand und den Randbedingungen in den Tests. Deshalb sind Generalisierungen und Extrapolierungen überaus problematisch. Jüngste Feldstudien, die die Toxizitäten von kommerziellen Tensidprodukten in natürlichen Ökosystemen erfassen, zeigen, daß die Toxizität in vielen Fällen geringer ist, als nach Laborstudien vorhergesagt wurde (LEWIS 1990).

---

[20] Alkylphenolethoxylat

Tabelle 8.12.7: **Effektkonzentrationen von Tensiden gegenüber Algen (aus Lewis 1990)**

Tensid	Effektkon-zentration [mg/l]	Effekt-parameter	Algenart (einschl. Cyano-bakterien)
Anionisch			
Alkylsulfat	9-37 (erste Effekte)	21 d Wachstum	*Chlamydomonas gelatinosa*
	111-296 (algizid)		*Scenedesmus abundans*
			Chlorella saccharophila
Alkylbenzol-sulfonat	2-54	12-14 d Wachstum	*Chlamydomonas* spec.
			Carteria spec.
			Platymonas spec.
			Dunaliella euchlora
			Dunaliella primolecta
			Pyramimonas grossi
			Chlorella stigmatophora
			Chlorococcum spec.
			Stichococcus spec.
			Protococcus spec.
			Nannochloris spec.
Na-Laurylsulfat	70-100 (Hemmung)	3 d Wachstum	*Cladophora glomerata*
	125 (algizid)		
Alkylbenzolsulfat	5-30 (Hemmung)		
	15-35 (algizid)		
Alkylbenzol-sulfonat	10	120h Wachstum	*Nitzschia linearis*
LAS	$1,0 EC_{50}$	3 d Wachstum	*Scenedesmus communis*
Na-Laurylsulfat	500 (algizid)	14 d Wachstum	*Chlamydomonas dysosmos*
			Chlorella emersonii
			Kirchneriella contorta
			Monoraphidium pusillum
			Scenedesmus obtusiusculus
			Ankistrodesmus bibraianum
			Klebsormidium marinum
			Raphidonema longiseta
			Tribonema aequale
			Synechococcus leopoliensis
$C_{11,6}$LAS	50-100 (EC_{50})	3 d Wachstum	*Ankistrodesmus bibraianum*
	10-20		*Microcystis aeruginosa*
	20-50		*Nitzschia fonticola*
Alkylsulfat	60		*Ankistrodesmus bibraianum*
LAS	200-500 (Stimulierung)	7-17d	*Scenedesmus quadricauda*
	>500 (Hemmung)		
LAS	>10	15 d Wachstum	*Nostoc muscorum*
	18-32	4 d Wachstum	*Chlorella vulgaris*
	32-56		*Microcystis aeruginosa*
$C_{13,3}$LAS	116 (EC_{50})	4 d Wachstum	*Ankistrodesmus bibraianum*
	5,0		*Microcystis aeruginosa*
	1,4		*Navicula pelliculosa*
$C_{11,8}$LAS	29,0 (EC_{50})	4 d Wachstum	*Ankistrodesmus bibraianum*
	0,9		*Microcystis aeruginosa*
Na-Dodecylsulfat	89 (algizid)	3 d Wachstum	*Poterioochromonas malhamensis*
Na-Deoxycholat	37 (algizid)		
LAS + linear.	5 (Stimulation)	8 d Wachstum	*Ankistrodesmus bibraianum*

Tabelle 8.12.7: Fortsetzung

Tensid	Effektkon- zentration [mg/l]	Effekt- parameter	Algenart (einschl. Cyano- bakterien)
Tridecylbenzolsulfat	10-20 (Hemmung)		
Na-Dodecylsulfat	15-18 (15°C)	5 d Wachstum	*Nitzschia holsatica*
	10-12 (25°C) <5,0	5 d Wachstum	*Nitzschia actinastroides*
	0,17-0,69 LOEC	1-2 Wo Wachstum	*Chlamydomonas reinhardi*
$C_{11,2}$LAS	20-30 LOEC	Wachstum	*Plectonema boryanum*
			Chlamydomonas reinhardi
Nichtionisch			
Nonylphenolethoxylat	<100 LOEC	5 d Wachstum	*Ankistrodesmus bibraianum*
prim. Alkoholethoxlat	1,0	8 d Wachstum	*Ankistrodesmus bibraianum*
Triton X 100	9 (15°C)	5 d Wachstum	*Nitzschia holsatica*
	15 (25°C)10-15	5 d Wachstum	*Nitzschia actinastroides*
	0,21	4 d Wachstum	*Ankistrodesmus bibraianum*
	7,4		*Microcystis aeruginosa*
	124 (algizid)	72 h Wachstum	*Poterioochromonas malhamensis*
Triton X 4051	7,784 (algizid)		
$C_{12-16}AE_{6,3}$	5,0 (EC_{50})	Wachstum	*Ankistrodesmus bibraianum*
$C_{12-14}AE_{7,4}$	3,8		
$C_{14-15}AE$	650 (algistatisch)	5 d Wachstum	*Ankistrodesmus bibraianum*
	>1000		*Microcystis aeruginosa*
	5-10		*Navicula seminulum*
$C_{14-15}AE_6$	0,09 (EC_{50})	4 d Wachstum	*Ankistrodesmus bibraianum*
	0,60		*Microcystis aeruginosa*
	0,28		*Navicula pelliculosa*
Alkoholethoxylat	4-8 (EC_{50})	3 d Wachstum	*Ankistrodesmus bibraianum*
(E0:9)	10-50		*Microcystis aeruginosa*
	5-10		*Nitzschia fonticola*
(E0:13)	10		*Ankistrodesmus bibraianum*
kationisch:			
13 Imidazolin-	1-10 (algizid)	24 h Wachstum	*Microcystis aeruginosa*
derivate und quarternäre			*Aphanizomenon flos-aquae*
Ammonium-Verbindungen			
Methyldodecylbenzyl-	2,0	21 d Wachstum	*Cylindrospermum licheniforme*
trimethyl-Ammonium-			*Microcystis aeruginosa*
chlorid, Cetyldimethyl-			*Scenedesmus obliquus*
Ammoniumbromid,			*Chlorella variegata*
Dodecylacetamido-			*Gomphonema parvulum*
dimethylbenzyl-			*Nitzschia palea*
ammoniumchlorid			*Gloeocapsa dimidiata*
Cetylpyridinium-	0,1-0,25 (LOEC)	21 d Wachstum	*Chlamydomonas gelatinosa*
bromid	2-5 (algizid)		*Scenedesmus abundans*
			Chlorella saccharophila
Laurylpyridinium-	0,1-10,0	12-14 d Wachstum	12 Arten
chlorid			(s. Alkylsulfat)
Ditallowdimethyl-	0,06 (EC_{50})	4 d Wachstum	*Ankistrodesmus bibraianum*
ammoniumchlorid	0,05		*Microcystis aeruginosa*
	0,07		*Navicula pelliculosa*

Tabelle 8.12.7: Fortsetzung

Tensid	Effektkonzentration [mg/l]	Effektparameter	Algenart (einschl. Cyanobakterien)
Cetyltrimethylammoniumchlorid	0,09		*Ankistrodesmus bibraianum*
			Microcystis aeruginosa
C$_{12}$-Trimethylammoniumchlorid	0,19		*Ankistrodesmus bibraianum*
	0,12		*Microcystis aeruginosa*
	0,20		*Navicula pelliculosa*
gesätt. Imidadizolinium-Verbindung	0,60		*Ankistrodesmus bibraianum*
	0,45		*Microcystis aeruginosa*
ungesätt. Imidadizolinium Verbindung	-0,30		*Ankistrodesmus bibraianum*
	0,21		*Microcystis aeruginosa*
Cetyltrimethylammoniumbromid	4,4 (algizid)	72 h Wachstum	*Poterioochromonas malhamensis*
Dodecyltrimethylammoniumchlorid	9,0 (algizid)		
Cetyltrimethylammoniumchlorid	4,0 (15°C)	5 d Wachstum	*Nitzschia holsatica*
	5,0 (25°C)		
Cetyltrimethylammoniumbromid	<5,0	5 d Wachstum	*Nitzschia actinastroides*
	<2,5		*Porphyridium purpureum*
Cetyltrimethylammoniumbromid	<2,5	5 d Wachstum	*Ankistrodesmus bibraianum*
Cetyltrimethylammoniumbromid	<0,007-0,027 (LOEC)	1-2 wo Wachstum	*Chlamydomonas reinhardi*
Ditallowdimethylammonium chlorid	0,23-2,6 (algistatisch)	12 d Wachstum	*Ankistrodesmus bibraianum*
	0,5-1,0 (algizid)		
	0,10-0,32 (algistatisch)		*Microcystis aeruginosa*
	0,1-1,0 (algizid)		
	0,5-10,0 (algistatisch)		*Navicula seminulum*
	0,5-10,0 (algizid)		
	0,5-1,0 (algistatisch)		*Dunaliella tertiolecta*
	1,0-10,0 (algizid)		

Eine Übersicht über Toxizitätswerte gegenüber ausgewählten Algenarten ist in Tabelle 8.12.7 enthalten. Wie bei den aquatischen Tieren scheint auch die Kettenlänge des Alkylrestes einen Einfluß auf die Toxizität zu haben. Aber anders als bei den Tieren nimmt bei den Algen in Reinkultur die Toxizität auf das Wachstum mit steigender Kettenlänge offensichtlich ab, sofern die wenigen vorliegenden Daten (für *Ankistrodesmus bibraianum* und *Microcystis aeruginosa*) einen allgemein gültigen Schluß überhaupt zulassen. Photosynthetische Assimilation schien aber ein sensiblerer toxikologischer Endpunkt als Wachstum oder Struktur der Phytoplankton-Population zu sein (LEWIS & HAMM 1986). Sie wurde von längerkettigen stärker als von kürzerkettigen LAS gehemmt. Die Cyanobakterie *Microcystis aeruginosa* reagiert um rund den Faktor 10 sensibler als die Grünalge *Ankistrodesmus bibraianum*. Eine Erklärung für diesen widersprüchlichen Effekt ist bislang nicht vorhanden, außer, daß ein anderer Wirkmechanismus als bei den Tieren ablaufen muß, zumal einige Algen in bestimmten Konzentrationen durch Tenside im Wachstum sogar gefördert werden.

8.12.4 Anhang: Fluorhaltige Tenside

Fluorhaltige Tenside werden in jeder Gruppe (anionisch, kationisch und nichtionisch) produziert. Mit einer Jahresproduktion von rund 500 t fallen die durch besondere Anwendungseigenschaften ausgezeichneten fluorhaltigen Tenside nicht unter das Chemikaliengesetz, das ökotoxikologische Tests bei der Zulassung von Chemikalien erst für Jahresproduktionen von mehr als 1000 t vorsieht. Untersuchungen über das Verhalten und die Wirkungen dieser Chemikalien in der Umwelt sind sehr rar. Fluorhaltige Tenside stellen, wie SCHRÖDER (1991) einleuchtend belegt, „eine weitere Herausforderung an die Umwelt" dar: Tenside müssen nach dem Wasch- und Reinigungsmittelgesetz sowie der Tensidverordnung im biologischen Klärprozeß zwar abbaubar sein, häufig ist jedoch der stattfindende Abbau nur ein Verlust der als Summenparameter erfaßbaren Funktion des Moleküls, eine vollständige Mineralisation tritt dagegen nur in sehr langen Zeiträumen ein.

Zu den besonders schwer abbaubaren Tensiden gehören zweifelsohne die fluorhaltigen. SCHRÖDER (1991) unterwarf aus jeder Gruppe der fluorhaltigen Tenside je eine Tensidmischung einem Standardabbauversuch. Die Ausgangsverbindungen waren über einen Zeitraum von 285 h mehr oder minder gut abbaubar, die entstandenen fluorierten Metabolite dagegen widerstanden jedem weiteren biochemischen Abbau. Denn es wurden keine Fluoride gefunden. Die Metabolite wurden ausschließlich in der wäßrigen Phase bzw. im Schlamm gefunden, eine deutlich Neigung zur Bioakkumulation liegt zumindest für einen Teil der Metabolite vor.

Aufgrund der Pesistenz ihrer Metabolite, deren Anreicherungsverhalten sowie bislang nicht geklärter ökotoxischer Wirkungen muß die Anwendung von fluorhaltigen Tensiden als kritisch beurteilt werden (SCHRÖDER 1991).

9 Gibt es den optimalen Biomonitor?

In diesem synoptischen Kapitel wird versucht, aus den Einzelstoffdarstellungen die Informationen herauszufiltern, um die Frage zu beantworten, ob es den optimalen Biomonitor auf organische Schadstoffe überhaupt gibt. Wenn er nicht existieren sollte, wird die Frage geklärt, welche Organismengruppe für das Biomonitoring welcher Substanzen oder Substanzgruppen als geeignet erscheint.

9.1 Tiere

Bei der Beurteilung der Tiere als Biomonitore wird besonderes Gewicht auf die Fische und das Zoobenthon gelegt.

9.1.1 Fische als Biomonitore

Gegenüber anderen aquatischen Organismen haben Fische in der Eigenschaft als Indikatororganismen für Gewässerverunreinigungen zwei Vorzüge: Sie stehen oft am Ende der Nahrungskette, und viele Arten können mehrere Jahre alt werden. Aufgrund dieser Gegebenheiten liegt in einem Fischkörper ein beträchtliches Akkumulationspotential für Schadstoffe.
Neben der Anreicherung über die Nahrungskette (Biomagnifikation) stellt das Wasser mit seinen gelösten Inhaltsstoffen eine wichtige mögliche Schadstoffquelle dar (Bioakkumulation), denn mit ihm stehen Fische über ihre Kiemenatmung in dauerhaftem Kontakt (Abb. 9.1). So besteht die Möglichkeit, bereits geringe Dauerbelastungen eines Gewässers nach kurzer Zeit zu erfassen.
Die Erfassungsmöglichkeiten sind wie bei anderen Indikatororganismen sehr vielfältig. Sie reichen von chronischen, meist schwierig zu bestimmenden Effekten bis hin zu letalen Wirkungen, die eine Gewässerbelastung am deutlichsten und sichersten wiedergeben. Ihr Nachteil aber – unter weniger anthropozentrischer Sichtweise könnte man eher von einem Vorteil sprechen – liegt darin, daß die Mortalität erst bei relativ hohen, kaum umweltrelevanten Konzentrationen eintritt.
Der LC_{50}-Wert ist eine sehr gebräuchliche, unter standardisierten Laborbedingungen erhaltene Größe, mit der man die Toxizität einer Prüfsubstanz ermittelt bzw. den Zustand eines Gewässers bewertet.
Um einem in Kreisen der Umweltchemie verbreitetem Mißverständnis vorzubeugen, sei an dieser Stelle nochmals betont: Die Ökotoxizität kann nicht als eine stoffspezifische Eigenschaft verstanden werden, da sie nur der Ausdruck eines vielfältigen Wirkungskomplexes ist (Abb. 9.2 vergl. auch Kapitel 2). Nach NUSCH (1986) stellt sie die Wechselwirkung zwischen Stoff und biologischen Rezeptorsystemen mit schädigenden Auswirkungen auf ein biotisches System (Zelle, Organ, Organismus, Population) dar. Tabelle 9.1 zeigt auf, daß verschiedene Arten unter identischen Versuchsbedingungen und vergleichbaren physiologischen Zuständen der Tiere auffällig unterschiedliche LC_{50}-Werte besitzen, da sie art- und häufig auch geschlechtsspezifische Schutzpotentiale gegenüber Xenobiotika-Wirkungen haben. Der Vergleich zwischen der Regenbogenforelle und der Dickkopf-Elritze mag für viele ähnliche stehen.
Toxizitätstests orientieren sich an dem Ausmaß der Schädigung. So können Primärschäden,

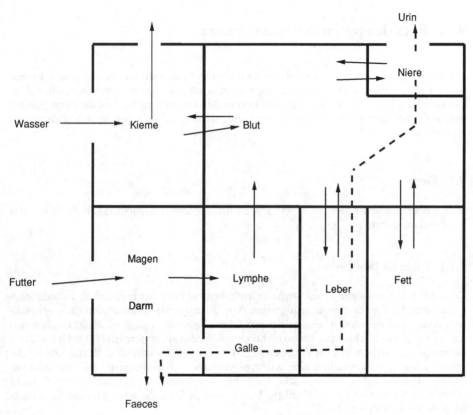

Abbildung 9.1: Aufnahme- und Ausscheidungswege lipophiler Chemikalien bei Fischen (nach Brugge-mann 1982 aus Niemitz 1987)

bei denen Membranen und Enzymsysteme betroffen sind, von Sekundärschäden, die den Gesamtorganismus betreffen, oder aber von Folgeschäden auf biozönotischer Ebene unterschieden werden.

Außerdem ist zu berücksichtigen, daß sich Toxizitätswerte immer auf variable Testsituationen beziehen. Dem Bestreben einer internationalen Standardisierung von Biotests stehen häufig Tests gegenüber, die sich auf nationaler Ebene etabliert haben. Während in Deutschland für die Bestimmung der akuten Toxizität (LC_{50}) von Abwasserinhaltsstoffen (nach dem Abwasserabgaben-Gesetz) der Goldorfentest der zur Zeit gültige Standardtest und für die Toxizität von Chemikalien (nach dem Chemikalien-Gesetz) der Zebrabärbling-Test (*Brachydanio rerio*) ist, wird in anderen Ländern die halbletale Konzentration nach vier Tagen zum Beispiel für Regenbogenforellen (*Oncorhynchus mykiss*), für Zebrabärblinge oder für Dickkopf-Elritzen (*Pimephales promelas*) als Grundlage zur Abschätzung der Toxizität herangezogen. Die Verwendung unterschiedlicher Fischarten sowie verschiedener Testzeiten erschwert die Vergleichbarkeit gewonnener Toxizitätsdaten sehr. Unterschiedliche Empfindlichkeiten einzelner Fischarten im Vergleich mit den Goldorfen sind von Fischer & Gode (1978) dokumentiert. Nach Thurston et al. (1985) lassen sich die unterschiedlichen Anfälligkeiten verschiedener Fischarten über Regressionsanalysen derart verzahnen, daß mit Hilfe

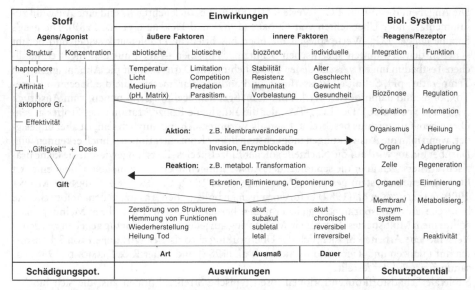

Stoff		Einwirkungen				Biol. System	
Agens/Agonist		**äußere Faktoren**		**innere Faktoren**		**Reagens/Rezeptor**	
Struktur	Konzentration	abiotische	biotische	biozönot.	individuelle	Integration	Funktion
haptophore Affinität aktophore Gr. Effektivität „Giftigkeit" + Dosis Gift		Temperatur Licht Medium (pH, Matrix)	Limitation Competition Predation Parasitism.	Stabilität Resistenz Immunität Vorbelastung	Alter Geschlecht Gewicht Gesundheit	Biozönose Population	Regulation Information
		Aktion: z.B. Membranveränderung				Organismus	Heilung
		Invasion, Enzymblockade				Organ	Adaptierung
		Reaktion: z.B. metabol. Transformation				Zelle	Regeneration
		Exkretion, Eliminierung, Deponierung				Organell	Eliminierung
						Membran/ Emzym- system	Metabolisierg.
		Zerstörung von Strukturen Hemmung von Funktionen Wiederherstellung Heilung Tod		akut subakut subletal letal	akut chronisch reversibel irreversibel		Reaktivität
		Art		**Ausmaß**	**Dauer**		
Schädigungspot.		**Auswirkungen**				**Schutzpotential**	

Abbildung 9.2: Wechselwirkungen zwischen Stoff und biotischem System mit den auf sie einwirkenden Faktoren (aus Nusch 1986)

von toxikologischen Daten einer Art sogar auf die Toxizität einer anderen Art geschlossen werden kann. Vor Verallgemeinerungen dieser Art sei aber ausdrücklich gewarnt, insbesondere dann, wenn die Testbedingungen die Umweltansprüche der untersuchten Arten nur unzureichend simulieren (Cairns & Pratt 1989).

Außer der Variabilität von Testdauer und eingesetzter Fischart gibt es weitere Unterschiede in der Technik und Durchführung solcher Tests, die einen internationalen Vergleich von Testergebnissen erschweren.

Trotz dieser Unzulänglichkeiten soll an dieser Stelle eine Reihe von LC_{50}-Werten dargestellt werden, um einen Anhaltspunkt über das Gefährdungspotential einzelner organischer Schadstoffe zu erhalten.

Tabelle 9.1: LC_{50}-Werte (µg/l) nach 96 Stunden von ausgewählten Chemikalien gegenüber *Oncorhynchus mykiss* und *Pimephales promelas* (aus Chorus 1987 und Pickering et al. 1989)

Chemikalie	Regenbogenforelle *Oncorhynchus*	Dickkopf-Elritze *Pimephales*
Acrolein	80	20
Carbaryl	860	5.010-10.400
Chlorpyrifos	8-9	122-540
Diazinon	1.350	530-9.350
Guthion	7.100	1.900
Lindan	320	>100
Pentachlorphenol	66	77-464

Die Angaben, die nur die LC_{50}-Werte < 10.000 µg/l berücksichtigen, sind eine Auswahl zusammenfassender Übersichten von CHORUS (1987) und PICKERING et al. (1989). Die große Spanne einiger LC_{50}-Werte spiegelt die oben beschriebene Problematik wider und beruht – neben den erwähnten spezifischen Schutzmechanismen – auch auf den nicht einheitlichen Testbedingungen verschiedener Untersuchungen. Darin kommt die Abhängigkeit von Temperatur, pH, Salinität, Wasserhärte und anderen Parametern, die die Speciation eines Toxikums und damit dessen Wirksamkeit maßgeblich beeinflussen können, zum Ausdruck (vgl. Kap. Speciation). Der LC_{50}-Test, der die akut letale Konzentration eines Stoffes gegenüber einem Organismus beschreibt, kann als Voruntersuchung nützlich sein, ist aber ungeeignet, wenn man die Auswirkungen möglichst niedriger Konzentrationen schnell erkennen will. Darüber hinaus wird auf die Nachteile solcher Einzelspecies-Tests hingewiesen, die keine präzisen Vorhersagen über die schädigenden Auswirkungen in einem komplexen, über eine Art hinausgehenden System gestatten (MATTHEWS et al. 1982, CAIRNS 1984, CAIRNS & MOUNT 1990). MATTHEWS et al. (1982) befürworten einen holistischen Ansatz, in dem abiotische wie biotische Funktionsparameter gleichermaßen berücksichtigt werden. Ihrer Meinung nach sollte einem Multispecies-Test für ein Monitoring auf jeden Fall der Vorzug gegeben werden. Verschiedene Arbeiten hinsichtlich der Überprüfung chronischer Wirkungen von Schadstoffen auf Pflanzen und Tiere sind in ARNDT et al. (1987) und GRUBER & DIAMOND (1988) zusammenfassend dargestellt.

Subletale Schadstoffkonzentrationen lösen typische Streßreaktionen aus, die sich biochemisch in folgenden Organen nachweisen lassen:

Kiemen	Hemmung der ATPasen, die für die Elektrolytaufnahme verantwortlich sind,
Gehirn	Steigerung der Acetylcholinesterase-Aktivität als Ursache einer Erregungssteigerung wie sie sich z.B. im Schwimmverhalten niederschlägt,
Schilddrüse	Veränderung des Gehaltes an Thyroxin, einem wichtigen Stoffwechselhormon,
Leber	Veränderung des Glykogengehaltes,
Nebenniere	Sekretionssteigerung von Adrenalin und Cortisol.

Neben *in-vivo*-Versuchen sind enzymatische Veränderungen auch *in-vitro*, also in Organkulturen, gut zu erfassen (HANKE et al. 1988).

Eine Möglichkeit zur Erfassung sehr niedriger Schadstoffkonzentrationen bieten auch Verhaltensstudien an Fischen. Betrachtet werden dabei Veränderungen von

– Schwimmverhalten,
– Verhalten bei der Nahrungsaufnahme,
– Balzverhalten,
– Fluchtvermögen (Fraßdruck),
– Atmungsfrequenz (Ventilation).

Die Studie von LITTLE et al. (1990) beschreibt in anschaulicher Weise die verhaltensphysiologischen Auswirkungen bei der Regenbogenforelle (*Oncorhynchus mykiss*) nach Exposition von verschiedenen pestizidhaltigen Wässern. SANDHEINRICH & ATCHISON (1990) weisen auf die Unsicherheiten rein empirischer Studien über Verhaltensänderungen bei der Nahrungsaufnahme hin. Sie entwickelten ein Modell, in dem sich die Nettoenergieaufnahmerate (E_n/T), also der wachstumsbestimmende Parameter, in Abhängigkeit vom nutzbaren Nahrungsspektrum in folgender Gleichung beschreiben läßt:

$$\frac{E_n}{T} = \frac{\text{Summe } B_i\, E_i}{1 + \text{Summe } B_i\, H_i} - C_s$$

B_i = Begegnungsrate mit dem Beutetier der Größe i
e_i = zu erwartender Energiegewinn durch das Beutetier i
H_i = Bewältigungsdauer des Beutetieres der Größe i
C_h = Energieverbrauch bei der Bewältigung der Beute [J/s]
C_s = Energieverbrauch bei der Nahrungssuche
E_i = $e_i - C_h\, H_i$

Mit Hilfe dieses Modells lassen sich Vorhersagen über die effizienteste Energieausbeute für Fische treffen. Wenn im Falle einer Kontamination des Prädators mit einer verlängerten Bewältigungsdauer der Beute zu rechnen ist, kann sich dies in einer Wachstumsverminderung äußern, muß es aber nicht. Durch größere Beutetiere läßt sich dieses Energiedefizit nämlich kompensieren. Damit könnte ein durch Magenanalysen gewonnener Vergleich der Beutetiergröße Anhaltspunkte für eine eventuelle Kontamination liefern.

Als Bewertungsgrundlage von Schadstoffeffekten können auch Veränderungen im Fortpflanzungsverhalten herangezogen werden. SCHRÖDER & PETERS (1988) berichten von einer signifikanten Verminderung der Balzaktivität bei Guppymännchen nach Anwendung einer Lindan-Konzentration von 1 µg/l.

Im Zusammenhang von Reproduktionsuntersuchungen seien die Arbeiten von NAGEL (1986) und CHORUS (1987) erwähnt, in denen der Aussagewert von „early life stage"-Tests gegen vollständige bzw. partielle „life cycle"-Tests über die Toxizität eines Stoffes kritisch hinterfragt wird. Für die Beurteilung von teratogenen Eigenschaften eines Stoffes sind „early life stage"-Tests aber durchaus geeignet, wie van LEEUWEN et al. (1990) im siebentägigen EC_{50}-Test mit Zebrabärblingen (*Brachydanio rerio*) bewiesen.

Tabelle 9.2: Vergleich von akuter und chronischer Toxizität bei *Oncorhynchus mykiss* (nach EVANS et al. 1986, in EVANS & WALLWORK 1988)

Chemikalie	LC_{50} Konz. (mg/l)	Zeit (Std.)	Ventilationstest Konz. (mg/l)	Zeit (Min.)
Ammonium	>0,16	96	0,11	17
Phenol	9,3	48	2	28
Paraquat	32	96	0,8	26
2,4,6-Trichlorphenol	10	24	0,2	20
Lindan (γ-HCH)	0,06	96	0,003	21
Pentachlorphenol	0,25	48	0,14	33
Formaldehyd	610	96	100	38

Den Einsatz von Fischen in automatisierten Frühwarnsystemen beschreiben EVANS & WALLWORK (1988). Sie stellen die als elektrische Impulse leicht zu messende Atmungsfrequenz von Fischen als einen sehr spezifischen und empfindlichen, den Zustand des Fisches beschreibenden Indikator dar. In der Abb. 9.3 ist die durch elektrische Signale erfaßte Veränderung der Kiemenventilation von *Oncorhynchus mykiss* während einer einstündigen γ-HCH-Exposition von 60 µg/l wiedergegeben.

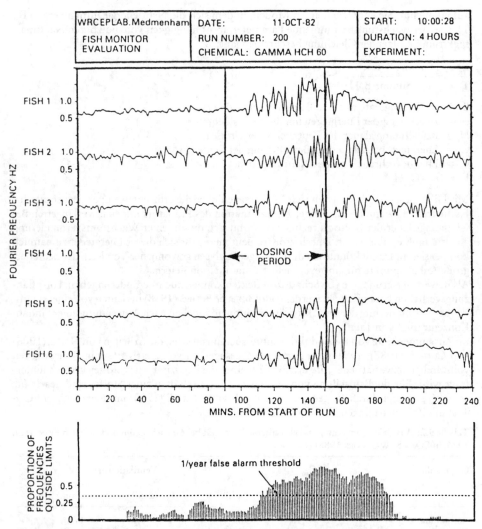

WRCEPLAB.Medmenham	DATE: 11-OCT-82	START: 10:00:28
FISH MONITOR EVALUATION	RUN NUMBER: 200	DURATION: 4 HOURS
	CHEMICAL: GAMMA HCH 60	EXPERIMENT:

Abbildung 9.3: *Oncorhynchus mykiss* im 4stündigen Ventilationstest mit 1stündiger Exposition von 60 µg/l Lindan (γ-HCH) (aus Evans & Wallwork 1988)

Auch für eine Reihe anderer Schadstoffe zeigt sich der Vorteil dieser Methode hinsichtlich der Empfindlichkeit und dem zeitlichen Aufwand gegenüber herkömmlicher LC_{50}-Tests (Tabelle 9.2). Dem Nachteil unterschiedlicher Sensitivitäten dieses Verfahrens für einzelne Stoffe kann durch den Einsatz mehrerer Arten begegnet werden (Smith & Bailey 1988).

Auf der Suche nach einer Methode zur Erkennung längerfristiger Gewässerbelastungen, die von dem Netz chemischer, zeitlich meist begrenzter Analysen nicht erfaßt werden können, bietet sich die Rückstandsbestimmung der mehr oder weniger angereicherten Schadstoffe im gesamten Fischkörper oder aber in einzelnen Organen an. Die Bezugsgrößen einer Probe können dabei Naßgewicht (Lebendmasse), Trockengewicht oder extrahierbare Lipide (Fettbasis) sein.

Eine Reihe von Faktoren, die die Schadstoffakkumulation beeinflussen, müssen hierbei berücksichtigt werden (vgl. auch Kapitel 2):

1. Alter und Gewicht
Eine hohe Lebenserwartung von Fischen zeichnet sich im allgemeinen durch eine entsprechend starke Stoffanreicherung aus. Als Beispiel sei ein Befund von VOJINOVIC et al. (1990) angeführt. In 13 Jahre alten Karpfen (*Cyprinus carpio*) mit einem Gewicht von 17 kg wurden auf Lebendmasse bezogen 18,1 ng/g PCB gefunden. In fünfjährigen Karpfen mit einem Gewicht von 7 kg waren dagegen nur 10,4 ng/g Naßgewicht PCB nachweisbar.Einen anderen Befund lieferten TARR et al. (1990) an Regenbogenforellen (*Oncorhynchus mykiss*) mit unterschiedlichem Gewicht. 3 g schwere Individuen reicherten DEHP 30mal stärker an als ihre 440 g schweren Artgenossen. Als eine Erklärung wird die relativ große Kiemenoberfläche und damit verbunden die im Verhältnis zur Körpergröße höhere Ventilationsrate bei den Jungfischen angeführt.

Für ein Biomonitoring mit Fischen sollte deshalb stets eine genaue Altersanalyse vorgenommen werden.

2. Fettgehalt
Der Anreicherungsfaktor eines lipophilen Schadstoffes korreliert mit dem Fettgehalt des Tieres (GEYER et al. 1985 a). So ist die Makrele mit einem hohen Fettgehalt als ein günstigerer Biomonitor für lipophile Stoffe anzusehen als fettärmere Fische. Aus diesem Grund ist eine auf den Fettgehalt bezogene Konzentrationsangabe gegenüber einer Gesamtkörperkonzentration in der Regel aussagekräftiger.

Auch zwischen den einzelnen Organen eines Individuums treten Unterschiede bezüglich der Fettgehalte auf, die bei der Beurteilung von Schadstoffgehalten in Organen zu berücksichtigen sind. Während in vielen Fällen eine organdifferenzierte Konzentrationsangabe die Empfindlichkeit eines Monitors erhöht, kann ein zu hoher Gehalt an verschiedenen Schadstoffen bzw. an seinen Metaboliten sich in einer nicht entsprechenden, zu geringen Anreicherung niederschlagen und damit den Wert für ein Monitoring mindern. Dieser Fall ist in der Fettphase der Leber häufig gegeben (GREVE 1979).

3. Geschlecht
Bei vielen Fischarten besitzen Weibchen bei gleichem Alter, Futterangebot und – sofern sie noch nicht abgelaicht haben, höhere Fettgehalte als Männchen und akkumulieren deshalb lipophile Schadstoffe in stärkerem Maße als Männchen.

4. Ernährungsgewohnheit
Von großer Bedeutung für die Kontaminationswahrscheinlichkeit ist das Habitat des Fisches. Benthisch lebende Fische unterliegen wegen der im Sediment akkumulierten Schadstoffe meist einer viel höheren Belastung als Fische, die vorwiegend im Pelagial vorkommen. Umgekehrt kann eine starke Nahrungsaufnahme in Verbindung mit einer hohen Ausscheidungsrate aber auch zu einer effektiven Entgiftung führen (JIMENEZ et al. 1987). Ebenso spielt es eine Rolle, ob der Lebens- und Ernährungsbereich eines Fisches in Küstennähe liegt oder im offenen, weniger belasteten Meer.

5. Externe Temperatur
Je höher die Wassertemperatur, desto höher ist auch die Respiration, die den Fisch stärker ventilieren läßt und zu einer stärkeren Schadstoffanreicherung führt (JIMENEZ et al. 1987).

Die Akkumulation eines Stoffes setzt voraus, daß dieser nicht ebenso schnell ausgeschieden oder abgebaut wird, wie er aufgenommen wurde. Die Leber, eines der meist untersuchten Fischorgane, ist der für Biotransformationsprozesse entscheidende Ort, denn in ihr erlangen metabolisierende Enzyme die höchsten Aktivitäten. Der Begriff der Biotransformation wurde von LECH & VODICNIK (1985 zit. in SIJM & OPPERHUIZEN 1989) für Xenobiotika eingeführt und steht stellvertretend für den die körpereigenen Stoffe betreffenden Metabolismus. Die Biotransformation, die man bis 1962 bei Fischen für nicht möglich gehalten hatte, wird von verschiedenen Faktoren wie z.B. Ernährung, Temperatur, Geschlecht, Alter und Hormongehalt beeinflußt. Besonders die Stoffe, die funktionelle Gruppen (-COOH, -OH, -NH$_2$) enthalten, unterliegen einem schnellen Um- und/oder Abbau. Bedenkt man, daß in manchen Fällen die Metabolite eine größere Toxizität als ihre Ausgangssubstanzen besitzen (GIBSON et al. 1975, HIRAOKA et al. 1990, ANJUM & QADRI 1986, zit. in SIJM & OPPERHUIZEN 1989), wird die Notwendigkeit deutlich, das bis heute geringe Wissen über den Verbleib und die mögliche Akkumulation von Metaboliten zu erweitern.

Im allgemeinen kommen zwei Arten der Biotransformation in Fischen vor (Tabelle 9.3). Die erste schließt Reaktionen wie Oxidation, Reduktion und Hydrolyse ein, während es sich bei der zweiten um Konjugationen, also synthetische Reaktionsprozesse handelt.

Im Gegensatz zu den in Fischen wenig bekannten Hydrolyse- und Reduktionsprozessen sind die Oxidationsprozesse und die sie katalysierenden Enzyme verhältnismäßig gut untersucht.

Tabelle 9.3: Art und Vorkommen enzymatischer Reaktionsabläufe (nach LECH & VODICNIK 1985, in SIJM & OPPERHUIZEN 1989)

Reaktionstyp	Reaktionsort	Enzyme	Stofftyp
PHASE I			
Hydrolyse	Leber, Nieren, Plasma	Esterase, Amidase, Epoxidehydrase	Ester, Epoxide Amide,
Reduktion	mikrosomale Fraktion der Leber	Nitro-, Azo-, Haloreduktase	Halogenierte organische Verbindungen, Nitro- und Azoverbindungen
Oxidation	Mitochondrien (Leber)cytosol e(Leber)mikrosomen	Alkoholdehydrogenase, Monooxygenase	viele organische Stoffe
PHASE II			
Glukuronsäurekonjugation	(Leber)cytosol	Dehydrogenase	Phenole, Arylamine, Alkohole
Glutathionkonjugation	(Leber)cytosol	Transferase, Acetylase, Peptidase	Aromaten
Sulfatkonjugation	Cytosol	Sulfotransferase	Hydroxy- oder Aminoverbindungen
Acetylkonjugation		Ligase, Transacylase, Transferase	Aromatische und aliphatische Karbonsäuren, Aryl- und Alkylamine

Die Oxygenasen werden von einer Gruppe von Häm-Proteinen, den sogenannten Cytochrom P-450 abhängigen Enzymen, vornehmlich in der Leber gebildet. Eine Vertreterin ist die Monooxygenase, die wegen ihrer Eigenschaft, sowohl NADPH als auch Xenobiotika zu oxidieren (vgl. auch 5.2), im angelsächsischen Sprachraum auch als *mixed-function oxygenase* (MFO) bezeichnet wird.

Während die Mehrzahl der umweltrelevanten organischen Schadstoffe einen lipophilen Charakter besitzt, gelangen auch hydrophile Toxika in Gewässer. Sie unterscheiden sich von den lipophilen derart, daß sie nicht oder kaum in der Lage sind, Membranen zu passieren und daher in geringerem Maß in der Leber und den Nieren akkumulieren. Dafür reichern sie sich in den Kiemen und im Darm von aquatischen Organismen an. In einer von KNEZOVICH et al. (1989) durchgeführten Untersuchung an Muscheln (*Corbicula fluminea*), Kaulquappen (*Rana catesbeiana*) und Dickkopf-Elritzen (*Pimephales promelas*) zeigte sich, daß nach Anwendung von Hexadecylpyridiniumbromid (HPB) der Hauptteil dieses Biozids in den Kiemen wiederzufinden war (Tabelle 9.4).

Tabelle 9.4: **Bioakkumulation von Hexadecylpyridiniumbromid (ng/g Naßgewicht) nach 24stündiger Exposition von 10 µg/l HPB. n.b. = nicht bestimmt (aus KNEZOVICH et al. 1989)**

	Corbicula	*Rana*	*Pimephales*
Ganzkörper	111	n.b.	266
Kiemen	1653	1726	1298
Leber	-	17	-
Nieren	-	49	-
Fettgewebe	-	56	-
Magen	-	31	-
Darm	-	236	-
Haut	-	312	-

Die polaren HPBs werden an saure Mucopolysaccharide gebunden, welche vom Kiemen- bzw. Darmepithel sezerniert werden. Die stärkere Verteilung von HPB in anderen Körperpartien der Kaulquappen führen die Autoren auf einen längeren Verbleib des an Nahrungspartikel adsorbierten Stoffes im Darmtrakt zurück.

In einigen Arbeiten werden lichtmikroskopisch nachweisbare Kiemenschäden herangezogen, um eine Kontamination anzuzeigen (SINHASENI & TESPRATEEP 1987, BRADBURY et al. 1987). SINHASENI & TESPRATEEP (1987) konnten Kiemenschäden an dem in thailändischen Toxizitätstests verwendeten Standardfisch *Puntius conchonius* nach Exposition einer Paraquat-Konzentration von 4 mg/l nachweisen.

9.1.1.1 Wertung

Es ist offensichtlich, daß sich Fische unter dem quantitativen Aspekt besser zum Effekt- als zum Expositions-Biomonitoring eignen. Die sophistische Analyse von Fischmaterial ermöglicht dann eher (integrierte) Aussagen über die Auswirkungen von Chemikalienbelastungen als über die Art und Höhe der Kontamination. Fische besitzen eine Reihe von Detoxikationsmechanismen, die die akkumulierte Xenobiotika-Menge stark verändern. Dies sollte eher als Vorteil denn als Nachteil angesehen werden. Durch die zunehmend ausgereiftere Technik der **Biomarker** (s. Kapitel 10) stehen Methoden zur Verfügung, mit denen vergleichsweise kostengünstig und schnell molekularbiologische Parameter erhoben werden können, die sowohl qualitative als auch in absehbarer Zukunft quantitative Rückschlüsse auf die Gewässerbelastung erlauben.

9.1.2 Zoobenthon

9.1.2.1 Allgemeines zum Biomonitoring durch Benthonfauna

Vorteile der Benthonfauna – und hier besonders der kleineren Arten – als Indikatoren belasteter Areale bestehen z.B. in der geringen Körpergröße und der kurzen Generationszeit (CANTELMO & RAO 1978; ELNABARAWY et al. 1986). Nach BUIKEMA et al. (1980) sind besonders Crustaceen aufgrund dieser Eigenschaften und der leichten Kultivierung für Akkumulationstests geeignet.

Nach Studien von ANDERSON (1982), GREEN et al. (1985) und WILLIAMS et al. (1985) zeichnen sich Amphipoden durch eine hohe Akkumulationsfähigkeit und eine hohe Sensitivität gegenüber toxischen Substanzen in akuten Toxizitätstests aus. BORGMANN et al.(1989) stellten fest, daß sich Amphipoden in chronischen Toxizitätstests mit Pentachlorphenol sensitiver zeigten als Daphnien und daß Untersuchungen mit Amphipoden insbesondere mit *Hyalella azteca* einige Vorteile gegenüber chronischen Daphnientests besitzen:

– Möglichkeit zur Untersuchung sedimentgebundener toxischer Substanzen
– leichte Handhabung
– weite Verbreitung (in Nordamerika)[1]
– Aufdeckung lokaler Kontaminationen durch benthische Lebensweise
– Gute Eignung aufgrund ihrer Größe für chemische Untersuchungen.

Als nachteilig erwies sich die sexuelle Reproduktion und die im Vergleich zu Daphnien längere Testdauer. Die vergleichenden Untersuchungen von ELNABARAWY et al. (1986) lassen den chronischen *Ceriodaphnia*-Test (7 d) alternativ zum *Daphnien*-Test als eine geeignete Screening-Methode erscheinen.

MALUEG et al.(1983) schlagen als Testorganismen für einen standardisierten Sediment-Toxizitätstest eine Kombination von *Daphnia magna* und der Eintagsfliegengattung *Hexagenia* spec. vor. *Daphnia magna* als eigentliche Spezies aus dem Freiwasser-Raum spricht nicht nur auf die gelösten Stoffe im Wasser an, sondern auch auf die durch die Aktivität von *Hexagenia* aus dem Sediment freigesetzten Partikel; d.h. durch die Anwesenheit von *Hexagenia* wird die Sensitivität von *Daphnia magna* gesteigert.

Für METCALFE et al. (1984) sind Egel aus folgenden Gründen als Screening-Organismen besonders gut geeignet:

– Vorkommen im Litoral von Flüssen, Seen und Teichen, sowohl in ursprünglichen als auch in belasteten Lebensräumen
– ausreichende Größe für Gewebeuntersuchungen
– leichte Handhabbarkeit.

Die folgenden Eigenschaften der Bivalvia lassen auch sie für ökotoxikologische Tests und für Biomonitoringzwecke als geeignet erscheinen (CALABRESE 1984):

– Abundanz der Spezies
– Seßhaftigkeit
– kurze Lebensdauer
– hohe Sensitivität
– ausreichende Größe, um histologische und physiologische Analysen durchzuführen.

---

[1] sicherlich auch in Europa leicht kultivierbar.

TANABE et al. (1987 a) ergänzen diese Eigenschaften noch um den Vorteil der großen Salinitäts-Toleranz.

In vergleichenden Toxizitätsstudien von BRINGMANN & KÜHN (1980) wurde *Scenedesmus subspicatus* am häufigsten gehemmt (47 Substanzen). *Entosiphon sulcatum* zeigte sich gegenüber 43 verschiedenen Substanzen als besonders sensitiv und *Pseudomonas putida* gegenüber 23 Substanzen. Aus diesen Ergebnissen wurde besonders deutlich, daß es wichtig ist, mehrere Modellorganismen zu testen, um über die schädigende Wirkung von Chemikalien und Verunreinigungen in Gewässern bessere Aussagen treffen zu können.

Durch die simultane Untersuchung verschiedener Tiere hinsichtlich ihrer Bioakkumulations-Eigenschaften von verschiedenen Gruppen organischer Xenobiotika stellt sich im folgenden heraus, daß bei jeder Tiergruppe Nachteile zu verzeichnen sind. Es gilt, die Tiergruppe mit den wenigsten Nachteilen herauszufinden.

9.1.2.2 Biomonitoring auf Chlorphenole

Bei einer vergleichenden Studie über die Bioakkumulation von organischen Schadstoffen durch Makroinvertebraten des Benthons der Laurentischen Great Lakes durch FOX et al. (1983) stellte sich heraus, daß es bei den **Oligochaeten** eine sehr gute Korrelation zwischen den Konzentrationen der organischen Chemikalien (hier PCBs) im Sediment und den Tieren gab (Abb. 9.4, linker Teil). Für den **Amphipoden** *Pontoporeia hoyi* dagegen zeichnete sich keine derartige Beziehung ab (Abb. 9.4, rechter Teil). Dieser Unterschied könnte in den verschiedenen Lebensweisen von Oligochaeten und Amphipoden begründet liegen: Oligochaeten leben im Sediment und graben es bis in eine Tiefe von 10 cm um, während Amphipoden auf oder allenfalls bis in 1-2 cm Tiefe leben und deshalb nur vergleichsweise flüchtig mit dem

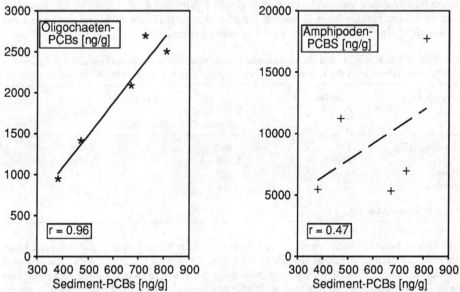

Abbildung 9.4: PCB-Konzentrationen in Oligochaeten und Amphipoden als Funktion der entsprechenden PCB-Konzentration in der Sedimentoberfläche (jeweils bezogen auf Trockengewicht) an 5 Stellen im Lake Ontario (nach Fox et al. 1983)

Sediment in Berührung kommen. Dieser Umstand läßt besonders die Oligochaeten als Monitororganismen für organische Schadstoffe sehr geeignet erscheinen.

Aber selbst in Amphipoden sind die Konzentrationen von organischen Xenobiotika deutlich höher als die mittlere Sedimentkonzentration, wie eine Studie von WHITTLE & FITZSIMONS (1983) an verschiedenen Stellen von Lake Erie und Lake Ontario verdeutlicht (Tabelle 9.5). Es sind verschiedentlich Versuche gemacht worden, mit weiteren Taxa von Benthonbewohnern Chlorphenole zu „überwachen". So untersuchten NOVAK et al. (1988) hydropsychide Köcherfliegenlarven auf bestimmte PCBs im Hudson River (Staat New York). Die Rückstände in den Tieren gaben denselben langjährigen Trend wieder, wie die **chemische Analyse** parallel gezogener Mischproben: Es zeichnete sich ein Minimum an PCB-Belastung in den Jahren 1979/1980 ab. Leider geben die Autoren keine absoluten Konzentrationen an, so daß ein Vergleich der Anreicherungen mit denen anderer Benthonbewohnern nicht möglich ist.

Aus der vergleichenden Untersuchung von Benthonbewohnern verschiedener taxonomischer Zugehörigkeit (Tabelle 9.6, vgl. auch Kapitel 8.4.2) aus einem durch Industrieabwasser verschmutzten Bach, dem Canagagigue Creek, geht deutlich hervor, daß sich für das Chlorphenol-Biomonitoring die **Egel** besonders gut eignen. Aus den vorliegenden Daten werden keine BCF-Werte errechnet, da die Freiwasserwerte nur Stichproben sind, deren Repräsentanz ungewiß ist. Aber bereits die Gehalte weisen auf die besondere Eignung dieser Tiere hin, denn die Gehalte in den Egeln lagen 1 bis 2 Zehnerpotenzen über denen in anderen Tieren, wie Makroinvertebraten, Kaulquappen oder Fischen. Nur die Oligochaeten, phylogenetisch den Egeln nahestehend, erreichten ebenfalls sehr hohe Anreicherungen an Chlorphenolen, die aber noch deutlich niedriger als die der Egel waren. Vermutlich sind die Anneliden als primitive Organismen nicht in der Lage, Chlorphenole zu metabolisieren und/oder auszuscheiden. Daß keine Ausscheidung der Körperbelastung stattfand, auch wenn die Tiere in sauberes Wasser umgesetzt worden waren, konnte für *Dina dubia* und für den Polychaeten *Nereis virens* nachgewiesen werden (METCALFE et al. 1984, MCLEESE et al. 1980). Im Gegensatz zu den Anneliden beträgt beim Goldfisch die Halbwertszeit für Pentachlorphenol nur rund 10 Stunden (METCALFE et al. 1984, mit Originalverweisen).

Tabelle 9.5: **Mittlere PCB- und chlororganische Konzentrationen in nordamerikanischen Amphipoden** (*Pontoporeia affinis*) aus Lake Erie und Lake Ontario (ng/g = ppb) (aus WHITTLE & FITZSIMONS 1983)

Chemikalie	Lake Erie Ostteil	Lake Ontario Westl. Becken (Niagara-Fluß-Mündung)	Ostbecken
Gesamt-DDT	110	440	1.088
PCBs	560	1.378	1.849
Mirex	n.g.	228	41
Dieldrin	62	226	376

n.g. = nicht gefunden

Das enorm hohe Biokonzentrationsvermögen bei Egeln besteht aber nicht nur für Chlorphenole, sondern auch für Mirex, DDT oder Atrazin, wie es für *Erpobdella punctata* und *Glossiphonia* spec. beschrieben wurde. Allerdings gilt die gute Biokonzentrierungsfähigkeit nicht für alle Egelarten (METCALFE et al. 1984, mit Originalverweisen). Leider fehlen Angaben über den Lipidgehalt der studierten Arten, so daß offenbleiben muß, ob die Egel einen über die lipidabhängige Anreicherung hinausgehenden Mechanismus besitzen, was jedoch sehr unwahrscheinlich ist.

Tabelle 9.6: Chlorphenol-Konzentrationen in Egeln, anderen Benthontieren und Wasser an verschiedenen Probenstellen des Canagagigue Creek und zu verschiedenen Jahreszeiten (ng/g = µg/l = ppb) (nach METCALFE et al. 1984)

Probe	2,4,6-TCP*	2,4,5-TCP*	2,3,4,6-TTCP**	PCP***
Wasser	0,065	0,083	0,007	0,005
Dina dubia	2.201	10.262	508	188
Glossiphonia complanata	639	1.688	100	19
Helobdella stagnalis	371	2.461	140	72
Wasser	0,014	0,015	0,003	0,003
Dina dubia	1.529	4.917	119	35
Glossiphonia complanata	221	640	21	1
Wasser	0,037	0,067	0,004	0,006
Erpobdella punctata	3.715	4.524	583	834
Oligochaeta	355	561	37	314
Napfschnecke *Ferrissia*	119	5	119	25
Sphaeriidae	10	n.n.	15	6
Anisoptera-Larven	29	8	139	18
Zygoptera-Larven	118	n.n.	77	34
Nigronia-Larven	14	18	36	15
Hydropsychidae-Larven	29	19	33	6
Köcherfliege *Pycnopsyche*	303	185	120	45
Agabus-Larven	11	1	1	8
Tipulidae-Larven	76	90	51	68
Wasser	0,194	0,087	0,020	0,036
diverse Egel zusammen	13.588	11.883	1.380	2.671
Felsenbarsch				
(*Ambloplites rupestris*)	7	48	9	10
Krebs (*Orconectes propinquus*)	10	3	5	1
Kaulquappen von				
Rana catesbeiana	10	31	n.n.	19

n.n. = nicht nachweisbar

*   TCP = Trichlorphenol
**   TTCP = Tetrachlorphenol
***   PCP = Pentachlorphenol

Egel gelten aus folgenden Gründen als gute Biomonitore für organische Verschmutzungen:
1. Sie können hohe Mengen an Kontaminanten, wie DDT, Mirex oder Chlorphenolen, akkumulieren, ohne abzusterben. Sie eignen sich deshalb auch für das aktive Monitoring (in Käfigen exponierte Tiere).
2. Im Gegensatz zu Fischen und den meisten aquatischen Insekten-(Larven) sind Egel vergleichsweise seßhaft und deshalb für das untersuchte Areal repräsentativ.
3. Das in den Egeln akkumulierte Muster an Chlorphenolen entspricht den Belastungsmustern, wie an Tieren (*Nephelopsis obscura*), die in Käfigen unterhalb von einer Zellstoffabwassereinleitung gehalten wurden, ermittelt wurde (METCALFE & HAYTON 1989).
4. Sie sind in den Litoralzonen von Fließgewässern, Seen und Teichen verbreitet, sowohl unter unbelasteten als auch unter verschmutzten Bedingungen.

5. Egel kommen an den flachsten, für die Probenahme gut zugänglichen Stellen der Gewässer vor.
6. Egel haben zumeist eine Körpergröße, die schon bei Einzeltieren für Rückstandsunter-suchungen ausreicht. Auf Chlorphenole wurden beispeilsweise nur 0,15 g-Proben unter-sucht (METCALFE et al. 1984).

Als sehr geeignet haben sich auch in neueren Studien wiederum die Bivalvia erwiesen (MUN-CASTER et al. 1990). Die Autoren haben das passive Monitoring mit *Lampsilis radiata* und *Elliptio complanata* auf Hexachlorbenzol, Octachlorstyrol und vier PCB-Kongenere studiert. Die Befunde verdeutlichen, daß die Tiere die Xenobiotika aus der Wasserphase akkumulieren und daß kein Einfluß des Expositionsbehälters auf die Bioakkumulation festzustellen war. Kleine Tiere erwiesen sich als bessere Bioakkumulatoren als größere.
Auch Mollusca sind gute Bioakkumulatoren für Chlorphenole und für PCBs. Allerdings werden die gering chlorierten PCB-Kongenere stärker angereichert als die höher chlorierten (siehe Kapitel 8.6). Ein aktives Monitoring auf DDT zum Beispiel benötigt allerdings zum Teil sehr lange Expositionszeiten (bis zu 112 Tagen) (STOREY & EDWARDS 1989).

9.1.2.3 Biomonitoring auf PAH

Da Sedimente, die mit PAHs kontaminiert sind, in Fischen Krebs hervorrufen können, wie z.B. BLACK (1983) an Tieren aus dem Niagara River nachwies[2], besteht ein großes Interesse an Verbleib, Bioakkumulation und möglicher Anreicherung dieser organischen Chemikalien in der Nahrungskette.
Im Lake Ontario waren – wie in vielen anderen Seen auch – in den 70er Jahren die verbreitet-sten PAHs Perylen, Benzopyrene und Benzofluoranthene (STROSHER & HODGSON 1976). Maximalkonzentrationen mit 3 mg/kg wurden in den obersten 5 cm der Sedimente gefun-den.[3] Im Freiwasser waren PAHs dagegen um den Faktor 10^3 bis 10^6 geringer konzentriert vorhanden.
Um die Anreicherung in Organismen herauszufinden, verglichen EADIE et al. (1983) Amphi-poden, Chironomidenlarven und Oligochaeten sowie deren Habitatsedimente hinsichtlich PAH-Kontaminationen. Sie stellten fest, daß einige PAHs in dem **Amphipoden** *Pontoporeia*

---

[2] Kontaminierte Sedimente können offensichtlich allein durch Kontakt der Fische mit dem Sediment Hauttumore hervorrufen. Derartige Nachweise bei Fischen liegen gegenwärtig nur für die PAHs und keine anderen organischen Chemikalien vor. Obwohl Laborbefunde mit Säugetieren gezeigt haben, daß viele toxische Chemikalien karzinogene, mutagene oder teratogene Effkete in subletalen Dosen hervorrufen können, ist die Beweisführung immer noch sehr schwierig, daß zwischen derartigen Krankheiten in gestreßten Ökosystemen und den toxischen organischen Chemikalien dort ein kausaler Zusammenhang besteht.

[3] Im versauerten Großen Arbersee, der ein ausgesprochenes Dy-Sediment (Humussediment) besitzt, wurden folgende Maximalkonzentrationen ermittelt (STEINBERG et al. 1988); die Angaben beziehen sich auf Sedimenttrockengewicht:

Fluoranthen:	4	mg/kg
Benzo[a]pyren:	2,4	mg/kg
Benzo[k]fluoranthen:	1,6	mg/kg
Benzo[ghi]perylen:	6,2	mg/kg
Indeno[1,2,3-cd]pyren:	3,4	mg/kg

Studien zur Bioanreicherung in (den wenigen noch vorhandenen) Benthontieren liegen aus diesem See allerdings nicht vor, wären aber sicherlich sehr aufschlußreich.

hoyi mehr als 10fach konzentriert vorlagen als im Sediment selbst, mit dem die Tiere in Kontakt waren (Abb. 9.5). Bei anderen PAHs lagen in den Tieren nahezu Gleichgewichte mit den Sediment-Konzentrationen vor. Ähnliche Gleichgewichte wurden bei **Oligochaeten** und **Chironomiden**-Larven gefunden (Abb. 9.6). Chironomiden-Larven können PAHs metabolisieren, so daß die tatsächliche Bioakkumulation der Ausgangs-PAHs verringert erscheint. Mit

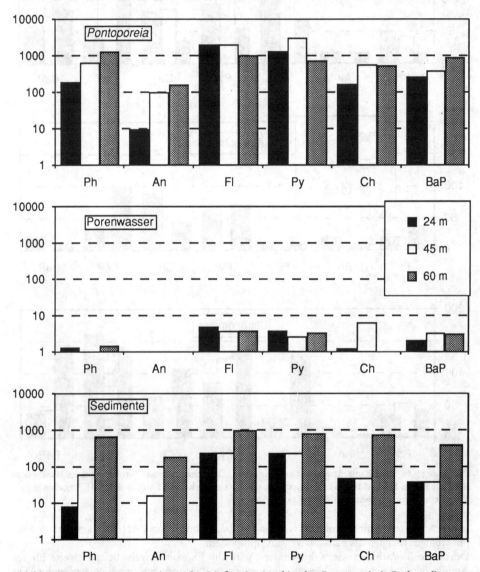

Abbildung 9.5: PAH-Konzentrationen (log-Maßst.) im Amphipoden *Pontoporeia*, in Bodensedimenten und im Porenwasser in 24, 45 und 60 m Tiefe in einem engen Bereich des südöstlichen Lake Michigan (nach EADIE et al. 1983). Angaben in ppb. Ph: Phenanthren, An: Anthracen, Fl: Fluoranthen, Py: Pyren, Ch: Chrysen, BaP: Benzo[a]pyren

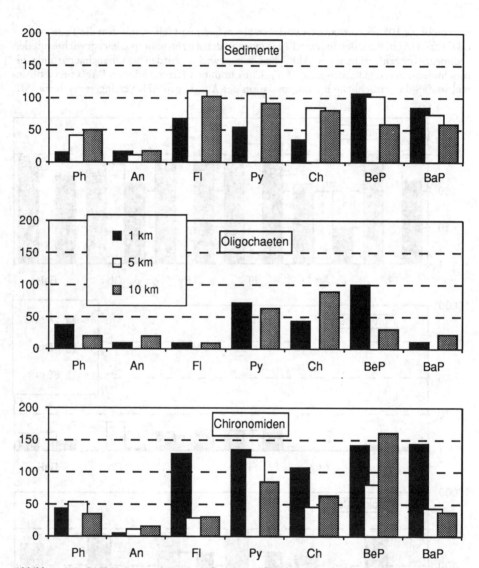

Abbildung 9.6: PAH-Konzentrationen in Sedimenten, Oligochaeten und Chironomiden im Westbecken des Lake Erie in 1, 5 und 10 km Entfernung von einem Kraftwerk (nach EADIE et al. 1983). Angaben in ppb. BeP: Benzo[e]pyren. Weitere Abkürzungen s. Abb. 9.5

anderen Worten: Chironomidenlarven sind als Biomonitore auf PAH-Kontaminationen somit weniger geeignet als beispielsweise Amphipoden.

Durch die Bioturbation der Oligochaeten wird die Expositionszeit, beispielsweise für die Amphipoden, die nur die obersten Sedimentlagen durchpflügen, deutlich verlängert. Die PAHs in *Pontoporeia* korrelierten am besten mit den PAHs feiner Sedimentfraktionen, die als Nahrungsquelle dienen. In den Great Lakes stellen die Amphipoden ihrerseits die Hauptnahrung für alle Fische, zumindest für gewisse Lebensalterssstufen, dar. Dennoch scheint eine

Biomagnifikation in der Nahrungskette nicht stattzufinden, wie am benthivoren Karpfen und dem räuberischen Silberlachs (*Oncorhynchus kisutch*) nachgewiesen wurde (HALLET & BRECHER 1984).

9.1.2.4 Biomonitoring auf Dibenzodioxine

Eine aufschlußreiche, weil vergleichende Studie zu diesem Thema liegt von MUIR et al. (1983) vor. Die Autoren verglichen die Aufnahme von markiertem 1,3,6,8-TCDD durch Sediment-detritus-Fresser (*Chironomus*-Larven und *Hexagenia*-Nymphen). Die Tiere wurden entweder in Schälchen gehalten, um Anreicherungs-Werte aus dem Wasser zu erhalten, oder die Tiere konnten direkt mit dem kontaminierten Sediment Kontakt aufnehmen. Alle Tiere akkumulierten TCDD sowohl aus dem Wasser als auch aus dem Sediment (Tabelle 9.7).

Die Chironomiden-Larven, die dem Sediment ausgesetzt waren, akkumulierten TCDD etwas stärker als solche, die nur dem Wasser exponiert waren. Es wurde ursprünglich angenommen, daß diese höhere Akkumulation durch TCDD-Desorption aus dem aufgenommenen Sediment verursacht wurde. Als den Tieren jedoch die Mundöffnungen versiegelt wurden, akkumulierten sie weiterhin mehr Dioxin als die Vergleichstiere im „Nur-Wasser"-System. Die Aufnahme der dem Sediment ausgesetzten Tiere muß somit großteils durch die Körperoberfläche aus dem Porenwasser erfolgt sein. Octachlordioxin (OCDD) wurde, möglicherweise wegen seines höheren Molekulargewichts, größeren Molekülquerschnitts oder wegen stärkerer Bindungen an die Sedimentpartikel, weit weniger als TCDD bioakkumuliert. Nach neueren Überlegungen *(vgl. Kap. 4.2)* dürfte ferner die 96-h-Expositionszeit bei weitem nicht ausgereicht haben, bei den Versuchstieren ein *steady-state* einstellen zu lassen.

Beide untersuchten Tiergruppen eignen sich gleichermaßen als Biomonitor für Dioxine: Während *Chironomus*-Larven stärker aus dem Sediment akkumulierten, taten dies die *Hexagenia*-Larven bevorzugt aus dem Wasser. Die Bioakkumulation folgt somit der unterschiedlichen Lebensweise der Tiere.

Im Kapitel 8.6.2 wurde berichtet, daß Muscheln entweder selektiv PAHs aufnehmen oder ausscheiden können, da die PAH-Muster nicht vollständig mit denen im Gewässer übereinstimmen. Dieser Umstand mindert aber nicht den Wert der Mollusken als Biomonitore für PAHs.

Tabelle 9.7: Akkumulation von ^{14}C-1,3,6,8-TCDD und ^{14}C-OCDD durch verschiedene Insektenlarven nach 96stündiger Exposition in Wasser und siltigem Sediment (nach MUIR et al. 1983)

Chemikalie	Tier	Konzentration im Wasser (ng/l) (ppt)	Wasser	96-h-BCF$_F$ Sediment[5]	Sediment[6]
TCDD	*Chironomus*	44	192	4682	1,3
TCDD	*Hexagenia*	29	2846	1879	0,4
OCDD	*Chironomus*	141	72	62	0,1

[5] Diese BCF-Werte beziehen sich auf Wasser-Konzentrationen und solche Tiere, die aus dem Sediment bioakkumulierten.

[6] Diese BCF-Werte beziehen sich dagegen auf Sediment-Konzentrationen und solche Tiere, die aus dem Sediment bioakkumulierten.

9.1.3 Biomonitoring von sediment-gebundenen Schadstoffen

Kontaminationen von Gewässersedimenten fallen in allen industrialisierten Gebieten an, beispielsweise in den Schiffahrtsstraßen. Um eine Bewertung der Kontaminationen vornehmen zu können, wurden von verschiedenen Autoren sogenannte Testbatterien oder Teststaffeln entwickelt. Einige der Teststrategien für Laborarbeiten werden im folgenden kurz vorgestellt. BERGLIND & DAVE (1984) machen hierzu nach ihren Untersuchungen darauf aufmerksam, daß es wichtig ist, Kultur- und Testmedium so ähnlich wie möglich anzusetzen und auch die Art der Futterwahl so genau wie möglich anzugeben, da die Wahl der Kulturbedingungen die Sensitivität der Testorganismen entscheidend beeinträchtigt. Diese Aussage gilt selbstverständlich für alle ökotoxikologischen Tests.

GIESY & HOKE (1989) überprüften eine Reihe verschiedener Organismen im Hinblick auf ihre Eignung als Testorganismen im **Sediment**. Vor- und Nachteile von Kultur und Gebrauch der einzelnen Organismen werden aufgeführt.

Da **Bakterien** für die verschiedensten Stoffe auch sehr verschiedene Sensitivitäten zeigen, und diese zudem von den Reaktionen höherer Organismen abweichen, sind mikrobielle Bioassays für die Beurteilung von Sedimenten nicht anerkannt. Vielmehr wird die mikrobielle Aktivität im Sediment zur Beurteilung der Toxizität empfohlen (ARCHIBALD 1982; CHAPMAN et al. 1982a; MUNAWAR et al. 1984; OBST 1985; BEDFORD et al. 1987). Der von Beckman, Inc. (1977) entwickelte Microtox®-Test ist ein Bakterien-Lumineszenz-Test, der mit dem marinen Bakterium *Photobacterium phosphoreum* (NRRL B-11177) durchgeführt wird. Vergleichende Untersuchungen an *Daphnia magna* und an Elritzen haben gute Übereinstimmungen der Toxizitätswerte gezeigt (GREENE et al. 1985). Obwohl sich der Microtox®-Test in weiteren Untersuchungen nicht für alle Substanzen als sensitiv herausstellte (HERMENS et al. 1985; ANKLEY et al. 1990), zeigt er doch für viele Substanzen eine ähnliche Sensitivität wie die meisten Spezies der Insekten, Crustaceen, Protozoen, Mollusken und Fische.

Obwohl die **Protozoen** als Testorganismen viele Vorteile besitzen (z.B. leichte Handhabung und Kultur, schnelles Wachstum und Reproduktion) gibt es bis jetzt nur wenige Untersuchungen über die Sensitivität dieser Organismen. DEVILLERS et al. (1988) zeigten große Sensitivitätsunterschiede der Protozoen auf eine Reihe verschiedenster Substanzen auf. Weitere Untersuchungen sind erforderlich, bevor Protozoen als Testspezies Verwendung finden werden.

Die Nutzung aquatischer **Oligochaeten** zur Beurteilung der Sedimenttoxizität ist nicht einfach. Ist das geeignete Entwicklungsstadium noch nicht erreicht, kann es z.B. schwierig werden, die Oligochaeten zu bestimmen (WIEDERHOLM et al. 1987). Dies ist jedoch aufgrund der sehr unterschiedlichen Sensitivität innerhalb der einzelnen Spezies von großer Bedeutung (CHAPMAN & BRINKHURST 1984). Die Handhabung der Organismen ist ebenfalls schwierig, da sie aufgrund ihrer Zartheit leicht verletzt werden können (WIEDERHOLM et al. 1987). Die Autoren schlagen vor, auf solche Tests aufgrund der damit verbundenen Schwierigkeiten, der geringen Standardisierung und der wenig erforschten Sensitivität zu verzichten.

Mollusken als Monitoring-Organismen besitzen viele Vorteile. Sie leben sessil, sind leicht einzusammeln (BURRES & CHANDLER 1976) und haben im Vergleich zu anderen aquatischen Organismen eine relativ lange Lebensdauer. Mollusken eignen sich desweiteren auch für Studien, die sich mit weiter zurückliegenden Verunreinigungen beschäftigen, da diese Organismen toxische Substanzen in ihre Schalen absondern. Den Tod der Mollusken zu bestimmen erwies sich in Laboruntersuchungen als schwierig. Da die Tiere in der Lage sind, bei Einfluß von Reizstoffen ihre Schalen zu schließen, erwies es sich auch als schwierig, die aktuelle Belastungsmenge, der die Tiere ausgesetzt waren, zu bestimmen. Aufgrund dieser Eigenschaft ist es möglich, daß Organismen, die einer geringen Schadstoffmenge ausgesetzt sind, mehr geschädigt werden als Tiere bei einer hohen Konzentration. Über die Sensitivität der einzelnen

Spezies organischen Verunreinigungen gegenüber gibt es noch wenig Information. Die Autoren schlagen vor, Schnecken und Muscheln in Freilandprüfungen und für Anreicherungsstudien im Labor einzusetzen. Im Rahmen von Toxizitätsuntersuchungen des Sediments sollten sie nicht hinzugezogen werden.

In verschiedenen Arbeiten wird Biomonitoring mit der asiatischen Muschel *Corbicula* vorgeschlagen. Mit diesem Vorschlag setzt sich DOHERTY (1990) kritisch auseinander. Sein Aufsatz gibt eine sehr umfassende Übersicht über die Literatur wieder, die sich mit dieser Muschel-Gattung als Biomonitor befaßt. Die Vorzüge dieser Tiere für ein Monitoring organischer Schadstoffe im Wasser und im Sediment sind:
– weiträumige Verbreitung
– schnelles Wachstum
– hohe Toleranz gegenüber toxischen Stoffen und
– lange Lebensdauer (1-3 Jahre).

Allerdings sollte man diese Tiere nur in solchen Gewässern zum aktiven Biomonitoring verwenden, in denen sie sich bereits eingenistet haben. Da diese Muschelgattung stark zu einem „*biofouling*" an Wasserfahrzeugen oder Gebäuden beiträgt, sollte die Ausbreitung dieser Neozoen minimiert werden.

Innerhalb der Klasse der **Crustaceen** wurde den **Amphipoden**, anbetracht ihrer großen ökologischen Bedeutung, bezüglich der Bewertung von Süßwassersedimenten bisher wenig Beachtung geschenkt. Der Grund hierfür liegt wahrscheinlich in den Schwierigkeiten bei der Kultivierung geeigneter Laborpopulationen. *Hyalella azteca* zeigte sich als Prüforganismus bereits sehr vielversprechend und brachte weniger Schwierigkeiten bei der Kultivierung als andere Amphipoden-Spezies (BORGMANN et al. 1989). Bevor *Hyalella* für Sedimentprüfungen genutzt werden kann, sind weitere Untersuchungen erforderlich.

Cladoceren gehören für eine Reihe von Schadstoffen zu den am meisten sensitiven Spezies (HALL et al. 1986). Weil es sich bei *Daphnia magna* um keinen benthischen Organismus handelt, wurde diese Spezies mehr für Toxizitätstests im Freiwasserraum eingesetzt. Weil *Daphnia magna* Kriterien für das Oberflächenwasser festlegt, scheinen akute Toxizitätstests mit *Daphnia magna* auch für Sedimenttoxizitätstests geeignet zu sein (LEEUIVANGH 1978, ANONYM 1980, NEBEKER et al. 1983, SCHUYTEMA et al. 1984, VAN LEEUWEN et al. 1985).

Von den **Insekten** wurde die Eintagsfliege *Hexagenia limbata* ausgewählt, um Sedimenttoxizitätstests durchzuführen (PRATER & ANDERSON 1977, BAHNICK et al. 1980, MALUEG et al. 1983, HENRY et al. 1986). Diese Spezies zeigte sich sehr sensitiv gegenüber vielen toxischen Chemikalien. Trotz dieser Eigenschaften empfehlen GIESY & HOKE (1989) diese Organismen nicht für Sedimenttoxizitätstests, da *Hexagenia* schwierig zu kultivieren ist und sich nur einmal im Jahr fortpflanzt.

KOVATS & CIBOROWSKI (1989) führten Untersuchungen an adulten Insekten, deren Larven aquatisch leben, im Hinblick auf ihre Bedeutung als Indikatororganismen für chlororganische Verunreinigungen durch. Es zeigte sich, daß die Untersuchungen mit adulten Tieren viele Vorteile mit sich brachten. Die Tiere standen in großen Mengen zumindest einmal im Jahr zur Verfügung, und das Einsammeln der Tiere erwies sich als einfach und wenig aufwendig. Als nachteilig erwies sich die Tatsache, daß die Tiere im adulten Stadium weit verstreut sind und es somit unmöglich wird, die Schadstoffbelastung an einem bestimmten Punkt auszumachen. Die Ergebnisse zeigten, daß die adulten aquatischen Insekten zuverlässige, räumlich integrierende Indikatoren für eine chlororganische Verunreinigung darstellen. Sie können, so die Autoren, für das Langzeitmonitoring aquatischer Lebensräume herangezogen werden. Die Autoren schlagen Tests mit *Chironomus tentans* vor, da Chironomiden allgemein einen großen Teil der benthischen Biomasse darstellen und wichtig für den Stoffaustausch zwischen Sediment und Wasser sind (GEROULD et al. 1983). *Chironomus tentans* kann zudem hervorragend im Labor gezüchtet werden und wurde schon oft als Testorganismus eingesetzt (WENTSEL et al. 1977, 1978; BATAC-CATALAN & WHITE 1982; MOSHER & ADAMS 1982; MOSHER et al. 1982; SASA & YASUNO 1982; CAIRNS et al. 1984; NEBECKER et al. 1984a, b; ADAMS et al. 1985; ZIEGENFUSS & ADAMS 1985; ZIEGENFUSS et al. 1986; KHAN et al. 1986). Das sensitivste Lebensstadium der Chironomiden ist das Larvenstadium (POWLESLAND & GEORGE 1986). Aus diesem Grunde schlagen die Autoren vor, einen 10tägigen Test mit *C. tentans* durchzuführen, bei dem der Gewichtszuwachs und das Überleben der Tiere beginnend mit dem zweiten Larvenstadium gemessen wird.

Erfolgversprechend, aber noch nicht zur Überwachungspraxis gereift, erscheinen Tests mit **Nematoden**, der arten- und individuenreichsten Gruppe im Meiobenthon. Die in Kapitel 8.4.2 beschriebenen Ernährungstypen reagieren auf Chemikalienbelastungen völlig unterschiedlich: Pflanzenfresser werden teilweise vollständig durch die sog. nicht-selektiven Sinkstofffresser ersetzt, so daß neben einem Biomonitoring auch eine Bioindikation auf Schadstoffe möglich erscheint. Der allgemeinen Verwendung von Nematoden für ökotoxikologische Studien steht jedoch ihre diffizile Bestimmbarkeit entgegen. Weitere Details über die insgesamt doch im Rahmen ökotoxikologischer Arbeiten vernachlässigte Tiergruppe der Nematoden ist bei TRAUNSPURGER & STEINBERG (im Druck) nachzulesen.

NEBEKER & MILLER (1988) testeten den Amphipoden *Hyalella azteca*, der bisher für Toxizitätstests mit Süßwassersedimenten herangezogen wird, auch auf seine Eignung für Tests mit Ästuarsedimenten. Sie stellten fest, daß Hyalella aufgrund einer hohen Salinitätstoleranz auch als Testorganismus für Ästuarsedimente geeignet ist. Somit ist es möglich, flußabwärts bis hin zum Ästuar den gleichen Testorganismus einzusetzen.

GIESY & HOKE (1989) schlagen somit für eine Sedimentbeurteilung eine Testreihe vor, die sich aus folgenden Untersuchungen zusammensetzt:
– den Microtox®-Bakterientest,
– einen Algentest,
– den 10-tägigen Wachstumstest mit *Chironomus tentans* und
– den akuten Toxizitätstest (48h) mit *Daphnia magna*.

Zur ökotoxikologischen Bewertung von komplexen Belastungen, wie sie in Sedimenten bekanntlich vorliegen, eignen sich – wie CHAPMAN (1989) in einem kürzlich erschienenen Review erneut hervorhebt – nur Kombinationen aus chemischer Erhebung zur Kontamination und Biotests zur Effektermittlung. Er selbst schlägt eine sogenannte Triade vor, die aus Sediment-Chemie, Sediment-Biotesten und *in-situ*-Histopathologie von Bodenfischen besteht (CHAPMAN 1986). Diese mit der Triade erhaltenen Werte decken sich im wesentlichen mit denen, die durch andere Ansätze erhoben wurden (CHAPMAN et al. 1987), so daß pragmatische Kombinationen aus verschiedenen, praktisch einfach durchzuführenden Verfahren und Tests denkbar sind.

9.1.4 Effekt-Monitoring

Um die Langzeittoxizität verschiedener Schadstoffe, wie etwa ihre Kanzerogenität oder ihre Mutagenität zu erforschen, schlagen SAMOILOFF et al. (1980) Untersuchungen mit dem Nematoden *Panagrellus redivivus* vor. Dieser Organismus ist, so die Autoren, ein geeigneter Indikator, um die genetischen Konsequenzen eines umweltbelastenden Stoffes schnell abzuschätzen. In Versuchen wurden 12 von 15 bekannten Karzinogenen erkannt. Testsysteme wie der Ames-Test und der Nematoden-Test können Informationen über das Risiko spezifischer Schadstoffe im aquatischen Milieu liefern (SAMOILOFF et al. 1980).

Ein routinemäßig durchführbarer Test mit ökosystem-relevanten Organismen steht allerdings noch nicht zur Verfügung, wäre aber dringend anzuraten, zumal die bislang empfohlenen Mutagenitätstests mit pathogenen Keimen (*Salmonella*, Ames-Test) oder Zellkulturen vom chinesischen Hamster (Micronucleus-Test) arbeiten. Beide Organismen sind keine Vertreter aquatischer Ökosysteme. Die Tests schätzen vielmehr das Mutagenitätspotential aus der Sicht des Menschen ab. Welche Bedeutung derartige Potentiale allerdings für die Ökosysteme besitzen, kann mit diesen Tests jedoch nicht abgeschätzt werden. Es sind somit relevante Tests zu entwickeln, um das Risiko für das Ökosystem als solches – wenn auch nur ansatzweise – prognostizierbar zu machen (siehe auch Kapitel 10).

9.1.5 Wertung

Aus dem Dargelegten wird offensichtlich, das sich insbesondere einige Gruppen der Niederen Tiere für das Expositionsmonitoring besonders gut eignen: Hierzu gehören die Mollusca sowie die Hirndinea, wenn auch selbst bei sehr geringer Metabolisierung bei den Mollusca selektive Anreicherungen (HCB, PCBs, PAHs, Dioxine) beschrieben worden sind. Dieser Effekt dürfte für alle anderen Tiergruppen ebenfalls gelten, bei denen dann noch meistens zusätzlich Metabolisierungswege vorhanden sind, so daß Mollusca und Egel die optimalen tierischen Biomonitore sind.

Für das Expositionsmonitoring auf PCBs mit Tieren empfehlen GUNKEL & MAST (1990) ein zweistufiges Vorgehen: Mittelfristiges Monitoring durch Bivalvia und langfristiges durch Fische, wie Aal, Blei, Karausche, Plötze. Bei diesen Arten ist noch kein wesentlicher Metabolismus nachgewiesen worden.

Allgemein läßt sich festhalten, daß Höhere Tiere eher zum Effektmonitoring als zum Expositionsmonitoring geeignet sind, da sie über einen sich häufig nicht zur vollständigen Detoxikation eignenden Metabolismus verfügen: MFO-Aktivitäten oxidieren beispielsweise PCBs oder PAHs nicht so vollständig, daß sie gut eliminiert werden können, sondern es bilden sich Addukte mit zellulären Makromolekülen (bei PAHs) oder es kommt zur kompetitiven Hemmung von zellinternen (Hormon)-Transportsystemen (bei PCBs).

9.2 Pflanzen

Wasserpflanzen werden insgesamt nur gelegentlich als Biomonitor auf Wasserinhaltsstoffe angewendet. Unter den Spermatophyten stellt die Kleine Wasserlinse (*Lemna minor*) noch eine Ausnahme dar, die aufgrund ihrer leichten Handhabbarkeit häufiger zum Monitoring (NASU et al. 1984, COWGILL et al. 1989, JAIN et al. 1990), das sich überwiegend auf die Detektion von Schwermetallen beschränkte, oder – jüngst veröffentlicht – als Toxizitäts-Testorganismus zur Abwasserbeurteilung Verwendung findet (TARALDSEN & NORBERG-KING 1990). Bei diesen Toxizitätstests erwies sich *Lemna minor* besonders bei Metallen zumeist ebenso sensibel, wenn nicht noch empfindlicher als coccale Grünalgen oder die Cladocere *Ceriodaphnia dubia*.

Zum Schadstoff-Monitoring im Gewässer werden am häufigsten Vertreter der Bryophyten untersucht oder auch ausgebracht.

9.2.1 Moose

Die Besonderheit der Wassermoose, Kontaminationen des freien Wassers (und nicht des Sedimentporenwassers) anzuzeigen, liegt darin begründet, daß Wassermoose nicht im Sediment wurzeln, sondern sich mit Rhizoiden auf festen Unterlagen anheften. Auch sind Wassermoose noch häufig im Unterlauf großer Flüsse zu finden, wo Höhere Wasserpflanzen wegen der zumeist großen Wassertiefe und -trübung fehlen. Brückenpfeiler und Ufermauern sind dann Stellen, an denen sich Wassermoose bevorzugt ansiedeln (MELZER 1985). Der einzige erkennbare Nachteil, Moose als Biomonitore für Gewässerbelastungen einzusetzen, liegt nur darin, daß sie stabile Substrate benötigen, wenn man aus natürlichen Beständen beproben will. Diesen Nachteil umgeht man, wenn man die Transplantationsmethode anwendet, die u.a. MOUVET (1984) beschreibt. Hierbei werden Testmoose von natürlichen, wenig kontaminierten Standorten in kleinen durchlöcherten Plastikröhren oder -säckchen exponiert. Eine Adaptationszeit von drei Tagen vor der ersten Probennahme wird als ausreichend angesehen, damit die Moose ein Gleichgewicht mit dem Umgebungswasser erreichen (EMPAIN et al. 1980).[1]

MOUVET (1985) beschreibt einen Fall von „Rekord"-Anreicherung durch das Moos *Platyhypnidium riparoides* im Fluß Fensch, einem Nebenfluß der Mosel: Bereits nach drei Tagen Exposition an der verschmutztesten Stelle enthielt das Moos 98 g Fe, 15 g Cr und 187 mg Cd pro kg Trockengewicht. Anreicherungsfaktoren werden allerdings nicht angegeben. Weitere Maximalkonzentrationen in Wassermoosen enthält Tabelle 9.8.

Tabelle 9.8: Maximalkonzentrationen an Schwermetallen in Wassermoosen. Angaben in mg/kg (nach verschiedenen Autoren aus HELLAWELL 1986)

Art	Blei	Zink
Fontinalis squamosa	--	5.430
Philonotis fontana	5.965	7.023
Rhynchostegium riparioides	--	6.705
*Scapania undulata**	14.825	1.950
*Scapania undulata**	8.902	3.558

* in unterschiedlichen Untersuchungen

Wenn auch die bisher zitierten Untersuchungen ermutigende Perspektiven für die Verwendung von Wassermoosen als Akkumulationsindikatoren aufzeigen, bleibt dennoch eine Reihe von Fragen offen (KOHLER 1982), z.B.: Welche Konzentrationen von Schadstoffen wirken auf die Pflanzen toxisch? Oder: Welchen Einfluß hat das Alter der Pflanzen auf den Gehalt an Xenobiotika? Oder: Wie ist die Kinetik der Aufnahme und Abgabe von Xenobiotika? Diese ungeklärten Fragen lassen sich teilweise durch die genannte Transplantationsmethode umgehen, vor allem dann, wenn nur kurzzeitig bis zur Gleichgewichtseinstellung zwischen Konzentrationen im Wasser und im Pflanzengewebe exponiert wird. Die Frage, wann sich bei den verschiedenen Xenobiotika ein Gleichgewicht eingestellt hat, muß noch, da nur für Metalle einschlägige Berichte vorliegen, für jede Gruppe organischer Chemikalien unter möglichst natürlichen Bedingen (Beachtung der anorganischen und organischen Matrices im Wasser) im Labor erhoben werden.

Gegenüber Höheren Wasserpflanzen zeichnen sich Wassermoose durch besonders hohe Anreicherungsfaktoren aus. So wurde von *Fontinalis squamosa* und *Rhynchostegium riparioides* das Schwermetall Zink bis zu 40.000fach angereichert (SAY & WHITTON 1983, WEHR

---

[1] Bei aquatischen Spermatophyten stellt sich bei Schwermetallakkumulationen kein Gleichgewicht mit dem Umgebungswasser ein, sondern die Akkumulation wird sehr stark durch den Calcium-Gehalt des Wassers gesteuert (FRANZIN & MCFARLANE 1980).

& WHITTON 1983a). Bei *Fontinalis antipyretica* ermittelte MOUVET (1984) für Chrom Biokonzentrationsfaktoren bis rund 10.000, und DIETZ (1972) fand für Blei einen von 3.200, bezogen auf das Wasser in der Ruhr. In den untersuchten Gewässern waren z.B. Chrom und Kupfer nicht im Wasser, wohl aber in den Moosen nachzuweisen, so daß man einen Monitor besitzt, latente oder unregelmäßige Belastungen in Gewässern aufzuspüren und bei Fluß-längsuntersuchungen auch die Orte der Belastungen herauszufinden. Hierfür erscheint die Transplantationsmethode sehr geeignet zu sein, da man die zuvor nicht kontaminierten Moose nach definierten Zeitabständen wieder entnehmen kann und somit ein über diese Zeiten integriertes Maß für die saisonale Variabilität der Belastung erhält.

Die meisten Arbeiten befassen sich mit Akkumulationen von Metallen (z.B. MOUVET 1984, 1985; JONES et al. 1985; SAY & WHITTON 1983; WEHR & WHITTON 1983 a, b). Besonders wichtig könnte die Bioindikation von Schwermetallen und Aluminium durch Makrophyten im Zusammenhang mit der Versauerung ungepufferter Oberflächengewässer werden (CAINES et al. 1985), da bei niedrigen pH-Werten Metalle aus Böden und Seesedimenten in Lösung gehen (STEINBERG et al. 1984, STEINBERG & HÖGEL 1990). Mit den in sauren Seen dominierenden *Sphagnum*-Arten (Torfmoose) (MELZER & ROTHMEYER 1983) hätte man eine Pflanzengruppe zur Hand, die sich durch hohes Akkumulationsvermögen auszeichnet (MELZER 1985). Da die sauren Depositionen zudem organische Schadstoffe, wie PAHs oder Octachlorstyrol, enthalten, könnte das Biomonitoring über Moose in den fraglichen Gebieten auch Aufschluß über mögliche Versauerungsquellen geben. Dies wäre in zukünftigen Studien zu erheben und gegebenenfalls als Überwachungsmethode zu validieren.

Nur wenige Studien liegen über Moose als Monitore für organische Schadstoffe bislang vor (FRISQUE et al. 1983, MOUVET et al. 1985). MOUVET et al. (1985) verwendeten das Moos *Cinclidotus danubicus* in den Flüssen Saone und Durance (Frankreich) und nicht andere, weit verbreitete und leicht identifizierbare Moose wie *Fontinalis antipyretica* oder *Platyhypni-dium riparioides*, da letztere bei der Probenaufbereitung Probleme verursachten. Sie fanden die in Tabelle 9.9 aufgelisteten mittleren (gerundet) Anreicherungsfaktoren.

Tabelle 9.9: **Mittlere Anreicherungsfaktoren für HCHs und PCBs im Moos *Cinclidotus danubicus* (aus MOUVET et al. 1985)**

α-HCH:	600
β-HCH:	500
γ-HCH:	300
PCBs:	5000

Das Vorherrschen von α- und β-HCH in den Moosproben – so MOUVET et al. (1985) – entspricht dem Vorkommen in den Wasserproben, so daß sich – trotz einiger noch nicht vollständig gelöster methodischer Schwierigkeiten – die Moose als Biomonitore für organische Schadstoffe sehr gut eignen. Es zeichnet sich allerdings ab, daß noch einige methodische Entwicklungsarbeit geleistet werden muß, beispielsweise über die Zeiten zum Erreichen von Gleichgewichten bei organischen Xenobiotika.

10. Offene Fragen und Forschungslücken

Forschungsbedarf besteht auf zwei Gebieten:

1. auf dem Sektor des **Expositions-Monitorings** sowie
2. auf dem weiten Feld des **Effekt-Monitorings**.

Biosonden, eine Möglichkeit der Früherkennung von Umweltschäden, differenzieren definitionsgemäß nicht zwischen Expositions- und Effekt-Monitoring. Sie werden im folgenden dennoch kursorisch abgehandelt, da ihnen prinzipiell sehr interessante und weiter entwickelbare Konzepte zugrunde liegen.

10.1 Expositions-Monitoring

Sehr wertvolle und hilfreiche Hinweise für ein effektives Expositions-Monitoring im limnischen Bereich können vom methodischen Ansatz her aus der marinen Forschung übernommen werden. Viele tierische Großtaxa besitzen nicht nur Vertreter im marinen, sondern auch im limnischen Bereich: Pisces, Mollusca, Crustacea, Annelida. Eingehend überprüft werden müssen „eigentlich" nur noch die Bioakkumulations-Eigenschaften der fraglichen Arten. Auf die einschlägigen Lücken wurde in den vorangegangenen Kapiteln ausführlich eingegangen. Der erste Schritt für ein effektives Expositions-Monitoring in belasteten Süßwasserhabitaten ist demnach die Festlegung der Monitoring-Arten. Für das Effekt-Monitoring kommen nach den Darlegungen im wesentlichen Mollusken, Hirudineen und Bryophyta infrage.
Es wurde an vielen Stellen des Buches herausgestellt, daß das Gelingen des Biomonitorings auf organische Schadstoffe von der Lipophilie der zu überwachenden und zu beurteilenden Substanzen abhängt. Deshalb sind Tiere mit hohem Lipidgehalt im Körper oder in einzelnen Organen besonders geeignet. Es verwundert, daß diejenige Tiergruppe mit den höchsten Abundanzen und mittleren Lipidgehalten von 3 bis 5% des Trockengewichts (NICHOLAS 1984), die Nematoden nämlich, zu Biomonitoringzwecken nicht oder nur sehr selten herangezogen werden. Ihre schwere Determinierbarkeit scheint als Grund nicht zu genügen, da mit ihnen Aussagen bereits auf dem Niveau von Großtaxa möglich sind. Da diese Tiere zudem in Böden und Sedimenten von Gewässern die arten- und individuenreichste Gruppe darstellen, ist es sehr wahrscheinlich, daß sich durch Belastungen sowie Entlastungen der Habitate mit/von organischen Chemikalien charakteristische biozönotische Veränderungen einstellen werden und eine Bioindikation, wie in der Einleitung definiert, möglich sein sollte. Die wenigen Ergebnisse, die in den Tabellen 8.4.12 und 8.4.13 zusammengestellt sind, legen diesen Schluß nahe und fordern quasi weitere ökotoxikologische Untersuchungen an dieser Tiergruppe.
Die grundlegende Eignung von Vertretern der genannten Großtaxa entbindet allerdings nicht von der Notwendigkeit, die vorhandenen Wissensdefizite hinsichtlich der Akkumulations- bzw. Eliminierungs-Kinetiken von Schadstoffen in absehbarer Zukunft zu schließen.
Generell unbefriedigend ist diesbezüglich der Wissensstand über den Einfluß biotischer und abiotischer Randbedingungen auf die Bioakkumulation von Xenobiotika. Hierzu zählt insbesondere das Akkumulationsvermögen der Biomonitoren bei der Exposition gegenüber Xenobiotika-Gemischen. Sollten die Ausführungen von SCHÜTZ (1985) über die deutlich veränderte Akkumulation in Fischen von verschiedenen chlorierten Kohlenwasserstoffen, wenn

sie in Gemischen vorliegen (Kapitel 2), verallgemeinerbar sein, so eignen sich Fische allenfalls zum qualitativen Expositions-Monitoring, aber nicht zum quantitativen.

Mollusken zeigen, wie für PCBs und PAHs (Kapitel 8.6 und 8.7) beschrieben wurde, zwar auch eine Selektivität bei der Anreicherung. Doch ist diese Selektivität, verglichen mit der der Fische, zum einen nicht sehr stark ausgeprägt und zum anderen sind die Ursachen für diese Selektivität zumindest in Ansätzen bekannt, so daß für das quantitative Expositions-Monitoring Korrekturfaktoren eingeführt werden können.

Über ein Feld der Randbedingungen ist bislang sehr wenig bekannt: Es sind dies die **Randbedingungen in und an Gewässern**[1]. Nach herkömmlichen Lehrmeinungen (s. Kapitel 3, 4 und 6) wird die Xenobiotika-Konzentration in Organismen durch die Konzentration des betreffenden Stoffes im Wasser oder Sediment, dessen Bioverfügbarkeit und gegebenenfalls noch durch die Xenobiotika-Konzentration in der Nahrung bestimmt, wenn es sich um einen Organismen einer höheren trophischen Stufe handelt.

Darüberhinaus existieren allerdings noch eine Reihe von direkten und indirekten Einflußfaktoren wie Nährstoffgehalt, pH-Wert, ja sogar geographische und morphometrische Faktoren. In dem Distrikt Schonen (Südschweden) wurde an 33 Seen (einschließlich einem Fluß) mit unterschiedlichem Trophiegrad und variierender Gewässerchemie der Rolle dieser Einflußfaktoren in den Jahren 1987-89 und 1990/91 von der Universität Lund nachgegangen. Es wurden je Gewässer 5-10 (insgesamt 209) Hechte mit einem Gewicht um 1 kg auf chlorierte aromatische Kohlenwasserstoffe untersucht. Als erste aufschlußreiche Ergebniskompilation liegt die Arbeit von MEYER (1990) vor, deren wichtigste Ergebnisse kurz referiert werden sollen.

Folgende Hypothesen konnten bestätigt werden:

1. Die bisher nur angenommene Korrelation zwischen dem **Phosphorgehalt** des Seewassers und den Xenobiotikakonzentrationen der darin lebenden Fische ist für Hechte hochsignifikant negativ.
2. Schnellwachsende Fische weisen niedrigere Gesamt-PCB-Konzentrationen auf als Artgenossen mit geringerem **Zuwachs**.
3. Mit der **Größe des Einzugsgebiets** eines Gewässers steigen auch die Xenobiotikakonzentrationen in den Fischen.
4. Mit der **Seeoberfläche** und der **mittleren Tiefe** korrelieren die Gesamt-DDT-Konzentrationen in Hechten positiv.
5. Mit steigendem **Humus**gehalt sinken die Gesamt-DDT- und die Lindankonzentrationen signifikant, nicht jedoch die der PCBs.
6. Der **Abbau** von chlorierten, organischen Kohlenwasserstoffen scheint in eutrophen und offensichtlich auch in humosen Seen schneller abzulaufen als in oligotrophen.

Die Autorin schließt ihre Bestandsaufnahme wie folgt:

„Eine Feldstudie wie diese kann Korrelationen und Co-Variationen aufdecken, nicht jedoch Ursachen von Folgen trennen. Eindeutig gezeigt werden konnte hier jedoch, daß sich die Xenobiotikakonzentration in wasserlebenden Organismen nicht einfach aus der Verteilung eines konstanten Xenobiotikapools auf die Biomasse des Sees ergibt (wie bisher angenommen wurde), sondern von vielen anderen Faktoren und Prozessen abhängt."

---

[1] Hierzu traf **nach Fertigstellung des Manuskriptes** eine überaus lesenswerte Arbeit aus Schweden ein, die deshalb an dieser Stelle und nicht schon im Kapitel 2 abgehandelt wird.

10.2 Biosonden

Eine Zwischenstellung zwischen dem Expositions- und dem Effekt-Monitoring nehmen in vielen Fällen die sogenannten **Biosonden** ein.

PEICHL & REIML (1990) definieren Biosonden wie folgt: „Biosonden sind solche biologischen Schlüsselindikatoren[2], die aus in Kultur gehaltenen Organismen, Zellen, Organellen oder Biomolekülen (dies ist der Bioindikatorteil) und einer Registriereinheit bestehen. Sie werden mit weitgehendst unveränderten Medien aus Ökosystemen konfrontiert. Während oder nach dieser Konfrontation werden Veränderungen definierter Zustände (entspricht Expositions-Monitoring) oder Aktivitäten (entspricht Effekt-Monitoring) registriert.

Die wichtigste Anforderung, die an die Beobachtung der Umwelt durch Biosonden zu stellen ist, ist die systematische Erfassung von Beobachtungsgrößen, mit zentraler Bedeutung für die belebte Umwelt, aus den Bereichen ‚Individuen' und ‚Physiologie'. Nur so ist es möglich, übertragbare und aussagekräftige Ergebnisse zu erhalten, die, ohne zunächst Ursache-Wirkungs-Beziehungen aufzuzeigen, auf unerwartete Veränderungen und Fehlentwicklungen in der Umwelt aufmerksam machen." Biosonden lassen somit keine nachträglichen Rückschlüsse auf die konkrete Belastung zu. Mit ihnen ist es also nicht möglich, die Belastungsursache zu rekonstruieren. Sie unterscheiden sich damit von den in diesem Buch abgehandelten Biomonitoren. Biosonden sind ein möglichst sensibles summarisches Frühwarnsystem, deren flächendeckender Einsatz im Rahmen eines Schadstoff-Monitorings durchaus als sehr sinnvoll erscheint.

Für das Umweltkompartiment „Wasser" ist die Entwicklung von Biosonden hinsichtlich der Vollständigkeit der Beobachtungsgrößen am weitesten fortgeschritten.

Im folgenden werden einige Beispiele (weitgehend nach PEICHL et al. 1987, die zu diesem Thema eine bundesweite Fragebogenaktion durchführten) für Biosonden beschrieben, die zwar bislang überwiegend nur im Labor getestet wurden, von denen allerdings zumindest die Bearbeiter annehmen, daß sie prinzipiell als Biosensoren für Freilandarbeiten geeignet seien. Eine sich abzeichnende generelle Schwäche scheint eine mangelnde Empfindlichkeit vieler Verfahren zu sein.

Algen-Fluoreszenztest (z.B. SAYK & SCHMIDT, 1986, SCHMIDT 1986, NOACK 1987 a u. b, NOACK et al. 1985)

Mit diesem Test ist es möglich, Schadwirkungen von Stoffen, Gemischen und Wässern zu erheben. Die Anzeige erfolgt graduiert durch eine 0-100%ige Schädigung der Photosynthese von coccalen Grünalgen. Die Umweltproben werden zu dem im Labor befindlichen Testsystem transportiert, so daß vor einem Einsatz für flächendeckende Monitoringzwecke die Weiterentwicklung zu einer mobilen Anlage durchgeführt werden sollte.

Neben der Fluoreszenz können noch weitere Meßparameter zur Effektabschätzung herangezogen werden, wie die Zellzahl oder die Trübung.

Bakterientoximeter (PILZ 1990)

Mit dem Bakterientoximeter ist es möglich, die Gefährdung des mikrobiellen „Selbstreinigungs"-Systems, die Bakteriengiftigkeit und akute Gefährdungen im Wasser aufzuspüren.

---

[2] Schlüsselindikatoren sind ihrerseits definiert als wissenschaftliche Beobachtungs- und Meßmethoden, die mit ausreichender Empfindlichkeit, reproduzierbar und nach Möglichkeit graduiert auf frühe Stadien von anthropogenen Umweltveränderungen im Expositions- und Wirkungsbereich ansprechen, ohne Ursachen-Wirkungszusammenhänge aufzuzeigen. Sie sind also Beobachtungsinstrumente, die auf eine Vielzahl gleichzeitig vorhandener (in ihrer Zusammensetzung zumeist unbekannter) Verursacher und komplexer Vorgänge reagieren können.

Die Proben werden dem Ökosystem entnommen und vor Ort kontinuierlich dem Testsystem zugeführt. Es wurden bereits bakteriengiftige Substanzen, wie Schwermetalle (10-500 mg/l), phenolische Verbindungen und Formaldehyd (100-10.000 mg/l) und Cyanide (ca. 1 mg/l) mit dem Bakterientoximeter getestet. Ein Entwicklungsbedarf besteht allerdings noch in der Steigerung der Ansprechempfindlichkeit.

Ähnliche Tests können prinzipiell mit jedem kultivierbaren Mikroorganismus durchgeführt werden. Häufig angewandt wird beispielsweise auch der *Pseudomonas putida*-Zellvermehrungs-Hemmtest nach DIN 38412 Teil 8. Besonders für stark belastete Gewässer eignet sich ein weiterer *Pseudomonas*-Test, der einen anderen Endpunkt besitzt: Sauerstoffzehrung von *Pseudomonas putida*. Das Hausbakterium der Mikrobiologen, *Escherichia coli*, wird ebenfalls zu ökotoxikologischen Prüfungen herangezogen (NENDZA 1987) und läßt sich als Biosonde weiterentwickeln.

Cyanobakterien-Elektrode nach D.M. RAWSON
Als sehr erfolgversprechend zeichnet sich die Cyanobakterien-Elektrode nach RAWSON (Water Research Center Medmenham, Großbritannien) ab. Das System besteht aus einer Durchflußzelle mit Arbeitselektrode aus Graphit und Silberdraht sowie einer Ag/AgCl-Referenzelektrode. Auf dem Graphit der Arbeitselektrode werden die Cyanobakterien (*Synechococcus*), in Alginat eingebettet, fixiert. Beide Elektroden werden vom Meßmedium umströmt. Gegenüber der Arbeitselektrode ist eine Lichtquelle angebracht. Als Meßparameter dient der Elektronenfluß aus Photosynthese oder Atmung.

Hämocyanin-Sonde (MARKL 1987)
Der Bioindikatorteil besteht in dem respiratorischen Protein Hämocyanin und dem konformations-spezifischen monoklonalen Antikörper E_c-24. Die Beobachtungsgröße ist die Atmung bei Gastropoden, Cephalopoden, Crustaceen, Arachniden und Xiphosuren, die durch divalentes Quecksilber, wahrscheinlich aber durch alle divalenten Schwermetalle gehemmt wird. Das Meßprinzip beruht darauf, daß die Bindung von Quecksilber(II) eine Konformationsänderung des Hämocyanins bewirkt, die auch das Epitop des E_c-24 verändert, so daß dieser nicht mehr mit dem Hämocyanin reagiert. Dies führt im ELISA zu einer Abnahme der Farbentwicklung. Mit 0,2 mg/l Hg ist dieses System allerdings noch nicht ausreichend sensibel.

Test mit isolierten Protoplasten höherer Pflanzen (in verschiedenen Abwandlungen: z.B. SCHNABL & YOUNGMAN (1985), ZIMMERMANN et al. (1989), HIRSCHWALD, et al. (1990)
Das Prinzip dieses Tests besteht darin, daß isolierte Protoplasten aus verschiedenen Spermatophyten bei Konfrontation mit einem Umweltmedium beleuchtet werden. Nach Inkubation der Protoplasten mit der Probe ist die Wirkung einer Kontamination als verringerte Sauerstoffentwicklung ablesbar. Chemikalien wurden im Bereich von 10^{-9} bis 10^{-6} mol getestet. Der Umbau des Testsystems in eine mobile Anlage steht noch aus. Es ist sehr wahrscheinlich, daß trägergebundene Protoplasten in kürze entwickelt werden können.

Enzymatische Tests: Prinzipiell eignet sich jede leicht meßbare Enzymaktivität als Biosonde im Sinne von PEICHL et al. (1987). Eine willkürliche Auswahl:

Urease-Hemmtest (OBST et al. 1987)
Eine standardisierte Urease-Lösung und Harnstoff werden der Originalprobe (ggf. pH-Wert korrigiert) zugesetzt. Die Veränderung des pH-Wertes in definierter Zeiteinheit wird als toxi-

kologischer Endpunkt verwendet. Der Test liefert Grobinformationen über die toxische Wirkung von Proben, bevor spezielle Untersuchungen durchgeführt werden. Eine Erhöhung der Empfindlichkeit steht noch aus, ebenso eine mögliche Automatisierung für einen Routinebetrieb am Gewässer.

Dehydrogenase-Aktivität (DHA) (DIN)

Dehydrogenasen sind wichtige Stoffwechsel-Enzyme. Ihre Aktivität erlischt nach dem Tod von Bakterienzellen. Das Vorhandensein einer DHA kann als Beleg für die Gegenwart lebender Zellen angesehen werden. Durch toxische Einflüsse kann die DHA herabgesetzt werden. Ihre Aktivität hängt generell vom physiologischen Zustand der Testorganismen ab. Die DHA wird durch Triphenyltetrazoliumchlorid nachgewiesen, das zum rot gefärbten Formazan reduziert wird. Die Einschränkungen, die für den Urease-Test gemacht wurden, gelten auch für diesen Enzymtest.

Nitrifikationshemmtest (ISO-Guideline DP 9509 N 90)

Hemmung der Nitrifikation, insbesondere in Kläranlagen. Dieser Test eignet sich somit auch für stark, aber weniger für schwach belastete Gewässer.

Cholinesterase-Hemmtest (MENZEL & OHNESORGE 1978)

Mit diesem Test wird die Anwesenheit von Substanzen untersucht, die Cholinesterase inhibieren, wie z.B. Organophosphate und Carbamate. Da die untere Nachweisgrenze mit 60 ng/l Paraxon-Äquivalenten angegeben wird, eignet sich dieser Test auch zur Überwachung von mittel und schwach belasteten Gewässern. Die Arbeit mit trägergebundenen Enzymen (OHNESORGE, Medizinische Einrichtungen der Universität Düsseldorf, Institut für Toxikologie) war ein wichtiger Schritt in Richtung Automatisierung. Ein automatisiertes System mittels Fließ-Mikrokalorimetrie ist inzwischen von MORGAN & KUEHN (1988) vorgestellt worden.

Die vollständigen Ergebnisse der Umfrageaktion zum Thema Biosonden für den Wasserbereich sind in der nachstehenden Tabelle 10.1 in abstrahierter Form aufgelistet. In dieser Tabelle bedeutet ein „ + ", daß Beobachtungselemente herausgearbeitet wurden, und zwar mit folgenden Gewichtungen: **W** = Früherkennung von weitverbreiteten Umweltveränderungen; **R** = Früherkennung von regional begrenzten Umweltveränderungen; **A** = Anwendung im Falle von chemischen Unfällen; **E** = Anwendung für Emissions- und Einleiter-Kontrollen; **B** = Anwendung für Biodetektionen. Die römischen Ziffern geben den Stand (1987) der Entwicklungen wieder: **I** = Biosonden; **II** = Testsysteme für Chemikalien, die in Biosonden entwickelt werden können.

10.3 Effekt-Monitoring

Stärker noch als auf die Verbesserung des Expositions-Monitorings sollte sich zukünftige Forschung auf das Effekt-Monitoring konzentrieren. Dieser Ansatz umfaßt die Untersuchung von subletalen Auswirkungen auf verschiedenen Ebenen der biologisch-ökologischen Organisation. Er dient ferner ebenfalls als Frühwarnsignal und liefert Einsichten in Zusammenhänge zwischen Exposition und Effekten. Diese Art des Effekt-Monitorings oder der Bioindikation beinhaltet Parameter von der molekularbiologisch/biochemischen bis zur Populations- und Biozönose-Ebene, die sich entlang der beiden Gradienten (öko)-**toxikologische und ökologische** Relevanz und **Reaktionszeit** verteilen. In Abb. 10.1 ist diese Aussage ins-

Tabelle 10.1: Strukturen von Biosonden für den Wasserbereich (aus PEICHL & REIML 1990)[3]

Anwendungsparameter		W	R	A	E	B
Individuen						
Wachstum	I	+	+	+	+	
	II	+		+	+	+
Vermehrung	I	+	+	+	+	+
	II	+	+	+	+	+
Sterblichkeit	I	+	+	+	+	+
	II	+	+	+	+	+
Morphogenese	I	+	+	+	+	+
	II	+	+	+		+
Entwicklung	I	+	+	+	+	
	II	+	+	+	+	+
Orientierung	I		+	+	+	
Verhalten	I	+	+	+	+	+
	II	+	+		+	+
Metabolismus	I	+	+	+		+
	II	+	+	+	+	
Physiologie						
Respiration zellulär	I	+	+	+	+	+
	II		+	+	+	+
Gen-Expression, Regulation	I	+	+	+	+	+
	II	+	+	+		+
Gen-Information	I	+	+	+	+	+
	II	+	+	+	+	+
Immunreaktion	II		+	+	+	
Membranpermeabilität	I	+	+	+	+	
	II	+	+	+		
Photosynthese	I	+	+	+	+	+
	II	+	+	+	+	+
Zellentwicklung	I		+	+	+	+
	II	+	+	+	+	
Enzymaktivität	I	+	+	+	+	+
	II	+	+	+	+	+
Hormonaktivität	II			+	+	
Zelldifferenzierung	I		+	+	+	+

[3] Interessenten sollten für weitere Informationen den gesamten Bericht von PEICHL et al. (1987) bei dem Öffentlichkeitsreferat der GSF, Ingolstädter Landstraße 1, 8042 Neuherberg anfordern.

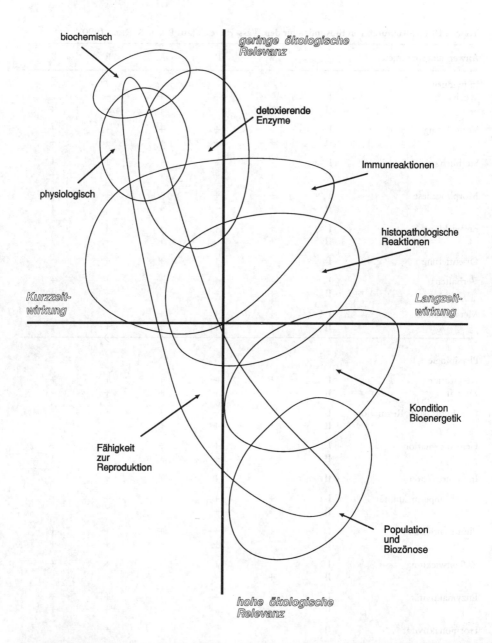

biochemisch

geringe ökologische Relevanz

detoxierende Enzyme

Immunreaktionen

physiologisch

histopathologische Reaktionen

Kurzzeit-wirkung

Langzeit-wirkung

Kondition Bioenergetik

Fähigkeit zur Reproduktion

Population und Biozönose

hohe ökologische Relevanz

Abbildung 10.1: Ebenen der biologischen Antwort auf den Streß, hervorgerufen beispielsweise durch Verschmutzungen (nach ADAMS et al. 1989). Die Reaktionen bilden ein Kontinuum, das sich auf die beiden Gradienten „Reaktionszeit" und „ökologische Relevanz" aufteilt: Ein schnell reagierender Parameter wie die detoxierenden Enzyme hat eine geringe ökologische Relevanz; ein ökologisch relevanter Parameter dagegen wie die Populationsstruktur bedarf zu seiner Erhebung zumeist eines großen Untersuchungsaufwandes – abgesehen davon, daß Fragen zur Resilienz des Systems meistens ungeklärt sind.

besondere für Fische, die Verschmutzungen gegenüber exponiert sind, konkretisiert. Das Schema hat aber natürlich auch für Wirbellose Gültigkeit. Bioindikatoren, die den Gesundheitszustand der Fische auf einer niedrigen Organisationsstufe reflektieren, reagieren vergleichsweise rasch auf den Stressor und haben eine hohe ökotoxikologische Relevanz. Solche Bioindikatoren, die den Gesundsheitszustand auf einem höheren Niveau wiedergeben, beantworten den Stress langsam und haben eine geringe toxikologische, dafür allerdings eine hohe ökologische Relevanz (ADAMS et al. 1989).

Eine vielversprechende Arbeitsrichtung des Effekt-Monitorings läßt sich unter die Schlagworte (**molekulare**) **Biomarker oder molekulare Ökotoxikologie** stellen.

Was ist nun unter solchen Biomarkern zu verstehen?

Neue Labormethoden erlauben eine bessere Auflösung von Dosis-Wirkungs-Beziehungen. Diese Methoden lassen sich auch unter dem Stichwort „Molekular-Epidemiologie" zusammenfassen. Sie ermöglichen derartige Erfassungen auf biochemischen, zellulären oder molekularen Niveau in Körperflüssigkeiten, Geweben oder Zellen. Diese Biomarker, wie diese Veränderungen genannt werden, erlauben – vorerst noch überwiegend im human-medizinischen Bereich – sowohl einen Rückschluß auf die Dosis, die ein Organismus erhalten hat, als auch eine Früherkennung vor dem klinischen Stadium. Obwohl viele Biomarker noch in der Testphase sind, sollten sie zukünftig herangezogen werden, um ökotoxische Schäden zu verhindern oder zumindest frühzeitig zu erkennen (PERERA 1988).

Die schnell reagierenden Biomarker dienen somit der Quantifizierung und Bewertung potentieller subletaler Wirkungen von Umweltchemikalien oder Schadstoffen (Aluminium, Schwermetalle, organische Verbindungen) auf molekularer Ebene von Zellen, Organen und Organismen. Ferner erfassen Biomarker auch die Exposition vieler jener Stoffe, die nicht bioakkumulieren oder die schnell metabolisiert und eliminiert werden (McCARTHY et al. 1990).

Prinzipiell können Wirkungen molekularer Ebenen an folgenden Makromolekülen ansetzen:

Proteine,

Enzyme

Hormone (und deren Transportsystemen)

Nukleinsäuren

Pigmente.

Nachfolgend werden beispielhaft neue Forschungsergebnisse zu den fünf genannten Gruppen von zellulären Makromolekülen ohne Anspruch auf Vollständigkeit dargestellt.

Es ist notwendig, stets eine Kombination von verschiedenen Biomarkern zu untersuchen, da es keinen universellen Biomarker geben kann, der alle Reaktionen nach Chemikalien-Exposition wiederspiegelt. Ferner verbessert die Information aus einer Biomarker-Untersuchung durchweg die Interpretation der übrigen Biomarker-Ergebnisse (McCARTHY et al. 1990).

10.3.1 Proteine

In tierischen Zellen erfolgt eine Detoxikation nach Schwermetallexposition zum Beispiel über die Bildung von Metallothioneinen oder (bei Wirbellosen) über Metallothionein-ähnliche Proteine. Thioneine sind niedermolekulare, schwermetallbindende Proteine mit hohem Cysteingehalt und zahlreichen Sulfhydrylgruppen, die unter Bildung von Thiolaten Schwermetalle komplexieren und inaktivieren. Die Biosynthese der Thioneine wird über metallinduzierbare Gene reguliert. Für das Effekt-Monitoring wäre die Quantifizierung der Metallothioneine sinnvoll (HOWARD & HACKER 1990, DEN BESTEN et al. 1990).

Pflanzen, einschließlich einiger Algen- und Pilzarten (soweit bisher untersucht), reagieren auf eine entsprechende Belastung ähnlich, nämlich durch die Bildung von Phytochelatinen. Unter

Phytochelatinen sind mehrere niedermolekulare Peptide aus 5 bis 23 Aminosäuren zusammengefaßt, die einen hohen Anteil an Glutamylgruppen besitzen. Schwermetalle werden als Thiolate über Sulfhydrylgruppen der Cysteinreste komplexiert. Im Unterschied zu den Thioneinen werden Phytochelatine nicht an Ribosomen synthetisiert und sind nicht durch Gene kodiert. Die Induktion der Phytochelatinbildung findet durch Aktivierung der Phytochelatin-Synthase statt, einem konstitutiven Enzym (GRILL & ZENK 1989). Auch hier wäre ein Effekt-Monitoring über die Menge der Phytochelatine denkbar, eine Dosis-Wirkungsbeziehung steht noch aus, ebenso die umfassende Erhebung darüber, welche aquatischen Pflanzen zu einer derartigen Detoxikation befähigt sind.

10.3.2 Enzyme

Bei vielen Wirbeltieren und einigen Wirbellosen (s. Darstellung der Dekontaminationsmechanismen) erfolgt eine Deaktivierung von organischen Xenobiotika durch oxidativen Metabolismus über beschleunigte Hydroxylierung durch Monooxygenasen oder sonstige mischfunktionelle Oxygenasen (aus der Cytochrom P-450-Isoenzymfamilie). Dieser neue suborganismische Ansatz innerhalb des Biomonitorings könnte nicht nur zukünftig ein wertvolles Instrument zum summarischen Auffinden von Belastungen darstellen und als Einstieg für gezielte chemische Analytik dienen: In den Fällen, wo diese Biomarker positive Befunde liefern, könnte man eine detaillierte chemische Analytik anschließen und wäre nicht gezwungen, den gesamten Probenumfang aufzuarbeiten. Sondern er könnte nach Aufstellung von Dosis-Wirkungsbeziehungen Hinweise auf die Höhe der Belastung mit bestimmten, induzierenden Chemikalien geben. Denkbar wäre die Angabe von sogenannten Schadstoff-Äquivalenten. Ein erfolgversprechender Ansatz für das quantitative Effekt-Monitoring auf PAH-belastete Sedimente wurde von GARRIGUES et al. (1990) für die (marine) Muschel *Mytilus galloprivincialis* vorgestellt. Die Autoren fanden eine gute Korrelation zwischen Aktivitäten der Epoxy-Hydrolase-(EH), bzw. der B[a]P-Monooxygenase-Aktivität und den PAH-Gehalten in den Sedimentproben. Zukünftige Forschungsaktivität sollte u.a. klären, bei welchen der limnischen Wirbeltiere und vor allem Wirbellosen eine MFO-Aktivität induzierbar ist. Als besonders sinnvoll erscheint dieser Ansatz mit Sicherheit für sessile limnische Wirbellose wie Mollusca.

Weitere Enzym-Biomarker können theoretisch ferner Veränderungen infolge einer Chemikalienbelastung bei fast allen Enzymsystemen bieten. Die nachfolgenden Beispiele zeigen nur allgemein Möglichkeiten, ohne daß in jedem Einzelfall eine Verifikation für den aquatischen Bereich vorliegt. Gegenwärtig ist – mit Ausnahme der unmittelbar detoxierenden Enzyme, z.B. aus der P-450-Familie – das Stadium der Bestandsaufnahme hinsichtlich der Nutzung derartiger Veränderungen als Biomarker nicht überschritten. Die nachfolgende Auswahl der Enzymsysteme, an denen sich Veränderungen durch subletale Chemikalienbelastungen ablesen lassen, erhebt keinesfalls den Anspruch, vollständig zu sein. Sie ist vielmehr willkürlich und soll nur als Anregung dienen, neben den P-450-Enzymen nach weiteren sinnvollen Biomarkern zu suchen.

Über MFO-Untersuchungen an dem Blauen Sonnenbarsch konnten MCCARTHY et al. (1989) zeigen, daß die Belastung mit PAH-Gemischen zu einer **synergistischen** Steigerung der MFO-Aktivität führte.

Diverse Stoffwechselgrößen bei Fischen
Diverse Stoffwechselgrößen beim Karpfen dienen als Biomarker für Schadstoffbelastungen:
Hormonaktivität: Thyroxin- und Trijodthyroxin-Sekretion der Schilddrüse;

Kohlenhydratstoffwechsel: Cortisol, Blutglucose und Glykogengehalt in Leber und Muskel als typische Streßparameter;
Enzymaktivität: Na/K-abhängige ATPasen, Actylcholinesterase im Gehirn, Phosphorylase in der Leber.
Da das Testsystem entweder in das Umweltmedium eingebracht oder die Proben dem Öko-system entnommen und dem Testsystem beispielsweise in einer Meßstation kontinuierlich zugeführt werden könnte, eignet sich das System prinzipiell zur Feststellung regionaler Um-weltveränderungen oder zum Einsatz bei Chemiestörfällen (HANKE & MÜLLER 1986, GLUTH & HANKE 1983).
An Zellen und Blutserum von Aal, Forelle sowie Steinbutt wurden strukturelle und funktio-nelle Veränderungen an immunkompetenten Leukozyten als Indikator für Umweltbelastun-gen erfaßt. Als Parameter dienten die Phagozytoseaktivität, die Migrationsgeschwindigkeit und die Lysozymbildung der immunkompetenten Zellen (PETERS et al. 1985).

Stickstoff-Stoffwechsel
Es ist einer eingehenden Überprüfung wert, ob sich chemikalien-induzierte Veränderungen im Stickstoff-Stoffwechsel als Biomarker in niederen Tieren eignen. So zeigten Untersuchun-gen von REDDY & RAO (1990) an den Garnelen *Metapenaeus monoceros* und *Panaeu indicus*, daß durch Pestizide (Insektizide) der Stickstoff-Stoffwechsel dahingehend verändert wird, daß höhere Ammonium-Konzentrationen in den Zellen auftreten, die über eine verstärkte Synthese von Harnstoff und Glutamin abgebaut werden.
Die Behandlung von Karpfen mit Kupfersulfat oder/und Pestiziden führte zu Gewebeschädi-gungen, die durch erhöhte Aktivität folgender Enzymsysteme dokumentiert werden konnten: Lactatdehydrogenase, Glutaminoxalacetat-Transaminase und Glutamataldehydrogenase. Auch der Blutzuckerspiegel war gestiegen (ASZTALOS et al. 1990).
Entsprechende Untersuchungen an limnischen Wirbellosen liegen noch nicht vor.

Photosynthese
Bei vielen photosynthetisch aktiven Mikroorganismen tritt eine Hemmung von Photosyn-these und Atmung durch Xenobiotika ein: so beispielsweise bei *Anabaena doliolum* durch Mineralöle und Insektizide (SINGH & GAUR 1990, Orus et al. 1990). Aber auch der entgegen-gesetzte Effekt wurde belegt: Steigerung von Photosynthese und Phosphataufnahme durch Biphenyle bei *Selenastrum* (RHEE et al. 1988). Hier sollte systematische Forschung investiert werden.

Stickstoff-Fixierung
Cyanobakterien als Nicht-Zielorganismen bei Insektizidbehandlungen wurden selten stu-diert. Die Arbeit von ORUS et al. (1990) zeigt jedoch, daß die Stickstoff-Fixierung dieser pro-karyotischen Organismen, ein leicht zu messender Parameter, durch Organophosphor-Insek-tizide, speziell Trichlorfon, stark vermindert wird. Die mit Trichlorfon behandelten Zellen hatten zudem als Folge der verminderten Stickstoff-Fixierung verringerte Gehalte an Phyco-biliproteine, Chlorophyllen und Gesamtprotein, aber erhöhte Konzentrationen an Kohlen-hydraten. Da die Autoren jedoch mit Trichlorfon-Konzentrationen arbeiteten, die in der Um-welt nicht auftreten, ist es fraglich, ob sich die Hemmung der Stickstoff-Fixierung in dieser Art von Test-Design sinnvoll anwenden läßt.

N-Acetyltransferase
Durch Insektizide werden beispielsweise auch cerebrale Funktionen gestört. So führte die Be-handlung der afrikanischen Wanderheuschrecke (*Locusta migratoria*) zu signifikant ver-

minderten Konzentrationen an N-Acetyldopamin und N-Acetyl-5-hydroxytryptamin in den cerebralen Ganglien, die durch eine verminderte N-Acetyltransferase-Aktivität verursacht worden waren (MORETEAU & CHAMINADE 1990).

Kohlenhydrat-Metabolismus
Durch Intoxikation kommt es zu einem verstärkten Verbrauch von freien Zuckern sowie von Glycogen in den Geweben, wie an Versuchen der Süßwasserkrabbe *Barytelphusa guerini* gezeigt wurde, die mit Chrom (VI) vergiftet wurde. Die Erholung nach Umsetzen in nicht kontaminiertes Wasser verlief sehr langsam und unvollständig, so daß der Glycogen-Metabolismus als Biomarker auch für länger zurückliegende Intoxikationen dienen könnte (VENU GOPAL et al. 1990).

Enzyminduktion
Während die Inhibition von Enzymaktivitäten durch Kontaminanten ein vergleichsweise häufig benutztes Instrument bei Toxizitätstests ist, ist dem Effekt, daß Umweltchemikalien auch die Biosynthese von Enzymen behindern können, bislang wenig Aufmerksamkeit gewidmet worden. Eine Ausnahme bilden hier die Untersuchungen über β-Galactosidase[4]. Die Hemmung der Biosynthese von β-Galactosidase erwies sich als ein viel empfindlicheres Instrument als die Enzymaktivitäten. DUTTON et al. (1990) untersuchten neben der β-Galactosidase (*Escherichia coli*) zwei weitere induzierbare Enzymsysteme: α-Glucosidase (*Bacillus subtilis*) und Tryptophanase (*E. coli*). Von diesen drei Enzymsystemen erwies sich α-Glucosidase als das empfindlichste gegenüber Umweltgiften, insbesondere PCP und Natrium-Dodecylsulfat.

10.3.3 Hormone

Toxische Interaktionen mit dem endokrinen Kontrollsystem (Konkurrenz um Bindung am Rezeptor) können dann auftreten, wenn Chemikalien strukturelle Ähnlichkeiten mit Hormonen besitzen (BROUWER et al. 1990). Hierzu ein Beispiel: L-Thyroxin ↔ Monohydro-3,4,3',4'-Tetrachlorbiphenyl. Letzteres entsteht nach der Wirkung von MFOs. Die Konkurrenz kann auch um die Bindung an das Thyroxin-Transportsystem erfolgen. Das genannte Transportsystem ist ebenfalls für die Versorgung der Zellen mit Vitamin A (Retinol) verantwortlich, so daß eine PCB-Intoxikation sowohl zu Thyroxin- als auch zur Vitamin-A-Minderversorgung führt. Bei sensitiven Wirbeltieren eignen sich der Thyroxin-Bindungshemmungsassay und der Retinolgehalt als Biomarker auf PCB-Belastung.
Nicht alle Tiere sind gleich sensibel gegenüber PCB-Belastungen. Nordsee-Robben haben zum Beispiel eine hohe MFO-Aktivität. Nach Fraß von PCB-kontaminierten Fischen kam es zu starken Reduktionen des Retinolgehaltes, so daß eine später auftretende Infektion zu dem 1988er Robbensterben führte. Heringsmöven, die dieselbe Nahrungsquelle nutzen, haben eine vergleichsweise geringe MFO-Aktivität, so daß sie von der PCB-Intoxikation weniger betroffen waren und sich in dem Zeitraum sogar noch explosionsartig vermehrten.
Folgende weitere Schritte sind überdenkenswert: Übertragung auf andere, niedere Wirbeltiere. Suche nach weiteren ähnlichen Wirkmechanismen, die als Biomarker eingesetzt werden können. Wenn möglich, Adaptation oder Abwandlung des Ansatzes auf wirbellose Tiere.

---

[4] Die Hemmung der β-Galactosidase-Biosynthese durch Chemikalien wird bereits als Ökotoxizitäts-Schnelltest kommerziell vertrieben (REINHARTZ et al. 1987)

10.3.4 Nukleinsäuren

DNA-Addukte

DNA-Biomarker sind ferner für ein Effekt-Monitoring, insbesondere auf gentoxische Wirkungen im weitesten Sinne einsetzbar. Beispiele liegen unter anderen von SHUGART (1985) vor, der sich intensiv mit der gentoxischen Wirkung von PAHs (hier besonders B[a]P) befaßte. PAHs haben, wie dargelegt, die Eigenschaft, nach enzymatischer Oxidation kovalent an Makromoleküle von Zellen zu binden. Dies kann das Hämoglobin ebenso sein wie die DNA. Es bilden sich die sogenannten Addukte. Durch schwache Säurehydrolyse können die Oxidationsprodukte, die Tetrole (für B[a]P: Tetrahydroxytetrahydrobenzo[a]pyren), freigesetzt und bestimmt werden. Das gängigste Verfahren hierzu ist die HPLC, gekoppelt mit Massenspektrometrie (MARAFANTE et al. 1990, NAYLOR et al. 1990, BELAND et al. 1990). Dieses Biomarker-Verfahren wurde zuerst an Kleinsäugern entwickelt (PHILLIPS 1983, SHUGART 1985) und dann auf Fische (wiederum den amerikanischen Testfisch *Lepomis macrochirus* (Blauen Sonnenbarsch) übertragen[5] (SHUGART et al. 1987). Die Addukt-Bildung ist deutlich temperaturabhängig.

Ähnliche Untersuchungen liegen für aromatische Amine und deren kovalente Bindung an Hämoglobin vor (NEUMAN 1987).

Es ist wichtig, nicht nur Labortests in dieser Richtung zu machen, um **mögliche** gentoxische Wirkungen von z.B. Abwasser oder kontaminierten Flußsedimenten herauszufinden, sondern entscheidend ist, ob derartige Effekte im aquatischen Ökosystem bereits auftreten.

Ein Beispiel aus dem marinen Bereich soll aufzeigen, daß einerseits diese Methode bereits flächenhaft angewandt wird und daß andererseits der Weg zu einer aussagekräftigen Dosis-Wirkungsbeziehung zur Quantifizierung der PAH-Belastung wohl noch weit ist. KURELEC et al. (1989) beispielsweise untersuchten DNA-Addukte in marinen und limnischen Tieren, wie Schwämmen, Muscheln und Fischen. Sie fanden, daß sich DNA-Addukte eignen, sowohl die biologische relevante Exposition gegenüber Karzinogenen als auch die pathobiologischen Konsequenzen einer solchen Exposition aufzuzeigen. Allerdings treten DNA-Addukte auch unter natürlichen Bedingungen in den Indikatororganismen auf, so daß das verschmutzungsbedingte Auftreten der DNA-Addukte schwerer auffindbar wird.

DNA-Entwindung

Entwindungen von DNA-Strängen können durch
mutagene Wirkungen von Umweltchemikalien
durch Alkylierung der DNA,
durch Benzochinone (bei *E. coli*),
Doppelstrangbrüche durch Topoisomerase-Inhibitoren,
P 450-Aktivierung von halogenierten Alkanen und Biphenylen,
Aneuploidie-Effekte [bei *Aspergillus* u.a. (LUSTHOF et al. 1990; GOCKE 1990; KAPPAS et al. 1990; SODERLUND et al. 1990; HIRAYAMA et al. 1990)] auftreten.

Derartige Vorgänge auf molekularer Ebene sind vorwiegend bei Bakterien und einigen Pilzen aufgeklärt worden und wurden bislang offensichtlich nur auf amerikanische Fische (*Pimephales* und *Lepomis*) übertragen (SUGART 1988). SHUGART arbeitete mit Benzo[a]pyren und vereinfachte den *alkaline unwinding assay* (aus der Strahlenbiologie), so daß er für Routine-

---

[5] Im Kapitel 8.6 wurde auf die karzinogene Wirkung dieser Stoffe hingewiesen. Während die kovalente Bindung an die zellulären Makromoleküle bei Säugetieren vornehmlich über das *anti*-Isomer der Diolepoxide abläuft, scheint bei Fischen der Weg über die *syn*-Isomere gleich wichtig zu sein (SHUGART et al. 1987).

zwecke angewendet werden kann. Das Problem bei phylogenetisch höheren Organismen (z.B. Pisces) scheint darin zu bestehen, daß sie über einen Reparaturmechanismus für DNA-Strangbrüche verfügen. Dennoch konnten SHUGART et al. (1989) und SHUGART (1990) zeigen, daß der Ansatz bereits in dieser Form die gentoxische Wirkung z.B. von Abwasser-Einleitern genau erfaßt. SHUGART (1990) schlägt vor, neben diesem Ansatz auch weitere Biomarker zu untersuchen, um ein vollständigeres Bild der Effekte zu erhalten.

Zukünftige Forschung muß sich vermehrt um die Erfassung dieser Effekte bei höheren Organismen wie europäischen Fischarten sowie bei Wirbellosen kümmern.

Eine Kombination von verschiedenen Biomarkern bei dem Rotkehl-Sonnenbarsch (*Lepomis auritus*) aus Bächen um das Oak Ridge National Laboratory (Tennessee, USA) ist in Abb. 10.2 enthalten.

5-Methyl-Deoxycytidin-Gehalte

In eukaryotischen Zellen ist 5-Methyl-Deoxycytidin generell das einzige methylierte Desoxyribonucleosid. Durch Exposition mit Karzinogenen kommt es zu einer Hypomethylierung, da die DNA-Methyltransferase inaktiviert wird. Dies gilt auch für Fische, wie für den Blauen Sonnenbarsch, bei dem eine B[a]P-Exposition (1 µg/l, 40 Tage) nachgewiesen wurde (SHUGART 1990). Da die 5-Methyl-Deoxycytidin-Gehalte über Kationenaustausch-Chromatographie leicht zu ermitteln sind, empfiehlt SHUGART (1990) die Veränderungen dieser Substanz als weiteren Biomarker auf gentoxische Substanzen.

Mutagenitätstest

Mutagenitätstests wie der *Salmonella*/Microsomen-Test (Ames-Test), der SOS-Chromotest mit *Escherichia coli* und der *Aspergillus*/Methionin-Test werden überwiegend zur Beurteilung von Umweltchemikalien eingesetzt (THYBAUD et al. 1990, WATANABE et al. 1990, HIRAYAMA et al. 1990, BELL & KAMENS 1990). Erweiterungen sind ein zweifacher Hinsicht unumgänglich:

1. Anwendung bestehender Mutagenitätstests auf Umweltproben, zum Beispiel erweiterte routinemäßige Anwendung des Ames-Test zur Bestimmung des mutagenen Potentials von Flußwasser (MARUOKA et al. 1985), industrieller und kommunaler Abwässer (GÖGGELMANN 1990), Klärschlamm (DONELLY et al. 1989) oder auch von Roh- und Trinkwässern (KOWBEL et al. 1982, GALASSI et al. 1989).
2. Die etablierten Tests haben eine hohe humantoxikologische, aber eine geringe ökotoxikologische Relevanz. Um aber das mutagene Potential nicht nur aus anthropozentrischer Sicht abschätzen zu können, sind Erweiterungen unumgänglich, die Objekte aus Ökosystemen einschließen: Tests mit umweltrelevanten (Mikro)-Organismen oder die Weiterentwicklung von Mutagenitätstests an Wirbellosen wie dem Micronucleus-Test bei *Anodonta cygnea* (VOOGE et al. 1990).

Veränderungen des Chromatin-Gehaltes von Zellen

Dieser Ansatz läßt sich über die Chromatinfluoreszenz-Impulscytophotometrie verfolgen. Mit diesem Verfahren, das auf die Anfärbung von Chromatin mit dem Fluoreszenzfarbstoff 4,6-Diamidino-2-phenylindol (DAPI) und anschließende Messung der Fluoreszenzintensität mit einem Impulscytophotometer beruht, können von der Testsubstanz induzierte cytogenetische Effekte wie Chromosomenaberrationen und Polyploidie erkannt werden. Mit dieser Methode war es zum Beispiel beim Chinesischen Hamster nach Cd-Behandlung möglich, einen entstandenen Krebs (Streuung des G1-peaks) bereits nach wenigen Monaten zu detek-

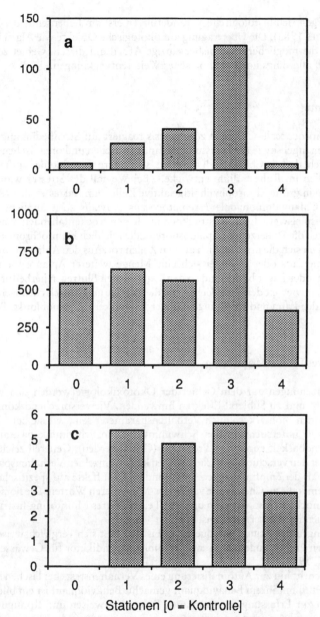

Abbildung 10.2: Beispiel für die Anwendung von verschiedenen Biomarkern innerhalb des Effekt-Monitorings (aus McCarthy et al. 1990)
a: EROD[6]-Aktivität in Leber-Mikrosomen [Picomol/min/mg Protein]
b: Metallothionein-Gehalte in der Fischleber [nanomol gebund. Cd/mg Leber-Gesamtprotein]
c: DNA-Strangbrüche [Relativzahlen]

---

[6] Enzym der Cytochrom P-450-Familie (s. auch Kapitel 5).

tieren, wohingegen sich histologische Veränderungen erst am Lebensende der Tiere zeigten (OTTO & OLDIGES 1983). Die Übertragung auf ökologische Objekte wie Algen ist prinzipiell möglich – wie die möglicherweise bisher einzige Arbeit auf diesem Gebiet zeigt (SCHÄFER 1990), es bedarf allerdings noch methodischer Weiterentwicklungen.

10.3.5 Pigmente

Die marine Chlorococcale *Chlorella zofingiensis* reagiert auf Streßbedingungen, zu denen auch Stickstoffmangel sowie die Belastung mit anorganischen und organischen Xenobiotika gehören, dadurch, daß sie Chlorophyll a abbaut, sekundäre Carotinoide synthetisiert und so rotgefärbte Zellen im Ruhestadium entwickelt. Bei Wegfall des Stresses wandeln sich die Ruhezellen bald in grüne, chlorophyllhaltige aktive Zellen um (IRMER et al. 1985).

Die limnische Chlamydomonadale *Haematococcus pluvialis* zeigt ähnliche Reaktionen: Durch Streß beispielsweise beim Austrocknen in kleinen trockenfallenden Wasseransammlungen bilden sich die Dauerzellen (Aplanosporen), die reichlich Hämtochrom anhäufen. Auf diese Weise färben sich die ursprünglich grünen Zellen rot. Aus den Aplanosporen treten entweder Schwärmer aus oder es bildet sich eine Menge weiterer Aplanosporen, die große, blutrote Haufen oder Lager bilden und so den sogenannten Blutregen herbeiführen. Es sollte geklärt werden, inwieweit der Farbwechsel bei dieser Alge auch durch chemischen Streß hervorgerufen werden kann und so als augenfälliger Biomarker für Xenobiotika-Belastung dienen könnte.

10.3.6 Weiteres Effekt-Monitoring

Zukünftige Forschungen auf dem Gebiet der Ökotoxikologie werden sich verstärkt von Letal-Effekte ab- und zu Subletal-Effekten hinwenden. Vielversprechend können in dieser Hinsicht neben den Biomarkern auch Verhaltensparameter sein, wie sie beispielsweise von LITTLE et al. (1990) untersucht wurden: Schwimmverhalten, Schwimmkapazität, Freßverhalten und Verwundbarkeit gegenüber Predation (Gejagtwerden). Generell zeichnete sich ab, daß es gegenüber den verschiedenen Chemikalien **keinen** einzelnen Verhaltensparameter gab, der sich immer als der empfindlichste zeigte, sondern die Effekte auf spezifische Verhaltensweisen von Chemikalie zu Chemikalie variierten. Mit anderen Worten: Die Forschung zu diesem Thema ist noch nicht so weit, ein universell einsetzbares Monitoring-Instrument gegenüber Chemikalien im Wasser bereitzustellen.

Die Veränderungen der Atmungsfrequenz bei Fischen läßt sich vergleichsweise leicht automatisch Erfassen und ist zudem ein sensibler subletaler Indikator für Gewässerbelastungen (HAYWARD et al. 1988).

Einen großen Schritt hin zur Automatisierung eines Verhaltenstests bei Fischen haben SPIESER & YEDILLER (1986) mit ihrem Behavioquant gemacht. Behavioquant ist ein bildverarbeitendes Meßsystem zur Erfassung der spontanen Bewegungsweisen und Konfigurationen von Objekten. Testverfahren am Lernverhalten von Organismen sind nicht Gegenstand dieses Verfahrens. Es können bis zu 16 Video-Kameras an ein Meßgerät angeschlossen werden. Erfahrungen wurden bisher hauptsächlich mit Fischen gesammelt.

Das System von SPIESER & YEDILER (1986) kann auch mit Wasserflöhen, einzelligen Algen, Protozoen und weiteren Organismen betrieben werden. Beispielsweise werden Untersuchungen zum Laufverhalten der Kleinschnecke *Physa frontinalis* unter dem Einfluß von verschiedenen Herbiziden untersucht (SCHWIPPERT & BENEKE 1987).

10.4 Schlußfolgerung

Expositions-Monitoring erscheint mit phylogenetisch niedrig-stehenden Tieren (Mollusken, Hirndineen) und Pflanzen (Moosen) am wenigsten problematisch. Große Wissenslücken sind bei der Akkumulations- und Eliminierungskinetik vorhanden, vor allem, wenn die Xenobiotika in Gemischen exponiert werden. Die Exposition von Xenobiotika-Gemischen ist allerdings bei der Gewässerbelastung leider der „Normal"-Fall, so daß diese Wissensdefizite zu beheben sind.

Hinsichtlich des Effekt-Monitorings zeigen die großteils willkürlich herausgegriffenen Beispiele über Biomarker dreierlei:

1. Das Effekt-Monitoring über Biomarker ist an vielen verschiedenen biochemischen Reaktionen möglich.
2. Es läßt sich verhältnismäßig leicht in bestehende „klassische" Biomonitoring-Projekte integrieren. Erfolgversprechend könnte in dieser Hinsicht sein, wenn Fische oder Mollusken u.a. nicht nur auf Xenobiotika-Gehalte untersucht werden, sondern auch auf mögliche biochemische Veränderungen, wie MFO-Aktivitäten oder DNA- und Hämoglobin-Addukte. Gerade bei diesen Biomarkern ist gegenwärtig die Forschung soweit, daß sie in den Routinebetrieb übergehen könnte.
3. Die Automatisierung zur kontinuierlichen Feldmessung von subletalen Toxizitätsparametern ist bei einigen Tests bereits über das experimentelle Stadium hinaus (MORGAN et al. 1988, MORGAN & KUEHN 1988, HAYWARD et al. 1988, DIAMONDS et al. 1988, KRESS & NACHTIGALL 1989) und sollte bei der Einrichtung eines Monitoring-Netzwerkes berücksichtigt werden.

Langfristig sollte ein Set von Biomarkertests für eine molekular-ökotoxikologische Screening- und Bewertungsstrategie etabliert und validiert werden. Der Grundgedanke ist, eine Bewertung für solche Belastungen zu entwickeln, die ihrem Charakter nach *multipel* sind, also neben verschiedenen organischen Chemikalien auch Metalle enthalten (dies gilt beispielsweise für Altlasten und kontaminierte Sedimente). Eine prinzipiell ähnlich aufgebaute Strategie könnte für die Erhebung und Bewertung von *subakuter* und *langfristiger Toxizität* entwickelt werden. Derartige Screening- und Bewertungs-Strategien könnten folgende Struktur haben (Abb. 10.3), wie sie von KETTRUP et al. (1991) veröffentlicht wurde.

- Erfassung von metalldetoxierenden Proteinen, wie Metallothioneinen bei Tieren oder Phytochelatinen bei Pflanzen.
  Wenn dieser Test *positive Resultate* erbringt, dann folgen
- Tests mit relativ **unspezifischen detoxierenden** Enzymen wie den mischfunktionellen Oxygenasen (MFO) in Tieren oder Glutathion-S-Transferase (GST), die in Tieren und Pflanzen vorhanden ist.
  Wenn die Aktivität dieser nicht sehr spezifischen Enzyme *über einer in Einzelfällen zu definierenden Grundbelastung* liegt, dann folgen
- **Aktivitätstests** mit solchen Enzymen oder Immunreaktionen, die nicht einer linearen Dosis-Wirkungs-Beziehung folgen. Auf multiple Belastungen, die einzeln jeweils im subakuten Bereich liegen und die von diesen Systemen angesprochen werden, kann eine akute Reaktion mit letalem Ausgang erfolgen. Das bekannteste Beispiel hierfür war das Robbensterben in der Nordsee: Durch PCB-belastete Nahrung war das Immunsystem geschädigt, so daß eine nachfolgende Virusinfektion nicht mehr verkraftet werden konnte (BROUWER et al. 1989).
- Wenn die **summarischen Enzymtests** (s.o.) Werte oberhalb der Grundbelastung erbracht haben, sind parallel **Mutagenitätstests** mit ökologisch relevanten Arten (Bakterien, Algen

oder Wirbellosen) anzuschließen sowie Tests auf Früherkennung von karzinogenen Wirkungen. Zu den letzteren sind z.B. Untersuchungen auf DNA-Addukte mit PAH oder PCB bzw. Veränderungen des Chromatingehaltes in den Zellen zu zählen.

Die einzelnen Tests beinhalten ein stets größer werdendes ökotoxisches Potential und sind in dieser Hinsicht nach Kriterien zu bewerten, wie sie für Einzelchemikalien entwickelt wurden.

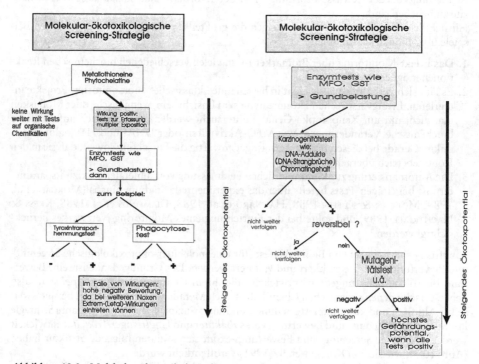

Abbildung 10.3: Molekular-ökotoxikologische Screening-Strategie

11 Hinweise für die praktische Gewässerüberwachung

Bei der Implementierung von Biomonitoringprogrammen empfiehlt sich die Berücksichtigung von zwei Gesichtspunkten:
    die Berücksichtigung von bestehenden Programmen sowie
    die Strukturierung des Programmes in der Weise, daß sinnvolle Ergänzungen wie ein
    Effekt-Monitoring ohne Schwierigkeiten möglich sind.
Zu den bestehenden Biomonitoring-Programmen gehört unter anderem das Umweltprobenbankprojekt. Bei der Aufstellung eines regionalen Biomonitoringprogramms sollten die generellen Hinweise aus diesem nationalen Projekt Berücksichtigung finden. Durch Verdichtung des Überwachungsnetzes an charakteristischen Gewässerabschnitten sowie Erhöhung der Probenahmefrequenz sollte dieses bereits etablierte Überwachungsprogramm sinnvoll ergänzt und auf die jeweiligen Belange der Bundesländer oder sonstigen Überwacher angepaßt werden.
Die beiden zentralen Aufgaben einer Umweltprobenbank mit begleitender Probencharakterisierung sind:
Einlagerung, Charakterisierung und Analytik von Umweltproben zur **laufenden** und insbesondere **retrospektiven** Beobachtung von Schadstoffkonzentrationen. Der letztgenannte Aspekt erscheint deshalb als besonders wichtig, da nicht alle in die Umwelt und Nahrungsnetze gelangenden chemischen Stoffe (weltweit werden z.Z. mehr als 100.000 chemische Substanzen verwendet) durch aktuelle Messungen erfaßt werden können.
Die Aufgaben der Umweltprobenbank sind nach LÜPKE (1988) im einzelnen:

– Sammlung, Charakterisierung und gesicherte Lagerung von Indikatorproben für Umweltbelastungen von überörtlicher Bedeutung;
– retrospektive Ermittlung der Konzentrationen von Schadstoffen, die z.Z. der Einlagerung noch nicht als solche erkannt waren;
– retrospektive Ermittlung von Konzentrationen von Schadstoffen, die z.Z. der Einlagerung noch nicht oder noch nicht ausreichend genau bestimmt werden konnten;
– systematische Aussagen von überörtlicher Bedeutung zum Status und zum Trend der Umweltsituation;
– Erfolgskontrolle von gegenwärtigen und zukünftigen Verbots- und Beschränkungsmaßnahmen im Umweltbereich von überörtlicher Bedeutung;
– Beobachtung von rezenten Konzentrationen ausgewählter Stoffe von überörtlicher Bedeutung;
– retrospektive Ermittlung von Korrelationen zwischen Schadwirkungen und Schadstoffkonzentrationen;
– Schwellendosis-Bestimmungen für chronische Umwelt- und Gesundheitsschädigungen mit langen Latenzperioden;
– retrospektive Überprüfung früherer Ergebnisse mit neueren Methoden.

Das reine Expositionsbiomonitoring sollte vornehmlich mit Niederen Tieren wie Mollusken oder Hirudinea durchgeführt werden. Um eine gute Vergleichbarkeit der verschiedenen Überwachungsstellen zu gewährleisten und Imponderabilien mit Feldmaterial, wie unbekannte Akkumulationszeiten der Tiere, empfiehlt sich die bevorzugte Anwendung des aktiven Monitorings. Hier sollte eine Mindestexpositionszeit, die für die verschiedenen Substanzen deutlich unterschiedlich sind, zugrunde gelegt werden. Für Hexachlorbenzol lag sie für die Muschel *Elliptio complanata* bei 17 und für Octachlorstyrol bei 43 Tagen. Bei einem aktiven Monitoring mit der Muschel *Westralunio carteri*; auf DDT waren Expositionszeiten sogar bis zu 112 Tagen notwendig. Nur wenn diese Expositionszeiten eingehalten werden, lassen sich nach „Eichung" der Exponate quantitative Rückschlüsse auf die mittlere Belastungshöhe während der Expositionszeit ziehen.

Obwohl es mit der Umweltprobenbank und dem *Mussel Watch Program* zwar etablierte Programme gibt, bei denen nur ein- bis wenige Male im Jahr beprobt wird, sollten die Tiere nicht deutlich über die erwähnte Mindestzeit hinaus exponiert werden, da dann wieder Eliminationsreaktionen einsetzen, die das quantitative Expositionsmonitoring infrage stellen.

Wenn nur ein semi-quantitatives Expositionsmonitoring gefragt ist, reicht Freilandmaterial, mit geringer Frequenz entnommen, aus. Hierfür läßt sich als Beispiel das *Mussel Watch Program* anführen. Zur Überwachung der Verschmutzung von Küstengewässern wurde von der *National Oceanic and Atmospheric Administration* 1986 das sogenannte *Status and Trends Mussel Watch Program* ins Leben gerufen, das allerdings einige (regionale) Vorläufer[1] hatte. Die Aufgabe dieses Programms, das vorwiegend mit *Mytilus*-Arten[2] arbeitet, ist es, den gegenwärtigen Stand sowie Langzeittrends von ausgewählten Umweltchemikalien, wie chlorierten Pestiziden, PCBs, PAHs oder Schwermetallen, entlang der Küsten des Atlantischen und Pazifischen Ozeans sowie des Golfs von Mexiko, jeweils im Bereich der USA, in Muscheln und Sedimenten zu dokumentieren (SERICANO et al. 1990). Entsprechendes läßt sich mit limnischen Arten leicht für Binnengewässer adaptieren.

Neben den tierischen Expositionsmonitoren sollte die Fähigkeit der Wassermoose als Bioakkumulatoren stärker genutzt werden. Hier sind allerdings noch viele grundlegende Fragen zur Ökotoxikodynamik der organischen Xenobiotika zu klären. Aber wegen ihres minimalen oder oft fehlenden Metabolismus der Xenobiotika sollten Wassermoose gerade wegen ihrer leichten Handhabbarkeit beim passiven und besonders aktiven Monitoring verstärkt eingesetzt werden.

Höhere Tiere wie Fische besitzen stärkere Metabolismuspfade als Niedere Tiere. Einige Gruppen von organischen Xenobiotika werden terminal oxidiert, ohne vollständig mineralisiert zu werden. Sie greifen dann derart charakteristisch in den Zellstoffwechsel ein oder zelluläre Makromoleküle an, daß sogenannte Biomarker zur Verfügung stehen.

Wenn Höhere Tiere zum Expositionsmonitoring eingesetzt werden sollen, sind die Resultate in den meisten Fällen allenfalls qualitativ. Diese scheinbare Schwäche der Höheren Tiere läßt sich ohne Schwierigkeiten als Vorteil wenden, wenn man ebenfalls die Biomarker beobachtet. Der Schritt zum Effektmonitoring ist getan. Als methodisch relativ gut etablierte Biomarker für das Effektmonitoring haben sich MFO-Aktivitäten sowie – mit Abstrichen – die DNA- und Hämoglobin-Addukte oder andere gentoxische Effekte erwiesen.

Sinnvolles Biomonitoring darf keinesfalls bei dem reinen Expositionsmonitoring stehen bleiben, da hiermit nur die chemische Analytik optimiert wird, aber nichts über die konkrete Wirkung der Xenobiotika im aquatischen Ökosystem ausgesagt wird. Der Aufwand zwischen dem Expositionsmonitoring und dem zusätzlichen Monitoring auf ausgewählte Effekte erscheint als gering, verglichen mit dem hinzugewonnen ökotoxikologischen Wissen.

---

[1] Der wahrscheinlich erste Vorschlag zu diesem Programm wurde von GOLDBERG et al. (1978) publiziert.

[2] In tropischen Gewässern können andere, dort dominierende Muscheln für das Monitoring herangezogen werden, wie beispielsweise *Anomalocardia brasiliana* an der brasilianischen Atlantikküste (PORTE et al. 1990). Daraus folgt deutlich, daß eine Übertragung für limnische Verhältnisse gerechtfertigt und nahezu überfällig ist.

12 Literatur

A

[1] ABDUL, A.S., GIBSON, T.L. & RAI, D.N. (1990): Use of humic acid solution to remove organic contaminants from hydrogeologic systems. Environ. Sci. Technol. **24**, 328-333.

[2] ADAMS, S.M., SHEPARD, K.L., GREELEY M.S. jr., JIMENEZ, B.D., RYON, M.G., SHUGART, L.R., McCARTHY, J.F. & HINTON, D.E. (1989): The use of biomarkers for assessing the effects of pollutant stress on fish. Mar. Environ. Res. **28**, 459-464.

[3] ADAMS, W.J., KIMERLE, R.A. & MOSHER, R.G. (1985): Aquatic safety assessment of chemicals sorbed to sediments. In: Aquatic Toxicology and Hazard Assessment., R.D. CARDWELL, R. PURDY, & R.C. BAHNER (eds.) pp. 429-453. ASTM STP **854**. Philadelphia, PA: American Society for Testing and Materials.

[4] ADEMA, D.M.M. (1976): Acute toxicity tests with 1,2-dichlorethane, phenol, acrylonitrile, and alkyl benzene-sulfonate in sea water, Delft, The Netherlands, Central Laboratory TNO (TNO Report No. MD-N & E 76/1) (auf Holländisch).

[5] ADEMA, D.M.M. (1978): *Daphnia magna* as a test animal in acute and chronic toxicity tests. Hydrobiol. **59**, 125 ff.

[6] AHLBORG, U.G. & THUNBERG, T.M. (1980): Chlorinated phenols: Occurence, toxicity, metabolism and environmental impact. CRC Crit. Rev. Toxicol. **7**, 1-35.

[7] ALEXANDER, H.C., D.C. DILL, L.W. SMITH, P.D. GUINEY & P. DORN (1988): Bisphenol a: acute aquatic toxicity. Environ. Toxicol. Chem. **7**, 19-26.

[8] ALLAN, R.J. (1986): The role of particulate matter in the fate of contaminants in aquatic ecosystems. Environment Canada Scientific Series **142**, 128 S.

[9] ALLRED, P.M. & GIESY, J.P. (1985): Solar radiation-induced toxicity of anthracene to *Daphnia pulex*. Environ. Toxicol. Chem. **4**, 219-226.

[10] ALTENBURGER, R., BÖDEKER, W., FAUST, M., GRIMME, L.H. (1990): Evalutation of the isobologram method for the assessment of mixtures of chemicals. Ecotox. Environ. Safety **20**, 98-114.

[11] ANDERSON, R.S. & RAASFELDT, L.G. (1974): *Gammarus* predation and the possible effects of *Gammarus* and *Chaoborus* feeding on the zooplankton composition in some small lakes and ponds in western Canada. Can. Wildl. Serv. Occas. paper **18**, Information Canada, Ottawa.

[12] ANDERSSON, T., FÖRLIN, L. HÄRDIG, J. & LARSSON, Å. (1988): Physiological disturbances in fish living in coastal water polluted with bleached kraft pulp mill effluents. Can. J. Fish. Aquat. Sci. **45**, 1525-1536.

[13] ANKLEY, G.T., KATKO, A. & ARTHUR, J. (1990): Identification of ammonia as an important sediment associated toxicant in the lower Fox River and Green Bay, Wisconsin. Environ. Toxicol. Chem. **9**, 313-322.

[14] ANONYM (1980): Water Quality Criteria Documents Availability. Federal Register. Washington D.C. **45**, 79318-79379.

[15] ARCHIBALD, P.A. (ed.) (1982): Environmental Biology State-of-the-Art Seminar. USEPA 600/9-82-007. Washington D.C., US Environmental Protection Agency.

[16] ARIYOSHI, T., SHIIBA, S. HASEGAWA, H. & ARIZONO, K. (1990): Effects of the environmental pollutants on heme oxygenase activity and cytochrome P-450 content in fish. Bull. Environ. Contam. Toxicol. **44**, 189-196.

[17] ARNDT, U., NOBEL, W. & SCHWEIZER, B. (1987): Bioindikatoren: Möglichkeiten Grenzen und neue Erkenntnisse. Ulmer Verlag, Stuttgart.

[18] ARRUDA, J.A., CRINGAN, M.S., GILLILAND, D., HASLOUER, S.G., FRY, J.E., BROXTERMAN, R. & BRUNSON, K.L. (1987): Correspondence between urban areas and the concentrations of chlordane in fish from the Kansas River. Bull. Environ. Contam. Toxicol. **39**, 563-570.

[19] ASZTALOS, B., NEMCSK, J., BENEDECZKY, I., GABRIEL, R. & SZAB, A. (1988): Comparison of effects of paraquat and methidation on enzyme activity and tissue necrosis of carp, following exposure to the pesticides singly or in combination. Environ. Poll. **55**, 123-135.

[20] ASZTALOS, B., NEMCSK, J., BENEDECZKY, I., GABRIEL, R., SZAB, A. & REFAIE, O.J. (1990): The effects of pesticides on some biochemical parameters of carp (*Cyprinus carpio L.*). Arch. Environ. Contam. Toxicol. **19**, 275-282.

B

[1] BAHNICK, D.A., SVENSON, W.A., MARKEE, T.P., CALL, D.J., ANDERSON, C.A. & MORRIS, R.T. (1980): Development of Bioassay Procedures for Defining Pollution of Harbor Sediments. Final Report of the U.S. EPA Project No. R-80491801. Center for Lake Superior Environmental Studies, University of Wisconsin, Superior, WI.

[2] BAKER, J.E. & EISENREICH, S.J. (1990): Concentrations and fluxes of polycyclic aromatic hydrocarbons and poychlorinated biphenyls across the air-water interface of Lake Superior. Environ. Sci. Technol. **24**, 342-352.

[3] BAKER, R.A. (Ed.) (1980): Contaminats and Sediments. Ann Arbor Science Pub., Ann Arbor, Michigan, USA.

[4] BALZER, W., PACKEBUSCH, B., PLUSCHKE, P. & ROSENHAUER, P. (1991): PCB-Eintrag durch Öl aus Abwasserbehandlungsanlagen ins Nürnberger Abwasser. Jahrstagung Fachgruppe Wasserchemie, 6.-8.5.1991, Bad Kissingen, Kurzfassung.

[5] BARROWS, M.E., PETROCELLI, S.R., MACEK, K.J., & CARROLL, J.J. (1980): Bioconcentration and elimination of selected water pollutants by bluegill sunfish (*Lepomis macrochirus*). In: R. HAQUE (ed.): Dynamics exposure, and hazard assessment of toxic chemicals. Ann. Arbor, Michigan, USA, Ann. Arbor Science Publishers.

[6] BATAC-CATALAN, Z. & WHITE, D.S. (1982): Effect of chromium on larval chironomidae as determined by the optical fiber light interruption biomonitoring system. Entomological News **93**, 54-58.

[7] BATTERMAN, A.R., COOK, P.M., LODGE, K.B., LOTHENBACH, D.B. & BUTTERWORTH, B.C. (1989): Methodology used for a laboratory determination of relative contributions of water, sediment and food chain routes of uptake for 2,3,7,8-TCDD bioaccumulation by lake trout in Lake Ontario. Chemosphere **19**, 451-458.

[8] BAUER, I., WEIGELT, S. & ERNST, W. (1989): Biotransformation of hexachlorobenzene in the blue mussel (*Mytilus edulis*). Chemosphere **19**, 1701-1707.

[9] BAUER, U. (1981): Human exposure to harmful components in environmental studies on water, air, food, and on human tissues I, II, III, IV. Zentralbl. Bakteriol. Hyg. I. Abt. Orig. B, 174, 15-56, 200-237, 556-583.

[10] BEDFORD, K., CARLSON, A., EL SHAARAWI, A., GIESY, J. MUDROCH, A., MUNWAR, M., REYNOLDS, T., SIMPSON, K. & THOMAS, R. (1987): Recommended methods for quantitative assessment of sediments in areas of concern. In: Guidance on Characterization of Toxic Substances Problems in Areas of Concern in the Great Lakes Basins. Report to the Great Lakes Water Quality Board. International Joint Commission, Windsor, Ontario, Canada, pp. 125-156.

[11] BELAND, F.A., FULLERTON, N.F., MARQUES, M.M., MELCHIOR, W.B. jr, SMITH, B.A. & POIRIER, C. (1990) DNA adduct formation in relation to tumorigenesis in mice continuously administered aromatic amine carcinogens. (Abstract) Mutation Research 234, 371.

[12] BELL, D.A. & KAMENS, R.M. (1990): Evaluation of the mutagenicity of combustion particles from several common biomass fuels in the *Ames/Salmonella* microsome test. Mutation Research **245**, 177-183.

[13] BELLAN, G. (1984): Marine ecotoxicological testing in France. In: Persoone, G., E. JASPERS & C. CLAUS (Eds.), Ecotoxicological testing for the marine environment, 57-84.

[14] BELTRAME, P., BELTRAME, P.L. & CARNITI, P. (1984): Inhibiting action of chloro- and nitro-phenols on biodegradation of phenol: A structure-toxicity relationship. Chemosphere **13**, 3-9.

[15] BENGTSSON, G., ENFIELD, C.G. & LINDQVIST, R. (1987): Macromolecules faciltate the transport of trace organics. Sci. Total Envir. **67**, 159-164.

[16] BERATERGREMIUM FÜR UMWELTRELEVANTE ALTSTOFFE (BUA) DER GESELLSCHAFT DEUTSCHER CHEMIKER (div. Jahre): Berichte zu diversen ausgewählten Altstoffen. Verlag Chemie, Weinheim.

[17] BERDUGO, V., HARRIS, R.P. & O'HARA, S.C. (1977): The effect of petroleum hydrocarbons on reproduction of an estuarine planktonic copepod in laboratory cultures. Mar. Pollut. Bull. **8**, 138-143.

[18] BERGLIND, R. & DAVE, G. (1984): Acute toxicity of chromate, DDT, PCP, TPBS, and Zinc to *Daphnia magna* cultured in hard and soft water. Bull. Environ. Contam. Toxicol. 33, 63-68.

[19] BERGLUND, F. (1972): Levels of polychlorinated biphenyls in foods in Sweden. Environmental Health Perspectives April, 67-71.

[20] BERMAN, M. & BARTHA, R. (1986): Levels of chemical versus biological methylation of mercury in sediments. Bull. Environ. Contam. Toxicol. 36, 401-404.

[21] BERNHARD, M., BRINCKMAN, F.E. & SADLER, P.J. (eds.) (1986): The Importance of Chemical „Speciation" in Environmental Processes. Life Sciences Research Report, Springer, Berlin, Heidelberg 33.

[22] BERNHARD, M., BRINCKMAN, F.E. & IRGOLIC, K.J. (1986): Why „Speciation"? In: M. BERNHARD et al. (eds.), 7-14.

[23] BERTH, P. & JESCHKE, P. (1989): Consumption and fields of application of LAS. Tenside Surfact. Deter. 26, 75-79.

[24] BIGGS, D.C., ROWLAND, R.G. & WURSTER, C.F. (1979): Effects of trichloroethylene, hexachlorobenzene, and polychlorinated biphenyls on the growth and cell size of marine phytoplankton. Bull. Environ. Contam. Toxicol. 21, 196-201.

[25] BISHOP, W.E. & MAKI, A.W. (1980): A critical comparison of two bioconcentration test methods. Aquatic Toxicology (Eds., EATON, J.G., PARRISH, P.R. & HENDRICKS, A.C.). ASTM STP 707, 61-77.

[26] BJORSETH, A., KNUTZEN, J. & SKEI, J. (1979): Determination of polycyclic aromatic hydrocarbons in sediments and mussels from Saudafjord, W. Norway, by glass capillary gas chromatography. Sci. Total Environ. 13, 71-86.

[277 BLACK, J.J. (1983): Field and laboratory studies of environmental carcinogenesis in Niagara River fish. J. Great Lakes Res. 9, 326-334.

[28] BLACK, M.C. & MCCARTHY, J.F. (1988): Dissolved organic macromolecules reduce the uptake of hydrophobic organic contaminants by the gills of rainbow trout (*Salmo gairdneri*). Environ. Toxicol. Chem. 7, 593-600.

[29] BLUMER, M., BLUMER, W. & REICH, T. (1977): Polycyclic aromatic hydrocarbons in soils of a mountain valley: correlation with highway traffic and cancer incidence. Environ. Sci. Technol. 11, 1082-1084.

[30] BOETHLING, R.S., GREGG, B., FREDERICK, R., GABEL, N.W., CAMPBELL, S.E. SABLJIC, A. (1989): Expert systems survey on biodegradation of xenobiotic chemicals. Ecotox. Environ. Safety 18, 252-267.

[31] BÖHM, H.-H. & MÜLLER, H. (1976): Model studies on the accumulation of herbicides by microalgae. Naturwissenschaften 63, 296.

[32] BÖHM, H.H. (1976): Sorption und Wirkung von Chlortriazin-, Phenoxyfettsäure- und Bipyridyliumherbiziden in statischen und kontinuierlichen Kulturen planktischer Blau-, Kiesel- und Grünalgen. Diss. Universität Hohenheim (zitiert in SIMONIS 1987).

[33] BOLLAG, J.-M. (1983): Cross-coupling of humus constituents and xenobiotic substances. In: Aquatic and Terrestrial Humic Materials. Eds.: R.F. CHRISTMAN & E.T. GJESSING, Ann Arbor Science, 127-141.

[34] BOLLAG, J.-M., MINARD, R.D. & LIU, S.Y. (1983): Cross-linkage between anilines and phenolic humic constituents. Environ. Sci. Technol. 17, 72-79.

[35] BOOM, A. & MARSALEK, J. (1988): Accumulation of polycyclic aromatic hydrocarbons (PAHs) in an urban snowpack. Sci. Tot. Environ. 74, 133-148.

[36] BOON, J.P., EIJGENRAAM, F., EVERAARTS, J.M. & DUINKER, J.C. (1989): A structure-activity relationship (SAR) approach towards metabolism of PCBs in marine animals from different trophic levels. Mar. Environ. Res. 27, 159-176.

[37] BORGMANN, U., NORWOOD, W.P. & RALPH, K.M. (1990): Chronic toxicity and bioaccumulation of 2,5,2',5'- and 3,4,3',4'-tetrachlorobiphenyl and Aroclor 1242 in the amphipod *Hyalella azteca*. Arch. Environ. Contam. Toxicol. 19, 558-564.

[38] BORGMANN, U., RALPH, K.M. & NORWOOD, W.P. (1989): Toxicity test procedures for *Hyalella azteca*, and chronic toxicity of cadmium and pentachlorophenol to *H. azteca*, *Gammarus fasciatus*, and *Daphnia magna*. Arch. Environ. Contam. Toxicol. 18, 756-764.

[39] BORLAKOGLU, J.T. & KICKUTH, R. (1990): Behavioral changes in *Gammarus pulex* and its significance in the toxicity assessment of very low levels of environmental pollutants". Bull. Environ. Contam. Toxicol. 45, 258-265.

[40]   BORLAKOGLU, J.T., WILKINS, J.P.G., WALKER, C.H. & DILS, R.R. (1990a): Polychlorinated biphenyls
        (PCBs) in fish-eating sea birds. I. Molecular features of PCB isomers and congeners in adipose tissue
        of male and female razorbills (*Alca torda*) of British and Irish coastal waters. Comp. Biochem.
        Physiol. 97C, 151-160.

[41]   BORLAKOGLU, J.T., WILKINS, J.P.G., WALKER, C.H. & DILS, R.R. (1990b): Polychlorinated biphenyls
        (PCBs) in fish-eating sea birds. II. Molecular features of PCB isomers and congeners in adipose tissue
        of male and female puffins (*Fratercula arctica*), guillemots (*Uria aalga*), shags (*Phalacrocorax
        aristoteles*) and cormorants (Phalacrocorax carbo) of British and Irish coastal waters. Comp. Bio-
        chem. Physiol. 97C, 151-160.

[42]   BORLAKOGLU, J.T., WILKINS, J.P.G., WALKER, C.H. & DILS, R.R. (1990a): Polychlorinated biphenyls
        (PCBs) in fish-eating sea birds. III. Molecular features and metabolic interpretations of PCB isomers
        and congeners in adipose tissues. Comp. Biochem. Physiol. 97C, 151-160.

[43]   BORYSLALAWSKYJ, M., GARROOD, T., STANGER, M., PEARSON, T. & WOODHEAD, D. (1988): Role of lipid/
        water partitioning and membrane composition in the uptake of organochlorine pesticides into a
        freshwater mussel. Mar. Environ. Res. 24, 57-62.

[44]   BOSTRÖM, S.L & JOHANSSON, R.G. (1972): Effects of pentachlorophenol on enzymes involved in energy
        metabolism in the liver of the eel. Comp. Biochem. Physiol. 41B, 359-369.

[45]   BOYCE, R. & HERDMAN, W.A. (1898): On a green leucocytosis in oysters associated with the presence
        of copper in leucocytes. Proc. Roy. Soc. Lond. 62, 30-38.

[46]   BRADBURY, S., McKIM, J.M. & COATS, J.R. (1987): Physiological response of rainbow trout (*Salmo
        gairdneri*) to acute fenvalerate intoxication. Pestic. Biochem. 27, 275-288.

[47]   BRADBURY, S.P., SYMONIK, D.M., COATS, J.R. & ATCHISON, G.J. (1987): Toxicity of fenvalerate and its
        constituent isomers to the fathead minnow, Pimephales promelas, and bluegill, *Lepomis macro-
        chirus*. Bull. Environ. Contam. Toxicol. 38, 727-735.

[48]   BRAUN, F., SCHÜSSLER, W., WEHRLE, R., GAST, R., WANZINGER, M. & GIESEN, E. (1987): Organische
        Schadstoffe. Polychlorbiphenyle (PCB) und Pestizide im Kreislauf des Wassers: Bilanzierung und
        Bewertung. Bayerische Landesanstalt für Wasserforschung. München.

[49]   BRAUNBECK, T., GÖRGE, G., STORCH, V. & NAGEL, R. (1990 a): Hepatic steatosis in zebra fish (*Brachy-
        danio rerio*) induced by long-term exposure to g-hexachlorocyclohexane. Ecotoxicol. Environ.
        Safety 19, 355-374.

[50]   BRAUNBECK, T., STORCH, V. & BRESCH, H. (1990b): Species-specific reaction of liver ultrastructure in
        zebrafish (Brachydanio rerio) and trout (Salmo gairdneri) after prolonged exposure to 4-chloroani-
        line. Arch. Environ. Contam. Toxicol. 19, 405-418.

[51]   BRESCH, H., BECK, H., EHLERMANN, D., SCHLASZUS, H. & URBANEK, M. (1990): A longterm toxicity test
        comprising reproduction and growth of zebrafish with 4-chloroaniline. Arch. Environ. Contam.
        Toxicol. 19, 419-427.

[52]   BRINGMANN, G. & KÜHN, R. (1978): Testing of substances for their toxicity treshold: model
        organisms *Microcystis (Diplocystis) aeruginosa* and *Scenedesmus quadricauda*. Mitt. Int. Verein
        Limnol. 21, 275-284.

[53]   BRINGMANN, G. & KÜHN, R. (1980): Comparison of the toxicity thresholds of water pollutants to
        bacteria, algae, and protozoa in the cell multiplication inhibition test. Wat. Res. 14, 231-241.

[54]   BRINGMANN, G., & KÜHN, R. (1982): Results of the harmful action of water-endangering substances
        against *Daphnia magna* using a more developed standardized test procedure. Z. Wasser Abwasser
        Forsch. 15, 1-6.

[55]   BROMAN, D., NÄF, C., LUNDBERGH, I. & ZEBÜHR, Y. (1990): An in situ study on the distribution, bio-
        transformation and flux of polycyclic aromatic hydrocarbons (PAHs) in an aquatic food chain
        (seston – *Mytilus edulis L.* – *Somateria mollissima L.*) from the Baltic: an ecotoxicological perspec-
        tive. Environ. Toxicol. Chem. 9, 429-442.

[56]   BROUWER, A., REIJNDERS, P.J.H. & KOEMAN, J.H. (1989): Polychlorinated biphenyl (PCB)-contamin-
        ated fish induces vitamin A and thyroid hormone deficiency in the common seal (*Phoca vitulina*).
        Aquat. Toxicol. 15, 99-106.

[57]   BROWN, J.F., BEDARD, D.L., BRENNAN, M.Y., CARNAHAN, J.C., FENG, H. & WAGNER, R.E. (1987):
        Polychlorinated biphenyl dechlorination in aquatic sediments. Science 236, 709-712.

[58] BROWN, R.A. & STARNES, P.K. (1978): Hydrocarbons in the water and sediment of Wilderness Lake II. Mar. Pollut. Bull. 9, 162 ff.

[59] BROWN, V.M., JORDAN, D.H.M. & TILLER, B.A. (1967): The effect of temperature on the toxicity of phenol to rainbow trout in hard water. Wat. Res. 1, 587-594.

[60] BRUGGEMAN, W.A., MARTRON, L.B.J.M., KOOIMAN, D. & HUTZINGER, O. (1981): Accumulation and elimination kinetics of di-, tri- and tetra-chlorobiphenyls by goldfish after dietary and aqueous exposure. Chemosphere 10, 811-832.

[61] BRUGGEMAN, W.A., OPPERHUIZEN, A., WIJBENGA, A. & HUTZINGER, O. (1984): Bioaccumulation of super-lipophilic chemicals in fish. Toxicol. Environ. Chem. 7, 173-189.

[62] BRUNNER, P.H., CAPRI, S., MARCOMINI, A. & GIGER, W. (1988): Occurrence and behavior of linear alkylbenzene sulphonates, nonylphenol, nonylphenol mono- and nonylphenol diethoxylats in sewage and sewage sludge treatment. Wat. Res. 22, 1465-1472.

[63] BUIKEMA, A.L. jr, GEIGER, J.G. & LEE, D.R. (1980): *Daphnia* toxicity tests. In: Aquatic invertebrate bioassays (A.L. BUIKEMA jr, J. CAIRNS jr, eds.). ASTM Special Technical Publication 715, 48-69.

[64] BUIKEMA, A.L. jr, NIEDERLEHNER, B.R. & CAIRNS, J. jr (1982): Biological monitoring: Part IV – Toxicity testing. Wat. Res. 16, 239-262.

[65] Bundesminister für Umwelt, Naturschutz und Reaktorsicherheit (1987): Auswirkungen der Luftverunreinigungen auf die menschliche Gesundheit. Bericht des Bundesministers für Umwelt, Naturschutz und Reaktorsicherheit für die Umweltministerkonferenz.

[66] BURRES, R.M. & CHANDLER, J.H. (1976): Use of the asiatic clam *Corbicula leana* PRIME in toxicity tests. Prog. Fish. Cult. 38, 10.

[67] BURRIS, J.A., BAMFORD, M.A. & STEWART, A.J. (1990): Behavioral responses of marked snails as indicators of water quality. Environ. Toxicol. Chem. 9, 69-76.

[68] BURTON, D.T. & D.J. FISHER (1990): Acute toxicity of cadmium, copper, zinc, ammonia, 3,3'-dichlorobenzidine, 2,6-dichloro-4-nitroaniline, methylene chloride, and 2,4,6-trichlorophenol to juvenile grass shrimp and killifish. Bull. Environ. Contam. Toxicol. 44, 776-783.

[69] BUSH, B., SHANE, L. & WOOD, L. (1990): Precipitation of 78 PCB congeners from aqueous solution by clay. Bull. Environ. Contam. Toxicol. 45, 125-132.

[70] BUSH, B., SIMPSON, K.W., SHANE, L. & KOBLINTZ, R.R. (1985): PCB congener analysis of water and caddisfly larvae (Insecta: Trichoptera) in the upper Hudson River by glass capillary chromatography. Bull. Environ. Contam. Toxicol. 34, 96-105.

[71] BÜTHER, H. (1990): Chlorierte organische Verbindungen in Fischen. In: LOZNN, J.L., W. LENZ, E. RACHOR, B. WATERMANN & H. WESTERNHAGEN (Eds.), Warnsignale aus der Nordsee, 274-281.

[72] BUTLER, P.A. (1971): Influence of pesticides on marine ecosystems. Proc. R. Soc. Lond. B. 177, 321-329.

[73] BUTLER, P.A. (1973): Organochlorine residues in estuarine molluscs, 1965-1972-National Pesticides Monitoring Program. Pestic. Monit. J. 6, 238-262.

[74] BUTTE, W., DENKER, J., KIRSCH, M. & HOPPNER, T. (1985): Pentachlorophenol and tetrachlorophenols in wadden sediment and clams *Mya arenaria* of the Jadebusen after a 14-year period of waste-water discharge containing pentachlorophenol. Environ. Pollut. B9, 29-39.

C

[1] CAINES, L.A., WATT, A.W. & WELLS, D.E. (1985): The uptake and release of some trace metals by aquatic bryophytes in acidified waters in Scotland. Environmental Pollution Series B: Chemical Physical 10, 1-18.

[2] CAIRNS, J. & MOUNT, D.I. (1990): Aquatic toxicology. Environ. Sci. Technol. 24, 154-161.

[3] CAIRNS, J. & PRATT, J.R. (1989): The scientific basis of bioassays. Hydrobiologia 188/189, 5-20.

[4] CAIRNS, J. (1984): Are single species toxicity tests alone adequate for estimating environmental hazard? Environ. Mon. Ass. 4, 259-273.

[5] CAIRNS, J. jr, NEBEKER, A.V., GAKSTATTER, J.H. & GRIFFIS, W. (1984): Toxicity of copper-spiked sediments to freshwater invertebrates. Environ. Toxicol. Chem. 3, 435-446.

[6] CALABRESE, A. (1984): Ecotoxicological testing with marine molluscs. Ecotoxicological Testing for

the Marine Environment. Eds: G. Persoone, E. Jaspers & C. Claus. State Univ. Ghent and Inst. Mar. Scient. Res., Bredene, Belgium, 1, 798 ff.

[7] Calamari, D. & Pacchetti, G. (1987): Population parameters as indices of effects of mixtures of chemicals on aquatic populations: The need for methods. In: Vouk, G.C. et al. (Eds.), SCOPE 30, 301-318.

[8] Calamari, D., Galassi, S. & Setti, F. (1982): Evaluation the hazard of organic substances on aquatic life: The paradichlorbenzene example. Ecotoxicol. Environ. Safety 6, 369-378.

[9] Calambokidis, J., Mowrer, J., Beug, M.W. & Herman, S.G. (1979): Selective retention of polychlorinated biphenyl components in the mussel, Mytilus edulis. Arch. Environ. Contam. Toxicol. 8, 299-308.

[10] Caldwell, R.S., Caldarone, E.M. & Mallon, M.H. (1977): Effects of a seawater-soluble fraction of Cook Inlet crude oil and its major aromatic components on larval stages of the Dungeness crab, *Cancer magister* Dana. In: Fate and Effects of Petroleum Hydrocarbons in Marine Ecosystems and Organisms. Ed.: D.A. Wolfe, New York. Pergamon Press. pp 210-220.

[11] Cantelmo, F.R. & Rao, K.R. (1978): Effect of pentachlorophenol (PCP) on meiobenthic communities established in an experimental system. Mar. Biol. 46, 17-22.

[12] Carlberg, G.E. & Martinsen, K. (1982): Adsorption/complexation of organic micropollutants to aquatic humus – Influence of aquatic humus with time on organic pollutants and comparison of two analytical methods for analysing organic pollutants in humus waters. Sci. Tot. Environ. 25, 245-254.

[13] Carlson, A.R. & Kosian, P.A. (1987): Toxicity of chlorinated benzenes to fathead minnows (*Pimephales promelas*). Arch. Environ. Toxicol. 16, 129-135.

[14] Carlstedt-Duker, J., Kurl, R., Poellinger, L., Gillner, M., Hansson, L.-A., Toftgard, R., Hoeberg, B. & Gustafsson, J.-A. (1982): The detection and function of the cytosolic receptor for 2,3,7,8-tetrachlorodibenzo-p-dioxin (TCDD) and related cocarcinogens. In: Chlorinated Dioxins and Related Compounds. Impact on the Environment. Eds.: O. Hutzinger, R.W. Frei, E. Merian & F. Pocchiari, Pergamon Press, Oxford, U.K., pp 355-365.

[15] Caron, G., Carter, C.W. & Suffet, I.H. (1985 b): Pollutant binding to dissolved humic material. Volunteered Papers 2nd International Conference International Humic Substances Society, Birmingham UK 1984, Eds.: M.H.B. Hayes & R.S. Swift, 232-233.

[16] Caron, G., Suffet, I.H. & Belton, T. (1985a): Effect of dissolved organic carbon on the environmental distribution of nonpolar organic compounds. Chemosphere 14, 993-1000.

[17] Carter, C.W. & Suffet, I.H. (1982): Binding of DDT to dissolved humic materials. Environ. Sci. Techn. 16, 735-740.

[18] Cary, G.A., McMahon, J.A. & Kuc, W.J. (1987): The effect of suspended solids and naturally occuring dissolved organics in reducing the acute toxicities of cationic polyelectrolytes to aquatic organisms. Environ. Toxicol. Chem. 6, 469-474.

[19] Catallo, W.J. & Gambrell, R.P. (1987): The effects of high levels of polycyclic aromatic hydrocarbons on sediment physicochemical properties and benthic organisms in a polluted stream. Chemosphere 16, 1053-1063.

[20] Chapman, P.M. & Brinkhurst, R.O. (1984): Lethal and sublethal tolerances of aquatic oligochaetes with reference to their use as a biotic index of pollution. Hydrobiologia 115, 139-144.

[21] Chapman, P.M. (1986): Sediment quality criteria from the sediment quality triad: an example. Environ. Toxicol. Chem. 5, 957-964.

[22] Chapman, P.M. (1989): Current approaches to developing sediment quality criteria. Environ. Toxicol. Chem. 8, 589-599.

[23] Chapman, P.M., Barrick, R.C., Neff, J.M. & Swartz, R.C. (1987): Four independent approaches to developing sediment quality criteria yield similar values for model contaminants. Environ. Toxicol. Chem. 6, 723-725.

[24] Chapman, P.M., Farrell, M.A. & Brinkhurst, R.O. (1982a): Relative tolerances of selected aquatic oligochaetes to combinations of pollutants and environmental factors. Aquat. Toxicol. 2, 69-78.

[25] Chapman, P.M., Vigers, G.A., Farrell, M.A., Dexter, R.N., Quinlan, E.A., Kocan, R.M. & Landolt, M. (1982 b): Survey of the Biological Effects of Toxicants upon Puget Sound Biota I. Broad-Scale Toxicity Survey. NOAA Technical Memorandum OMPA-25. U.S. Department of Commerce, National Oceanographic and Atmospheric Administration, Washington D.C.

[26] CHIOU, C.T. (1985): Partition coefficients of organic compounds in lipid-water systems and correlations with fish bioconcentrations factors. Environ. Sci. Technol. **19**, 57-62.

[27] CHIOU, C.T., MALCOLM, R.L., BRINTON, T.I. & KILE, D.E. (1986): Water solubility enhancement of some organic pollutants and pesticides by dissolved humic and fulvic acids. Environ. Sci. Technol. **20**, 502-508.

[28] CHIOU, C.T., PORTER, P.E. & SCHMEDDLING, D.W. (1983): Partition equilibria of nonionic organic compounds between soil organic matter and water. Environ. Sci. Technol. **17**, 227-231.

[29] CHORUS, I. (1987): Literaturrecherche und Auswertung zur Notwendigkeit chronischer Tests – insbesondere des Reproduktionstests – am Fisch für die Stufe II nach dem Chemikaliengesetz, Studie I 4.1.-97316/7 Umweltbundesamt Berlin.

[30] CHRISTENSEN, E.R. & ZIELSKI, P.A. (1980): Toxicity of arsenic and PCB to a green alga (Chlamydomonas). Bull. Environ. Contam. Toxicol. **25**, 43-48.

[31] CLAYTON, J.R. jr, PAVLOU, S.P. & BREITNER, N.F. (1977): Polychlorinated biphenyls in coastal marine zooplankton: Bioaccumulation by equilibrium partitioning. Environ. Sci. Technol. **11**, 676-682.

[32] CLELAND, G.B., McELROY, P.J. & SONSTEGARD, R.A. (1988): The effect of dietary exposure to Aroclor 1254 and/or mirex on humoral immune expression of rainbow trout (*Salmo gairdneri*). Aquat. Toxicol. **2**, 141-146.

[33] COATS, J.R., SYMONIK, D.M., BRADBURY, S.P., DYER, S.D., TIMSON, L.K. & ATCHISON, G.J. (1989): Toxicology of synthetic pyrethroids in aquatic organisms: an overview. Environ. Toxicol. Chem. **8**, 671-679.

[34] COMOTTO, R.M., KIMERLE, R.A. & SWISHER, R.D. (1979): Bioconcentration and metabolism of linear alkylbenzene sulphonate by daphnids and fathead minnows. Aquatic Toxicology, ASTM STP **667**, 232-250.

[35] CONNELL, D.W. (1988): Bioaccumulation behavior of persistent organic chemicals with aquatic organisms. Rev. Environ. Contam. Toxicol. **102**, 117-154.

[36] COON, M.J. & PERSSON, A.V. (1980): Microsomal cytochrome P-450: A central catalyst in detoxication reactions. In: Enzymatic Basis of Detoxication; Academic Press, **1**, 117-134.

[37] COOPER BROWN, S., GRADY, C.P.L. jr & TABAK, H.H. (1990): Biodegradation kinetics of substituted phenolics: demonstration of a protocol based on electrolytic respirometry. Wat. Res. **24**, 853-861.

[38] CORNER, E.D.S., HARRIS, R.P., WHITTLE, K.J. & MACKIE, P.R. (1976): Hydrocarbons in marine zooplankton and fish. In: LOCKWOOD, A.P.M. (Ed.), Effects of pollutants on aquatic organisms. Cambridge University Press, Cambridge. 71-105.

[39] CORREIA, M. & GARCIA, H.J. (1990): Physiological responses of juvenile white mullet, *Mugil curema*, exposed to benzene. Bull. Environ. Contam. Tox. **44**, 428-434.

[40] CORREIA, M. & VENABLES, B.J. (1985): Bioconcentration of naphthalene in tissues of the white mullet (*Mugil curema*). Environ. Toxicol. Chem. **4**, 227-231.

[41] CORREIA, Y., MARTENS, G.J., VAN MENSCH, F.H. & WHIM, B.P. (1977): The occurrence of trichloroethylene, tetrachloroethylene and 1,1,1-trichloroethane in Western Europe in air and water. Atmos. Environ. **11**, 1113-1116.

[42] COSSARINI-DUNIER, M, DEMAEL, A. & SIWICKI, A.K. (1990): In vivo effect of the organophosphorus insecticide trichlorphon on the immune response of Carp (*Cyprinus carpio*). Ecotox. Environ. Safety **19**, 93-98.

[43] COTTAM, C. & HIGGINS, E. (1946): DDT: Its effect on fish and wildlife. US Dept. Int. Fish. Wildl. Serv. Circ. **11**, 14 S. (zitiert in PHILLIPS 1980).

[44] COURTNEY, K.D. (1979): Hexachlorobenzene (HCB): A review. Environ. Res. **20**, 225-266.

[45] COURTNEY, W.A.M. & DENTON, G.R.W. (1976): Persistance of polychlorinated biphenyls in the hard-clam (*Mercenaria mercenaria*) and the effect upon the distribution of these pollutants in the estuarine environment. Environ. Pollut. **10**, 55 ff.

[46] COURTNEY, W.A.M. & LANGSTON, W.J. (1978): Uptake of polychlorinated biphenyl (Aroclor 1254) from sediment and from seawater in two intertidal polychaetes. Environ. Pollut. **15**, 303-309.

[47] COWGILL, U.M., MILAZZO, D.P. & LANDENBERGER, B.D. (1989): A comparison of the effect of triclopyr triethylamine salt on two species of duckweed (*Lemna*) examined for a 7- and 14-day test period. Wat. Res. **23**, 617-623.

[48] Cox, R.A., Derwent, R.G., Eggleton, A.E.J. & Lovelock, J.E. (1976): Photochemical oxidation of halocarbons in the troposphere. Atmosph. Environ. 10, 305-308.

[49] Crossland, N.O. (1988): A method for evaluating effects of toxic chemicals on the productivity of freshwater ecosystems. Ecotox. Environ. Safety 16, 279-292.

[50] Crum Brown, A. & Fraser, T.R. (1868/69) On the connection between chemical constitution and physiological action. Part I.: On the physiological action of the salts of the ammonium bases, derived from strychnia, brucia, thebia, codeia, morphia, nicotia. Tans. Roy. Soc. Edinburgh 25, 151-203.

[51] Czuczwa, J., Leuenberger, C. & Giger, W. (1988): Seasonal and temporal changes of organic compounds in rain and snow. Atmosph. Environ. 22, 907-916.

D

[1]   D'Eliscu, P.N. (1975). Bull. Amer. Malacol. Union, Inc. for 1975, 65 ff.

[2]   Day, K. & Kaushik, N.K. (1987): The adsorption fo fenvalerate to laboratory glassware and the alga Chlamydomonas reinhardii, and its effect on uptake of the pesticide by Daphnia galeata mendotae. Aquat. Toxicol. 10, 131-142.

[3]   Day, K.E., Kaushik, N.K. & Solomon, K.R. (1987): Impact of fenvalerate on enclosed freshwater planktonic communities and on in situ rates of filtration of zooplankton. Can. J. Fish. Aquat. Sci. 44, 1714-1728.

[4]   De Hanau, H., Mathijs, E. & Hopping, W.D. (1986): Linear alkylbenzene sulphonates (LAS) in sewage sluges, soils and sediments: analytical determination and environmental safety considerations. Int. J. Environ. analyt. Chem. 26, 279-293.

[5]   Dean-Raymond, D. & Bartha, R. (1975): Biodegradation of some polynuclear aromatic petroleum components by marine bacteria. Dev. Ind. Microbiol. 16, 97-110.

[6]   Debus, R. & Schröder, P. (1989): Wirkung von Halon 1211 (Bromchlordifluormethan) auf Kresse. VDI-Berichte 745, 563-572.

[7]   Debus, R., Dittrich, B., Schröder, P. & Volmer, J. (1989): Biomonitoring organischer Luftschadstoffe. Aufnahme und Wirkung in Pflanzen. Literaturstudie. ecomed, Landsberg, 64 S.

[8]   Defoe, D.L., Holcombe, G.W., Hammermeister, D.E. & Biesinger, K.E. (1990): Solubility and toxicity of eight phthalate esters to four aquatic organisms. Environ. Toxicol. Chem. 9, 623-636.

[9]   Delaune, R.D., Patrick, W.H. & Casselman, M.E. (1981): Effect of sediment pH and redox conditions in degradation of benzo[a]pyrene. Mar. Pollut. Bull. 12, 251-253.

[10] Den Besten, P.J., Herwig, H.J., Zandee, D.I. & Voogt, P.A. (1990): Cadmium accumulation and metallothionein-like proteins in the sea star Aterias rubens. Arch. Environ. Contam. Toxicol. 19, 858-862.

[11] Denton, G.R.W. (1974): The uptake and elimination of polychlorinated biphenyls (PCBs) in the hard-shell clam Mercenaria mercenaria. PhD thesis, London, 194 ff.

[12] Devillers, J., Elmouaffek, A., Zakarya, D. & Chastrette, M. (1988): Comparison of ecotoxicological data by means of an approach combining cluster and correspondence factor analysis. Chemosphere 17, 633-646.

[13] DeWitt, T.H., Swartz, R.C. & Lamberson, J.O. (1989): Measuring the acute toxicity of estuarine sediments. Environ. Toxicol. Chem. 8, 1035-1048.

[14] DFG (Herausgeber) (1986): Datensammlung zur Toxikologie der Herbizide, Loseblattsammlung, Verlag Chemie Weinheim (ISSN 0930-4738).

[15] Diamonds, J., Collins, M.& Gruber, D. (1988): An overview of automated biomonitoring – past developments and future needs. In: Automated Biomonitoring. Living Sensors as Environmental Monitors. Eds. D.S. Gruber, Diamond, J.M. & Horwood, E., Ellis Horwood Books in Aquaculture and Fisheris Suppoort, 23-39.

[16] Dickson, K.L., Maki, A.W. & Brungs, W.A. (1987): Fate and effects of sediment-bound chemicals in aquatic systems. Pergamon Press.

[17] Dietz, F. (1972): Die Anreicherung von Schwermetallen in submersen Pflanzen. gwf-wasser/abwasser 113, 269-273.

270

[18]   DIN: Bestimmung der Toxizität von Abwässern und Abwasserinhaltsstoffen nach der Dehydro-
       genaseaktivität mittels 2,3,5-Triphenyltetrazoliumchlorid (TTC). Deutsche Einheitsverfahren zur
       Wasser-, Abwasser- und Schlammuntersuchung L3. Verlag Chemie Weinheim.
[19]   Divo, C. (1976): A survey of fish toxicity and biodegradability of linear sodium alkylbenzene
       sulphonate. Riv. Ital. Sostanze Grasse 53, 88-93 (auf italienisch, Übersetzung von Painter & Zabel
       1988 verwertet).
[20]   Dixon, D.G., Hodson, P.V. & Kaiser, K.L.E. (1987): Serum sorbitol dehydrogenase activity as an
       indicator of chemically induced liver damage in rainbow trout. Environ. Toxicol. Chem. 6,
       685-696.
[21]   Doherty, F.G. (1990): The Asiatic clam, Corbicula spp., as a biological monitoring freshwater
       environments. Environ. Monit. Assessm. 15, 143-181.
[22]   Donnelly, K.C., Brown, K.W. & Thomas, J.C. (1989): Mutagenic potential of muncipal sewage
       sludge amended soils., Water Air Soil Pollut. 48, 435-449.
[23]   Doskey, P.V. & Andren, A.W. (1981): Modeling the flux of atmospheric polychlorinated biphenyls
       across air/water interface. Environ. Sci. Technol. 15, 705-711.
[24]   Duinker, J.C. & Boon, J.P. (1986): PCB congeners in the marine environment-A review. In: Organic
       Micropollutants in the Aquatic Environment. Commission of the European Communities,
       5th Symposium, D. Reidel Publishing Company. p. 187-205.
[25]   Duinker, J.C., Schulz, D.E. & Petrick, G. (1988): Multidimensional gas chromatography with elec-
       tron capture detection for the determination of toxic congeners in polychlorinated biphenyl mix-
       tures. Anal. Chem. 60, 478-482.
[26]   Duke, T.W., Lowe, J.I. & Wilson, A.J. jr (1970): A polychlorinated biphenyl (Aroclor 1254) in the
       water sediment and biota of Escambia Bay, Florida. Bull. Environ. Contam. Toxicol. 5, 171-180.
[27]   Dunn, B.P. & Stich, H.F. (1976): Monitoring procedures for chemical carcinogens in coastal
       waters. J. Fish. Res. Board Can. 33, 2040-2046.
[28]   Dutton, R.J., Bitton, G., Koopman, B. & Agami, O. (1990): Effect of environmental toxicants on
       enzyme biosynthesis: A comparison of β-galactosidase, α-glucosidase and tryptophanase. Arch.
       Environ. Contam. Toxicol. 19, 395-398.

                                                E

[1]   Eadie, B.J., Faust, W., Gardner, W.S. & Napela, T. (1982): Polycyclic aromatic hydrocarbons in the
       sediments and associated benthos in Lake Erie. Chemosphere 11, 185-191.
[2]   Eadie, B.J., Robbins, J.A., Landrum, P.F., Rice, C.P., Simmons, M.S., McCormick, M.J., Eisenreich,
       S.J., Bell, G.L., Pickett, R.L., Johansen, P., Rossman, R., Hawley, N. & Voice, T. (1983): The
       cycling of toxic organics in the Great Lakes: a three-year Status Report. NOAA Tech. Memo-
       randum ERL GLERL-45 (zitiert in Allan 1986).
[3]   Eastmond, D.A., Booth, G.M. & Lee, M.L. (1984): Toxicity, accumulation, and elimination of
       polycyclic aromatic sulfur heterocycles in Daphnia magna. Arch. Environ. Contam. Toxicol. 13,
       105-111.
[4]   Ebing, W., Richtarsky, G., Weigmann, G., Gruttke, H., Kielhorn, U., Kratz, W., Bornkamm, R. &
       Meyer, G. (1986): Rückstandsverhalten organischer Umweltchemikalien auf städtischen Brach-
       land-Flächen am Beispiel des Pentachlorphenols. Gesunde Pflanzen 38, 275-285.
[5]   Eckard, R. (1979): Non-halogenated organic compounds in aquatic and terrestrial ecosystems. In:
       Luepke, N.P. (Ed.), Monitoring environmental materials and specimen banking. Martinus Nijhoff
       Publishers, The Hague Boston London, 211-229.
[6]   Eder, G., Sturm, R. & Ernst, W. (1987): Chlorinated hydrocarbons in sediments of the Elbe River
       and the Elbe Estuary. Chemosphere 16, 2487-2496.
[7]   Eisenreich, S.J., Hollod, G. & Johnson, T.C. (1979): Accumulation of polychlorinated biphenyls
       (PCBs) in surficial Lake Superior sediments. Atmospheric Deposition. Environ. Sci Tech. 13,
       569-573.
[8]   Ekelund, R., Bergman, A., Granmo, A. & Berggren, M. (1990): Bioaccumulation of 4-nonylphenol
       in marine animals – a re-evaluation. Environmental Pollution 64, 107-120.

[9]   ELDER, D.L., FOWLER, S.W. & POLIKARPOV, G.G. (1979): Remobilization of sediment-associated PCBs by the worm Nereis diversicolor. Bull. Environ. Contam. Toxicol. **21**, 448-452.

[10] ELDER, J.F. & DRESLER, P.V. (1988): Accumulation and bioconcentration of polycyclic aromatic hydrocarbons in a nearshore estuarine environment near a Pensacola (Florida) creosote contamination site. Environ. Pollut. **49**, 117-132.

[11] ELDER, J.F. & MATTRAW, H.C. jr (1984): Accumulation of trace elements, pesticides, and polychlorinated biphenyls in sediments and the clam Corbicula manilensis of the Apalachicola River, Florida. Arch. Environ. Contam. Toxicol. **13**, 453-469.

[12] ELLEGEHAUSEN, H., GUTH, J.A. & ESSER, H.O. (1980): Factors determining the bioaccumulation potential of pesticides in the individual compartments of aquatic food chains. Ecotoxicol. Environ. Safety **4**, 134-157.

[13] ELNABARAWY, M.T., WELTER, A.N. & ROBIDEAU, R.R. (1986): Relative sensitivity of three daphnid species to selected organic and inorganic chemicals. Environ. Toxicol. Chem. **5**, 393-398.

[14] EMPAIN, A., LAMBINON, J., MOUVET, C. & KIRCHMANN, R. (1980): Utilisation des bryophytes aquatiques et subaquatiques comme indicateurs biologiques de la qualit des eaux courante. In: La pollution des eaux continentales, 2 d., Ed.: P. PESSON, Gauthier-Villars, Paris, 195-223.

[15] ENVIRONMENT CANADA (1979): Monitoring environmental contamination from chlorophenol contaminated wastes generated in the wood preservation industry, Ottawa, Environmental Protection Bureau Environmental Protection Service, Pacific and Yukon Region, pp. 74 (Regional program report No. 79-24) (Prepared by Can Test Ltd and EVS Consultants Ltd) (DSS File No. 075B, KE 114-8-1935).

[16] ERNST, W. & GAUL, H. (1984): Organische Schadstoffe in Wasser, Sedimenten und Organismen der Nordsee. In: Deutsches Hydrographisches Institut, Gütezustand der Nordsee. Meereskundliche Beobachtungen und Ergebnisse, **55**.

[17] ERNST, W. & WEBER, K. (1978): Chlorinated Phenols in selected estuarine bottom fauna. Chemosphere **7**, 867-822.

[18] ERNST, W. (1977): Determination of the bioconcentration potential of marine organisms. – A steady state approach. Chemosphere **6**, 731-740.

[19] ERNST, W. (1979): Factors affecting the evaluation of chemicals in laboratory experiments using marine organisms. Ecotoxicol. Environ. Safety **3**, 90-98.

[20] ERNST, W., WEIGELT, V. & WEBER, K. (1984): Octachlorstyren – a permanent micropollutant in the North Sea. Chemosphere **13**, 161-168.

[21] ETNIER, E.L. (1985): Chemical hazard information profile. Draft report. Nonylphenol. Chemical effects information group. Oak Ridge National Laboratory. 41 pp.

[22] EVANS, G.P. & WALLWORK, J.F. (1988): The WRC fish monitor and other biomonitoring methods. In: GRUBER, D.S. & J.M. DIAMOND (Eds.), Automated biomonitoring. Ellis Horwood Limited, Chichester, 75-90.

[23] EVANS, M.S. & LANDRUM, P.F. (1989): Toxiciokinetics of DDE, Benzo[a]pyrene, and 2,4,5,2',4',5'-Hexachlorobiphenyl in Pontoporeia hoyi and Mysis relicta. J. Great. Lakes Res. **15**, 589-600.

F

[1]   FABIG, W. (1988): Mikrobiologie und -chemie bei der Verunreinigung von Boden und Grundwasser mit Kohlenwasserstoffen. In: BARTZ, W.J. & WIPPLER, E. (Eds.), Angewandte Mikrobiologie der Kohlenwasserstoffe in Industrie und Umwelt. Expert Verlag, 37-64.

[2]   FALK, H.F., NEGELE, R.-D. & GOERLICH, R. (1990): Phagocytosis acitivity as an in vitro test for the effects of chronic exposure of rainbow trout to Linuron, a herbicide. J. Appl. Ichthyol. **6**, 231-236.

[3]   FALKNER, R. & SIMONIS, W. (1982): Polychlorierte Biphenyle (PCB) im Lebensraum Wasser (Aufnahme und Anreicherung durch Organismen – Probleme der Weitergabe in der Nahrungspyramide). Arch. Hydrobiol. Ergebn. Limnol., Beih. **17**, 74 S.

[4]   FEDORAK, P.M. & WESTLAKE, D.W.S. (1981): Microbial degradation of aromatics in saturates in Prudhoe Bay crude oil as determined by glass capillary gas chromatography. Can. J. Microbiol. **27**, 432-443.

[5]   FELTZ, H.R. (1980): Significance of bottom material data in evaluating water quality. In: BAKER (1980a), 271-287.

[6]   FISCHER, W.K & GODE, P. (1978): Vergleichende Untersuchung verschiedener Methoden zur Prüfung der Fischtoxizität unter besonderer Berücksichtigung des Deutschen Goldorfentestes und des ISO-Zebrafischtestes. Z. Wasser-Abwasser-Forsch. 11, 99-105.

[7]   FISHER, J.B., LICK, W.J. & MCCALL, P.L. (1980): Vertical mixing of lake sediments by tubificid oligochaetes. J. Geophys. Res. 85, 3997-4000.

[8]   FISHER, J.B., PETTY, R.L. & LICK, W. (1983): Release of polychlorinated biphenyls from contaminated lake sediments: Flux and apparent diffusivities of four individuals PCBs. Environ. Pollut. 5, 121-132.

[9]   FISHER, S.W. (1985): Effects of pH on the toxicity and uptake of [^{14}C] lindan in the midge, Chironomus riparius. Ecotoxicol. Environ. Safety 10, 202-208.

[10] FLÜGGE, G. (1989): Überwachung von Schadstoffen im Elbeästuar. Forschungsbericht 10204104 UBA-FB 87-064, UBA Texte 2/89.

[11] FOLEY, R.E., S.J. JACKLING, R.J. SLOAN & M.K. BROWN (1988): Organochlorine and mercury residues in wild mink and otter: comparison with fish. Environ. Toxicol. Chem. 7, 363-374.

[12] FOLKE, J., BIRKLUND, J., SORENSEN, A.K. & LUND, U. (1983): The impact on the ecology of polychlorinated phenols and other organics dumped at the bank of a small marine inlet. Chemosphere 12, 1169-1181.

[13] FOWLER, S.W., POLIKARPOV, G.G., ELDER, D.L., PARSI, P. & VILLENEUVE, J.P. (1978): Polychlorinated biphenyls: Accumulation from contaminated sediments and water by the polychaete Nereis diversicolor. Mar. Biol. 48, 303-309.

[14] FOX, M.E., CAREY, J.H. & OLIVER, B.G. (1983): Compartmental distribution of organochlorine contaminants in the Niagara River and the western basin of Lake Ontario. J. Great Lakes Res. 9, 287-294.

[15] FRANK, H. & W. FRANK (1986): Photochemical activation of chloroethenes leading to destruction of photosynthetic pigments. Experientia 42, 1267-1269.

[16] FRANZIN, W.G. & MCFARLANE, G.A. (1980): An analysis of the aquatic macrophyte, Myriophyllum exalbescens, as an indicator of metal contamination of aquatic ecosystems near a base metal smelter. Bull. Environ. Contam. Toxicol. 24, 597-605.

[17] FREITAG, D., BALLHORN, L., GEYER, H. & KORTE, F. (1985): Environmental hazard profile of organic chemicals. An experimental method for the assessment of the behaviour of organic chemicals in the ecosphere by means of simple laboratory tests with ^{14}C labelled chemicals. Chemosphere 14, 1589-1616.

[18] FREITAG, D., BALLHORN, L., KORTE, S. & KORTE, F. (1990): Bioaccumulation and degradation of some nitroalkanes. In: Practical Applications of Quantitative Structure-Activity Relationships (QSAR) in Environmental Chemistry and Toxicology, Eds.: W. KARCHER & J. DEVILLERS, Kluver Acadmic Publishers, Dordrecht, 371-388.

[19] FREITAG, D., HAAS-JOBELIUS, M. & YIWEI, Y. (1990): Influence of 2,2'-dichlorobiphenyl and 2,4,6-trichlorophenol on development of rainbow trout eggs and larvae. Toxicol. Environ. Chem. (in press)

[20] FRISQUE, G.E., GALOUX, M. & BERNES, A. (1983): Accumulation de deux micropollutants (les polychlorobiphnyles et le g-HCH) par des bryophytes aquatiques de la Meuse. Meded. Fac. Landbouwwet. Rijksuniv. Gent 48/4, 971-983.

[21] FUJIWARA, K. (1975): Environmental and food contamination with PCBs in Japan. Sci. Tot. Envir. 4, 219-247.

[22] FUNARI, E., ZOPPINI, A., VERDINA, A., DE ANGELIS, G. & VITTOZZI, L. (1987): Xenobiotic-metabolizing enzyme systems in test fish. Ecotoxicol. Environ. Safety 13, 24-31.

[23] FURUKAWA, K.(1986): Modification of PCBs by bacteria and other microorganisms. In: Waid, J.S. (Ed.), PCBs and the environment Vol. 2, 89-100.

G

[1] GABRIC, A.J., CONNELL, D.W. & BELL, P.R.F. (1990): A kinetic model for the bioconcentration of lipophilic compounds by oligochaetes. Wat. Res. **24**, 1225-1231.

[2] GALASSI, S., GUZZELLA, L. & SORA, S. (1989): Mutagenic potential of drinking waters from surface supplies in northern Italy. Environ. Toxicol. Chem. **8**, 109-116.

[3] GAMBLE, W. (1986): PCBs and the environment: perturbations of biochemical systems. In: WAID, J.S. (Ed.), PCBs and the environment Vol. **2**, 49-61.

[4] GAMES, L.M. (1982): Field validation of exposure analysis modelling system (EXAMS) in a flowing stream. In: Modelling the Fate of Chemicals in the Aquatic Environment. Eds.: DICKSON, K.L., MAKI, A.W. & CAIRNS, J. Jr., Ann Arbor Sci., Ann Arbor, Michigan, USA, 325-346.

[5] GARRIGUES, P., C. RAOUX, P. LEMAIRE, A. MATHIEU, D. RIBERA, J.F. NARMONNE & M. LAFAURIE (1990): In situ correlations between polycyclic aromatic hydrocarbons (PAH) and PAH metabolizing system activities in mussels and fish in the mediterranean sea: preliminary results. Intern. J. Anal. Chem. **38**, 379-387.

[6] GARRISON, A.W. & HILL, D.W. (1972): Organic pollutants from mill persist in downstream waters. Am. Dyest. Rep. **61**, 21-25.

[7] GELLER, A. (1979): Sorption and desorption of Atrazin by three bacterial species isolated from aquatic systems. Arch. Environ. Contam. Toxicol. **8**, 713-720.

[8] GELLER, A. (1980): Studies on the degradation of Atrazine by bacterial communities enriched from various biotops. Arch. Environ. Contam. Toxicol. **9**, 289-305.

[9] GEORGII, H.-W. & SCHMITT, G. (1982): Distribution of polycyclic aromatic hydrocarbons in precipitation. 4th Int. Conf. on Precipitation Scavenging, Dry Deposition and Resuspension, Santa Monica, Calif. USA, S. 395 ff.

[10] GEROULD, S., LANDRUM, P. & GIESY, J.P. (1983): Anthracene bioconcentration and biotransformation in chironomids: Effects of temperature and concentration. Environ. Pollut. A, **30**, 175-188.

[11] GERSICH, F.M. & MILAZZO, D.P. (1988): Chronic toxicity of aniline and 2,4-Dichlorphenol to *Daphnia magna* STRAUS. Bull. Environ. Contam. Toxicol. **40**, 1-7.

[12] GERSICH, F.M., BLANCHARD, F.A., APPLEGATH, S.L. & PARK, C.N. (1986): The precision of daphnid (*Daphnia magna* STRAUS, 1820) acute toxicity tests. Arch. Environ. Contam. Toxicol. **15**, 741-749.

[13] GEYER, H., POLITZKI, G. & FREITAG, D. (1984): Prediction of ecotoxicological behaviour of chemicals: Relationship between n-octanol/water partition coefficient and bioaccumulation of organic chemicals in the mussel *Mytilus edulis*. Chemosphere **11**, 1131-1134.

[14] GEYER, H., SCHEUNERT, I. & KORTE, F. (1985 a): Relationship between the lipid content of fish and their bioconcentration potential of 1,2,4-trichlorobenzene. Chemosphere **14**, 545-555.

[15] GEYER, H., SCHEUNERT, I. & KORTE, F. (1985b): The effects of organic environmental chemicals on the growth of the alga *Scenedesmus subspicatus*: A contribution to environmental biology. Chemosphere **14**, 1355-1369.

[16] GEYER, H., SCHEUNERT, I. & KORTE, F. (1987): Bioakkumulation von 2,3,7,8-Tetrachlordibenzo-*p*-dioxin (TCDD) und anderer polychlorierter Dibenzo-p-dioxine (PCDDs) in aquatischen und terrestrischen Organismen sowie im Menschen. In: Dioxin. Eine technische, analytische, ökologische und toxikologische Herausforderung. VDI (Düsseldorf) Berichte **634**, 317-347.

[17] GEYER, H., SHEEHAN, P., KOTZIAS, D., FREITAG, D. & KORTE, F. (1982): Prediction of ecotoxicological behaviour of chemicals: Relationship between physico-chemical properties and bioaccumulation of organic chemicals in the mussel *Mytilus edulis*. Chemosphere **11**, 1131-1134.

[18] GEYER, H.J., MUIR, D.C.G., SCHEUNERT, I. & KETTRUP, A.: Biocentration of octachlorodibenzo-*p*-dioxin (OCDD) in mussels and fish. 11th International Symposium on Chlorinated Dioxin and realted Compounds, Research Triangle Park, North Carolina, USA, Sept. 1991.

[19] GEYER, H.J., SCHEUNERT, I., BRÜGGEMANN, R., STEINBERG, C., KORTE, F., & KETTRUP, A. (1991): QSAR for organic chemical bioconcentration in *Daphnia*, algae and mussels. Sci. Total Environ. **109/110**, 387-394.

[20] GEYER, H., MUIR, D.C.G., SCHEUNERT, I. & KETTRUP, A.: Bioconcentration of octachlorodibenzo-*p*-dioxin (OCDD) in mussel and fish. Dionxin '91, Research Triangle Park, N.C., USA (abstract).

[21] GIAM, C.S. & ATLAS, E. (1980): Accumulation of phthalate esters plasticizers in Lake Constance sediments. Naturwissenschaften **67**, 508-510.

[22] GIAM, C.S., ATLAS, E., CHAN, H.S. & NEFF, G.S. (1980): Phthalate esters, PCB and DDT residues in the gulf of Mexico atmosphere. Atm. Environ. 14, 65-69.

[23] GIAM, C.S., ATLAS, E., POWERS, M.A. & LEONARD, J.E. (1984): Phthalic acid esters. In: Hutzinger, O. (Ed.), Environmental chemistry Vol. 3 Anthropogenic compounds. Springer-Verlag, Berlin Heidelberg, 67-142.

[24] GIBBONS, J.A. & ALEXANDER, M. (1989): Microbial degradation of sparingly soluble organic chemicals: phthalate esters. Environ. Tox. Chem. 8, 283-291.

[25] GIBBS, R.J. (1973): Mechanisms of trace metal transport in rivers. Science 180, 71-73.

[26] GIBSON, D.T., MAHADEVAN, V. JERINA, D.M., YAGI, H. & YEH, H.J.C. (1975): Oxidation of the carcinogens benzo[a]pyren and benzo[a]anthracene to dihydrodiols by a bacterium. Science 189, 295-297.

[27] GIDDINGS, J.M., FRANCO, P.J., CUSHMAN, R.M., HOOK, L.A., SOUTHWORTH, G.R. & STEWART, J. (1984): Effects of chronic exposure to coal-derived oil on freshwater exosystems: II. Experimental ponds. Environ. Tox. Chem. 3, 465-488.

[28] GIESY, J.P. & HOKE, R.A. (1989): Freshwater sediment toxicity bioassessment: Rationale for species selection and test design. J. Great Lakes Res. 15, 539-569.

[29] GIGER, W. & BLUMER, M. (1974): Polycyclic aromatic hydrocarbons in the environment: Isolation and characterization by chromatography, visible, ultraviolet, and mass spectrometry. Anal. Chem. 48, 1663-1671.

[30] GIGER, W. (1984): Das Verhalten organischer Waschmittelchemikalien in der Abwasserreinigung und in den Gewässern. EAWAG-Mitteilungen 18, 1-7.

[31] GIGER, W. (1987): Spurenverunreinigungen in der Atmosphäre. Techn. Rundschau 78, 78-80.

[32] GIGER, W., AHEL, M. & KOCH, M. (1986): Das Verhalten von Alkylphenolpolyethoxylat-Tensiden in der mechanisch-biologischen Abwassereinigung. Vom Wasser 67, 69-81.

[33] GIGER, W., ALDER, A.C., BRUNNER, P.H., MARCOMINI, A. & SIEGRIST, H. (1989): Behaviour of LAS in sewage and sludge treatment and in sludge-treated soil. Tens. Surfact. Deter. 26, 95-100.

[34] GIGER, W., BRUNNER, P.H. & SCHAFFNER, C. (1984): 4-nonylphenol in sewag sludge: accumulation of toxic metabolites from nonionic surfactants. Science 225, 623-625.

[35] GIGER, W., BRUNNER, P.H., AHEL, M., McENVOY, J., MARCOMINI, A. & SCHAFNER, C. (1987): Organische Waschmittelinhaltsstoffe und deren Abbauprodukte in Abwasser und Klärschlamm. Gas Wass. Abwass. 67, 111-122.

[36] GIGER, W., STEPHANOU, E. & SCHAFFNER, C. (1981): Persistent organic chemicals in sewage effluents: I. Identification of nonylphenols and nonylphenolethoxylates by glass capilary gas chromatography-mass spectrometry. Chemosphere 10, 1253-1263.

[37] GILBERTSON, M. (1989): Effects on fish and wildlife populations. In: Halogenated biphenyls, terphenyls, naphthalenes, dibenzodioxins and related products. Eds.: KIMBROUGH & JENSEN, Elsevier Science Publ., 103-127.

[38] GILEWICZ, M., GUILLAUME, J.R., CARLES D., LEVEAU, M. & BERTRAND, J.C. (1984): Effects of petroleum hydrocarbons on the cytochrome P-450 content of the molusc bivalve *Mytilus galloprovincialis*. Mar. Biol. (Berl.) 80, 155-159 (zit. in PAYNE et al. 1987).

[39] GILL, T.S., C. PANT & J. PANT (1988): Gill, liver, and kidney lesions associated with experimental exposures to carbaryl and dimethoate in the fish (*Puntius conchonius Ham.*). Bull. Environ. Contam. Toxicol. 41, 71-78.

[40] GJESSING, E.T. & BERGLIND, L. (1981): Adsorption of PAH to aquatic humus. Arch. Hydrobiol. 92, 24-30.

[41] GLASER, U., HOCHRAINER, D., OTTO, F.J. & OLDIGES, H. (1990): Carcinogenicity and toxicity of four cadmium compounds inhaled by rats. Toxicol. Environ. Chem. 27, 153-162.

[42] GLOTFELTY, D.E., J.N. SEIBER & L.A. LILJEDAHL (1987): Pesticides in fog. Nature 325, 602-605.

[43] GLUTH, G. & HANKE, W. (1983): The effect of temperature on physiological changes in carp *Cyprinus carpio L.*, induced by phenol. Ecotoxicol. Environ. Safety 7, 373-390.

[44] GOCKE, E.F. (1990): Molecular analysis of the genotoxic activity of gyrase inhibitors. (Abstract) Mutation Research 234, 407-408.

[45] GOERKE, H., EDER, G., WEBER, K. & ERNST, W. (1979): Patterns of organochlorine residues in animals of different trophic levels from the Weser Estuary. Mar. Pollut. Bull. 10, 127-133.

[46] Göggelmann, W. (1990): Detection of mutagenic effects in unconcentrated and concentrated samples of municipal and industrial waste water using the *Salmonella* mutagenicity test. (Abstract) Mutation Research **234**, 382.

[47] Goldberg, E.D., Bowen, V.T., Farrington, J.W., Harvey, G., Martin, J.H., Parker, P.L., Risebrough, R.W., Robertson, W., Schneider, E. & Gamble, E. (1978): The mussel watch. Environ. Conserv. **5**, 1-25.

[48] Gooch, J.A. & Hamdy, M.K. (1982): Depuration and biological half-life of ^{14}C-PCB in aquatic organisms. Bull. Environ. Contam. Toxicol. **28**, 305-312.

[49] Goodnight, C.J. (1942): Toxicity of sodium pentachlorophenate and pentachlorophenol to fish. Ind. Engng. Chem. Ind. Edn. **34**, 868-872.

[50] Goodrich, M.S. & Lech, J.J. (1990): A behavioral screening assay for *Daphnia magna*: a method to assess effects of xenobiotics on spacial orientation. Environ. Toxicol. Chem. **9**, 21-30.

[51] Goodrich, M.S., Melancon, M.J., Davis, R.A. & Lech, J.J. (1991): The toxicity, bioaccumulation, metabolism and elimination of dioctyl sodium sulfosuccinate DSS in rainbow trout (*Oncorhynchus mykiss*). Wat. Res. **25**, 119-124.

[52] Görge, G. & Nagel, R. (1990): Kinetics and metabolism of ^{14}C-lindane and ^{14}C-atrazine in early life stages of zebrafish (*Brachydanio rerio*). Chemosphere **21**, 1125-1137.

[53] Görge, G. & Nagel, R. (1990): Toxicity of lindane, atrazine, and deltametrin to early life stages of zebrafish (*Brachydanio rerio*). Ecotox. Environ. Safety **20**, 246-255.

[54] Goto, M. (1979): Monitoring environmental materials and specimen banking – state of the art of Japanese experience and knowledge. In: Luepke, N.P. (Ed.), Monitoring environmental materials and specimen banking. Martinus Nijhoff Publshers, The Hague, 271-288.

[55] Graber, M. (1977): Environmental assessment of benzene in New Jersey – a literature survey and recommendations. Presented at APCA Toxic Air Contaminants: Their Measure, Evaluation and Control Conf., Newark **21**, 14-49.

[56] Graney, R.L. & Giesy, J.P. jr (1987): The effect of short-term exposure to pentachlorophenol and osmotic stress on the free amino acid pool of the freshwater amphipod *Gammarus pseudolimneus* Bousfield. Arch. Environ. Contam. Toxicol. **16**, 167-176.

[57] Granmo, Å., Kvist, E., Mannheimer, J., Renberg, L., Rosengardten, A-L. & Solyom, P. (1986): Miljöegenskaper hos några utvalda tensider. SNV. Rapp. 3024.

[58] Green, D.W.J., William, K.A. & Pascoe, D. (1985): Studies on the acute toxicity of pollutants to freshwater macroinvertebrates. 2. Phenol. Arch. Hydrobiol. **103**, 75-82.

[59] Greene, J.C., Miller, W.E., Debacon, M.K., Long, M.A. & Bartels, C.L. (1985): A comparison of three microbial assays procedures for measuring toxicity to chemical residues. Arch. Environ. Contam. Toxicol. **14**, 659-667.

[60] Greim, H., G. Bouse, Z. Radwan, D. Reichelt & D. Henschler (1975): Mutagenicity *in vitro* and potential carcinogenicity of chlorinated ethylenes as a function of metabolic oxirane formation. Biochem. Pharmacol. **24**, 2013 ff.

[61] Greve, P.A. (1979): Organo-halogenated compounds in aquatic ecosystems. In: Luepke, N.-P. (Ed.), Monitoring environmental materials and specimen banking. Proceedings of the international workshop, Berlin (West) 23-28 October 1978, 289-297.

[62] Griciute, L. (1979): Carcinogenicity of polycyclic aromatic hydrocarbons. In: Egan, H., M. Castegnaro, H. Kunte, P. Bogovski & E.A. Walker (Eds.), Environmental carcinogens selected methods of analysis Vol 3. IARC Publications **29**, 3-11.

[63] Grill, E. & Zenk, M.H.(1989): Wie schützen sich Pflanzen vor toxischen Schwermetallen?. Chemie in unserer Zeit **23**, 193-199.

[64] Grover, P.L. (1980): The metabolic activation of the polycyclic aromatic hydrocarbons. VDI-Berichte **358**, 257-271.

[65] Gruber, D.S. & J.M. Diamond (1988): Automated biomonitoring. Living sensors as environmental monitors. Ellis Horwood Limited, Chichester.

[66] Guerrin, F., V. Burgat-sacaza & P. de saqui-Sannes (1990): Levels of heavy metals and organochlorine pesticides of cyprinid fish reared four years in a wastewater treatment pond. Bull. Environ. Contam. Toxicol. **44**, 461-467.

[67] Guiney, P.D., J.L. Sykora & G. Keleti (1987): Qualitative and quantitative analyses of petroleum

hydrocarbon concentrations in a trout stream contaminated by an aviation kerosene spill. Environ. Toxicol. Chem. **6**, 105-114.

[68] GUINEY, P.D., R.E. PETERSON, M.J. MELANCON & J.J. LECH (1977): The distribution and elimination of 2,5,2',5'-(14C)tetrachlorobiphenyl in rainbow trout (*Salmo gairdneri*). Toxicol. Appl. Pharmacol. **39**, 329 ff.

[69] GUNKEL, G. & KAUSCH, H. (1987): Wirkung, Anreicherung und Weitergabe des Herbizids Atrazin (s-Triazin) in einer aquatischen Nahrungskette. In: K. LILLELUND et al., 180-186.

[70] GUNKEL, G. & MAST, P.-G. (1990): Untersuchungen zum „Ökologischen Wirkungskataster" – Biologisches Monitoring und PCB-Belastung Berliner Gewässer. Projekt der Berlin-Forschung Nr. 64/1987, 93 S. (ISBN 3-7983-1370-9)

[71] GUNKEL, G. & STREIT, B. (1980): Mechanism of bioaccumulation of a herbicide (Atrazine, s-Triazine) in a freshwater mollusc (*Ancylus fluviatilis Müll.*) and a fish (*Coregonus fera Jurine*). Wat. Res. **14**, 1573-1584.

[72] GUNKEL, G. (1981): Bioaccumulation of a herbicide (Atrazine, s-Triazine) in the whitefish (*Coregonus fera J.*): Uptake and distribution of the residue in fish. Arch. Hydrobiol. Suppl. **59**, 252-287.

[73] GUNKEL, G. (1984): Untersuchungen zur ökotoxikologischen Wirkung eines Herbizids in einem aquatischen Modellökosystem. I: Subletale und letale Effekte. Arch. Hydrobiol., Suppl. **65**, 235-267.

[74] GUNKEL, G. (1987): Mechanismen der Aufnahme und Verteilung von organischen Schadstoffen in aquatischen Organismen. In: K. LILLELUND et al., 39-68.

[75] GUPTA, P.K. & RAO, P.S. (1982): Toxicity of phenol, pentachlorophenol, and sodium pentachlorophenate to a freshwater pulmonate snail *Lymnea acuminata*. Arch. Hydrobiol. **94**, 210-217.

H

[1] HALFON, E. & M.G. REGGIANI (1986): On ranking chemicals for environmental hazard. Environ. Sci. Technol. **20**, 1173-1179.

[2] HALL, W.S., DICKSON, K.L., SALEH, F.Y., RODGERS, H.H. jr, WILCOX, D. & ENTAZAMI, A. (1986): Effects of suspended solids on the acute toxicity of zinc to *Daphnia magna* and *Pimephales promelas*. Wat. Res. Bull. **22**, 913-920.

[3] HALLET, D.J. & BRECHER, R.W. (1984): Cycling of polynuclear aromatic hydrocarbons in the Great Lakes ecosystem. In: Toxic Contaminants in the Great Lakes, Eds.: J. NRIAGU & M. SIMMONS, 213-237.

[4] HAMBURGER, B. (1987): Bioakkumulation. In: W. Niemitz (Hrsg.), S. 351-363.

[5] HAMDY, M.K. & GOOCH, J.A. (1986): Uptake, retention, biodegradation, and depuration of PCBs by organisms. In: PCBs and the Environment. Ed. J.S. WAID, CRC Press, Boca Raton, Florida, **2**, 63-88.

[6] HAMELINK, J.L., WAYBRANT, R.C. & BALL, R.C. (1971): A proposal: Exchange equilibria control the degree chlorinated hydrocarbons are biologically magnified in lentic environments. Trans. Amer. Fish. Soc. **100**, 207-214.

[7] HAMMONS, G.J., GUENGERICH, F.P., WEIS, C.C., BELAND, F.A. & KADLUBAR, F.F. (1985): Metabolic oxidation of carcinogenic arylamines by rat, dog, and human hepatic microsomes and by purified flavin-containing and cytochrome P-450 monooxygenases. Cancer Res. **45**, 3578-3585.

[8] HAND, V.C. & WILLIAMS, G.K. (1987): Structure-activity relationships for sorption of linear alkylbenzene-sulfonate. Environ. Sci. Technol. **21**, 370-373.

[9] HANKE, W. & MÜLLER, R. (1986): Ecotoxicological investigations in fish. Erstes gemeinsames Kolloquium der Oberrheinischen Universitäten „Umweltforschung in der Region", Strasbourg, 27.-28.6.1986, 749-764.

[10] HANKE, W., G. GLUTH, E. SCHWARZ, K. NEUGEBAUER, A. ZACHMANN & R. MÜLLER (1988): Methoden zur ökotoxikologischen Bewertung von Chemikalien – Aquatische Systeme. Forschungsbericht. In: VERFONDERN, M. & B. SCHEELE (Eds.), Methoden zur ökotoxikologischen Bewertung von Chemikalien. Band 10: Aquatische Systeme III (1988), Spezielle Berichte der Kernforschungsanlage Jülich Nr. **440**, 9-42.

[11] HANSCH, C., MALONEY, P.P., FUJITA, T. & MUIR, R.M. (1962): Correlation of biological acitity of

phenoxyacetic acids with hammett substituent constants and partition coefficient. Nature **194**, 178-180.

[12] HANSEN, D.J., SCHIMMEL, S.C. & KELTNER, J.M. (1973): Avoidance of pesticides by grass shrimp (*Palaemonetes pugio*). Bull. Environ. Contam. Toxicol. **9**, 129-133.

[13] HANSEN, D.J., SCHIMMEL, S.C. & MATTHEWS, E. (1974): Avoidance of Aroclor 1254 by shrimp and fishes. Bull. Environ. Contam. Toxicol. **12**, 253-256.

[14] HANSEN, N., JENSON, V.B., APPELQUIST, H. & MORCH, E. (1978): The uptake and release of petroleum hydrocarbons by the marine mussel Mytilus edulis. Prog. Wat. Technol. **10**, 351-359.

[15] HANSEN, P.-D. (1979): Experiments on the accumulation of Lindane (γ-HCH) by the primary producer *Chlorella* sp. and *Chlorella pyrenoidosa*. Arch. Environ. Contam. Toxicol. **8**, 721-731.

[16] HANSEN, P.-D. (1987): Anreicherung, Speicherung und zelluläre Wirkung von Schadstoffen, insbesondere von Pestiziden und PCB, in den Gliedern einer Nahrungskette im Süßwasser. In: K. LILLE-LUND et al., 207-210.

[17] HANUMANTE, M.M. & S.S. KULKARNI (1979): Acute toxicity of two molluscicides, mercuric chloride and pentachlorphenol to a freshwater fish (*Channa gachua*). Bull. Environ. Contam. Toxicol. **23**, 725-727.

[18] HARANGHY, L. (1956): Effects of 3,4-benzpyrene on freshwater mussels. Acta Biol. Acad. Sci. Hungary 7, 101-108.

[19] HARDING, G.C. & ADDISON, R.F. (1986): Accumulation and effects of PCBs in marine invertebrates and vertebrates. In: PCBs and the Environment. Ed.: J.S. WAID, CRC Press, Boca Raton, Florida, **2**, 9-30.

[20] HARDING, G.C., W.P. VASS & K.F. DRINKWATER (1981): Importance of feeding, direct uptake from seawater, and transfer from generation to generation in the accumulation of an organochlorine (p,p'-DDT) by the marine planktonic copepod *Calanus finmarchicus*. Can. J. Aquat. Sci. **38**, 101-119.

[21] HARGIS, W.J. jr, ROBERTS, M.H. jr & ZWERNER, D.E. (1984): Effects of contaminated sediments and sediment-exposed effluent water on an estuarine fish: Acute toxicity. Mar. Environ. Res. **14**, 337-354.

[22] HARVEY, G.R. (1974): DDT and PCB in the Atlantic. Oceanus 18, 19-23.

[23] HASSETT, J.P. & ANDERSON, M.A. (1979): Association of hydrophobic organic compounds with dissolved organic matter in aquatic systems. Environ. Sci. Technol. **13**, 1526-1529.

[24] HATCH, W.I. & D.W. ALLEN (1979): Alterations in calcium accumulation behavior in response to calcium availability and polychlorinated biphenyl administration. Bull. Environm. Contam. Toxicol. **22**, 172-174.

[25] HAUX, C. & FOERLIN, L. (1988): Biochemical methods for detecting effects of contaminants on fish. Ambio 17, 376-380.

[26] HAWKER, D.W. & CONNELL, D.W. (1986): Bioconcentration of lipophilic compounds by some aquatic organisms. Ecotox. Environ. Safety 11, 184-197.

[27] HAYWARD, R.S., REICHENBACH, N.G., GOSS, L.B., DICKSON, L.A. & WILDONER, T.J. jr (1988): Altered ventilatory frequency from fish in an automated biomonitoring system. How to evaluate if it is significant. In: Automated Biomonitoring. Living Sensors as Environmental Monitors. Eds. D.S. GRUBER, DIAMOND, J.M. & HORWOOD, E.: Ellis Horwood Books in Aquaculture and Fisheris Suppoort, 23-39.

[28] HEESEN, T.C. & McDERMOTT, D.J. (1974): DDT and PCB in benthic crabs. Southern California Coastal Water Research Projekt, Annual Report, 109-111.

[29] HEIMBACH, F., H.T. RATTE & W. PFLÜGER (1989?): Use of small artificial ponds for assessment of hazards to aquatic ecosystems. Environ. Toxicol. Chem. (in press)

[30] HEINISCH, E., KLEIN, S., KETTRUP, A., SCHAFFER, P. & LÖRINCI, G. (1991a): Ökologisch-chemische Untersuchungen zur Erfassung des Umweltzustandes in den fünf neuen Bundesländern. Teil 1. Fallbeispiel DDT. GSF-Bericht **23/91**, 118 S.

[31] HEINISCH, E., KLEIN, S., KETTRUP, A., SCHAFFER, P., LÖRINCI, G. & STEINBERG, C. (1991b): Ökologisch-chemische Untersuchungen zur Erfassung des Umweltzustandes in den fünf neuen Bundesländern. Teil 2. Die Isomeren des Hexachlorcyclohexans. GSF-Bericht **36/91**, im Druck.

[32] HEINISCH, E., KLEIN, S., KETTRUP, A., SCHAFFER, P., LÖRINCI, G. & STEINBERG, C. (1991c): Ökologisch-chemische Untersuchungen zur Erfassung des Umweltzustandes in den fünf neuen Bundesländern. Teil 3. Hexachlorbenzol. GSF-Bericht **38/91**, im Druck.

[33] HELLAWELL, J.M. (1986): Biological Indicators of Freshwater Pollution and Environmental Management. Elsevier Applied Science Publ., London, New York, 546 S.

[34] HELLOU, J., A. RYAN & H.J. HODDER (1990): Metabolites of three structural isomers of butylbenzene in the bile of rainbow trout. Bull. Environ. Contam. Toxicol. **44**, 487-493.

[35] HENRY, M.G., CHESTER, D.N. & MAUCK, W.L. (1986): Role of artificial burrows in *Hexagenia toxicity* tests: recommendations for protocol development. Environ. Toxicol. Chem. **5**, 553-559.

[36] HENZE, M. (1911): Untersuchungen über das Blut der Ascidien. I. Die Vanadiumbindung der Blutkörperchen. Hoppe-Seylers Zeitschrift für physiologische Chemie 72, 494-501.

[37] HERBERT, G.B. & T.J. PETERLE (1990): Heavy metal and organochlorine compound concentrations in tissues of raccoons from East-Central Michigan. Bull. Environ. Contam. Toxicol. **44**, 331-338.

[38] HERBES, S.E. & RISI, G.F. (1978): Metabolic alteration and excretion of anthracene by *Daphnia pulex*. Bull. Environ. Contam. Toxicol. **19**, 147-155.

[39] HERBES, S.E. & SCHWALL, L.R. (1978): Microbial transformation of polycyclic aromatic hydrocarbons in pristine and petroleum-contaminated sediments. Appl. Environ. Microbiol. 35, 306-316.

[40] HERBES, S.E. (1981): Rates of microbial transformation of polycyclic aromatic hydrocarbons in water and sediments in the vicinity of a coal-coking wastewater discharge. Appl. Environ. Microbiol. **41**, 20-28.

[41] HERMENS, J., BUSSER, F., LEEUWANGH, P. & MUSCH, A. (1985): Quantitative structure-activity relationships and mixture toxicity of organic chemicals in *Photobacterium phosphoreum*: the Microtox test. Ecotoxicol. Environ. Safety 9, 17-25.

[42] HERMENS, J., LEEUWANGH, P. & MUSCH, A. (1983): Quantitative structure-activity relationships and mixture toxicity studies of chloro- and alkylanilines at an acute lethal toxicity level to the guppy (*Poecilia reticulata*). Ecotoxicol. Environ. Safety 8, 388-394.

[43] HERMENS, J.L.M., BRADBURY, S.P. & BRODERIUS, S.J. (1990): Influence of cytochrome P450 mixed-function oxidase induction on the acute toxicity to rainbow trout (*Salmo gairdneri*) of primary aromatic amines. Ecotoxicol. Environ. Safety 20, 156-166.

[44] HERRMANN, R. (1981): Transport of polycyclic aromatic hydrocarbons through a partly urbanized river basin. Water Air Soil Pollut. **16**, 445-467.

[45] HERRMANN, R. (1984): Atmosphärische Transporte und raumzeitliche Verteilung von Mikroschadstoffen (Spurenmetalle, Organochlorpestizide, polyzyklische aromatische Kohlenwasserstoffe) in Nordostbayern. Erdkunde 38, 55-63.

[46] HICKEY, J.J. & D.W. ANDERSON (1968): Chlorinated hydrocarbons and eggshell changes in raptorial and fish-eating birds. Science **162**, 271-273.

[47] HINZ, R. & F. MATSUMURA (1977): Comparative metabolism of PCB isomers by three species of fish and the rat. Bull. Environ. Contam. Toxicol. **18**, 631 ff.

[48] HIRAOKA, Y., J. TANAKA & H. OKUDA (1990): Toxicity of fenitrothion degradation products to medaka (*Oryzias latipes*). Bull. Environ. Contam. Toxicol. **44**, 210-215.

[49] HIRAYAMA, T., IGUCHI, K. & WATANABE, T. (1990): Metabolic activation of 2,4-dinitrobiphenyl derivatives for their mutagenicity in *Salmonella typhimurium* TA 98. Mutation Research 243, 201-206.

[50] HIRSCHWALD, B., ZIMMERMANN, G.M., NORMANN, S. & HABERER, K. (1990): Chloroplasten-Biotest zur Herbizidbestimmung im Wasser – Optimierung des Elektronenakzeptorsystems. Z. Wasser-Abwasser-Forsch. 23

[51] HITES, R.A., LAFLAMME, R.E. & FARRINGTON, J.W. (1977): Sedimentary polycyclic aromatic hydrocarbons: the historical record. Science **198**, 829 ff.

[52] HITES, R.A., LAFLAMME, R.E. & WINDSOR, J.G. jr (1980): Polycyclic aromatic hydrocarbons in marine aquatic sediments: their ubiquity. Adv. Chem. Series 185, 289-311.

[53] HOFFMANN, St. (1990): Untersuchungen zur subakuten Toxizität von Trichlorethen bei Regenbogenforellen (*Oncorhynchus mykiss*). Dissertation Universität München, 250 S. + Anhang.

[54] HOLMBERG, B., JENSEN, S., LARSSON, A. & LEWANDER, K. (1972): Metabolic effects of technical pentachlorophenol (PCP) on the eel *Anguilla anguilla*. Comp. Biochem. Physiol. 43B, 171-183.

[55] HOOPER, S.W., PETTIGREW, C.A. & SAYLER, G.S. (1990): Ecological fate, effects and prospects for the elimination of environmental polychlorinated biphenyls (PCBs). Environ. Toxicol. Chem. 9, 655-667.

[56] HOWARD, C.L. & HACKER, C.S. (1990): Effects of salinity, temperature, and cadmium on cadmium-binding protein in the grass shrimp, *Palaemonetes pugio*. Arch. Environ. Contam. Toxicol. **19**, 341-347.

[57] HUANG, Y., BIDDINGER, G.R. & GLOSS, S.P. (1986): Bioaccumulation of ^{14}C-hexachlorobenzen in eggs and fry of Japanese medaka (*Oryzias latipes*). Bull. Environ. Contam. Toxicol. 36, 437-443.

279

[58]   HUMMEL, H., BOGAARDS, R.H., NIEUWENHUIZE, J., DE WOLF, L. & VAN LIERE, J.M. (1990): Spatial and seasonal differences in the PCB content of the mussel *Mytilus edulis*. Sci. Total Environ. 92, 155-163.

[59]   HUTZINGER, O., M.Th.M. TULP & V. ZITKO (1978): Chemicals with pollution potential. In: HUTZINGER, O. (ed.), Aquatic pollutants. Transformation and biological effects. Pergamon Press, Oxford, 13-32.

[60]   HUTZINGER, O., S. SAFE & V. ZITKO (1974): The chemistry of PCBs. CRC Press, Cleveland.

I

[1]   IRMER, U., K. HEURER & A. WEBER (1985): Effects of various organic chemicals on the regreening of red colored *Chlorella zofingiensis*. Ecotoxicol. Environ. Safety 9, 121-133.

[2]   ISNARD, P. & LAMBERT, S. (1988): Estimating bioconcentration factors from octanol-water partition coefficient and aqueous solubility. Chemosphere 17, 21-34.

J

[1]   JACOB, J. (1985): Biologische Aktivierung und Abbau von polycyclischen aromatischen Kohlenwasserstoffen. Wasserkalender 1986, 36-52.

[2]   JAEGER, R.J., CONOLLY, R.B., REYNOLDS, E.S. & MURPHY, S.D. (1975): Biochemical toxicology of unsaturated halogenated monomers. Environ. Health Perspect. 11, 121-128.

[3]   JAIN, S.K., VASUDEVAN, P. & JHA, N.K. (1990): *Azolla pinnata* R.Br. and *Lemna minor* L. for removal of lead and zinc from polluted water. Wat. Res. 24, 177-183.

[4]   JAKOBY, W.B. (1980): Detoxication Enzymes. In: Enzymatic Basis of Detoxication, Vol. 1, 1-6, Academic Press, New York.

[5]   JENSEN, A.L., SPIGARELLI, S.A. & THOMMES, M.M. (1982): PCB uptake by five species of fish in Lake Michigan, Green Bay of Lake Michigan, and Cayuga Lake, New York. Can. J. Fish. Aquat. Sci. 39, 700-709.

[6]   JENSEN, S., A.G. JOHNELS, M. OLSSON & G. OTTERLIND (1969): DDT and PCB in marine animals from Swedish waters. Nature 224, 247 ff.

[7]   JENSEN, S., JOHNELS, A.G., OLSSEN, M. & OTTERLIND, G. (1972 b): DDT and PCB in herring and cod from the Baltic, the Kattegat and the Skagerrak. Ambio spec. Rep. 1, 71-85.

[8]   JENSEN, S., JOHNELS, A.G., OLSSEN, M. & WESTERMARK, T. (1972 c): The avifauna of Sweden as indicators of environmental contamination with mercury and chlorinated hydrocarbons. In: Proceedings of the 15th International Ornithology Congress, Leiden, 455-465.

[9]   JENSEN, S., RENBERG, L. & OLSSEN, M. (1972 a): PCB contamination from boat bottom paint and levels of PCB in plankton outside a polluted area. Nature 240, 358-360.

[10] JENSEN-KORTE, U., ANDERSON, C. & SPITELLER, M. (1987): Photodegradation of pesticides in the presence of humic substances. Sci. Tot. Environ. 63, 335-340.

[11] JEPSON, P.C. (1989, Ed.): Pesticides and Non-target Invertebrates. Intercept, Wimborne, Dorset.

[12] JIMENEZ, B.D., BURTIS, L.S., EZELL, G.H., EGAN, B.Z., LEE, N.E., BEAUCHAMP, J.J. & MCCARTHY, J.F. (1988): The mixed function oxidase system of bluegill sunfish, *Lepomis macrochirus*: Correlation of activities in experimental and wild fish. Environ. Toxicol. Chem. 7, 623-634.

[13] JIMENEZ, B.D., C.P. CIRMO & J.F. MCCARTHY (1987): Effects of feeding and temperature on uptake, elimination and metabolism of benzo[a]pyrene in the bluegill sunfish (Lepomis macrochirus). Aquat. Toxicol. 10, 41-57.

[14] JOHANSEN, P.H., A. MATHERS & J.A.BROWN (1987): Effect of exposure to several pentachlorophenol concentrations on growth of young-of-year largemouth bass, *Micropterus salmoides*, with comparisons to other indicators of toxicity. Bull. Environ. Contam. Toxicol. 39, 379-384.

[15] JOHNSON, W.W. (1980): Handbook of acute toxicity of chemicals to fish and aquatic invertebrates. United States Department Of The Interior Fish And Wildlife Service, Resource Publication 137, Washington, D.C.

[16] JONES, K.C., PETERSON, P.J. & DAVIES, B.E. (1985): Silver and other metals in some aquatic Bryophytes from streams in the lead mining district of mid-Wales, Great Britain. Water Air Soil Pollut. 24, 329-338.

K

[1] KALBFUS, W., VAN DE GRAAFF, S., ZELLNER, A., FREY, S., STANNER, E. & GILLMEISTER, L. (1987): Organische Schadstoffe. Leichtflüchtige Chlorkohlenwasserstoffe, polycyclische Aromaten und Chlorphenole in Fließgewässern und in Sedimenten. Bericht der Bayerischen Landesanstalt für Wasserforschung, München, Dezember 1987.

[2] KANNAN, N., S. TANABE & R. TATSUKAWA (1988b): Toxic potential of non-*ortho* and *mono-ortho* coplanar PCBs in commercial PCBs preparations: 237 8-T$_4$CDD toxicity equivalence factors approach. Bull. Environ. Contam. Toxicol. 41, 267-276.

[3] KANNAN, N., S. TANABE, R. TATSUKAWA, T. OKAMOTO & D.J.H. Phillips (1988c): Mussels (*Perna viridis* LINNAEUS) as bioindicators of PCB pollution in an urban aquatic environment. In: Pollution In The Urban Environment, Polmet 88, Vol. 2, Vincent Blue Copy Co. Ltd, Hong Kong, 444-449.

[4] KANNAN, N., TANABE, S. & TATSUKAWA, R. (1988 a): Potentially hazardous residues of non-ortho chlorine substituted coplanar PCBs in human adipose tissue. Arch. Environ. Health 43, 11-14.

[5] KANNAN, N., TANABE, S., ONO, M. & TATSUKAWA, R. (1989b): Critical evaluation of polychlorinated biphenyl toxicity in terrestrial and marine mammals: Increasing impact of non-ortho and mono-ortho coplanar polychlorinated biphenyls from land to ocean. Arch. Environ. Contam. Toxicol. 18, 850-857.

[6] KANNAN, N., TANABE, S., TATSUKAWA, R. & PHILLIPS, D.J.H. (1989a): Persistency of highly toxic coplanar PCBs in aquatic ecosystems: Uptake and release kinetics of coplanar PCBs in green-lipped mussels (*Perna viridis* LINNAEUS). Environ. Pollut. 55, 65-76.

[7] KANNAN, N., TANABE, S., WAKIMOTO, T. & TATSUKAWA, R. (1987): A simple method for determining non-ortho substituted PCBs in Kanechlors, Aroclors and environmental samples. Chemosphere 16, 1631-1634.

[8] KAPPAS, A., MARKAKI, M. & PATRINELI, A. (1990): On the aneugenic activity of various chemicals in Apergillus. (Abstract) Mutation Research 234, 387.

[9] KARICKHOFF, S.W. & MORRIS, K.R. (1985): Impact of tubificid oligochaetes on pollutant transport in bottom sediments. Environ. Sci. Technol. 19, 51 ff.

[10] KARICKHOFF, S.W. (1981): Semi-empirical estimation of sorption of hydrophobic pollutants on natural sediments and soils. Chemosphere 10, 833-846.

[11] KARICKHOFF, S.W., BROWN, D.S. & SCOTT, T.A. (1979): Sorption of hydrophobic pollutants on natural sediments. Wat. Res. 13, 241-248.

[12] KATALYSE e.V. (Hrsg.) (1988): Umweltlexikon. Kiepenheuer & Witsch, Köln, 470 S.

[13] KAUSS, P.B. & HAMDY, Y.S. (1985): Biological monitoring of organochlorine contaminants in the St. Clair and Detroit rivers using introduced clams *Elliptio complanatus*. J. Great Lakes Res. 11, 247-263.

[14] KETTLE, W.D., F. DENOYELLES, B.D. HEACOCK & A.M. KADOUM (1987): Diet and reproductive success of bluegill recovered from experimental ponds treated with atrazine. Bull. Environ. Contam. Toxicol. 38, 47-52.

[15] KETTRUP, A., STEINBERG, Ch. & FREITAG, D. (1991): Ökotoxikologie – Wirkungserfassung und Bewertung von Schadstoffen in der Umwelt. UWSF – Z. Umweltchem. Ökotoxikol. 3, 370-377.

[16] KHAN, M.A., GUPTA, R.A. & MOHAMED, M.P. (1986): Toxicity of zinc and mercury to chironomid larvae. Indian J. Environ. Hlth. 28, 34-38.

[17] KILE, D.E., CHIOU, C.T. & BRINTON, T.I. (1989): Interactions of organic contaminants with fulvic and humic acids from the Suwannee River and other humic substances in the aqueous systems, with inferences to the structures of humic molecules. In: Humic Substances in the Suwannee River, Georgia: Interactions, Properties, and Proposed Structures; U.S. Geological Survey, Open-File Report 87-557, 37-57.

[18] KIMERLE, R.A. & SWISHER, R.D. (1977): Reduction of aquatic toxicity of linear alkylbenzene sulfonate (LAS) by biodegradation. Wat. Res. 11, 31-37.

[19] KIMERLE, R.A., MACEK, K.J., SLEIGHT, B.H. & BURROWS, M.E. (1981): Bioconcentration of linear alkylbenzene sulphonate (LAS) in bluegill (Lepomis macrochirus). Wat. Res. 15, 251-256.

[20] KINZELBACH, R. (1988): Die Tierwelt im Rhein nach November 1986. In: KOHLER, A. & H. RAHMANN (Eds.), Gefährdung und Schutz von Gewässern. Tagung Umweltforschung 1988, Universität Hohenheim, Eugen-Ulmer-Verlag, 37-48.

[21] Kirk, R.E. & D. Othmer (1963): Encyclopedia of chemical technology. 2 ed. New York: John Wiley and Sons.

[22] Kleinow, K.M., Melancon, M.J. & Lech, J.J. (1987): Biotransformation and induction: Implications for toxicity, bioaccumulation and monitoring of environmental xenobiotics in fish. Environ. Hlth. Perspect. 71, 105-119.

[23] Klopp, R. (1987): Entwicklung der Tensid-Belastung der unteren Ruhr. gwf-wasser/abwasser 128, 117-128.

[24] Knezovich, J.P., F.L. Harrison & R.G. Wilhelm (1987): The bioavailability of sediment-sorbed organic chemicals: A review. Water Air Soil Pollut. 32, 233-245.

[25] Knezovich, J.P., Lawton, M.P. & Inouye, L.S. (1989): Bioaccumulation and tissue distribution of a quarternary ammonium surfactant in three aquatic species. Bull. Environ. Contam. Toxicol. 42, 87-93.

[26] Knutzen, J. & Oehme, M. (1989): Polychlorinated dibenzofuran (PCDF) and dibenzo-p-dioxin (PCDD) levels in organisms and sediments from the Frierfjord, southern Norway. Chemosphere 19, 1897-1909.

[27] Koch, R. & Wagner, B.O. (1989): Umweltchemikalien: Physikalisch-chemische Daten, Toxizitäten, Grenz- und Richtwerte, Umweltverhalten. VEB Verlag Volk und Gesundheit. Berlin.

[28] Koeman, J.H., M.C. Ten Noever DeBrauw & R.H. DeVos (1969): Chlorinated biphenyl in fish, mussels, and birds from the river Rhine and the Netherlands coastal area. Nature 221, 1126 ff.

[29] Kohler, A. & Labus, B.C. (1983): Eutrophication processes and pollution of freshwater ecosystems including waste heat. In: Physiological Plant Ecology IV – Ecosystem Processes: Mineral Cycling, Productivity and Man's Influence. Eds.: Lange, O.L. et al., Springer, Berlin, 413-464.

[30] Kohler, A. (1982): Wasserpflanzen als Belastungsindikatoren. Decheniana-Beihefte (Bonn) 26, 31-42.

[31] Könemann, H. & van Leeuwen, K.V. (1980): Toxicokinetics in fish: Accumulation and elimination of six chlorobenzenes by guppies. Chemosphere 9, 3-19.

[32] Könemann, H. (1980): Structure-activity relationships and additivity in fish toxicities of environmental pollutants. Ecotoxicol. Environ. Safety 4, 415-421.

[33] Könemann, H. (1981): Quantitative structure-activity relationships in fish toxicity studies. I. Relationship for 50 industrial pollutants. Toxicology 19, 209-221.

[34] Kopf, W. & Schwoerbel, J. (1980): Untersuchungen zur Anreicherung des Insektizids Lindan (γ-HCH, BHC) durch Wasserinsekten der Gattung Sigara (Hemiptera, Corixidae). Arch. Hydrobiol., Suppl. 57, 32-43.

[35] Korte, F. & Freitag, D. (1984): Überprüfung der Duchführbarkeit von Prüfungvorschriften und der Aussagekraft der Stufe I und II des E. Chem. 6. Umweltforschungsplan des Bundesministeriums des Innern, Forschungsbericht 106 04 011/02.

[36] Korte, F. (1985): Concepts for the ecotoxicological evaluation of chemicals: ecotoxicological profile analysis. In: Nürnberg, H.W. (Ed.), Pollutants and their ecotoxicological significance. John Wiley & Sons, Chichester, 337-361.

[37] Kosinski, R.J. & Merkle, M.G. (1984): The effect of four terrestrial herbicides on the productivity of artificial stream algal communities. J. Environ. Qual. 13, 75-82.

[38] Kosinski, R.J. (1984): The effect of terrestrial herbicides on the community structure of stream periphyton. Environ. Pollut. A 36, 165-189.

[39] Kovats, Z.E. & Ciborowski, J.J.H. (1989): Aquatic insect adults as indicators of organochlorine contamination. J. Great Lakes Res. 15, 623-634.

[40] Kowbel, D.J., Nestmann, E.R., Malaiyandi, M. & Helleur, R. (1982): Determination of mutagenic activity in Salmonella of residual fulvic acids after ozonation. Wat. Res. 16, 1537-1538.

[41] Krahn, M.M., D.G. Burrows, W.D. MacLeod & D.C. Malins (1987): Determination of individual metabolites of aromatic compounds in hydrolyzed bile of english sole (Parophrys vetulus) from polluted sites in Puget Sound, Washington. Arch. Environ. Contam. Toxicol. 16, 511-522.

[42] Krahn, M.M., Rhodes, L.D., Myers, M.S., Moore, L.K., MacLeod, W.D. jr & Malins, D.C. (1986): Associations between metabolites of aromatic compounds in bile and the occurence of hepatic lesions in English sole (Parophrys vetulus) from Puget Sound, Washington. Arch. Environ. Contam. Toxicol. 15, 61-67.

[43] KRESS, C. & NACHTIGALL, W. (1989): Grundlagen zur Schadstoffüberwachung von Fließgewässern über die Erfassung von Verhaltensparametern stetig schwimmender Fische. Z. Wasser-Abwasser-forsch. 22, 99-107.

[44] KRIEGER, T. (1989): Pentachlorphenol (PCP) in aquatischen Systemen – eine umwelthygienische Betrachtung. Wissenschaft und Umwelt 2, 72-75.

[45] KRÜGER, K.-E. & R. KRUSE (1984): Fische als Bioindikatoren für anorganische und organische Umweltkontaminanten in Seen und Flüssen unterschiedlicher Ökosysteme. UBA-Forschungsbericht 84-126.

[46] KUBIAK, T.J., HARRIS, H.J., SMITH, L.M., SCHWARTZ, T.R., STALLING, D.L., TRICK, J.A., SILEO, L., DOCHERTY, D.E. & ERDMAN, T.C. (1989): Microcontaminants and reproductive impairment of the Forster's Tern on Green Bay, Lake Michigan, 1983. Arch. Environ. Contam. Toxicol. 18, 706-727.

[47] KUEHL, D.W., COOK, P.M., BATTERMAN, A.R., LOTHENBACH, D., BUTTERWORTH, B.C. (1987): Bioavailability of PCDDs and PCDFs from contaminated Wisconsin river sediment to carp. Chemosphere 16, 667-679.

[48] KUKKONEN, J. & OIKARI, A. (1987): Effects of aquatic humus on accumulation and acute toxicity of some organic micropollutants. Sci. Total Environ. 62, 399-402.

[49] KUKKONEN, J., McCARTHY, J.F. & OIKARI, A. (1990): Effects of XAD-8 fractions of dissolved organic carbon on the sorption and bioavailability of organic micropollutants. Arch. Environ. Contam. Toxicol. 19, 551-557.

[50] KUKKONEN, J., OIKARI, A., JOHNSEN, S. & GJESSING, E. (1989): Effect of humus concentrations on bezo[a]pyren accumulation from water to Daphnia magna: Comparison of natural waters and standard preparations. Sci. Total Environ. 79, 197-207.

[51] KULKARNI, M.G. & A.H. KARARA (1990): A pharmacokinetic model for the disposition of polychlorinated biphenyls (PCBs) in channel catfish. Aquat. Toxicol. 16, 141-150.

[52] KUNDE, M. & C. BÖHME (1978): Zur Toxikologie des Pentachlorphenols: Eine Übersicht, Bundesgesundhbl. 21, 302-310.

[53] KURELEC, B., GARG, A., KRCA, S., GUPTA, R.C., MOORE, M.N. & STEGEMAN, J.J. (1989): DNA adducts as biomarkers in genotoxic risk assessment in the aquatic environment. Mar. Environ. Res. 28, 317-321.

[54] KUTT, E. & MARTIN, D. (1974): Effect of selected surfactants on the growth characteristics of Gymnodinium breve. Mar. Biol. 28, 253-259.

[55] KVESETH, K., SORTLAND, B. & BOKN, T. (1982): Polycyclic aromatic hydrocarbons in sewage, mussels, and tap water. Chemosphere 11, 623-639.

[56] KYPKE-HUTTER, K., VOGELSANG, J., MALISCH, R., BINNEMANN, P. & WETZLAR, H. (1986): Aufklärung einer Kontamination von Neckarfischen mit Hexachlorbenzol, Octachlorstyrol und Pentachlorbenzol: Entstehung bei einem industriellen Prozeß. I. Verlauf der Kontamination im Oberen Neckar. Z. Lebensm. Unters. Forsch. 182, 464-470.

L

[1] LAFLAMME, R.E. & HITES, R.A. (1978): The global distribution of polycyclic aromatic hydrocarbons in recent sediments. Geochim. Cosmochim. Acta 42, 289-303.

[2] LAHANIATIS, E.S., CLAUSEN, E., FYTIANOS, K. & BIENIEK, D. (1988): Thermolyse von chlorierten organischen Verbindungen. Eine Quelle für Octachlorstyrol in der Umwelt. Naturwissenschaften 75, 93-94.

[3] LAL, B. & T.P. SINGH (1987): Impact of pesticides on lipid metabolism in the freshwater catfish, Clarias batrachus, during the vitellogenic phase of its annual reproductive cycle. Ecotox. Environ. Safety 13, 13-23.

[4] LAMOUREUX, G.L. & RUSNESS, D.G. (1989): The role of glutathione and glutathione-S-transferases in pesticide metabolism, selectivity, and mode of action in plants and insects. In: Coenzymes and Cofactors, Eds. D. DOLPHIN, R. POULSON & O. AVRAMOVIC, Vol. III B, John Wiley & Sons, New York.

[5] LAMPERT, W., FLECKNER, W., POTT, E., SCHOBER, U. & STÖRKEL, K.-U. (1989): Herbicide effects on planktonic systems of different complexity. Hydrobiologia 188/189, 415-424.

[6] LANDNER, L., LINDSTRÖM, M. KARLSSON, J. NORDIN & L. SÖRENSEN (1977): Bioaccumulation in fish of chlorinated phenols from kraft pulp mill bleachery effluents. Bull. Environ. Contam. Toxicol. 18, 663-673.

[7]   LANDRUM, P.F. & SCAVIA, D. (1983): Influence of sediment on anthracene uptake, depuration and biotransformation by the amphipod *Hyalella azteca*. Can. J. Fish. Aquat. Sci. **40**, 298-305.

[8]   LANDRUM, P.F., NIHART, S.R., EADLE, B.J. & GARDNER, W.S. (1984): Reverse-phase separation method for determination pollutant binding to Aldrich humic acid and dissolved organic carbon of natural waters. Environ. Sci. Technol. **18**, 187-192.

[9]   LANGER, D. (1983): Die Bedeutung der Randbedingungen in einem Fischtest zur Beurteilung der Bioakkumulation von Schadstoffen, untersucht am Beispiel der Aufnahmekinetik von Lindan. Dissertation Universität Hamburg, 179 S.

[10] LANGSTON, W.J. (1978 a): Accumulation of polychlorinated biphenyls in the cockle *Cerastoderma edule* and the tellin *Macoma balthica*. Mar. Biol. **45**, 265-272.

[11] LANGSTON, W.J. (1978 b): Persistence of polychlorinated biphenyls in marine bivalves. Mar. Biol. **46**, 35-40.

[12] LARSEN, B.R., H. LOKKE & L. RASMUSSEN (1985): Accumulation of chlorinated hydrocarbons in moss from artificial rainwater. Oikos **44**, 423-429.

[13] LARSSON, P. & LEMKEMEIER, K. (1989): Microbial mineralization of chlorinated phenols and biphenyls in sediment-water systems from humic and clear-water lakes. Wat. Res. **23**, 1081-1085.

[14] LARSSON, P. & THURÉN, A. (1987): Di-2-ethylhexylphthalate inhibits the hatching of frog eggs and is bioaccumulated by tadpoles. Environ. Toxicol. Chem. **6**, 417-422.

[15] LARSSON, P. (1983): Transport of ^{14}C-labelled PCB compounds from sediment to water and from water to air in laboratory model systems. Wat. Res. **17**, 1317-1326.

[16] LARSSON, P. (1984): Transport of PCBs from aquatic to terrestrial environments by emerging chironomids. Environ. Pollut. A **34**, 283-289.

[17] LAUGHLIN, R.B. jr & NEFF, J.M. (1979): The interactive effects of polynuclear aromatic hydrocarbons, salinity, and temperature on the survival and development rate of the larvae of the mud crab, *Rhithropanopeus harrisii*. Mar. Biol. **53**, 281-292.

[18] LAY, J.P., W. SCHAUERTE, W. KLEIN & F. KORTE (1984): Influence of tetrachloroethylene on the biota of aquatic systems: toxicity to phyto- and zooplankton species in compartments of a natural pond. Arch. Environ. Contam. Toxicol. **13**, 135-142.

[19] LAZARIDIS, G. & G. LÖFROTH (1987): Pyrolysing insecticidal coils: air pollution by polycyclic aromatic hydrocarbons and other mutagens detected by the Salmonella/Microsome test. Environ. Pollut. **45**, 305-314.

[20] LEACH, J.M. & THAKORE, A.H. (1975): Isolation and identification of constituents toxic to juvenile rainbow trout, *Salmo gairdneri*, in caustic extraction effluents from kraft pulpmill bleach plants. J. Fish. Res. Bd. Can. **32**, 1249-1258.

[21] LEADMAN, T.P., R. CAMPBELL & D.W. JOHNSON (1974): Osmoregulatory responses to DDT and varying salinities in *Salmo gairdneri* – I. Gill Na-K-ATPase. Comp. Biochem. Physiol. **49** A, 197-205.

[22] LEBLANC, G.A. (1980): Acute toxicity of priority pollutants to water flea (*Daphnia magna*). Bull. Environm. Toxicol. **24**, 684-691.

[23] LEE, D.-Y. & FARMER, W.J. (1989): Dissolved organic matter interaction with napropamide and four other nonionic pesticides. J. Environ. Qual. **18**, 468-474.

[24] LEE, R.F. (1981): Mixed function oxygenase (MFO) in marine invertebrates. Mar. Biol. Lett. **2**, 87-105.

[25] LEE, R.F., GARDNER, W.S., ANDERSON, J.W., BLAYLOCK, J.W. & BARWELL-CLARK, J. (1978): Fate of polycyclic aromatic hydrocarbons in controlled ecosystem enclosures. Environ. Sci. Technol. **12**, 832-838.

[26] LEE, R.F., R. SAUERHEBER & A.A. BENSON (1972): Petroleum hydrocarbons: Uptake and discharge by the marine mussel *Mytilus edulis*. Science **177**, 344-346.

[27] LEEUIVANGH, P. (1978): Toxicity tests with daphnids: Its application in the management of water quality. Hydrobiologia **59**, 145-148.

[28] LEUENBERGER, C., M.P. LIGOCKI & J.F. PANKOW (1985): Trace organic compounds in rain. 4. Identities, concentrations, and scavenging mechanisms for phenols in urban air and rain. Environ. Sci. Tech. **19**, 1053-1058.

[29] LEVERSEE, G.J., J.P. GIESY, P.F. LANDRUM, S. GEROULD, J.W. BOWLING, T.E. FANNIN, J.D. HADDOCK &

S.M. Bartell (1982): Kinetics and biotransformation of Benzo[a]pyrene in *Chironomus riparius.* Arch. Environ. Contam. Toxicol. **11**, 25-31.

[30] Leversee, G.J., Landrum, P.F., Giesy, J.P. & Fannin, T. (1983): Humic acids reduce bioaccumulation of some polycyclic aromatic hydrocarbons. Can. J. Fish. Aquat. Sci. **40**, 63-69.

[31] Levsen, K., S. Behnert, B. Priess, M. Svoboda, H.-D. Winkeler & J. Zietlow (im Druck): Organic compounds in precipitation Chemosphere.

[32] Lewis, M.A. & Hamm, B.G. (1986): Environmental modification of the photosynthetic response of lake plankton to surfactants with significance to a laboratory-field comparison. Wat. Res. **20**, 1575-1582.

[33] Lewis, M.A. (1990): Chronic toxicities of surfactants and detergents builders to algae: A review and risk assessment. Ecotoxicol. Environm. Safety **20**, 123-140.

[34] Lewis, M.A. (1991): Chronic and sublethal toxicities of surfactants to aquatic animals: A review and risk assessment. Wat. Res. **25**, 101-113.

[35] Lillelund, K., de Haar, U., Elster, H.-J., Karbe, L., Schwoerbel, J. & Simonis, W. (Hrsg.) (1987): Bioakkumulation in Nahrungsketten. Zur Problematik der Akkumulation von Umweltchemikalien in aquatischen Systemen. Ergebnisse aus dem Schwerpunktprogramm „Nahrungskettenprobleme". DFG-Forschungsbericht. Verlag Chemie, Weinheim, 324 S.

[36] Lillelund, K. (1987): Die Bedeutung abiotischen und biologischer Randbedingungen für die Bioakkumulation der im Schwerpunkt eingesetzten Umweltchemikalien. In: K. Lillelund et al., 89-101.

[37] Lillian, D., H.B. Singh, A. Appleby, L. Lobban, R. Arnts, R. Gumpert, R. Hague, J. Toomey, J. Kazazis, M. Antell, D. Hansen & B. Scott (1975): Atmospheric fates of halogenated compounds. Environ. Sci. Technol. **9**, 1042-1048.

[38] Little, E.E., Archeski, R.D., Flerov, B.A. & Kozlovskaya, V.I. (1990): Behavioral indicators of sublethal toxicity in rainbow trout. Arch. Environ. Contam. Toxicol. **19**, 380-385.

[39] Liu, D., Carey, J. & Thomson, K. (1983): Fulvic-acid-enhanced biodegradation of aquatic contaminants. Bull. Environ. Contam. Toxicol. **31**, 203-207.

[40] Livingstone, D.R. (1985): Responses of the detoxification/toxification enzyme system of molluscs to organic pollutants and xenobiotics. Mar. Pollut. Bull. **16**, 158-164.

[41] Lodge, K.B. & Cook, P.M. (1989): Partitioning studies of dioxin between sediment and water: The measurement of K_{oc} for Lake Ontario sediment. Chemosphere **19**, 439-444.

[42] Loganathan, B.G., S. Tanabe, M. Goto & R. Tatsukawa (1989): Temporal trends of organochlorine residues in lizard goby *Rhinogobius flumineus* from River Nagaragawa, Japan. Environ. Poll. **62**, 237-251.

[43] Lohse, J. (1990): Chlorierte organische Verbindungen in Wasser und Sedimenten. In: Loznn, J.L., W. Lenz, E. Rachor, B. Watermann & H. Westernhagen (Eds.), Warnsignale aus der Nordsee, 75-85.

[44] Lommel, A. (1985): Ausgewählte persistente Organochlorverbindungen und Quecksilber im Blut von Elbanwohnern. Dissertation Universität Kiel.

[45] Lowe, J.I., Parrish, P.R., Patrick, J.M. jr & Forester, J. (1972): Effects of the polychlorinated biphenyl Aroclor 1254 on the American oyster *Crassostrea virginica.* Mar. Biol. **17**, 209-214.

[46] Lu, P.-Y. & R.L. Metcalf (1975). Environ. Health Perspect. **10**, 269-283.

[47] Lu, P.Y., R.L. Metcalf, N. Plummer & D. Mandel (1977): The environmental fate of three carcinogens: Benzo[a]pyrene, benzidine, and vinyl chloride evaluated in laboratory model ecosystems. Arch. Environ. Contam. Toxicol. **6**, 129-142.

[48] Lüpke, N.-P. (1988): Zusammenfassende Beurteilung zum Pilotprojekt „Umweltprobenbank" – Sachstand, Schlußfolgerungen, Empfehlungen. In: Umweltprobenbank – Bericht und Bewertung der Pilotphase. Hrsg.: Bundesministerium für Forschung und Technologie, Springer-Verlag Berlin, 133-158.

[49] Lusthof, K.J., Richter, W., de Mol, N.J., Janssen, L.H.M., Verboom, W. & Reinhoudt, D.N. (1990): DNA damage by reductively bis(aziridinyl)-benzoquinone derivatives: alkylation vs. redox cycling. (Abstract) Mutation Research **234**, 392.

[50] Luxon, P.L., P.V. Hodson & U. Borgmann (1987): Hepatic aryl hydrocarbon hydroxylase activity of lake trout (*Salvelinus namaycush*) as an indicator of organic pollution. Environ. Toxicol. Chem. **6**, 649-657.

[51] LYNCH, T.R. & JOHNSON, H.E. (1982): Availability of a hexachlorobiphenyl isomer to benthic amphipods from experimentally contaminated natural sediments. In: Aquatic Toxicology and Hazard Assessment, 5th Conference, Eds.: J.G. PEARSON, R.B. FOSTER & W.E. BISHOP, American Society for Testing and Materials, ASTM Spec. Tech. Publ. 766, 273-287.

M

[1] MACCUBBIN, A.E., CHIDAMBARAM, S. & Black, J.J. (1988): Metabolites of aromatic hydrocarbons in the bile of brown bullheads (*Ictalurus nebulosus*). J. Great Lakes Res. 14, 101-108.

[2] MACKAY, D. & POWERS, B. (1987): Sorption of hydrophobic chemicals from water: A hypothesis for the mechnism of the particle concentration effect. Chemosphere 16, 745-757.

[3] MACKAY, D. (1982): Correlation of bioconcentration factors. Environ. Sci. Technol. 16, 274-278.

[4] MAILHOT, H. (1987): Prediction of algal bioaccumulation and uptake rate of nine organic compounds by ten physicochemical properties. Environ. Sci. Technol. 21, 1009-1013.

[5] MAJEWSKI, M.S., D.E. GLOTFELTY (1990): Source, movement, and fate of airborne pesticides. In: FREHSE, H., E. KESSELER-SCHMITZ & S. CONWAY (Eds.), Seventh international congress of pesticide chemistry. 5-10. Aug. 1990 Abstracts Vol. 3, 25.

[6] MÄKELÄ, P. & OIKARI, A.O.J. (1990): Uptake and body distribution of chlorinated phenolics in the freshwater mussel, *Anodonta anatina L.* Ecotox. Environ. Safety 20, 354-362.

[7] MAKI, A.W. & BISHOP, W.E.(1979): Acute toxicity of surfactants to *Daphnia magna* and *Daphnia pulex*. Arch. Environ. Contam. Toxicol. 8, 599-612.

[8] MALINS, D.C., B.B. McCAIN, D.W. BROWN, M.S. MYERS, M.M. KRAHN & S. CHAN (1987): Toxic chemicals, including aromatic and chlorinated hydrocarbons and their derivatives, and liver lesions in white croaker (*Genyonemus lineatus*) from the vicinity of Los Angeles. Environ. Sci. Technol. 21, 765-770.

[9] MALINS, D.C., KRAHN, M.M., MYERS, M.S., RHODES, L.D., BROWN, D.W., KRONE, C.A., McCAIN, B.B. & CHAN, S.-L. (1985): Toxic chemicals in sediments and biota from a creosote-polluted harbor: Relationships with hepatic neoplasms and other hepatic lesions in English sole (*Parophrys vetulus*). Carcinogenesis 6, 1463-1469.

[10] MALUEG, K.W., SCHUYTEMA, G.S., GAKSTATER, J.H. & KRAWCZYK, D.F. (1983): Effect of Hexagenia on *Daphnia* response in sediment toxicity tests. Environ. Toxicol. Chem. 2, 73-82.

[11] MANTOURA, R.F.C., P.M. GSCHWEND, O.C. ZAFIRIOU & K.R. CLARKE (1982): Volatile organic compounds at a coastal site. 2. short-term variations. Environ. Sci. Technol. 16, 38-45.

[12] MARAFANTE, E., LEURATTI, C., RIEGO, J. & DE PAUW, E. (1990): Biomonitoring of human exposure to genotoxic environmental chemicals: HPLC and mass spectrometry methods for the direct characterization of DNA adducts. (Abstract) Mutation Research 234, 392.

[13] MARCHINI, S., L. PASSERINI, D. CESAREO & M.L. TOSATO (1988): Herbicidal triazines: Acute toxicity on *Daphnia*, fish, and plants and analysis of its relationships with structural factors. Ecotox. Environ. Safety 16, 148-157.

[14] MARFELS, H., K.R. SPURNY, F. OTTO, U. FRITSCHE, J. IBURG, G. ANGERER, E. BÖHM, J. KÖNIG & E. BALFANZ. (1988): Anthropogene Stäube in der Außenluft in Baden-Württemberg: Physikalisch-chemische Analyse und toxikologische Bewertung. KfK-PEF 35, Band 2, 383-398.

[15] MARIJAN, A. & GIGER, W. (1985): Determination of alkylphenols and alkylphenolmonoethoxylates and diethoxylates in environmental samples by high performance liquid chromatography. Anal. Chem. 57, 1577-1583.

[16] MARKL, J. (1987): Charakterisierung monoklonaler Antikörper gegen das Hämocyanin der Vogelspinne. Verh. Dtsch. Zool. Ges. 80.

[17] MARKWELL, R.D., CONNELL, D.W. & GABRIC, A.J. (1989): Bioaccumulation of lipophilic compounds from sediments by oligochaetes. Wat. Res. 23, 1443-1450.

[18] MARTY, J.-C., SALIOT, A. & TISSIER, M.J. (1978): Inventaire, repartition et origine des hydrocarbures aliphatiques et polyaromatiques dans l'eau de mer, la microcouche de surface et les aerosols marins en Atlantique tropical Est. Comtes Rendues de l'Academie des Sciences (Paris) 286 (D), 833-836.

[19] MARUOKA, S., YAMANANKA, S. & YAMAMOTO, Y. (1985): Mutagenic activity in organic concentrate

from Nishitakase River water in Kyoto City, and its fractions separated by using liquid-liquid fraction and thin layer chromatography. Wat. Res. **19**, 241-248.

[20] MATTHEWS, R.A., A.L. BUIKEMA, J. CAIRNS & J.H. RODGERS (1982): Biological monitoring. Part IIa – receiving system functional methods, relationships and indices. Wat. Res. **16**, 129-139.

[21] MATZNER, E. (1984): Annual rates of deposition of polycyclic aromatic hydrocarbons in different forest ecosystem. Water Air Soil Pollut. **21**, 425 ff.

[22] MAUCH, E., KOHMANN, F. & SANZIN, W. (1985): Biologische Gewässeranalyse in Bayern. Informationsbericht Bayer. Landesamt f. Wasserwirtschaft 1/85, 254 S.

[23] MAY, W.E., WASIK, S.P. & FREEMAN, D.H. (1978): Determination of the aqueous solubility of polynuclear aromatic hydrocarbons by a coupled column liquid chromatographic technique. Anal. Chem. **50**, 175-179.

[24] MAYER, F.L. & ELLERSIECK, M.R. (1986): Manual of acute toxicity: Interpretation and data base for 410 chemicals and 66 species of freshwater animals. United States Department of the Interior Fish and Wildlife Service, Washington, Resource Publication 160, 506 pp.

[25] MAYER, F.L. & H.O. SANDERS (1973): Toxicology of phthalic acid esters in aquatic organisms. Environ. Health Perspect. **3**, 153-158.

[26] MAYER, F.L., D.L. STALLING & J.L. JOHNSON (1972): Phthalate esters as environmental contaminants. Nature **238**, 411-413.

[27] MAYER, F.L., MEHRLE, P.M. & SANDERS, H.O. (1977): Residue dynamics and biological effects of polychlorinated biphenyls in aquatic organisms. Arch. Environ. Cont. Toxicol. **5**, 501-511.

[28] MCCAHON, C.P., BARTON, S.F. & PASCOE, D. (1990): The toxicity of phenol to the freshwater crustacean *Asellus aquaticus* (L.) during episodic exposure. Relationship between sub-lethal responses and body phenol concentrations. Arch. Environ. Contam. Toxicol. **19**, 926-929.

[29] MCCAIN, B.B., D.C. MALINS, M.M. KRAHN, D. W. BROWN, W.D. GRONLUND, L.K. MOORE & S-L. CHAN (1990): Uptake of aromatic and chlorinated hydrocarbons by juvenile chinook salmon (*Oncorhynchus tshawytscha*) in an urban estuary. Arch. Environ. Contam. Toxicol. **19**, 10-16.

[30] MCCARTHY, J.F. & JIMENEZ, B.D. (1985a): Interactions between polycyclic aromatic hydrocarbons and dissolved humic material: Binding and dissociation. Environ. Sci. Technol. **19**, 1072-1076.

[31] MCCARTHY, J.F. & JIMENEZ, B.D. (1985b): Reduction in bioavailability to bluegills of polycyclic aromatic hydrocarbons bound to dissolved humic material. Environ. Toxicol. Chem. **4**, 511-521.

[32] MCCARTHY, J.F., JACOBSON, D.N., SHUGART, L.R. & JIMENEZ, B.D. (1989): Pre-exposure to 3-methylcholanthrene increases benzo(a)pyrene adducts on DNA of bluegill sunfisch. Mar. Environ. Res. **28**, 323-328.

[33] MCCARTHY, J.F., JIMENEZ, B.D. & BARBEE, T. (1985): Effect of dissolved humic material on accumulation of polycyclic aromatic hydrocarbons: structure-activity relationships. Aquat. Tox. **7**, 15-24.

[34] MCCARTHY, J.F., JIMENEZ, B.D., SHUGART, L.R., SLOOP, F.V. & A. OKARI, A. (1990): Biological markers in animal sentinels: laboratory studies improve interpretation of field data.,In: In situ Evaluations of Biological Hazards of Environmental Pollutants. Eds.: S.S. Sandhu et al., Plenum Press, N.Y., 163-175.

[35] MCCARTHY, J.F., ROBERSON, L.E. & BURRUS, L.W. (1989): Association of Benzo[a]pyrene with dissolved organic matter: prediction of K_{dom} from structural and chemical properties of the organic matter. Chemosphere **19**, 1911-1920.

[36] MCCONNELL, G., D.M. FERGUSON & C.R. PEARSON (1975): Chlorinated hydrocarbons and the environment. Endeavour **34**, 13-18.

[37] MCENVOY, J. & GIGER, W. (1985): Accumulation of linear alkylbenzene sulphonate surfactants in sewage sludges. Naturwissenschaften **72**, 429-431.

[38] MCLEESE, D.W., METCALFE, C.D. & PEZACK, D.S. (1980): Uptake of PCBs from sediment by *Nereis virens* and *Crangon septemspinosa*. Arch. Environ. Contam. Toxicol. **9**, 507-518.

[39] MCLEESE, D.W., ZIKO, W., SERGEANT, D.B., BURRIDGE, L. & METCALFE, C.D. (1981): Lethality and accumulation of alkylphenols in aquatic fauna. Chemosphere **10**, 723-730.

[40] MCVEETY, B.D. & HITES, R.A. (1988): Atmospheric deposition of polycyclic aromatic hydrocarbons to water surfaces: a mass balance approach. Atmosph. Environ. **22**, 511-536.

[41] MEHRLE, P.M., D.R. BUCKLER, E.E. LITTLE, L.M. SMITH, J.D. PETTY, P.H. PETERMAN, D.L. STALLING, G.M. DCGRAEVE, J.J. COYLE & W.J. ADAMS. (1988): Toxicity and bioconcentration of 2,3,7,8-

Tetrachlorodibenzodioxin and 2,3,7,8-Tetrachlorodibenzofuran in rainbow trout. Environ. Toxicol. Chem. **7**, 47-62.

[42] MELANCON, M.J. & J.L. LECH (1978): Distribution and elimination of naphthalene and 2-methylnaphthalene in rainbow trout during short- and long-term exposures. Arch. Environ. Contam. Toxicol. **7**, 207-220.

[43] MELZER, A. & ROTHMEYER, E. (1983): Die Auswirkung der Versauerung der beiden Arberseen im Bayerischen Wald auf die Makrophytenvegetation. Ber. Bayer. Bot. Ges. **54**, 9-18.

[44] MELZER, A. (1985): Makrophytische Wasserpflanzen als Bioindikatoren. Naturwissenschaften **72**, 456-460.

[45] MENZEL, H. & OHNESORGE, F.K. (1978): Enzymatischer Test für insektizide Phosphorsäureester im Wasser. Hydrochem. hydrogeol. Mitt. **3**, 35-376.

[46] MERIAN, E. & M. ZANDER (1982): Volatile aromatics. In: HUTZINGER, O. (Ed.), Handbook of environmental chemistry. Vol. **3 Part B**, Springer Verlag Berlin Heidelberg New York.

[47] METCALF, R.L. (1974): A laboratory model ecosystem for evaluating the chemical and biological behaviour of radiolabelled micropollutants. **IAEA-SM-175/52**, 49-63.

[48] METCALF, R.L., G.M. BOOTH, C.K. SCHUTH, D.J. HANSEN & P.-Y. LU. (1973): Uptake and fate of Di-2-ethylhexyl phthalate in aquatic organisms and in a model ecosystem. Environmental health perspectives **4**, 27-34.

[49] METCALFE, C.D. (1988): Induction of micronuclei and nuclear abnormalities in the erythrocytes of mudminnows (*Umbra limi*) and brown bullheads (*Ictalurus nebulosus*). Bull. Environ. Contam. Toxicol. **40**, 489-495.

[50] METCALFE, J.L. & HAYTON, A. (1989): Comparison of leeches and mussels as biomonitors for chlorophenol pollution. J. Great Lakes Res. **15**, 654-668.

[51] METCALFE, J.L., FOX, M.E. & CAREY, J.A. (1984): Aquatic leeches (Hirudinea) as bioindicators of organic contaminants in freshwater ecosystems. Chemosphere **13**, 143-150.

[52] MEYER, G. (1990): Über die Ursachen unterschiedlicher Giftanreicherung in Fischen. Eine ökotoxikologisch-limnologische Studie zur Aufnahme und Akkumulation von Chlorkohlenwasserstoffen durch Hechte in südschwedischen Seen. Diplomarbeit, Dept. Ecology, University Lund, Schweden, 89 pp.

[53] MINCHEW, C.D., HUNSINGER, R.N. & GILES, R.C. (1980): Tissue distribution of mirex in adult crayfish (*Procambarus clarki*). Bull. Environ. Contam. Toxicol. **24**, 522-526.

[54] MINISTER FÜR UMWELT, RAUMORDNUNG UND LANDWIRTSCHAFT DES LANDES NORDRHEIN-WESTFALEN (1989): Luftreinhaltung in Nordrhein-Westfalen. Eine Erfolgsbilanz der Luftreinhalteplanung 1975-1988.

[55] MIYATA, H., K. TAKAYAMA, M. MIMURA, T. KASHIMOTO & S. FUKUSHIMA (1989): Specific congener profiles of polychlorinated dibenzo-p-dioxins and dibenzofurans in blue mussel in Osaka Bay in Japan: Aqueous solubilities of PCDDs and PCDFs. Bull. Environ. Contam. Toxicol. **43**, 342-349.

[56] MOLES, A. (1980): Sensitivity of parasitized Coho salmon fry to cruide oil, toluene and napthalene. Trans. Am. Fish. Soc. **109**, 293-297.

[56] MÖLLER, M., SCHNEIDER, R. & SCHNIER, C. (1983): Trace metal and PCB content of mussels (Mytilus edulis) from the southwestern Baltic sea. Int. Revue Ges. Hydrobiol. **68**, 633-648

[58] MONOD, G. & VINDIMIAN, E. (1991): Effect of storage conditions and subcellular fractionation of fish liver on cytochrome P-450-dependent enzymatic activities used for the monitoring of water pollution. Wat. Res. **25**, 173-177.

[59] MONOD, G., DEVAUX, A. & RIVERE, J.L. (1987): Characterization of some monooxygenase activities and solubilization of hepatic cytochrome P-450 in two species of freshwater fish, the nase (*Chondrostoma nasus*) and the roach (*Rutilus rutilus*). Comp. Biochem. Physiol. **88C**, 83-89.

[60] MONOD, G., DEVAUX, A. & RIVIERE, J.L. (1988): Effects of chemical pollution on the activities of hepatic xenobiotic metabolizing enzymes in fish from the river Rhne. Sci. Tot. Environ. **73**, 189-201.

[61] MOREHEAD, N.R., EADIE, B.J., LAKE, B., LANDRUM, P.F. & BERNER, D. (1986): The sorption of PAH onto dissolved organic matter in Lake Michigan waters. Chemosphere **15**, 403-412.

[62] MORETEAU, B. & CHAMINADE, N. (1990): The effects of lindane poisoning on N-acetyldopamine and N-acetyl 5-hydroxytryptamine concentrations in the brain of *Locusta migratoria* L. Ecotoxicol. Environ. Safety **20**, 115-120.

[63] MORGAN, E.L., YOUNG, R.C. & WRIGHT, J.R. jr (1988): Developing portable computer-automated biomonitoring for a regional water quality surveillance network. In: Automated Biomonitoring. Living Sensors as Environmental Monitors. Eds. D.S. GRUBER, DIAMOND, J.M. & HORWOOD, E.. Ellis Horwood Books in Aquaculture and Fisheris Suppoort, 127-141.

[64] MORGAN, J.D., VIGERS, G.A., A.P. FARRELL, JANZ, D.M. & MANVILLE, J.F. (1991): Acute avoidance reactions and behavioral responses of juvenile rainbow trout (*Onchorhynchus mykiss*) to Garlon 4, Garlon 3A and Vision herbicides. Environ. Toxicol. Chem. 10, 73-79.

[65] MORGAN, W.S.G. & KUEHN, P.C. (1988): Enzyme microcalometry as ameans of detecting organophosphates and carbamates in water. In: Automated Biomonitoring. Living Sensors as Environmental Monitors. Eds. D.S. GRUBER, DIAMOND, J.M. & HORWOOD, E.. Ellis Horwood Books in Aquaculture and Fisheris Suppoort, 23-39.

[66] MORITA, M. (1977): Chlorinated benzenes in the environment. Ecotoxicol. Environ. Safety 1, 1-6.

[67] MOSHER, R.G. & W.J. ADAMS (1982): Method for conducting acute toxicity tests with the midge *Chironomus tentans*. Monsanto Environmental Sciences Report NO. EAS-82-AOP-44, St. Louis, MO.

[68] MOSHER, R.G., KIMERLE, R.A. & ADAMS, W.J. (1982): MIC environmental assessment method for conducting 14-day partial life cycle flow-through and static sediment exposure toxicity tests with the midge *Chironomus tentans*. Monsanto Environmental Sciences Report ES-82-M-10, St. Louis, MO.

[69] MOSTEN, M.T., E.S. REYNOLDS & S. SZABO (1977): Enhancement of the metabolism and hepatotoxicity of trichloroethylene and perchloroethylene. Biochem. Pharmacol. 26, 369ff.

[70] MOUNT, D.I. & NORBERG, T.J. (1984): A seven-day life-cycle cladoceren toxicity test. Environ. Toxicol. Chem. 3, 425-434.

[71] MOUVET, C. (1984): Accumulation of chromium and copper by the aquatic moss *Fontinalis antipyretica* L. ex HEDW transplanted in a metal-contaminated river. Environ. Technol. Lett. 5, 541-548.

[72] MOUVET, C. (1985): The use of aquatic bryophytes to monitor heavy metals pollution of freshwaters as illustrated by case studies. Verh. Intern. Verein. Limnol. 22, 2420-2425.

[73] MOUVET, C., GALOUX, M. & BERNES, A: (1985): Monitoring of polychlorinated biphenyls (PCBs) and hexachlorocyclohexanes (HCH) in freshwater using the aquatic moss *Cinclidotus denubicus*. Sci. Total Environ. 44, 253-267.

[74] MUIR, D.C.G. & A.L. YARECHEWSKI (1988): Dietary accumulation of four chlorinated dioxin congeners by rainbow trout and fathead minnows. Environ. Toxicol. Chem. 7, 227-236.

[75] MUIR, D.C.G., C.A. FORD, N.P. GRIFT, D.A. METNER & W.L. LOCKHART (1990): Geographic variation of chlorinated hydrocarbons in burbot (*Lota lota*) from remote lakes and rivers in Canada. Arch Environ. Toxicol. 19, 530-542.

[76] MUIR, D.C.G., GRIFT, N.P., TOWNSEND, B.E., METNER, D.A. & LOCKHART, W.L. (1982): Comparison of the uptake and bioconcentration of fluridone and terbutryn by rainbow trout and *Chironomus tentans* in sediment and water systems. Arch. Environ. Contamin. Toxicol. 11, 595-602.

[77] MUIR, D.C.G., TOWNSEND, B.E. & WEBSTER, G.R.B. (1983): Bioavailability of ^{14}C tetrachlorodibenzodioxin and ^{14}C octachlorodibenzodioxin to aquatic insects in sediments and water. Extd. Abst., Div. of Environ. Chem. 23, 81-83 (zitiert in Allan 1986).

[78] MÜLLER, A., B. BOYSEN, R. FRIEDRICH, T. MÜLLER, A. OBERMEIER & A. VOSS (1988): Hochaufgelöstes Emissionskataster für Luftschadstoffe in Baden-Württemberg. KfK-PEF 35 Band 2, 537-551.

[79] MÜLLER, H., BÖHM, H.-H. & KÜMMERLIN, R. (1987): Experimentelle Untersuchungen über Aufnahmekinetik, Wirkung und Anreicherung von Herbiziden auf der Stufe der Primärproduktion (Algen). In: K. LILLELUND et al., 242-253.

[80] MÜLLER-WEGENER, U. (1987): Electron donor acceptor complexes between organic nitrogen heterocycles and humic acid. Sci. Total Environ. 62, 297-304.

[81] MUNAWAR, M., THOMAS, R.L., SHEAR, H., MCKEE, P. & MUDROCH, A. (1984): An overview of sediment-associated contaminants and their bioassessment. Canadian Technology Report of Fisheries and Aquatic Sciences, No. 1253.

[82] MUNCASTER, B.W., D.J. INNES, P.D.N. HEBERT & G.D. HAFFNER (1989): Patterns of organic contaminant accumulation by freshwater mussels in the St. Clair river, Ontario. J. Great Lakes Res. 15, 645-653.

[83] MUNCASTER, B.W., HEBERT, P.D.N. & LAZAR, R. (1990): Biological and physical factors affecting the body burden of organic contaminants in freshwater mussels. Arch. Environ. Contam. Toxicol. **19**, 25-34.

[84] MUNCASTER, B.W., P.D.N. HERBERT & R. LAZAR (1990): Biological and physical factors affecting the budy burden of organic contaminants in freshwater mussels. Arch. Environ. Contam. Toxicol. **19**, 25-34.

[85] MURPHY, S.D. (1980): Pestizides. In: J. DOULL, C.D. KLAASSEN, M.O. AMOUR, (eds.) Toxicology – the basic science of poisons. MacMillan Publishing Co Inc, 2nd edition, 357-408.

[86] MURPHY, T.L., MULLIN, M.D. & MEYER, J.A. (1987): Equilibration of polychlorinated biphenyls and toxaphene with air and water. Environ. Sci. Technol. **21**, 155-162.

[87] MURRAY, H.E., RAY, L.E. & GIAM, C.S. (1981): Analysis of marine sediment, water, and biota for selected organic pollutants. Chemosphere **10**, 1327-1334.

N

[1] NAGEL, R. (1986): Fische als Testtiere zur ökotoxikologischen Bewertung von Umweltchemikalien. Forschungsbericht (03-7324-8). In: VERFONDERN, B. & B. SCHEELE (Eds.), Methoden zur ökotoxikologischen Bewertung von Chemikalien. Band 10: Aquatische Syseme III (1988). Spezielle Berichte der Kernforschungsanlage Jülich Nr. **440**, 43-99.

[2] NARBONNE, J.F. (1979): Accumulation of polychlorinated biphenyl (Phenoclor DP6) by estuarine fish. Bull. Environ. Contam. Toxicol. **22**, 60 ff.

[3] NASU, Y., KUIGIMOTO, M., TANAKA, O. & TAKIMOTO, A. (1984): *Lemna* as an indicator of water pollution and the absorption of heavy metals by *Lemna*. In: Freshwater Biological Monitoring (Advances in Water Pollution Control) – D. PASCOE & R.W. EDWARDS (Ed.), Pergamon Press Ltd., 165 p., 113-120.

[4] NATIONAL ACADEMY OF SCIENCES AND NATIONAL ACADEMY OF ENGINEERING (NAS-NAE) (1972): Section III-Freshwater aquatic life and wildlife, water quality criteria. Ecol. Research Ser. Environ. Pro. Agency **EPA-R3-73-033**, Washington DC, 106-213.

[5] NAU-RITTER, G.M., WURSTER, C.F. & Rowland, R.G. (1982): Polychlorinated biphenyls (PCB) desorbed from clay-particles inhibit photosynthesis by natural phytoplankton communities. Environ. Pollut. Ser. **A 28**, 177-182.

[6] NAYLOR, S., SKIPPER, P.L., GAN, L.-S., DAY, B.W. & TANNENBAUM, S.R. (1990): Origins of the tetrols arising from hemoglobin-benzo[a]pyrene diolepoxide adducts determined by incorporation of ^{18}O from $H_2{}^{18}O$. (Abstract) Mutation Research **234**, 377.

[7] NEBEKER, A.V. & C.E. MILLER (1988): Use of the amphipod crustacean *Hyalella azteca* in freshwater and estuarine sediment toxicity tests. Environ. Toxicol. Chem. **7**, 1027-1033.

[8] NEBEKER, A.V. & PUGLISI, F.A. (1974): Effect of polychlorinated biphenyls (PCBs) on survival and reproduction of *Daphnia, Gammarus*, and *Tanytarsus*. Trans. Am. Fish. Soc. **103**, 722-728.

[9] NEBEKER, A.V., CAIRNS, M.A. & WISE, C.M. (1984a): Relative sensitivity of *Chironomus tentans* life stages to copper. Environ. Toxicol. Chem. **3**, 151-158.

[10] NEBEKER, A.V., CAIRNS, M.A., GAKSTATTER, J.H., MALUEG, K.W., SCHUYTEMA, G.S. & KRAWCZYK, D.F. (1984b): Biological methods for determining toxicity of contaminated freshwater sediments to invertebrates. Environ. Toxicol. Chem. **3**, 617-630.

[11] NEBEKER, A.V., McCRADY, J.K., SHAR, R.M. & McAULIFFE, C.K. (1983): Relative sensitivity of *Daphnia magna*, rainbow trout and fathead minnows to endosulfan. Environ. Toxicol. Chem. **2**, 69-72.

[12] NEBEKER, A.V., PUGLISI, F.A. & DeFOE, D.L. (1974): Effect of polychlorinated biphenyl compounds on survival and reproduction of the fathead minnow and flagfish. Trans. Am. Fish. Soc. **103**, 562-568.

[13] NEBEKER, A.V., W.L. GRIFFIS, C.M. WISE, E. HOPKINS & J.A. Barbitta (1989): Survival, reproduction and bioconcentration in invertebrates and fish exposed to hexachlorobenzene. Environ. Toxicol. Chem. **8**, 601-611.

[14] NEFF, J.M. (1980): Polycyclic aromatic hydrocarbons in the aquatic environment: Sources, fates and biological effects. Applied Science Publishers LTD, London, 262 S.

[15] NEFF, J.M., COX, B.A., DIXIT, D. & ANDERSON, J.W. (1976): Accumulation and release of petroleum-derived aromatic hydrocarbons by four species of marine animals. Mar. Biol. 38, 279-289.

[16] NENDZA, M. (1987): Toxizitätsbestimmungen von umweltrelevanten Chemikalien mit einem neuen Biotestsystem, Ermittlung physikochemischer Eigenschaften und Ableitung quantitativer Struktur-Toxizitäts-Beziehungen unter Anwendung von Multiregressions- und Hauptkomponenten-Analyse. Dissertation Univ. Kiel. 157 S.

[17] NEUFELD, G.J. & J.B. PRITCHARD (1979): An assessment of DDT toxicity on osmoregulation and gill Na, K-ATPase activity in the blue-crab. In: *L.L. Marking, R.A. Kimberle* (eds.). Aquatic toxicology. ASTM Proceedings of the 2nd Annual Symposium on Aquatic Toxicology, STP 667, 23-24.

[18] NEUMANN, H.-G. (1987): Concepts for assessing the internal dose of chemicals in vivo. In: Mechanisms of Cell Injury: Implications for Human Health. Ed.: FOWLER, John Wiley & Sons Ltd.

[19] NEUMÜLLER, O.A. (1985): Römpps Chemie-Lexikon. Franckh'sche Verlagshandlung, W. Keller & Co., Stuttgart, 8. Aufl.

[20] NEWSTED, J.L. & GIESY, J.P. (1987): Predictive models for photoinduced acute toxicity of polycyclic aromatic hydrocarbons to *Daphnia magna* STRAUSS (Cladocera, Crustacea). Environ. Toxicol. Chem. 6, 445-461.

[21] NICHOLAS, W.L. (1984): The Biology of Free-living Nematodes. 2nd Edition, Clarendon-Press, Oxford.

[22] NIEMITZ, W. (Hrsg.) (1987): HOV-Studie. Halogenorganische Verbindungen in Wässern. Eine wissenschaftlich-technische Studie, herausgegeben von der Fachgruppe Wasserchemie in der Gesellschaft Deutscher Chemiker. Bericht Wasser 102 04 323 an das Umweltbundesamt, 515 S.

[23] NIIMI, A.J. & G.P. DOOKHRAN (1989): Dietary absorption efficiencies and elimination rates of polycyclic aromatic hydrocarbons (PAHs) in rainbow trout (*Salmo gairdneri*). Environ. Toxicol. Chem. 8, 719-722.

[24] NILSSON, C-A., NORSTROM, A., ANDERSON, K. & RAPPE, C. (1978): Impurities in commercial products related to pentachlorophenol. In: Pentachlorophenol – Chemistry, Pharmacology, and Environmental Toxicology, ed. K.R. Rao, New York, Plenum Press, 313-324.

[25] NIMMO, D.R., BLACKMAN, R.R., WILSON, A.J. & FORESTER, J. (1971a): Toxicity and distribution of Aroclor 1254 in the pink shrimp *Penaeus duorarum*. Mar. Biol. 11, 191-197.

[26] NIMMO, D.R., FORESTER, J., HEITMULLER, P.T. & COOK, G.H. (1974): Accumulation of Aroclor 1254 in grass shrimp (*Palaemonetes pugio*) in laboratory and field exposures. Bull. Environ. Contam. Toxicol. 11, 303-308.

[27] NIMMO, D.R., HANSEN, D.J., COUCH, J.A., COOLEY, N.R., PARRISH, P.R. & LOWE, J.I. (1975): Toxicity of Aroclor 1254 and its physiological activity in several estuarine organisms. Arch. Environ. Contam. Toxicol. 3, 22-29.

[28] NIMMO, D.R., WILSON, A.J. & BLACKMAN, R.R. (1970): Localization of DDT in the body organs of pink and white shrimp. Bull. Environ. Contam. Toxicol. 5, 333-341.

[29] NIMMO, D.R., WILSON, P.D., BLACKMAN, R.R. & WILSON, A.J. (1971b): Polychlorinated biphenyl absorbed from sediment by fiddler crabs and pink shrimp. Nature 231, 50-52.

[30] NOACK, U. (1987a): Chlorophyll-Fluoreszenz-Messung in der Nordsee. Umweltvorsorge Nordsee. Belastungen, Gütesituation und Maßnahmen. Niedersächsisches Umweltministerium, 357-366.

[31] NOACK, U. (1987 b): Quasi-kontinuierliche Chlorophyllfluoreszenz-Messung in der Gewässerüberwachung. Arch. Hydrobiol. Beih. Ergebn. Limnol. 29, 99-105.

[32] NOACK, U., N. HERDEN, J. LÖFFLER, C. WARCUP & M. GORSLER (1985): Kontinuierliche Erfassung der Algen-Biomasse mittels Chlorophyll-Fluoreszenz in Gütemeßstationen des Gewässerüberwachungssystems in Niedersachsen. Z. Wasser Abwasser Forsch. 18, 177-182

[33] NOVAK, M.A., REILLY, A.A. & JACKLING, S.J. (1988): Long-term monitoring of polychlorinated biphenyls in the Hudson River (New York) using caddisfly larvae and other macroinvertebrates. Arch. Environ. Contam. Toxicol. 17, 699-710.

[34] NOVAK, M.A., REILLY, A.A., BUSH, B. & SHANE, L. (1990): In situ determination of PCB congener-specific first order absorption/desorption rate constants using *Chironomus tentans* larvae (Insecta: Diptera: Chironomidae). Wat. Res. 24, 321-327.

[35] NOVICK, N.J. & M. ALEXANDER (1985): Cometabolism of low concentrations of propachlor, alachlor, and cycloate in sewage and lake water. Appl. Environ. Microbiol. 49, 737-743.

[36] NRCC (National Research Council Canada) (1983): Polycyclic Aromatic Hydrocarbons in the Aquatic Environment: Formation, Sources, Fate and Effects on Aquatic Biota. Associate Committee on Scientific Criteria for Environmental Quality, National Research Council of Canada, Ottawa. NRCC No. **18981**, 209 pp.

[37] NRCC (National Research Council Canada) SOLOMON, K.R. et al. (ed.) (1986): Pyrethorids: Their effects on aquatic and terrestrial ecosystems. National Research Council of Canada, Ottawa. NRCC No. **24376**, 303pp.

[38] NUSCH, E.A. (1986): Möglichkeiten und Grenzen der Aussagekraft Ökotoxikologischer Tests. Vom Wasser **67**, 213-220.

O

[1] O'CONNOR, D.J. & CONNOLLY, J.P. (1980): The effect of concentration of absorbing solids on the partition coefficient. Wat. Res. **14**, 1517-1523.

[2] O'KEEFE, P.W., HILKER, D.R., SMITH, R.M., ALDOUS, K.M., DONNELLY, R.J., LONG, D. & POPE, D.H. (1986): Nonaccumulation of chlorinated dioxins and furans by goldfish exposed to contaminated sediment and flyash. Bull. Environ. Contam. Toxicol. **36**, 452-459.

[3] ÖBERG, L.G., GLAS, B., SWANSON, S.E., RAPPE, C. & Paul, K.G. (1990): Peroxidase-catalyzed oxidation of chlorophenols to polychlorinated dibenzo-p-dioxins and dibenzofurans. Arch. Environ. Contam. Toxicol. **19**, 930-938.

[4] OBST, U. (1985): Test instruction for measuring the microbial metabolic activity in sewage samples. Fresenius Anal. Chem. **321**, 166-168.

[5] OBST, U. HOLZAPFEL-PSCHORN, A. & WIEGAND-ROSINIUS, M. (1987): Anwendung enzymatischer Verfahren in der Wassertoxikologie. Z. Wasser- Abwasser-Forsch. **20**, 151-155.

[6] OEHMICHEN, U. & HABERER, K. (1986): Stickstoffherbizide im Rhein. Vom Wasser **66**, 225-241.

[7] OIKARI, A. & KUKKONEN, J. (1990): Bioavailability of Benzo[a]pyrene and dehydroabietic acid from a few lake waters containing varying dissolved organic carbon concentrations to *Daphnia magna*. Bull. Environ. Contam. Toxicol. **45**, 54-61.

[8] OLIVER, B.G. & A.J. NIIMI (1984): Rainbow trout bioconcentration of some halogenated aromatics from water at environmental concentrations. Environ. Toxicol. Chem. **3**, 271-277.

[9] OLIVER, B.G. & NIIMI, A.J. (1985): Bioconcentration factors of some halogenated organics for rainbow trout: Limitations in their use for prediction of environmental residues. Environ. Sci. Technol. **19**, 842-849.

[10] OLIVER, B.G. (1984): Uptake of chlorinated contaminants from anthropogenically contaminated sediments by oligochaete worms. Can. J. Fish. Aquat. Sci. **41**, 878-883.

[11] OLIVER, B.G. (1987): Biouptake of chlorinated hydrocarbons from laboratory-spiked and field sediments by oligochaete worms. Environ. Sci. Technol. **21**, 785-790.

[12] OMANN, G.M. & LAKOWICZ, J.R. (1981): Transfer of chlorinated hydrocarbon insecticides and polychlorinated biphenyls from particles to membranes studied by quenching of fluorescence. Pestic. Biochem. Physiol. **16**, 231-148.

[13] OPPERHUIZEN, A. VELDE, E.W. V.D., GOBAS, F.A.P.C., LIEM, D.A.K., STEEN, J.M.D. V.D. & HUTZINGER, O. (1985): Relationship between bioconcentration in fish and steric factors of hydrophobic chemicals. Chemosphere **14**, 1871-1896.

[14] ORIS, J.T. & GIESY, J.P. jr (1987): The photo-induced toxicity of polycyclic aromatic hydrocarbons to larvae of the fathead minnow (*Pimephales promelas*). Chemosphere **16**, 1395-1404.

[15] ORUS, M.I., MARCO, E. & MARTINEZ, F. (1990): Effects of trichlorfon on N2-fixing cyanobacterium *Anabaena* PCC 7119. Arch. Environ. Contam. Toxicol. **19**, 297-301.

[16] OTT, F.S., HARRIS, R.P. & O'HARA, S.C.M. (1978): Acute and sublethal toxicity of naphthalene and three methylated derivatives to the estuarine copepod, *Eurytemora affinis*. Mar. Environ. Res. **1**, 49-58.

[17] OTTO, F.J. & OLDIGES, H. (1983): Prüfung von Umweltchemikalien auf Mutagenität mit Hilfe der durchflußcytophotometrischen DNS-Messung. Wissenschaft und Umwelt **3/1983**, 109-121.

P

[1]   Paasivirta, J., Heinola, K., Humppi, T., Karjalainen, A., Knuutinen, J., Mäntykoski, K., Paukku, R., Piilola, T., Surma-Aho, K., Tarhanen, J., Welling, L. & Vihonen, H. (1985): Polychlorinated phenols, guaiacols and catechols in environment. Chemosphere 14, 469-491.

[2]   Paasivirta, J., Särkkä, J., Leskijärvi, T. & Roos, A. (1980): Transportation and enrichment of chlorinated phenolic compounds in different aquatic food chains. Chemosphere 9, 441-456.

[3]   Painter, H.A. & Zabel, T.F. (1988): Review of the Environmental Safety of LAS. Water Research Center, Medmenham U.K., Report CO 1659-M/1/EV 8658, 232 S.

[4]   Parthier, M. (1981): Untersuchungen über die Auswirkung von Randbedingungen bei der Bestimmung der akuten Toxizität des Modellschadstoffes Lindan (γ-HCH) im dynamischen Fischtest. Dissertation Universität Hamburg.

[5]   Pascoe, D. (1987): The role of aquatic toxicity in predicting and monitoring pollution effects. Acta Biologica Hungarica 38, 47-58.

[6]   Pascoe, D., Brown, A.F., Evans, B.M.J. & McKavanagh, C. (1990): Effects and fate of cadmium during toxicity tests with Chironomus riparius – the influence of food and artificial sediment. Arch. Environ. Contam. Toxicol. 19, 872-877.

[7]   Passino, D.R.M. & J.M. Kramer (1980): Toxicity of arsenic and PCBs to fry of deepwater ciscoes (Coregonus). Bull. Environ. Contam. Toxicol. 24, 527-534.

[8]   Passino, D.R.M. & S. Smith (1987): Acute bioassays and hazard evaluation of representative contaminants detected in Great Lakes fish. Environ. Tox. Chem. 6, 901-907.

[9]   Pavlou, S.P. & Dexter, R.N. (1980): Thermodynamic aspects of equilibrium sorption of persistent organic molecules at the sediment-seawater interface: a framework for predicting distribution in the aquatic environment. In: Contaminats and Sediments, Ed.: R.A. Baker, Ann Arbor Science Pub., Ann Arbor, Michigan, 323-329.

[10] Payne, J.F. (1984): Mixed-function oxygenases in biological monitoring programs: Reviews of potential usage in different phyla of aquatic animals. In: Ecotoxicological Testing for the Marine Environment, Eds.: G. Persoone, E. Jaspers & C. Claus, State Univ. Ghent and Inst. Mar. Scient. Res., Bredene, Vol 1, 625-655.

[11] Payne, J.F., Fancey, L.L. Rahimtula, A.D. & E.L. Porter (1987): Review and perspective on the use of mixed-function oxygenase enzymes in biological monitoring. Comp. Biochem. Physiol. 86C, 233-245.

[12] Payne, J.F., J. Kiceniuk, L.L. Fancey, U. Williams, G.L. Fletscher, A. Rahimtula & B. Fowler (1988): What is a safe level of polycyclic aromatic hydrocarbons for fish: subchronic toxicity study on winter flounder (Pseudopleuronectes americanus). Can. J. Fish. Aquat. Sci. 45, 1983-1993.

[13] Payne, J.F., Rahimtula, A. & Lim, S. (1983): Metabolism of petroleum hydrocarbons by marine organisms: The potential of bivalve moluscs. In: Proc. Can. Fed. Biol. Soc. 26th Annual Meeting, June 13-17, Ottawa.

[14] Peakall, D.B. (1975): Phthalate esters: occurrence and biological effects. Residue Reviews 54, 1-41.

[15] Pearson, C.R. & G. McConnell (1975): Chlorinated C_1 and C_2 hydrocarbons in the marine environment. Proc. R. Soc. London B 189, 305-332.

[16] Pearson, C.R. (1982a): C_1 und C_2 Halocarbone. In: Hutzinger, O. (Ed.), Handbook of Environmental Chemistry, Vol. 3 Part B, Springer Verlag Berlin.

[17] Pearson, C.R. (1982b): Halogenated Aromatics, In: Hutzinger, O. (Ed.), Handbook of Environmental Chemistry, Vol. 3 Part B, Springer Verlag Berlin.

[18] Peichl, L. & Reiml, D. (1990): Bioprobes – Biological effect-test systems for the early recognition of unexpected environmental changes. Environ. Monitor. Assess. 15, 1-12.

[19] Peichl, L., Lay, J.P. & Korte, F. (1984): Wirkung von Dichlorbenil und Atrazin auf die Populationsdichte von Zooplanktern in einem aquatischen Freilandsystem. Z. Wasser-Abwasser-Forsch. 17, 134-145.

[20] Peichl, L., Reiml, D., Ritzl, I. & Schmidt-Bleek, F. (1987): Übersicht biologischer Wirkungs-Testsysteme zur Beobachtung unerwarteter Umweltveränderungen. – Biosonden. GSF-Bericht 28/87, 3 Teile.

[21] PERERA, F. (1988): Biomarkers: New tools for studying environmental exposures. Health Environ. Dig. **2**, 1-3.

[22] PERRET, P. (1988): Chemodynamik und Ökotoxikologie der in den Rhein gelangten Pestizide. Mitteilungen EAWAG **24**, 1-2.

[23] PETERS, G. et al. (1985): Changes in hemopoitic tissue of rainbow trout under influences of stress. Diseas. Auqat. Organ. **1**, 1-10

[24] PETERSON, J.C. & D.H. FREEMAN (1982): Phthalate ester concentration variations in dated sediment cores from the Chesapeake Bay. Environ. Sci. Technol. **16**, 464-469.

[25] PHILLIPS, D.H. (1983): Fifty years of benzo[a]pyrene. Nature **303**, 468-472.

[26] PHILLIPS, D.J.H. (1978): Use of biological indicator organisms to quantitative organochlorine pollutants in aquatic environments. A review. Environ. Pollut. **16**, 167-229.

[27] PHILLIPS, D.J.H. (1980): Quantative Aquatic Biological Indicators. Their Use to Monitor Trace Metal and Organochlorine Pollution. Applied Science Publ. Ltd, London, 488 S.

[28] PHILLIPS, G.L., HOLCOMBE, G.W. & FIANDT, J.T. (1981): Acute toxicity of phenol and substituted phenols to the fathead minnow. Bull. Environ. Contam. Toxicol. **26**, 585-593.

[29] PICKERING, Q., D.O. CARLE, A. PILLI, T. WILLINGHAM & J.M. LAZORCHAK (1989): Effects of pollution on freshwater organisms. Journal WPCF **61**, 998-1042.

[30] PILZ, U. (1990): Verbesserung der Betriebssicherheit und der Meßempfindlichkeit des Bakterien-toximeters. Vom Wasser **74**, 351-359.

[31] PITTER, P. (1976): Biodegradation of biological degradability of organic substances. Wat. Res. **10**, 231-235.

[32] PITTINGER, C.A., WOLTERING, D.M. & MASTERS, J.A. (1989): Bioavailability of sediment-sorbed and aqueous surfactants to *Chironomus riparius* (midge). Environ. Toxicol. Chem. **8**, 1923-1033.

[33] POIRRIER, M.A., BORDELON, B.R. & LASETER, J.L. (1972): Adsorption and concentration of dissolved carbon-14 DDT by coloring colloids in surface waters. Environm. Sci. Technol. **6**, 1033-1035.

[34] POREMSKI, H.J. (1990): Vollzug des Wasch- und Reinigungsmittelgesetzes aus der Sicht des UBA: Auswertung der Daten zur Umweltverträglichkeit. Münchner Beiträge zur Abwasser-, Fischerei- und Flußbiologie **44**, 26-41.

[35] PORTE, C., BARCEL, D., TAVARES, T.M., ROCHA, V.C. & ALBAIGS, J. (1990): The use of Mussel Watch and molecular marker concepts in studies of hydrocarbons in a tropical bay (Todos os Santos, Bahia, Brazil). Arch. Environ. Contam. Toxicol. **19**, 263-274.

[36] PORTMANN, J.E. (1970): Monitoring of organochlorine residues in fish from around England and Wales, with special reference to polychlorinated biphenyls. Report **CM 1970/E:** 9 International Council for the Exploration of the Sea, Charlottenlund Slot, DK-2920 Charlottenlund, Denmark.

[37] POWLESLAND, C. & GEORGE, J. (1986): Acute and chronic toxicity of nickel to larvae of *Chironomus riparis* (Meigen). Environ. Pollut. Ser. **A 42**, 47-64.

[38] PRATER, B.L. & ANDERSON, M. (1977): A 96-hr sediment bioassay of Duluth and Superior harbor basins using *Hexagenia limbata, Asellus communis, Daphnia magna* and *Pimephales promelas* as test organisms. Bull. Environ. Contam. Toxicol. **13**, 159-169.

[39] PRESLEY, B.J., TREFRY, J.H. & STOKES, R.F. (1980): Heavy metal inputs to Mississippi delta sediments. Water Air Pollut. **13**, 481-494.

Q

[1] QUENSEN, J.F., TIEDJE, J.M. & BOGU, S.A. (1988): Reductive dechlorination of polychlorinated biphenyls by anaerobic microorganisms from sediments. Science **242**, 752-754.

R

[1] RADDUM, G.G. & FJELLHEIM, A. (1984): Acidification and early warning organisms in freshwater in western Norway. Verh. Internat. Verein. Limnol. **22**: 1973-1980.

[2] RADDUM, G.G. & FJELLHEIM, A. (1986): Monitoring of acidification by use of stream invertebrates.

ECE Convention of Long-Range Transboundary Air Pollution – International Co-operative Programme on Assessment and Monitoring of Acidification in Rivers and Lakes. Worhshop on Acidification of Rivers and Lakes. Grafenau, 28-30 April 1986, 7 S.

[3] RADHAIAH, V., M. GIRIJA & J. RAO (1987): Changes in selected biochemical parameters in the kidney and blood of the fish, Tilapia mossambica (PETERS), exposed to heptachlor. Bull. Environ. Contam. Toxicol. 39, 1006-1011.

[4] RAM, R.N. & A.G. SATHYANESAN (1987): Effects of long-term exposure to cython on the reproduction of the teleost fish, Channa puctatus (Bloch). Environ. Poll. 44, 49-60.

[5] RAPPE, C., BUSER, H.R. & BOSSHARDT, H.P. (1979): Dioxins, dibenzofurans and other polyhalogenated aromatics: Production, use, formation, and destruction. Ann. NY Acad. Sci. 320, 1-18.

[6] RASMUSSEN, J.B., ROWAN, D.J., LEAN, D.R.S. & CAREY, J.H. (1990): Food chain structure in Ontario lakes determines PCB levels in lake trout (Salvelinus namaycush) and other pelagic fish. Can. J. Fish. Aquat. Sci. 47, 2030-2038.

[7] RAT VON SACHVERSTÄNDIGEN FÜR UMWELTFRAGEN (1980): Umweltprobleme der Nordsee. Sondergutachten Juni 1980, Verlag Kohlhammer GmbH, Stuttgart.

[8] RAT VON SACHVERSTÄNDIGEN FÜR UMWELTFRAGEN (1985): Umweltprobleme der Landwirtschaft. Sondergutachten März 1985. Unterrichtung durch die Bundesregierung, Drucksache 10/3613.

[9] RATTNER, B.A., HOFFMAN, D.J. & MARN, C.M. (1989): Use of mixed-function oxygenases to monitor contaminant exposure in wildlife. Environ. Toxicol. Chem. 8, 1093-1102.

[10] READMAN, J.W., MANTOURA, R.F.C., RHEAD, M.M. & BROWN, L. (1982): Aquatic distribution heterotrophic degradation of polycyclic aromatic hydrocarbons (PAH) in the Tamar Estuary. Estuar. Coast. Shelf Sci. 14, 369-389.

[11] REDDY, M.S. & RAO, K.V.R. (1990): Effect of sublethal concentrations of phosphamidon, methyl parathion, DDT, and lindane on tissue nitrogen metabolism in the penaeid prawn, Metapenaeus monoceros (Fabricius). Ecotoxicol. Environ. Safety 19, 47-54.

[12] REINHARTZ, A., LAMPERT, I., HERZBERG, M. & FISH, F. (1987): A new short-term, sensitive bacterial assay kit for the detection of toxicants. Toxicol. Assess. 2, 193-206.

[13] RHEE, G.-Y, SHANE, L. & DENUCCI, A. (1988): Steady-state effects of 2,5,2',5'-tetrachlorobiphenyl on growth, photosynthesis, and P-uptake in Selenastrum capricornutum. Appl. Environ. Microbiol. 54, 1394-1398.

[14] RICE, C.P. & D.S. WHITE (1987): PCB availability assessment of river dredging using caged clams and fish. Environ. Toxicol. Chem. 6, 259-274.

[15] RICHARDS, R.R., J.W. KRAMER, D.B. BAKER & K.A. KRIEGER (1987): Pesticides in rainwater in the northeastern Unites States. Nature 327, 129-131.

[16] RICHTER, J.E., S.F. PETERSON & C.F. KLEINER (1983): Acute and chronic toxicity of some chlorinated benzenes, chlorinated ethanes, and tetrachloroethylene to Daphnia magna. Arch. Environ. Contam. Toxicol. 12, 679-684.

[17] RINNE, D. (1986): Chlorierte Kohlenwasserstoffe in den Flüssen Rhein, Mosel und Saar nach Untersuchungen des Landesamtes für Wasserwirtschaft Rheinland-Pfalz. Wasser und Boden 2, 74-78.

[18] RIPPEN, G. (1984): Handbuch der Umweltchemikalien. Ecomed Verlagsgesellschaft, Landsberg, München.

[19] ROBERTS, M.H., W.J. HARGIS, C.J. STROBEL & P.F. DE LISLE (1989): Acute toxicity of PAH contaminated sediments to the estuarine fish, Leiostomus xanthurus. Bull. Environ. Contam. Toxicol. 42, 142-149.

[20] ROSNER, G. & C. KUNZE (1985): Biologische Wirksamkeit von Phenolen in Gewässern, dargestellt am Beispiel eines Algentestes. Forum Städte-Hygiene 36, 124-134.

[21] ROSS, R.D. & CROSBY, D.G. (1985): Photooxidant activity in natural waters. Environ. Toxicol. Chem. 4, 773-778.

[22] ROUBAL, W.T., T.K. COLLIER & D.C. MALINS (1977): Accumulation and metabolism of carbon-14 labeled benzene, naphthalene, and anthracene by young coho salmon (Oncorhynchus kisutch). Arch. Environ. Contam. 5, 513-529.

[23] RÜBELT, C., DIETZ, F., KICKUTH, R., KOPPE, P., KUNTE, H., PESCHEL, G. & SONNEBORN, M. (1982): Schadstoffe im Wasser. Band II: Phenole. DFG-Forschungsbericht, Harald-Boldt-Verlag, Boppard, 168 S.

[24] RUBEN, H.J., COSPER, E.M. & WURSTER, C.F. (1990): Influence of light intensity and photoadaptation on the toxicity of PCB to a marine diatom. Environ. Toxicol. Chem. 9, 777-784.

[25] RUSSELL, R.W. & GOBAS, F.A.P.C. (1989): Calibration of the freshwater mussel, *Elliptio complanata*, for quantitative biomonitoring of hexachlorobenzene and octachlorostyrene in aquatic systems. Bull. Environ. Contam. Toxicol. 43, 576-582.

S

[1] SABLJIC, A. (1987): On the prediction of soil sorption coefficients of organic pollutants from molecular structure: Application of molecular topology model. Environ. Sci. Technol. 21, 358-366.

[2] SABLJIC, A. (1990): Topological indices and environmental chemistry. In: Practical Applications of Quantitative Structure-Activity Relationships (QSAR) in Environmental Chemistry and Toxicology, Eds.: W. KARCHER & J. DEVILLERS, Kluver Acadmic Publishers, Dordrecht, 61-82.

[3] SAITO, S., C. TATENO, A. TANOUE & T. MATSUDA (1990): Electron microscope autoradiographic examination of uptake behavior of lipophilic chemicals into fish gill. Ecotox. Environ. Safety 19, 184-191.

[4] SAMOILOFF, M.R., S. SCHULZ, Y. JORDAN, K. DENICH & E. ARNOTT (1980): A rapid simple long-term toxicity assay for aquatic contaminants using the nematode *Panagrellus redivivus*. Can. J. Fish. Aquat. Sci. 37, 1167-1174.

[5] SANBORN, J.R., W.F. CHILDERS & L.G. HANSEN (1977). J. Agric. Food Chem. 25, 551-553.

[6] SANDERS, H.O. & CHANDLER, J.H. (1972): Biological magnification of a polychlorinated biphenyl (Aroclor 1254) from water by aquatic invertebrates. Bull. Environ. Contam. Toxicol. 7, 257-263.

[7] SANDHEINRICH, M.B. & G.J. ATCHISON (1990): Sublethal toxicant effects on fish foraging behavior: empirical vs. mechanistic approaches. Environ. Toxicol. Chem. 9, 107-119.

[8] SASA, M. & YASUNO, M. (1982): Chironomids as biological indicators of environmental pollution. Man and the Biosphere Program in Japan. UNESCO, 5-7, 78-88.

[9] SAY, P.J. & WHITTON, B.A. (1983): Accumulation by heavy metals by aquatic mosses. 1: *Fontinalis antipyretica* HEDW. Hydrobiologia 100, 245-260.

[10] SAYK, D. & SCHMIDT, C. (1986): Algen-Fluoreszenztest, ein vollautomatischer Biotest. Z. Wasser-Abwasser-Forsch. 19, 182-184.

[11] SCACCINI-CICATELLI, M. (1966): On the process of accumulation of benzo-3,4-pyrene in the tissues of *Tubifex*. Boll. Soc. Ital. Biol. Sperim. 42, 957-959 (Italian).

[12] SCHÄFER, H. (1990): Vergleich der akuten und chronischen Toxizität ausgewählter Substanzen an einzelligen Grünalgen und Entwicklung hierzu geeigneter Testparameter und Apparaturen. Diplomarbeit Universität Hohenheim, 105 S.

[13] SCHALIE, W.H., T.R. SHEDD & M.G. ZEEMAN (1988): Ventilatory and movement responses of rainbow trout exposed to 1,3,5-trinitrobenzene in an automated biomonitoring system. In: GRUBER, D.S. & J.M. Diamond (Eds.), Automated biomonitoring. Ellis Horwood Limited, Chichester, 67-74.

[14] SCHAUERTE, W., LAY, J.P., KLEIN, W. & KORTE, F. (1982): Influence of 2,4,6-trichlorophenol and pentachlorophenol on the biota of aquatic systems. Outdoor experiments in compartments of a natural pond. Chemosphere 11, 71-79.

[15] SCHEELE, B. (1980): Reference chemicals as aids in evaluating a research programme – Selection aims and criteria. Chemosphere 9, 293-309.

[16] SCHELLENBERG, K., LEUENBERGER, C. & SCHWARZENBACH, R.P. (1984): Sorption of chlorinated phenols by natural sediments and aquifer materials. Environ. Sci. Technol. 18, 652-657.

[17] SCHENK, H.-P. (1986): Tabellierte Einzelbestimmungen organischer Schadstoffe in der Umwelt – Literaturrecherche für den Bereich der Bundesrepublik Deutschland. UBA-F+E 106 01 023/03, 140 S.

[18] SCHEUNERT, I., KORTE, F. & KLEIN, W. (1987): Formation and alteration of mixtures by biotic and abiotic processes in soil. In: Methods for assessing the effects of mixtures of Chemicals. Eds.: V.B. VOUK, G.C. BUTLER, A.C. UPTON, D.V. PARKE & S.C. ASHER, SCOPE, 657-676.

[19] SCHMIDT, C. (1986): Computerized bioassays – two examples. Bull. Environ. Contam. Toxicol. 36, 801-86.

[20] SCHMITT, G. (1982): Seasonal and regional distribution of polycyclic aromatic hydrocarbons in pre-

cipitation in the Rhein-Main-Ares. In: Deposition of Atmospheric Pollutants. Hrsg.: H.-W. GEORGII & J. PANKRATH, D. Reidel Publ. Boston, S. 133 ff.

[21] SCHNABL, H. & YOUNGMAN, R. (1985): Immobilisation of plant cell protoplasts inhibits enzymic lipid peroxidation. Plant Sci. 40, 65-69.

[22] SCHNEIDER, R. (1982): Polychlorinated biphenyls (PCBs) in cod tissues from the Western Baltic: Significance of equilibrium partitioning and lipid composition in the bioaccumulation of lipophilic pollutants in gill-breathing animals. Meeresforschung 29, 69-79.

[23] SCHÖBERL, P., BOCK, K.J. & HUBER, L. (1988): Ökologisch relevante Daten von Tensiden in Wasch- und Reinigungsmitteln. Tenside Detergents 25, 86-98.

[24] SCHOENTAL, R. (1964): Carcinogenesis by Polycyclic Aromatic Hydrocarbons. In: E. CLAR (ed.): Polycyclic Hydrocarbons, London Academic Press 1, 134 ff.

[25] SCHÖNDORF, T. & R. HERRMANN (1987): Transport and chemodynamics of organic micropollutants and ions during snowmelt. Nordic Hydrology 18, 259-278.

[26] SCHRAP, S.M. & A. OPPERHUIZEN (1986): Bioaccumulation by fish in relationship to the oxygen concentration in water. In: Organic Micropollutants in the Aquatic Environment. Commission of the European Communities, 5th Symposium, D. Reidel Publishing Company. p. 275-276.

[27] SCHRIMPFF, E. (1983): Kreisläufe und Bilanzen von ausgewählten Umweltgiften in Niederschlagsgebieten Nortdostbayerns. Umweltforschungsplan des Bundesministers des Innern, Forschungsbericht 83-106 07 024.

[28] SCHRIMPFF, E., THOMAS, W. & HERRMANN, R. (1979): Regional patterns of contaminants (PAH, pesticides and trace metals) in snow of northeast Bavaria and their relationship to human influence and orographic effects. Water Air Soil Pollut. 11, 481-497.

[29] SCHRÖDER, H. (1991): Fluorhaltige Tenside – Eine weitere Herausforderung an die Umwelt? Jahrestagung Fachgruppe Wasserchemie, 6.-8.5.1991, Bad Kissingen, Kurzfassung.

[30] SCHRÖDER, J.H. & PETERS, K. (1988): Differential courtship activity of competing guppy males (Poecilia reticulata PETERS; pisces: poeciliidae) as an indicator for concentrations of aquatic pollutants. Bull. Environ. Contam. Toxicol. 40, 396-404.

[31] SCHRÖTER, W., LAUTENSCHLÄGER, K.-H. & BIBRACK, H. (1985): Chemie Fakten und Gesetze. VEB Fachbuchverlag. Leipzig. 13. Auflage.

[32] SCHÜTZ, W. (1985): Untersuchungen über die Akkumulation und Elimination einzelner chlorierter Kohlenwasserstoffe und deren Gemische bei Süßwasserfischen, appliziert über das Wasser und mit der Nahrung. Dissertation Universität Hamburg, 220 Seiten + Anhang.

[33] SCHÜÜRMANN, G. & MARSMANN, M. (1991): QSAR-Modelle. Interpretation und Prognose der Biokonzentration und aquatischen Toxizität. UWSF – Z. Umweltchem. Ökotox. 3, 42-47.

[34] SCHUYTEMA, G.S., KRAWCZYK, D.F., GRIFFIS, W.L., NEBEKER, A.V. & ROBIDEAUX, M.L. (1990): Hexachlorobenzene uptake by fathead minnows and macroinvertebrates in recirculating sediment/water systems. Arch. Environ. Contam. Toxicol. 19, 1-9.

[35] SCHUYTEMA, G.S., NELSON, P.O., MALUEG, K.W., NEBEKER, A.V., KRAWCZYK, D.F., RATCLIFF, A.K. & GAKSTATTER, J.H. (1984): Toxicity of cadmium in water and sediment to Daphnia magna. Environ. Toxicol. Chem. 3, 293-308.

[36] SCHWIPPERT & BENNEKE (1987): Evidences that herbicides relaxing smooth and oblique striated muscles afftect the muscle cell membrane. Comp. Biochem. Physiol. 88C, 99-111.

[37] SCHWOERBEL, J. (1987): Dekontamination organischer Schadstoffe in aquatischen Organismen. In: K. LILLELUND et al., 69-74.

[38] SCURA, E.D. & THEILACKER, G.H. (1977): Transfer of the chlorinated hydrocarbon PCB in a laboratory marine food chain. Mar. Biol. 40, 317-325.

[39] SENESI, N. & TESTINI, C. (1982): Physico-chemical investigations of interaction mechanisms between s-triazine herbicides and soil humic acids. Geoderma 28, 129-146.

[40] SENESI, N. & TESTINI, C. (1983): Spectroscopic investigation of electron donor-aceptor processes involving organic free radicals in the adsorption of substiduted urea herbicides by humic acids. Pestic. Sci. 14, 79-89.

[41] SENESI, N. & TESTINI, C. (1984): Theoretical aspects and experimental evidence of the capacity of humic substances to bind herbicides by charge-transfer mechanisms (electron donor-acceptor processes). Chemosphere 13, 461-468.

[42] SENGEWEIN, H. (1990): Nationale, supranationale und internationale Regelungen bei Wasch- und Reinigungsmitteln unter besonderer Berücksichtigung der Ziele der Bundesregierung. Münchner Beiträge zur Abwasser-, Fischerei- und Flußbiologie **44**, 9-25.

[43] SERICANO, J.L., ATLAS, E.L., WADE, T.L. & BROOKS, J.M. (1990): NOAA's Status and Trends Mussel Watch Program: Chlorinated pesticides and PCBs in oysters (*Crassostrea virginica*) and sediments from the Gulf of Mexico, 1986-1987. Mar. Environ. Res. **29**, 161-203.

[44] SERVOS, M.R., MUIR, D.C.G., & BARRIE WEBSTER, G.R. (1989): The effect of dissolved organic matter on the bioavailability of polychlorinated dibenzo-*p*-dioxins. Aquat. Toxicol. **14**, 169 ff

[45] SHAW, G.R. & CONNELL, D.W. (1986a): Factors controlling bioaccumulation of PCBs. In: PCBs and the Environment. Ed.: J.S. Waid, CRC Press, Boca Raton, Florida, **1**, 121-133.

[46] SHAW, G.R. & CONNELL, D.W. (1986b): Factors controlling PCBs in food chains. In: PCBs and the Environment. Ed.: J.S. Waid, CRC Press, Boca Raton, Florida, **1**, 135-141.

[47] SHEA, T. & STAFFORD, C.J. (1980): Phthalate plasticizers: accumulation and effects on weight and food consumption in captive starlings. Bull. Environ. Contam. Toxicol. **25**, 345-352.

[48] SHERRILL, T.W. & SAYLER, G.S. (1980): Phenanthrene biodegradation in freshwater environments. Appl. Environ. Microbiol. 39, 172-178.

[49] SHIMP, R.J. & PFAENDER, F.K. (1985): Influence of naturally occuring humic acids on biodegradation of monosubstituted phenols by aquatic bacteria. Appl. Environ. Microbiol. **49**, 402-407.

[50] SHIU, W.Y. & MACKAY, D. (1986): A critical review of aqueous solubilities, vapor pressures, HENRY'S law constants, and octanol-water partition coefficients of the polychlorinated biphenyls. J. Phys. Chem. Ref. Data **15**, 911-929.

[51] SHUGART, L.R. (1985): Quantitating exposure to chemical carcinogens: *In vivo* alkylation of hemoglobin by benzo[a]pyrene. Toxicology **34**, 211-220.

[52] SHUGART, L.R. (1988): Quantitation of chemically induced damage to DNA of aquatic organisms by alkaline unwinding assay. Aquat. Toxicol. **13**, 43-52.

[53] SHUGART, L. (1990): DNA damage as an indicator of pollutant-induced genotoxicity.,In: Aquatic Toxicology and Risk Assessment: Thirteenth Volume, Eds.: W.G. LANDIS & W.H. VAN DER SCHALIE, American Society for Testing and Materials, ASTM STP **1096**, 348-355.

[54] SHUGART, L.R. (1990): 5-methyl deoxycytidine content of DNA from bluegill sunfish (*Lepomis macrochirus*) exposed to benzo[a]pyrene. Environ. Toxicol. Chem. **9**, 205-208.

[55] SHUGART, L.R., ADAMS, S.M., JIMINEZ, B.D., TALMAGE, S.S. & McCARTHY, J.F. (1989): Biological markers to study exposure in animals and bioavailability of envrionemental contaminants. In: Biological Monitoring for Pesticide Exposure: Measurement, Estimation, and Risk Reduction. Eds.: WANG, R.G.M. et al. Amer. Chem. Soc. Sympos. Ser. **382**, 86-97.

[56] SHUGART, L.R., McCARTHY, J., JIMENEZ, B. & DANIELS, J. (1987): Analysis of adduct formation in bluegill sunfish (*Lepomis macrochirus*) between benzo[a]pyrene and DNA of the liver and hemoglobin of the erythrocyte. Aquat. Toxicol. **9**, 319-325.

[57] SICKO-GOAD, L., LAZINSKY, D., HALL, J. & SIMMONS, M.S. (1989c): Effects of chlorinated benzenes on diatom fatty acid composition and quantitative morphology. I. 1,2,4-trichlorobenzene. Arch. Environ. Contam. Toxicol. **18**, 629-637.

[58] SICKO-GOAD, L., HALL, J., LAZINSKY, D. & SIMMONS, M.S. (1989a): Effects of chlorinated benzenes on diatom fatty acid composition and quantitative morphology. II. 1,3,5-trichlorobenzene. Arch. Environ. Contam. Toxicol. **18**, 638-646.

[59] SICKO-GOAD, L., HALL, J., LAZINSKY, D. & SIMMONS, M.S. (1989 b): Effects of chlorinated benzenes on diatom fatty acid composition and quantitative morphology. III. 1,2,3-trichlorobenzene. Arch. Environ. Contam. Toxicol. **18**, 647-655.

[60] SICKO-GOAD, L., EVANS, M.S., LAZINSKY, D., HALL, J. & SIMMONS, M.S. (1989): Effects of chlorinated benzenes on diatom fatty acid composition and quantitative morphology. IV. Pentachlorobenzene and comparison with trichlorobenzene isomers. Arch. Environ. Contam. Toxicol. **18**, 656-668.

[61] SICKO-GOAD, L., SIMMONS, M.S. , LAZINSKY, D. & HALL, J. (1988): Effect of light cycle on diatom fatty acid composition and quantitative morphology. J. Phycol. **24**, 1-7.

[62] SIJM, D.T.H.M. & OPPERHUIZEN, A. (1989): Biotransformation of organic chemicals by fish: enzyme activities and reactions. In: HUTZINGER, O. (Ed.), Handbook of Environmental Chemistry Vol. 2E Reactions and processes. Springer Verlag, Berlin, 163-235.

[63]   SIJM, D.T.H.M., WEVER, H. & OPPERHUIZEN, A. (1989): Influence of biotransformation on the accumulation of PCDDs from fly-ash in fish. Chemosphere 19, 475-480

[64]   SIMONIS, W. (1987): Primärvorgänge bei der Sorption von Schwermetallen, Insektiziden und Herbiziden in die Anfangsglieder von Nahrungsketten. In: K. LILLELUND et al., 9-38.

[65]   SINGH, H.B. (1976): Phosgene in the ambient air. Nature 264, 428-429.

[66]   SINHASENI, P. & TESPRATEEP, T. (1987): Histopathological effects of paraquat and gill function of *Puntius gonionotus*, Bleeker. Bull. Environ. Contam. Toxicol. 38, 308-312.

[67]   SIWICKI, A.K., COSSARINI-DUNIER, M., STUDNICKA, M. & DEMAEL, A. (1990): In vivo effect of the organophosphorus insecticide trichlorphon on immune response of carp (*Cyprinus carpio*) I. Ecotoxicol. Environ. Safety 19, 99-105.

[68]   SMITH, A.D., BHARATH, A., MALLARD, C., ORR, D., McCARTY, L.S. & OZBURN, G.W. (1990): Bioconcentration kinetics of some chlorinated benzenes and chlorinated phenols in american flagfish, *Jordanella floridae* (Goode and Bean). Chemosphere 20, 379-386.

[69]   SMITH, E.H. & BAILEY, H.C. (1988): Development of a system for continuous biomonitoring of a domestic water source for early warning of contaminants. In: GRUBER, D.S. & J.M. DIAMOND (Eds.), Automated biomonitoring. Ellis Horwood Limited, Chichester, 182-205.

[70]   SMITH, J.A., WITKOWSKI, P.J. & CHIOU, C.T. (1988): Partition of nonionic organic compounds in aquatic systems. Rev. Environ. Contam. Toxicol. 103, 127-151.

[71]   SMITH, S.B., SAVINO, J.F. & BLOUIN, M.A. (1988): Acute toxicity to *Daphnia pulex* of six classes of chemical compounds potentially hazardous to Great Lakes aquatic biota. J. Great Lakes Res. 14, 394-404.

[72]   SÖDERGREN, A. & LARSSON, P. (1982): Transport of PCBs in aquatic laboratory model ecosystems from sediment to the atmosphere via the surface microlayer. Ambio 11, 41-45.

[73]   SÖDERGREN, A., LARSSON, P., KNULST, J. & BERGQVIST, C. (1990): Transport of incinerated organochlorine compounds to air, water, microlayer, and organisms. Mar. Pollut. Bull. 21, 18-24.

[74]   SÖDERGREN, A., SVENSSON, B. & ULFSTRAND, S. (1972): DDT and PCB in South Swedish streams. Environ. Pollut. 3, 25-36.

[75]   SODERLUND, E.J., BRUNBORG, G., HOLME, J.A., HONGSLO, J.K. & DYBING, E. (1990): Dibromochloropropane: genotoxicity in coculture systems. (Abstract) Mutation Research 234, 431-432.

[76]   SOJO, L.E., ZIENIUS, R.H., LANGFORD, C.H. & GAMBLE, D.S. (1987): Direct evidence of a non ion exchange component for the total binding of paraquat to humic acid at pH 3.00. Envrion. Technol. Lett. 8, 159.

[77]   SOLBAKKEN, J.E., INGEBRIGTSEN, K. & PALMORK, K.H. (1984): Comparative study on the fate of the polychlorinated biphenyl 2,4,5,2',4',5'-hexachlorobiphenyl and the polycyclic aromatic hydrocarbon phenanthrene in flounder (*Platichthys flesus*) determined by liquid scintillation counting and autoradiography. Mar. Biol. 83, 239-246.

[78]   SOUTHWORTH, G.R., BEAUCHAMP, J.J. & SCHMIEDER, P.K. (1978): Bioaccumulation potential of polycyclic aromatic hydrocarbons in *Daphnia pulex*. Wat. Res. 12, 973-977.

[79]   SPEHAR, R.L., TANNER, D.K. & NORDLING, B.R. (1983): Toxicity of synthetic pyrethroids, permethrin, and AC 222, 705 and their accumulation in early life stages of fathead minnows and snails. Aquat. Toxicol. 3, 171-182.

[80]   SPENCER, W.R. & CLIATH, M.M. (1990): Soil – atmoshere exchange of pesticides as related to their henry's law constants. In: Frehse, H., E. KESSELER-SCHMITZ & S. CONWAY (Eds.), Seventh international congress of pesticide chemistry. 5-10.8.1990 Abstracts Vol. 3, 31.

[81]   SPIESER, H. & YEDILLER, A. (1986): Empfindliche Parameter bei der Entwicklung von Langzeittests an Fischen. Forschungsbericht 106 03 030 an das Umweltbundesamt, Berlin. 42 S.

[82]   STACKHOUSE, R.A. & BENSON, W.H. (1988): The influence of humic acid on the toxicity and bioavailability of selected trace metals. Aquat. Toxicol. 13, 99-108.

[83]   STACKHOUSE, R.A. & BENSON, W.H. (1989): The effect of humic acid on the toxicity and bioavailability of trivalent chromium. Ecotoxicol. Environ. Safety 17, 105-111.

[84]   STAINKEN, D. & ROLLWAGEN, J. (1979): PCB residues in bivalves and sediments of Raritan Bay. Bull. Environ. Contam. Toxicol. 23, 690-697.

[85]   STALLING, D.L. & MAYER, F.L. jr (1972): Toxicities of PCBs to fish and environmental residues. Environ. Health Perspect. 1, 159-164.

[86]   STAY, F.S., KATKO, A., ROHM, C.M., FIX, M.A. & LARSEN, D.P. (1989): The effect of atrazine on microcosms developed from four natural plankton communities. Arch. Environ. Contam. Toxicol. 18, 866-875.

[87]   STEGEMAN, J.J. & KLOEPPER-SAMS, P.J. (1987): Cytochrome P-450 isozymes and monooxygenase activity in aquatic animals. Environ. Hlth. Perspect. 71, 87-95.

[88]   STEHLY, G.R. & HAYTON, W.L. (1990): Effect of pH on the accumulation kinetics of pentachlorophenol in goldfish. Arch. Environ. Contam. Toxicol. 19, 464-470.

[89]   STEHLY, G.R., LANDRUM, P.T., HENRY, M.G. & KLEMM, C. (1990): Toxicokinetics of PAHs in *Hexagenia*. Environ. Toxicol. Chem. 9, 167-174.

[90]   STEINBERG, C. & HÖGEL, H. (1990): Forms of metals in a sediment core of a severely acidified northern Black Forest lake as determined by sequential chemical extraction. Chemosphere 21, 201-213.

[91]   STEINBERG, C. & KETTRUP, A. QSARs für Verbleib und Toxizität von LAS in der aquatischen Umwelt. Wasserwirtschaft (im Druck).

[92]   STEINBERG, C. (1989): Phosphor im Gewässer: Neue Aspekte zum Phosphorkreislauf. In: Kompendium – Auswirkungen der Phosphathöchstmengenverordnung für Waschmittel auf Kläranlagen und in Gewässern. Hrsg.: A. HAMM, Academia Verlag, St. Augustin, 232-252.

[93]   STEINBERG, C., HARTMANN, H., KERN, J., ARZET, K., KALBFUS, W., KRAUSE-DELLIN, D. & MAIER, M. (1988): Gewässerversauerung durch Luftschadstoffe. Tagung Umweltforschung 1988, Universität Hohenheim, Eugen-Ulmer-Verlag, S. 79-102.

[94]   STEINBERG, C., LENHART, B. & GREGER, K. (1984): Zur Geochemie versauerter Oberflächengewässer. In: Gewässerversauerung in der Bundesrepublik Deutschland, UBA-Materialien 1/84, 277-289.

[95]   STEINBERG, C., PUTZ, R. & SCHREINER, C. (1990): Erfassung der biologisch wirksamen Säuren in versauerten Fließgewässern. Verhandl. Symposium „Gewässerversauerung in Baden-Württemberg. Kenntnisstand – Ursachen – Auswirkungen – Maßnahmen", 27. u. 28.11.1989, Stuttgart (im Druck).

[96]   STEINBERG, C., SAUMWEBER, S. & KERN, J. (1991): Trends in total organic carbon paleolimnologically indicate natural and anthropogenic sources of acidity in Großer Arbersee. Sci. Total Environ 107, 83-90.

[97]   STEINBERG, C., W. KALBFUS, M. MAIER & K. TRAER (1989): Evidence of deposition of atmospheric pollutants in a remote high alpine lake in Austria. Z. Wasser-Abwasser-Fosch. 22, 245-248.

[98]   STEPANOVA, L.I., KOTELEVTSEV, S.V., KOMAROV, P.G., NOVIKOV, K.N., GLAZER, V.M., BEJM, A.M. & KOZLOV, Yu.P. (1985): Test-systems for biomonitoring based on membrane-bound enzymatic complexes. 5. Induction of monooxygenases with mixed function in liver microsomes of the Baikal Lake fishes. Biol. Nauki 9, 27-32 (russisch, engl. Summary).

[99]   STEWART, A.J. (1984): Interactions between dissolved humic materials and organic toxicants. In: Synthetic Fuel Technologies, Results of Health and Environmental Studies, Ed.: K.E. COWSER, Butterworth Publ., 505-521.

[100] STOREY, A.W. & EDWARD, D.H.D. (1989): The freshwater mussel, *Westralunio carteri* IREDALE, as a biological monitor of organochlorine pesticides. Aust. J. Mar. Freshwat. Res. 40, 587-593.

[101] STOUT, V.F. (1986): What is happening to PCBs? Elements of effective environmental monitoring as illustrated by an analysis of PCB trends in terrestrial and aquatic organisms. In: PCBs and the Environment. Ed.: J.S. Waid, CRC Press, Boca Raton, Florida, 1, 163-205.

[102] STRACHAN, W.M. (1988): Toxic contaminants in rainfall in canada: 1984. Environ. Tox. Chem. 7, 871-877.

[103] STRATTON, G.W. & J. GILES (1990): Importance of bioassay volume in toxicity tests using algae and aquatic invertebrates. Bull. Environ. Contam. Toxicol. 44, 420-427.

[104] STREIT, B. (1978): Aufnahme, Anreicherung und Freisetzung organischer Pestizide bei benthischen Invertebraten. 1: Reversible Anreicherung von Atrazin aus der wäßrigen Phase. Arch. Hydrobiol. Suppl. 55, 1-23.

[105] STREIT, B. (1979a): Uptake, accumulation and release of organic pesticides by benthic invertebrates. 2: Reversible accumulation of Lindane, Paraquat and 2,4-D from aqueous solution by invertebrates and detritus. Arch. Hydrobiol., Suppl. 55, 349-372.

[106] STREIT, B. (1979b): Uptake, accumulation and release of organic pesticides by benthic invertebrates. 3: Distribution of ^{14}C-atrazine and ^{14}C-lindane in an experimental 3-steps food chain microcosm. Arch. Hydrobiol., Suppl. 55, 373-400.

[107] SUGATT, R.H., D.P. O'GRADY & S. BANERJEE (1984): Toxicity of organic mixtures saturated in water to *Daphnia magna*. Effect of compositional changes. Chemospere 13, 11-18.

[108] SUNDSTRÖM, G. & RENBERG, L. (1986): Bioaccumulation of chlorinated paraffins – a review. In: Organic Micropollutants in the Aquatic Environment. Commission of the European Communities, 5th Symposium, D. Reidel Publishing Company. p. 230-244.

[109] SVENSON, A., KJELLER, L.-O. & RAPPE0, C. (1989a): Enzymatic chlorophenol oxidation as a means of chlorinated dioxin and dibenzofuran formation. Chemosphere 19, 585-587.

[110] SVENSON, A., KJELLER, L.-O. & RAPPE, C. (1989b): Enzyme-mediated formation of 2,3,7,8-tetrasubstituated chlorinated dibenzodioxins and dibenzofurans. Environ. Sci. Technol. 23, 900.

[111] SWACKHAMER, D.L. & D.E. ARMSTRONG (1987): Distribution and characterization of PCBs in Lake Michigan water. J. Great Lakes Res. 13, 24-36.

[112] SWACKHAMMER, D.L. & D.E. ARMSTRONG (1986): Estimation of the atmospheric and nonatmospheric contributions and losses of polychlorinated biphenyls for Lake Michigan on the bases of sediment records of remote lakes. Environ. Sci. Technol. 20, 879-883.

[113] SWARTZ, R.C., KEMP, P.F., SCHULTS, D.W., DITSWORTH, G.R. & OZRETICH, R.J. (1989): Acute toxicity of sediment from Eagle Harbor, Washington, to the infaunal amphipod Rhepoxynius abronius. Environ. Toxicol. Chem. 8, 215-222.

T

[1] TAGATZ, M.E., PLAIA, G.R., DEANS, C.H. & LORES, E.M. (1983): Toxicity of creosote-contaminated sediment to field- and laboratory-colonized estuarine benthic communities. Environ. Toxicol. Chem. 2, 441-450.

[2] TANABE, S. (1989): A need for reevaluation of PCB toxicity. Mar. Poll. Bull. 20, 247-248.

[3] TANABE, S., KANNAN, N., SUBRAMANIAN, A.N., WATANABE, S. & TATSUKAWA, R. (1987b): Highly toxic coplanar PCBs: occurence, source, persistency and toxic implications to wildlife and humans. Environ. Pollut. 47, 147-163.

[4] TANABE, S., KANNAN, N., SUBRAMANIAN, A.N., WATANABE, S., ONO, M. & TATSUKAWA, R. (1987c): Occurence and distribution of toxic coplanar PCBs in the biota. Chemosphere 16, 1965-1970.

[5] TANABE, S., TANAKA, H. & TATSUKAWA, R. (1984): Polychlorobiphenyls, sigma-DDT, and hexachlorocyclohexane isomers in the western North Pacific ecosystem. Arch. Environ. Contam. Toxicol. 13, 731-738.

[6] TANABE, S., TATSUKAWA, R. & PHILLIPS, D.J.H. (1987): Mussels as bioindicators of PCB pollution: a case study of uptake and release of PCB isomers and congeners in green-lipped mussels (*Perna viridis*) in Hong Kong waters. Environ. Pollut. 47, 41-62.

[7] TARALDSEN, J.E & NORBERG-KING, T.J. (1990): New method for determining effluent toxicity using duckweed (*Lemna minor*). Environ. Toxicol. Chem. 9, 761-767.

[8] TARHANEN, J., KOISTINEN, J., PAASIVIRTA, J. , VUORINEN, P.J., KOIVUSSARI, J., NUUJA, I., KANNAN, N. & TATSUKAWA, R. (1989): Toxic significance of planar aromatic compounds in Baltic ecosystem-new studies on extremely toxic coplanar PCBs. Chemosphere 18, 1067-1077.

[9] TARR, B.D., M.M.G. BARRON & W.L. HAYTON (1990): Effect of body size on the uptake and bioconcentration of di-2-ethylhexyl phthalate in rainbow trout. Environ. Toxicol. Chem. 9, 989-995.

[10] THOMANN, R.V. (1989): Bioaccumulation model of organic chemical distribution in aquatic food chains. Environ. Sci. Technol. 23, 699-707.

[11] THOMAS, W., RISS, W. & HERRMANN, R. (1983): Process and rates of deposition of air pollutants in different ecosystems. In: Effects of Accumulation of Air Pollutants in Forest Ecosystems, Proc. Workshop, Göttingen, Hrsg. B. Ullrich & J. Pankrath, D. Reidel Publ., Boston, S. 65 ff.

[12] THURSTON, R.V., GILFOIL, T.A., MEYN, E.L., ZAJDEL, R.K., AOKI, T.I. & VEITH, G.D. (1985): Comparative toxicity of ten organic chemicals to ten common aquatic species. Wat. Res. 19, 1145-1155.

[13] THYBAUD, V., MELCION, C. & CORDIER, A. (1990): Use of SOS chromotest in genetic toxicology: comparison with the Ames test with 94 compounds. (Abstract) Mutation Research 234, 404.

[14] TOPCUOGLU, S. & BIROL, E. (1982): Bioaccumulation of sodium alkyl sulphate, zinc chloride and their mixture in young goby, *Proterorhinus marmoratus* Pall. Turk. J. Nucl. Sci. 9, 100-107.

[15] TRAUNSPURGER, W. & STEINBERG, C.: Nematoden in der ökotoxikologischen Forschung – Plädoyer für eine vernachlässigte, jedoch sehr aussagekräftige Tiergruppe. UWSF-Z. Umweltchem. Ökotox. (im Druck).

[16] TRUCCO, R.G., ENGELHARDT, F.R. & STACEY, B. (1983): Toxicity, accumulation and clearance of aromatic hydrocarbons in *Daphnia pulex*. Environ. Pollut. Ser. A 31, 191-202.

[17] TURNER, H.J. jr, REYNOLDS, D.M. & REDFIELD, A.C. (1948): Chlorine and sodium pentachlorophenate as fouling preventives in sea water conduits. Ind. eng. Chem. 40, 450-453.

U

[1] U.S. ENVIRONMENTAL PROTECTION AGENCY (1980 b): Ambient water quality criteria for chlorinated ethanes. EPA-440/5-80-029. National Technical Information Service, Springfield, VA., U.S.A.

[2] U.S. ENVIRONMENTAL PROTECTION AGENCY (1980 c): Ambient water quality criteria for tetrachloroethylene. EPA-440/5-80-073. National Technical Information Service, Springfield, VA

[3] U.S. ENVIRONMENTAL PROTECTION AGENCY (1986): Quality criteria for water 1986. Office of water, Washington, DC, EPA/440/5-86-001.

[4] UMWELTBUNDESAMT (1988): Daten zur Umwelt 1988/89. Erich Schmidt Verlag.

[5] UMWELTBUNDESAMT (1989): Qualitätszustand der Nordsee. Information Wasser.

V

[1] VAN DER OOST, R., HEIDA, H. & OPPERHUIZEN, A. (1988): Polychlorinated biphenyls congeners in sediments, plankton, molluscs, crustaceans, and eel in a freshwater lake: Implications of using reference chemicals and indicator organisms in bioaccumulation studies. Arch. Environ. Contam. Toxicol. 17, 721-729.

[2] VAN DER WEIDEN, M.E.J., CRAANE, L.H.J., EVER, E.H.G., KOOKE, R.M.M., OLIE, K., SEINEN, W. & VAN DEN BERG, M. (1989): Bioavailability of PCDDs and PCDFs from bottom sediments and some associated biological effects in the carp (*Cyprinus carpio*). Chemosphere 19, 1009-1016.

[3] VAN HOOGEN, G. & A. OPPERHUIZEN (1988): Toxicokinetics of chlorobenzenes in fish. Environ. Toxicol. Chem. 7, 213-219.

[4] VAN LEEUWEN, C.J., LUTTMER, W.J. & GRIFFIOEN, P.S. (1985): The use of cohorts and populations in chronic toxicity studies with *Daphnia magna*: A cadmium example. Ecotoxicol. Environ. Safety 9, 26-39.

[5] VAN LEEUWEN, E.M., M. GROOTELAAR & G. NIEBEEK (1990): Fish embryos as teratogenicity screens: a comparison of embryotoxicity between fish and birds. Ecotoxicol. Environ. Safety 20, 42-52.

[6] VAN NOORT, P.C.M. & E. WONDERGEM (1985): Scavenging of airborne polycyclic aromatic hydrocarbons by rain. Environ. Sci. Technol. 19, 1044-1048.

[7] VARANASI, U., D.J. GMUR & P.A. TRESSELER (1979): Influence of time and mode of exposure on biotransformation of naphthalene by juvenile starry flounder (*Platichthys stellatus*) and rock sole (*Lepidopsetta bilineata*). Arch. Environ. Contam. Toxicol. 8, 673-692.

[8] VARANASI, U., REICHERT, W.L., STEIN, J.E., BROWN, D.W. & SANBORN, H.R. (1985): Bioavailability and biotransformation of aromatic hydrocarbons in benthic organisms exposed to sediment from an urban estuary. Environ. Sci. Technol. 19, 826-841.

[9] VEITH, G.D., CALL, D.J. & BROOKE, L.T. (1983): Structure-toxicity relationships for the fathead minnow, Pimephales promelas: Narcotic industrial chemicals. Can. J. Fish. Aquat. Sci. 40, 743-748.

[10] VEITH, G.D., DEFOE, D.L. & BERGSTEDT, B.V. (1979): Measuring and estimating the bioconcentration factor of chemicals in fish. J. Fish. Res. Board Can. 36, 1040-1048.

[11] VENKATESAN, M.I., E. RUTH, S. STEINBERG & I.R. KAPLAN. (1987): Organic geochemistry of sediments from the continental margin off Southern New England, U.S.A. – Part II. Lipids. Marine Chem. 21, 267-299.

[12] VENTURA, F., CAIXACH, J., FIGUERAS, A., ESPALDER, I., FRAISSE, D. & RIVERA, J. (1989): Identifcation of surfactants in water FAB mass spectrometry. Wat. Res. 23, 1191-1203.

302

[13]   VENU GOPAL, N.B.R.K., CHANDRAVATHY, V.M., SULTANA, S. & REDDY, S.L.N. (1990): In vivo recovery of glycogen metabolism in hemolymph and tissues of a freshwater field crab Barytelphusa guerini on exposure to hexavalent chromium. Ecotoxicol. Environ. Safety 20, 20-29.

[14]   VERSCHUEREN, K. (1983): Handbook of Environmental Data on Organic Chemicals, New York, Van Nostrand Reinhold Company, 2nd Edition.

[15]   VINDIMIAN, E. & GARRIC, J. (1989): Freshwater fish cytochrome P450-dependent enzymatic activities: A chemical pollution indicator. Ecotoxicol. Environ. Safety 18, 277-285.

[16]   VITKUS, T., GAFFNEY, P.E. & LEWIS, E.P. (1985): Bioassay system for industrial chemical effects on the water treatment process: PCB interactions. J. Water Poll. Cont. Fed. 57, 935-941.

[17]   VOGELSANG, J., KYPKE-HETTER, K., MALISCH, R., BINNEMANN, P. & DIETZ, W. (1986): The origin of a contamination of fish from the river Neckar with hexachlorobenzene, octachlorostyrene and pentachlorobenzene: Formation in an industrial process. II. The formation of contaminants in the degassing of an aluminium foundry with chlorine. Z. Lebensm. Unters. Forsch. 182, 471-474.

[18]   VOICE, T.C., RICE, C.P. & WEBER, W.J. Jr (1983): Effect of solid concentration on the sorptive partitioning of hydrophobic pollutants in aquatic systems. Environ. Sci. Technol. 17, 513-518.

[19]   VOJINOVIC, M.B., S.T. PAVKOV & D.D. BUZAROV (1990): Residues of persistent organochlorine compounds in selected aquatic ecosystems of Vojvodina (Yugoslavia). Wat. Sci. Tech. 22, 107-111.

[20]   VOOGE, C.E., PETERS, R.J.B., DE LEER, E.W.B. & VERSTEEGH, J.F.M. (1990): Mutagenic activity of chlorination products of cyanoethanoic acid in water. (Abstract) Mutation Research 234, 407-408.

[21]   VOS, R.M.W. & VAN BLADEREN, P.J. (1990): Glutathione S-transferases in relation to their role in the biotransformation of xenobiotics. Chem.-Biol. Interactions 75, 241-265.

[22]   VOUK, V.B., BUTLER, G.C., UPTON, A.C., PARKE, D.V. & ASHER, S.C. (Eds.) (1987): Methods for Assessing the Effects of Mixtures of Chemicals, SCOPE 30.

[23]   VRANKEN, G., TIRE, C. & HEIP, C. (1988): The toxicity of paired metal mixtures to the nematode *Monhystera disjuncta* (Bastian, 1865). Mar. Environ. Res. 26, 161-179.

W

[1]   WAGNER, H.-C. (1990): Biogene Bildung von polychlorierten Dibenzo-p-Dioxinen und Dibenzofuranen mittels verschiedener Peroxidasesysteme. Diplomarbeit Universität Bayreuth, 72 S + Anhang.

[2]   WAHRENDORF, J. & H. BECHER (1990): Quantitative Risikoabschätzung für ausgewählte Umweltkanzerogene, UBA Berichte 1/90. Umweltforschungsplan des Bundesministers für Umwelt, Naturschutz und Reaktorsicherheit. UBA-FB 89-140.

[3]   WAKABAYASHI, M., KIKUCHI, M., SAITO, A. & YOSHIDA, T. (1981): Relationship between exposure concentration and bioaccumlation of surfactants. nippon Suisan Gakkaishi 47, 1383-1387.

[4]   WAKEHAM, S.G., C. SCHAFFNER & W. GIGER (1980): Polycyclic aromatic hydrocarbons in recent lake sediments – II. Compounds derived from biogenic precursors during early diagenesis. Geochim. Cosmochim. Acta 44, 415-429.

[5]   WANNSTEDT, C., D. ROTELLA & J.F. SIUDA (1990): Chloroperoxidase mediated halogenation of phenols. Bull. Environ. Contam. Toxicol. 44, 282-287.

[6]   WARNE, M.S.J., CONNELL, D.W., HAWKER, D.W. & SCHÜÜRMANN, G. (1989): Prediction of the toxicity of mixtures of shale oil components. Ecotox. Environ. Safety 18, 121-128.

[7]   WATANABE, M., ISHIDATA, M. jr & NOHMI, T. (1990): Sensitive method for the detection of mutagenic nitroarenes and aromatic amines: new derivatives of *Salmonella typhimurium* tester strains possessing elevated O-acetyltransferase levels. Mutation Research 234, 337-348.

[8]   WEBER, J.H., REISINGER, K. & STOEPPLER, M. (1985): Methylation of mercury(II) by fulvic acid. Environ. Technol. Lett. 6, 203-208.

[9]   WEBSTER, E.J. (1967): An autoradiographic study of invertebrate uptake of DDT-[36]Cl. Ohio J. Sci. 67, 300-307.

[10]   WEHR, J.D. & WHITTON, B.A. (1983a): Accumulation of heavy metals by aquatic mosses. 2: *Rhynchostegium riparioides*. Hydrobiologia 100, 261-284.

[11]   WEHR, J.D. & WHITTON, B.A. (1983b): Accumulation of heavy metals by aquatic mosses. 3: Seasonal changes. Hydrobiologia 100, 285-291.

303

[12] WEINBACH, E.C. (1956). The influence of pentachlorophenol on oxidative and glycolytic phosphory-
      lation in snail tissues. Archs. Biochem. Biophys. 64. 129-143.
[13] WEISS, U.M., I. SCHEUNERT, W. KLEIN & F. KORTE (1982): Fate of pentachlorophenol-14C in soil under
      controlled conditions. J. Agric. Food Chem. 30, 1191-1194.
[14] WENTSEL, R., McINTOSH, A. & ATCHISON, G. (1977): Sublethal effects of heavy metals contaminated
      sediment on midge larvae (Chironomus tentans). Hydrobiologia 56, 153-156.
[15] WENTSEL, R., McINTOSH, A. & McCAFFERTY, W.P. (1978): Emergence of the midge Chironomus
      tentans when exposed to heavy metal contaminated sediment. Hydrobiologia 57, 195-196.
[16] WERSHAW, R.L. (1986): A new model for humic materials and their interactions with hydrophobic
      organic chemicals in soil-water or sediment-water systems. In: D.L. MACALADY (ed.), Transport and
      Transformations of Organic Contaminants. J. Contam. Hydrol. 1, 29-45
[17] WERSHAW, R.L. (1989): Molecular aggregate structure. In: Humic Substances in the Suwannee
      River, Georgia: Interactions, Properties, and Proposed Structures; U.S. Geological Survey, Open-
      File Report 87-557, 354-356.
[18] WERSHAW, R.L., BURCAR, P.J. & GOLDBERG, M.S. (1969): Interaction of pesticides with natural or-
      ganic material. Environm. Sci. Technol 3, 271-273.
[19] WESÉN, C. & L. OKLA (1984): Uptake by aquatic organisms of 36Cl-labelled organic compounds
      from pulp mill effluents. Ecol. Bull. 36, 154-158.
[20] WESÉN, C., G.E. CARLBERG & K. MARTINSEN (1990): On the identity of chlorinated organic sub-
      stances in aquatic organisms and sedimentes. Ambio 19, 36-38.
[21] WESTÖÖ, G. & NOREN, K. (1970): Levels of organochlorine pesticides and polychlorinated biphenyls
      in fish caught in Swedish water areas or kept for sale in Sweden, 1967-1970. Var Föda 3, 93-
      146.
[22] WHITLEY, L.S. (1968): The resistance of tubificid worms to three common pollutants. Hydrobiologia
      32, 193-205.
[23] WHITTLE, D.M. & FITZSIMONS, J.D. (1983): The influence of the Niagara River on contaminant
      burdens of Lake Ontario biota. J. Great Lakes Res. 9, 295-302.
[24] WICKSTRÖM, K. & K. TOLONEN (1987): The history of airborne polycyclic aromatic hydrocarbons
      (PAH) and perylene as recorded in dated lake sediments. Water Air Soil Pollut. 32, 155-175.
[25] WIEDERHOLM, T., WIEDERHOLM, A. & MILBRINK, G. (1987): Bulk sediment bioassays with five species
      of freshwater oligochaetes. Water Air Soil Pollut. 36, 131-154.
[26] WIESER, W. (1953): Die Beziehung zwischen Mundhöhlengestalt, Ernährungsweise und Vorkom-
      men bei freilebenden marinen Nematoden. Ark. Zool. 4, 439-484.
[27] WILBRINK, M., M. TRESKES, T.A. DEVLIEGER & N.P.E. VERMEULEN (1990): Comparative toxicokinetics
      of 2,2'- and 4,4'-dichlorobiphenyls in the pond snail Lymnaea stagnalis (L.). Arch. Environ.
      Contam. Toxicol. 19, 565-571.
[28] WILDISH, D.J. (1970): The toxicity of polychlorinated biphenyls (PCB) in sea water to Gammarus
      oceanicus. Bull. Environ. Contam. Toxicol. 5, 202-204.
[29] WILDISH, D.J., C.D. METCALFE, H.M. AKAGI & D.W. McLEESE (1980): Flux of Aroclor 1254 between
      estuarine sediments and water. Bull. Environ. Contam. Toxicol. 24, 20-26.
[30] WILLFORD, W.A., M.J. MAC & J. HESSELBERG (1987): Assessing the bioaccumulation of contami-
      nants from sediments by fish and other aquatic organisms. Hydrobiologia 149, 107-111.
[31] WILLIAMS, K.A., GREEN, D.W.J. & PASCOE, D. (1985): Studies on the acute toxicity of pollutants to
      freshwater macroinvertebrates. 1. Cadmium. Arch. Hydrobiol. 102, 461-471.
[32] WILLIAMS, R. & HOLDEN, A.V. (1973): Organochlorine residues from plankton. Mar. Pollut. Bull. 4,
      109-111.
[33] WINGER, P.V., D.P. SCHULTZ & W.W. JOHNSON (1990): Environmental contamination concentra-
      tions in biota from Lower Savannah River, Georgia and South Carolina. Arch. Environ. Contam.
      Toxicol. 19, 101-117.
[34] WINKELER, H.-D., PUTTINS, U. & LEVSEN, K. (1988): Organische Verbindungen im Regenwasser. Vom
      Wasser 70, 107-117.
[35] WINTERINGHAM, F.P.W. (1977): Comparative ecotoxicology of halogenated hydrocarbon residues.
      Ecotox. Environ. Safety 1, 407-425.
[36] WOFFORD, H.W., C.D. WILSEY, G.S. NEFF, C.S. GIAM & J.M. NEFF (1981): Bioaccumulation and

metabolism of phthalate esters by oysters, brown shrimp, and sheepshead minnows. Ecotox. Environ. Safety **5**, 202-210.

[37] WOLF, M. (1983): Gaschromatographischer Nachweis von Octachlorstyrol-Rückständen in Elbfischen. Lebensmittelchem. Gerichtl. Chem. **37**, 70-77.

[38] WONG, A.S. & CROSBY, D.G. (1981): Photodecomposition of pentachlorophenol in water. J. Agric. Food. Chem. **29**, 125-130.

[39] WONG, P.T.S., Y.K. CHAU, J.S. RHAMEY & M. DOCKER (1984): Relationship between water solubility of chlorobenzenes and their effects on a freshwater green algae. Chemosphere **13**, 990-996.

[40] World Health Organisation Geneva (1987): Environmental health criteria 62: 1,2-dichloroethane.

[41] World Health Organisation Geneva (1976): Environmental health criteria 2: Polychlorinated biphenyls und terphenyls.

[42] World Health Organisation Geneva (1976): Environmental health criteria 2: Polychlorinated biphenyls und terphenyls.

[43] World Health Organisation Geneva (1985): Environmental health criteria 50: Trichloroethylene.

[44] World Health Organisation Geneva (1987): Environmental health criteria 71: Pentachlorophenol.

[45] WORTHING, C.R. & WALKER, S.B. (1983): The pesticide manual – A world compendium. The British Crop Protection Council, 7th ed., 695 pp.

X

[1] XIE, T.M. (1983): Determination of trace amounts of chlorophenols and chloroguaiacols in sediment. Chemosphere **12**, 1183-1191.

Y

[1] YOUNG, G.P. (1977): Effects of naphthalene and phenanthrene on the grass shrimp *Palaemonetes pugio* (Hotgius). Master's thesis. The Graduate College, Texas, A. & M. University, College Station, Texas. 67 S.

[2] YOUNGBLOOD, W.W. & BLUMER, M. (1975): Polycyclic aromatic hydrocarbons in the environment homologous series in soils and recent marine sediments. Geochimica et Cosmochimica Acta **39**, 1303-1314.

Z

[1] ZIEGENFUSS, P.S. & ADAMS, W.J. (1985): A method for assessing the acute toxicity of contaminated sediments and soils with Daphnia magna and Chironomus tentans. Monsanto Environmental Sciences Report **ESC-EAG-M-85-01**, St. Louis, MO., USA.

[2] ZIEGENFUSS, P.S., RENOUDETTE, W.J. & ADAMS, W.J. (1986): Methodology for assessing the acute toxicity of chemicals sorbed to sediments: testing the equilibrium partitioning theory. In: Aquatic Toxicology and Environmental Fate, pp. 479-493. ASTM **STP 921**. Philadelphia, PA: American Society for Testing and Materials.

[3] ZIERIS, F.-J., FEIND, D. & HUBER, W. (1988): Long-term effects of 4-nitrophenol in an outdoor synthetic aquatic ecosystem. Arch. Environ. Contam. Toxicol. **17**, 165-175.

[4] ZIMMERMANN, G.M., WEIL, L., HERZSPRUNG, P. & QUENTIN, K.-E. (1989): Biotest als Summenparameter zur Bestimmung von Herbiziden im Wasser. Methodische Grundlagen. Z. Wasser-Abwasser-Forsch. **22**, 73-77.

[5] ZINKL, J.G., P.J. SHEA, R.J. NAKAMOTO & J. CALLMAN (1987): Brain cholinesterase activity of rainbow trout poisoned by Carbaryl. Bull. Environ. Contam. Toxicol. **38**, 29-35.

[6] ZITKO, V. & O. HUTZINGER (1976): Uptake of chloro- and bromobiphenyls, hexachloro-, and hexabromobenzene by fish. Bull. Environ. Contam. Toxicol. **16**, 665-673.

[7] ZITKO, V. (1975): Aromatic hydrocarbons in aquatic fauna. Bull. Environ. Contam. Toxicol. **14**, 621-631.

[8] ZOETEMAN, B.C.J., K. HARMSEN, J.B.H.J. LINDERS, C.F.H. MORRA & W. SLOOFF (1980): Persistent organic pollutants in river water and groundwater of the Netherlands. Chemosphere **9**, 231-249.

13 Index der im Text erwähnten Organismen

Aal 82, 173, 187
Abramis brama 104, 179
Achromabacter 168
Acroneuria pacifica 188, 189
Actinobates 69
Aedes aegypti 72, 192
Aedes cantans 192, 193, 194,
Aedes nicromaculis 192, 193, 194
Aedes sticticus 192, 193, 194
Aedes taenorhynchus 192, 193,
Aedes vexans 193, 194
Aeromonas 144
Agabus 112, 233
Alse 44, 73
Ambloplites rupestris 233
Amphipoden 45, 109, 239
Anabaena 90
Anabaena doliolum 253
Anarrhichas lupus 154
Anomalocardia brasiliana 262
Ancylus 58
Ancylus fluviatilis 15, 46, 70, 74
Anguilla rostrata 187
Anisoptera-Larven 112, 113, 233
Ankristrodesmus 32
Ankristrodesmus bibraianum 32, 57, 156, 217,
  218, 219
Anneliden 15
Anodonta anatina 110
Anodonta cygnea 148, 256
Anodonta oregonensis 20
Anodonta piscinalis 110
Anoplostoma 117
Anuraeopsis fissa 198
Aphanizomenon flos-aquae 218
Arenicola marina 161
Äsche 167
Asellus 15
Asellus aquaticus 15, 192
Asellus brevicaudus 124, 204, 205
Asellus communis 121
Aspergillus 255, 256
Asterias 77
Auster 73, 146, 176, 188
Austernfischer 77
Axonolaimus paraponticus 117

Bachforelle 187
Bachsaibling 44, 181, 187
Bacillus 72

Bacillus subtilis 254
Baetis rhodani 193
Bakterien 59, 72
Barsch 184
Barytelphusa guerini 254
Belebtschlamm 47, 196
Blauer Sonnenbarsch 17, 30, 72, 76, 93, 103,
  108, 119, 121, 130, 137, 141, 179, 181, 187,
  188, 198, 208, 209, 211, 255
Bleie 184
Brasse 104, 179
Brachycentrus subnubilis 193
Brachydanio rerio 17, 122, 186, 191, 222, 225
Branchiura sowerbyi 118
Brevoortia tyrannus 44, 73
Buntbarsch 211

Calanus 77
Calanus finmarchicus 44, 73
Calinectes sapidus 120
Callibaetis 180
Campeloma decisum 180, 212
Cancer magister 120, 148
Cancer pagurus 82
Cancer productus 120
Carassius auratus 13, 44, 82, 93, 130, 181, 187,
  188, 202, 200, 201, 211, 216
Carassius auratus x Cyprinus carpio 165
Carteria 217
Catostomus 170
Catostomus commersoni 165, 211
Cepeae nemoralis 164
Ceriodaphnia 212, 230
Ceriodaphnia dubia 212, 213, 241
Ceriodaphnia lacustris 194
Ceriodaphnia reticula 119, 120, 129
Chanchito 72
Channa punctatus 183
Chaoborus 84, 124, 182, 189, 202
Chaoborus punctipennis 157
Chelon labrosus 44
Cheumatopsyche 157
Chilomonas paramecium 128
Chiromoniden-Larven 45, 84
Chironomus 237, 239
Chironomus decorus 105, 193, 194
Chironomus plumosus 175, 193
Chironomus riparius 13, 14, 18, 29, 201, 202,
  212, 214
Chironomus tentans 158, 179, 239, 240

Chironomus thummi 192
Chironomus utchensis 193, 194
Chlamydomonas 58, 90, 217
Chlamydomonas angulosa 125
Chlamydomonas dysosmos 217
Chlamydomonas gelatinosa 217, 218
Chlamydomonas reinhardi 217, 219
Chlorella 58, 81
Chlorella emersonii 217
Chlorella fusca 47, 48, 55, 56, 198
Chlorella pyri 116
Chlorella saccharophila 217, 218
Chlorella stigmatophora 217
Chlorella variegata 218
Chlorella vulgaris 125, 217
Chlorella zofingiensis 258
Chlorococcum 196, 197, 202, 200, 217
Chondrostoma nasus 167
Chromadora nudicapitata 116
Chromadorita 116
Chromadorita germanica 116
Chrysanthemum 193
Cichlasoma facetum 72
Cinclidotus danubicus 243
Cirrhina mrigala 211
Cladocera 197
Cladophora 201
Cladophora glomerata 217
Claras batrachus 186
Cloeon 182, 189, 202
Cloeon dipterum 192
Clupea harengus 165
Copepode 44
Corbicula 229, 239
Corbicula fluminea 229
Coregnus fera 46, 69, 84
Coregnus hoyi 156
Corixa punctata 192
Crangon crangon 97, 127, 128
Crangon septemsposa 96, 97, 193, 208
Crassostrea 176, 195
Crassostrea gigas 193
Crassostrea virginica 73, 77, 139, 148, 154, 160,
    175, 176, 193, 212, 213, 214
Crassostrea gigas 202
Cricotopus 193, 194
Culex 137
Culex pipiens 194
Culex pipiens molestus 192, 194
Culex pipiens pipiens 192, 194
Culex quinquefasciatus 192, 193, 194
Culex tarsalis 157, 192, 193, 194
Culiseta annulata 192, 194
Culiseta incidens 192, 193, 194

Cyanobakterien 90, 127
Cyatholaimus 117
Cyclotella meneghiniana 106
Cylindrospermum lichiniforme 218
Cyprinodon 176
Cyprinodon variegatus 128, 141, 175, 176, 191
Cyprinus carpio 17. 70, 76, 84, 179, 181, 187,
    190, 191, , 202, 203, 209, 211, 216, 227
Cytophaga 69

Daphnia 29, 32, 55, 58, 98, 121, 123, 125, 194,
    198, 200
Daphnia galeata mendotae 194, 195
Daphnia longispina 200
Daphnia magna 29, 30, 31, 32, 40, 55, 59, 81,
    92, 98, 106, 107, 108, 112, 113, 114, 119,
    120, 121, 123, 124, 125, 126, 127, 128, 129,
    130, 131, 132, 136, 148, 148, 154, 175, 180,
    182, 188, 189, 192, 193, 196, 198, 202, 200,
    201, 202, 212, 213, 214, 215, 230, 238, 239
Daphnia pulex 146, 196, 201
Daphnia pulex pulex 120
Daphnia pulicaria 15, 84
Dendrocoelum lacteum 175
Diaptomus 179
Diaptomus mississippiensis 180
Dickkopf-Elritze 15, 17, 29, 32, 50, 61, 104, 105,
    109, 119, 121, 173, 179, 180, 187, 188, 209,
    210, 211, 222, 223, 229
Dicrotendipes californius 193, 194
Dina 112
Dina dubia 111, 112, 113, 232,233
Diplolaimella punica 117
Ditylum brightwelli 15
Dorsch 82
Dreissena polymorpha 148, 160
Dreistacheliger Stichling 97
Dugesia gonocephala 212, 213
Dunaliella 58
Dunaliella euchlora 217
Dunaliella primolecta 217
Dunaliella tertiolecta 131, 196, 197, 202, 200,
    219
Dytiscus marginalis 84

Eiderente 137
Eleutherolaimus stenosoma 117
Elliptio complanata 173, 174, 234, 261
Elminius modestus 128
Elritze 15, 16, 109, 121, 187
Emerald-Orfe 211
Entisiphon sulcatum 98, 106, 107, 114, 126, 128,
    129, 131, 231
Eohaustorius estuarius 148, 148

Ephemeralla grandis 188, 189
Ephemeroptera 84, 113
Epicordulia 121
Erprobdella 112
Erprobdella puncata 111, 124, 232, 233
Escheria coli 112, 247, 254, 255
Esox lucius 211
Euphausia pacifica 44
Euristomina 117
Eurytemora affinis 148

Felchen 46, 198
Felsenbarsch 233
Ferrissia 112, 233
Fischotter 155
Florida-Kärpfling 103
Flunder 165
Flußbarsch 44
Flußkrebs 168
Flußnapfschnecke 68
Fontinalis antipyretica 243
Fontinalis squamosa 242
Forelle 16, 177, 195
Fundulus heteroclitus 114, 211
Fundulus similis 50, 154

Gambusia 137
Gambusia affinis 130, 141, 179, 181, 191, 202
Gammariden 15
Gammarus 109, 112, 201
Gammarus fasciatus 121, 167, 182, 188, 189,
   192, 202, 201, 202
Gammarus lacustris 104, 124, 180, 182, 188,
   189, 196, 202, 201, 202
Gammarus oceanicus 168
Gammarus pseudolimnaeus 157, 167, 168, 175,
   180, 189, 212
Gammarus pulex 112, 154, 168, 175, 182, 189,
   192, 193
Garnele 96, 168
Gastrosteus aculeatus 81, 97
Gelber Zander 165
Gemeine Amerikanische Orfe 211
Genyonemus lineatus 155, 184
Gerris lacustris 84
Gloeocapsa dimidiata 218
Glossiphonia 58, 106, 124, 232
Glossiphonia complanata 69, 70, 111, 113, 233
Gobio gobio 93
Gobius minutus 128
Goldener Glanzfisch 181
Goldfisch 13, 44, 73, 82, 93, 112, 121, 164, 171,
   181, 186, 188, 211, 215, 216
Goldfisch x Karpfen 165

Goldorfe 15, 16, 17, 18, 19, 36, 37, 43, 47, 48,
   50, 70, 71, 93, 94, 102, 121, 198, 222
Gomphonema parvulum 218
Großer Schneckenegel 69
Grünalgen 90
Grundel 210
Gründling 93
Grüner Sonnenbarsch 50, 164
Guppy 17, 58, 72, 105, 107, 121, 172, 181, 211
Gymnodinium breve 216
Gyrinus natator 192

Haematococcus pluvialis 258
Haematopus ostralegis 77
Haemopis 112
Haemopis grandis 113
Haemopis marmorata 111
Harpacticiden 116, 121
Hecht 211, 245
Helisoma trivolvis 193, 195
Helobdella 175
Helobdella stagnalis 111, 233
Hering 164, 165
Heringsmöven 81
Heteropneustes fossilis 211
Hexagenia 230, 237
Hexagenia limbata 137, 239
Hexagenia rigida 193
Homarus americanus 76, 192, 193, 194
Hyalella 109, 239
Hyalella azteca 121, 146, 147, 148, 180, 229,
   239, 240
Hyalella knickerbockeri 121
Hydropsyche bettoni 202
Hydropsyche leonardi 157
Hydropsyche pellucidula 193
Hydropsychidae-Larven 112, 113, 233

Ictalurus melas 202, 229
Ictalurus nebulosus 135, 144
Ictalurus punctatus 50, 119, 130, 152, 165, 166,
   178, 181, 187, 191, 197, 201, 202
Indischer Karpfen 211
Ischnura 121
Ischnura verticalis 167
Isochrysis galbana 196, 197, 202, 200
Isoperla 124

Japanischer Reisfisch 50
Jordanella floridae 103

Karpfen 16, 17, 70, 76, 179, 181, 187, 193, 191,
   198, 203, 211, 216, 227
Katzenwels 50, 119, 181, 187

Kaulquappe 121, 197, 200, 229
Keilfleckbärbling 179
Keratella 198
Kiemensackwels 211
Killifisch 50, 211
Kirchneriella contorta 217
Klebsormidium marinum 217
Koboldkärpfling 140, 179, 181
Königslachs 44, 119, 136
Krallenfrosch 188
Krill 44
Kugelmuschel 79

Lachs 20, 96, 97, 121, 165, 208
Lagodon rhomboides 154, 164
Lampetra planeri 175
Lampsilis radiata 234
Lanice conchilega 118
Leiostomus xanthurus 73, 141, 154, 164
Lemna minor 80, 84, 241
Lepomis 255
Lepomis auritus 256
Lepomis cyanellus 50
Lepomis macrochirus 17, 30, 73, 76, 92, 93, 101,
      103, 119, 128, 130, 137, 141, 154, 166, 178,
      179, 181, 187, 188, 191, 196, 197, 198, 202,
      200, 201, 202, 209, 211, 213, 255
Lepomis microlophus 201
Leuciscus idus 17, 209
Leuciscus idus melanotus 15, 36, 47, 48, 50, 70,
      71, 102,
Limanda limanda 128
Limnephilus 175, 180
Limnodriloides verrucosus 118
Limnodriloides victoriensis 118
Limnodrilus hoffmeisteri 45, 63, 109, 118, 119
Limnodrilus verrucosus 119
Littorina littorea 76
Locusta migratoria 253
Longingnuula brevis 120
Lota lota 184
Lumbriculus 109
Lumbriculus variegatus 104
Lutra canadiensis 155
Lymnaea 195
Lymnaea acuminata 120
Lymnaea peregra 192, 200
Lymnaea stagnalis 160, 182, 189, 193, 202

Macoma 120
Macoma balthica 77, 160
Macromia 167
Maränen 46, 156
Marine Plattfische 212

Marmorierte Grundel 209
Medaka 50, 216
Meeräsche 44, 91
Menidia beryllina 128
Mercenaria mercenaria 212, 213, 214
Metapenaeus monoceros 253
Microcystis 106
Microcystis aeruginosa 127, 202, 217, 218, 219
Microlaimus problematicus 117
Micropterus dolomieu 211
Micropterus salmoides 191
Miesmuschel 137, 161, 170
Mink 155
Modiolus modiolus 138
Monhystera 117
Monopylephorus cuticulatus 118
Monoraphidium pusillum 217
Mosambikbuntbarsch 211
Mosquitofisch 121
Mugil curema 91, 136
Mustela vison 155
Mützenschnecke
Mya arenaria 76, 120
Mysidopsis bahia 212
Mysis relicta 147
Mytilus 161, 262
Mytilus californianus 163
Mytilus edulis 53, 55, 76, 82, 109, 110, 119, 137,
      138, 148, 153, 161, 162, 170, 171, 175, 201,
      202, 212, 213
Mytilus galloprivincalis 252

Nannochloris 217
Napfschnecke 112
Nase 167
Navicula pelliculosa 217, 218, 219
Navicula seminulum 218, 219
Neonyx 117
Nephelopsis obscura 233
Nereis 77
Nereis diversicolor 73, 77, 154, 161
Nereis virens 44, 73, 112, 232
Neunauge 175
Nigronia 112
Nigronia-Larven 112, 113, 233
Nitzschia 58
Nitzschia actinastroides 74, 217, 218, 219
Nitzschia fonticola 217, 218
Nitzschia holsatica 217, 218
Nitzschia linearis 217
Nitzschia palea 218
Nostoc 90
Nostoc muscorum 217
Notemigonus chrysoleucas 181

Notonecta 192
Notonecta glauca 84
Notoplana humilis 212, 213
Notropis atheroides 211
Notropis cornutis 211

Oligochaeten 109, 112, 113, 233
Oncholaimus domesticus 117
Oncorhynchus gorbuscha 141
Oncorhynchus kisutch 20, 44, 165, 187, 196, 202, 201, 237
Oncorhynchus mykiss 17, 31, 35, 44, 50, 54, 61, 75, 91, 92, 93, 102, 103, 119, 122, 130, 131, 137, 153, 154, 164, 165, 166, 170, 172, 174, 176, 178, 179, 181, 186, 187, 188, 191, 196, 197, 202, 200, 201, 202, 209, 210, 211, 216, 222, 223, 224, 225, 226, 227
Oncorhynchus tschawytscha 44, 119, 136
Oocystis 80
Ophryotrocha labronica 128
Orconectes 121
Orconectes immunis 121, 130
Orconectes nais 124, 157, 167, 202, 201, 202
Orconectes propinquus 233
Oryzias 176
Oryzias latipes 50, 176, 183, 191, 211, 216
Ostracoden 121

Palaemonetes kadiakensis 124, 167, 202
Palaemonetes pugio 149, 168
Palinurus argus 76
Panaeu indicus 253
Panagrellus redivivus 240
Panzerkrebs 121
Parophrys vetulus 138, 164
Penaeus 176
Penaeus aztecus 120, 176
Penaeus duorarum 159
Pentaneura 124
Perca flavescens 202
Perca fluviatilis 44, 202
Perna viridis 160
Phaeodactylum tricornutum 128, 186, 197, 202, 200
Philonotis fontana 242
Phoca vitulina 34, 77, 155
Phormidium 201
Photobacterium phopsphoreum 35, 238
Phoxinus phoxinus 15, 16, 175
Physa 113, 137
Physa frontinalis 258
Physa integra 180, 212
Phytoplankton 83, 84, 198
Picoplankton 57

Pimephales 229, 255
Pimephales notatus 187
Pimephales promelas 15, 29, 32, 50, 61, 104, 105, 109, 119, 128, 130, 137, 141, 154, 155, 166, 170, 172, 176, 178, 179, 180, 181, 187, 188, 193, 191, 197, 202, 202, 209, 210, 211, 212, 213, 214, 222, 223, 229
Pineaus duoarum 158
Piona carnea 192
Pisidium 124
Planorbis corneus 175
Platichthys flesus 165
Platyhypnidium riparioides 241, 243
Platymonas 217
Plectonema boryanum 217
Pleuronectes platessa 77
Pleurozium schreberi 88
Plötze 164, 179, 184
Poecilia reticula 17, 71, 72, 105, 154, 167, 172, 181, 202, 211, 213
Polyathra 198
Polychaet 77, 118
Pontoporeia 235, 236
Pontoporeia affinis 231, 232
Pontoporeia hoyi 147, 231, 234
Porphyridium purpureum 219
Poterioochromonas malhamensis 217, 218, 219
Procambarus 167
Procambarus clarkii 47, 193
Prochromadorella micoletzkyi 117
Procladius 193, 194
Procyon lotor 155
Proterorhinus marmoratus 210
Protococcus 217
Pseudomonas 93, 94, 106, 116, 125, 144
Pseudomonas fluorescens 69
Pseudomonas putida 98, 106, 107, 114, 126, 128, 128, 129, 131, 202, 231, 249
Pseudopleuronectes americanus 142, 143
Pseudotropheus zebra 70
Pteronarcella badia 167
Pteronarcy dorsata 157
Pteronarcys californica 124, 180, 182, 188, 189, 196, 202
Pteronarcys dorsata 157, 202
Pugitus pugitus 175
Puntius conchonius 183, 229
Pycnopsyche 112, 233
Pyramimonas grossi 217

Quistradrilus multisetosus 118

Radix auricularia 84, 198
Rana 131, 229

Rana arvalis 175
Rana catesbeiana 130, 229, 233
Rana temporaria 200
Ranunculus fluitans 84
Raphidonema longiseta 217
Rasbora heteromorpha 179, 196, 200, 201
Ratte 64
Regenbogenforelle 15, 17, 18, 19, 31, 35, 44, 50,
    51, 54, 58, 61, 73, 75, 91, 93, 101, 102, 103,
    108, 119, 121, 122, 153, 164, 165, 170, 172,
    174, 176, 179, 181, 186, 187, 188, 211, 216,
    222, 223, 224, 227
Reisfisch 211
Renke 48
Rhepoxynius abronius 147, 148
Rhinogobius flumineus 185, 186
Rhithropanopeus harrisii 149
Rhizoctonia practicola 27
Rhophalodia 201
Rhyacodrilus montana 118
Rhynchostegium riparioides 240
Rotkehl-Sonnenbarsch 256
Ruticulus ruticulus 167, 202, 200

Salmo clarki 166, 181, 187
Salmo salar 96, 97, 165, 191
Salmo trutta 191, 202
Salmonella 241, 256
Salvelinus alpinus 211, 216
Salvenilus fontinalis 44, 165, 181, 187, 191, 202
Salvenilus namaycush 44, 83, 143, 165
Sauger 165, 171
Scapania undulata 242
Scardinius erythrophthalamus 191, 200
Scendesmus 92, 106
Scendesmus abundans 217, 218
Scendesmus acutus 13, 14, 39, 198
Scendesmus communis 217
Scendesmus obliquus 218
Scendesmus obtusiusculus 217
Scendesmus quadricauda 107, 114, 126, 127,
    129, 131, 216, 217
Scendesmus subspicatus 91, 98, 108, 109, 116,
    122, 202, 231
Schafskopf-Elritze 141
Schleie 182
Scholle 77
Schwarzbarsch 211
Schwarzer Katzenwels 211
Seehund 77, 155
Seesaibling 83, 84, 143, 165
Seewolf 186
Seezunge 77, 138
Selenastrum 253

Selenastrum capricornutum 32, 155
Sigara 73, 84, 198
Sigara lateralis 70
Sigara striata 70
Silberlachs 20, 44, 165, 187, 237
Simocephalus serrulatus 164, 196, 201, 202
Simocephalus vetulus 98, 114, 119
Simulium equinum 193
Solea solea 77
Somateria mollisima 137s
Sphaeriidae 112, 233
Sphaerrium corneum 79
Sphaerium striatinum 154
Sphagnum 243
Spirosperma ferox 118
Spirosperma nikolskyi 118
Stechmücke 158
Stichling 81
Stichococcus 217
Stizostedion vitreum vitreum 165
Strongylocentrosus droebachiensis 76
Stylodrilus heringianus 118, 119
Synechococcus 249
Synechococcus leopoliensis 217

Tanypus grodhausi 194
Tanytarsus 121, 193, 194
Tanytarsus dissimilis 130
Taschenkrebs 82
Teichmuschel 20
Thais haemastoma 139
Thalassiosira pseudonana 131
Theristus 117
Thymallus thymallus 167
Thysanoessa raschii 73
Tilapia melanupleura 211
Tilapia mossambica 186, 211, 213
Tinca tinca 184
Tipulidae-Larven 112, 113, 233
Tribonema aequale 217
Tubifex 147
Tubifex tubifex 45, 63, 109, 118, 119, 189
Tubificoides gabriellae 118

Uca pugilator 193
Uca pugnax 44
Ulva 90
Unio pictorum 147
Uronema parduczi 128

Varichaeta pacifica 118
Viscosia macramphida 117

Wanderheuschrecke 253

Wandersaibling 211, 216
Waschbär 155
Wasserlinse 80, 216, 241
Wattwurm 44
Weiße Tilapia 211
Weißer Sauger 211
Weißkehlbarsch 211
Wels 58, 121
Westralunio carteri 124, 262

Winkerkrabbe 44
Winterflunder 142

Xenopus laevis 188

Zebrabärbling 17, 104, 122, 198, 222, 225
Zebrakillifisch 114, 211
Zooplankton 58, 83, 101
Zwergwels 135
Zygoptera-Larven 112, 113, 233